失 效 分 析

Failure Analysis

张栋　钟培道　陶春虎　雷祖圣　编著

国防工业出版社

·北京·

图书在版编目(CIP)数据

失效分析/张栋等编著. —北京:国防工业出版社,
2013.4 重印
ISBN 978-7-118-03362-5

Ⅰ.失... Ⅱ.张... Ⅲ.失效分析 Ⅳ.TB114.2

中国版本图书馆 CIP 数据核字(2003)第 125109 号

※

国防工业出版社 出版发行

(北京市海淀区紫竹院南路 23 号 邮政编码 100048)
国防工业出版社印刷厂印刷
新华书店经售

*

开本 850×1168 1/32 印张 16¼ 字数 411 千字
2013 年 4 月第 4 次印刷 印数 6501—8500 册 定价 48.00 元

(本书如有印装错误,我社负责调换)

国防书店:(010)88540777 发行邮购:(010)88540776
发行传真:(010)88540755 发行业务:(010)88540717

致 读 者

本书由国防科技图书出版基金资助出版。

国防科技图书出版工作是国防科技事业的一个重要方面。优秀的国防科技图书既是国防科技成果的一部分，又是国防科技水平的重要标志。为了促进国防科技和武器装备建设事业的发展，加强社会主义物质文明和精神文明建设，培养优秀科技人才，确保国防科技优秀图书的出版，原国防科工委于 1988 年初决定每年拨出专款，设立国防科技图书出版基金，成立评审委员会，扶持、审定出版国防科技优秀图书。

国防科技图书出版基金资助的对象是：

1. 在国防科学技术领域中，学术水平高，内容有创见，在学科上居领先地位的基础科学理论图书；在工程技术理论方面有突破的应用科学专著。

2. 学术思想新颖，内容具体、实用，对国防科技和武器装备发展具有较大推动作用的专著；密切结合国防现代化和武器装备现代化需要的高新技术内容的专著。

3. 有重要发展前景和有重大开拓使用价值，密切结合国防现代化和武器装备现代化需要的新工艺、新材料内容的专著。

4. 填补目前我国科技领域空白并具有军事应用前景的薄弱学科和边缘学科的科技图书。

国防科技图书出版基金评审委员会在总装备部的领导下开展工作，负责掌握出版基金的使用方向，评审受理的图书选题，决定资助的图书选题和资助金额，以及决定中断或取消资助等。经评审给予资助的图书，由总装备部国防工业出版社列选出版。

国防科技事业已经取得了举世瞩目的成就。国防科技图书承担着记载和弘扬这些成就,积累和传播科技知识的使命。在改革开放的新形势下,原国防科工委率先设立出版基金,扶持出版科技图书,这是一项具有深远意义的创举。此举势必促使国防科技图书的出版随着国防科技事业的发展更加兴旺。

设立出版基金是一件新生事物,是对出版工作的一项改革。因而,评审工作需要不断地摸索、认真地总结和及时地改进,这样,才能使有限的基金发挥出巨大的效能。评审工作更需要国防科技和武器装备建设战线广大科技工作者、专家、教授,以及社会各界朋友的热情支持。

让我们携起手来,为祖国昌盛、科技腾飞、出版繁荣而共同奋斗!

国防科技图书出版基金

评审委员会

序　言

在人类历史的发展长河中，人们对产品失效的认识可以追溯到远古时代。目前所能考证的有史料记载的最早有关产品质量的法律文件在公元前 2025 年就已产生了。可以说，人类的生产实践就是人们不断与产品失效作斗争的历史，失效分析也长期作为零星、分散、宏观的经验世代相传。而产品的失效真正给人类带来严重的危害，则可以认为是从 100 多年前的工业革命开始的。当蒸汽动力和大机器生产给人类社会带来巨大进步的同时，也给人类带来了前所未闻的灾难性事故。

1862 年，英国建立了世界上第一个蒸汽锅炉监察局，把失效分析作为法律仲裁事故和提高产品质量的技术手段。随后，在工业化国家中，对失效产品进行分析的各种机构相继出现，然而失效分析作为学科分支则是近半个世纪的事情。材料科学的兴起，先进测试技术的应用以及近代物理、化学等的全面发展，使得人们能够从微观方面阐明产品失效的本质、规律和原因。在此基础上，失效分析走上系统、综合、理论化的新阶段。近半个世纪所积累的失效分析知识与技术是千百倍于人类前期有关知识的总和。但是这种知识并未就此终结，它必然随着人类生产实践和科技的进步而发展。虽然由于科技的发展，产品在设计、生产、使用与维修上的技术改进，使得产品的可靠性日益提高，然而失效事件并不会最终消失。而且，产品的自动化程度愈高，技术愈密集，一旦出现失效，造成的损失就愈严重。因此失效分析将随着科技的高速发展显得更为重要。同时，科技的飞速发展也必将促进和推动失效分析学科的进步。

作为失效分析方面的专著，本书在《机械失效的实用分析》一书的基础上,进一步系统地介绍了失效分析的历史发展、基本内涵以及失效分析的基本理论和方法,介绍了机电产品的主要失效模式和机理,涉及了裂纹、断口、痕迹分析技术和失效评估,介绍了断裂、腐蚀、磨损的失效分析以及非金属材料的失效分析,阐述了失效分析的科学思路和程序,特别是首次在专著中较为系统地介绍了失效分析作为相对独立学科的形成和发展;电子产品和复合材料构件的失效模式、机理和原因;断口的定量分析和反推技术以及失效致因理论和预防对策。

本书还注意将失效分析的理论和实践紧密结合,结构严谨、概念简明准确、分析技术实用有效、分析思路灵活科学,同时作者还略去了与失效分析相关学科相近的内容,避免了与已出版的同类著作在内容上的大量重复,具有很强的理论与实用价值。

本书的出版将对我国的失效分析学科的发展、失效分析与预防的基础研究以及工程应用起进一步的推动作用,愿我们在正确认识失效并积极预防和纠正失效的过程中,逐步达到防患于未然,将产品的质量控制与科学技术工作不断推向前进!

中国科学院院士　教授　颜鸣皋

前　言

机电产品,尤其是大型运载装备的失效,不仅会造成巨大的经济损失与人员伤亡,还会对社会的繁荣和稳定产生重大的影响,因此对机电产品失效进行研究,从而达到预测和预防产品失效的目的,已成为广大工程技术人员关注的重大课题。为此,我们编著了《失效分析》一书,旨在全面介绍失效分析的历史发展、基本内涵以及失效分析的基本理论和方法,介绍机电产品的主要失效模式和机理,涉及了裂纹、断口、痕迹分析技术和失效评估,并分别介绍了断裂、腐蚀、磨损三大重要失效类型以及非金属及复合材料失效的重要特征及分析方法,特别是首次在国内外较为系统地介绍了失效分析作为相对独立学科的形成和发展;电子产品的失效模式、机理和原因;断口的定量分析和反推技术以及失效致因理论和预防对策。

本书可作为失效分析及其相关专业的高年级学生及硕士、博士研究生的教材,也可作为从事失效分析的科技人员、机械设计、材料研究、断裂力学、可靠性分析、机械维修等方面的教师和工程科技人员的参考书。该书也可作为失效分析专业技术人员的培训教材。

全书共分为十章,第一章由张栋、陶春虎撰写,第二章由张栋、钟培道、陶春虎撰写,第三章由钟培道、习年生撰写,第四章由陶春虎撰写,第五章由陶春虎、张栋撰写,第六章由陶春虎、许风和、习年生撰写,第七章由雷祖圣撰写,第八章由习年生、陶春虎、钟培道撰写,第九章和第十章由张栋撰写。全书由张栋负责统稿和审定。

本书得到了北京航空材料研究院、空军第一研究所和中国航天科技集团 703 所的大力支持,在此表示深切的谢意。同时衷心感谢中国科学院院士颜鸣皋教授对本书的指导并亲自为本书作序,衷心感谢中国工程院院士钟群鹏教授和北京科技大学褚武杨教授对本书的高度评价,感谢国防工业出版社杜豪年编审为本书出版所付出的辛勤劳动,感谢国防科技图书出版基金给予本书的资助。

由于失效分析是一项科学性、实践性、时间性及社会性均很强的工作,所涉及的领域极其广泛,受工作和认识的局限,本书难免有不妥之处,希望读者提出宝贵意见。

作者

2003 年 5 月

目　　录

Contents

第一章　概　　论

失效的概念由来已久,应该说,"失效"一词的内涵和定义随主体而定。以人为例,人的生老病死是失效,干部的腐败也是失效。肖纪美院士就作过一首打油诗,称干部的腐败就是意志薄弱(内因)者在金钱引诱(外因)下的失效。动物、植物也均有失效,因此"失效"一词在广义上可定义为"物体丧失应有的功能"。"功能"对人而言就是职能,包含应起的作用。本书所谈的失效,其主体仅限于机电产品。

1.1　失效与失效分析

勿容置疑,产品的失效是随着产品的出现而开始的。但对产品失效的定义却是 20 世纪中叶的事情。

1.1.1　失效

国家标准 GB3187—82 中定义:"失效(故障)——产品丧失规定的功能。对可修复产品,通常也称为故障。"

该定义中涉及到产品、可修复产品、功能、规定的功能和丧失等几个概念。

1. 产品

经济学上将企业进行生产活动所创造的、符合于原规定生产目的和用途的直接生产成果称为产品。产品按其完成程度可分为成品、半成品和在制品。它包括构件、元件、器件、设备或系统,可以表示产品的总体、样品等。因此产品的确切含义应在使用时加以说明。如不加特殊说明，产品一词在失效分析及其相关领域特指成品。

2．可修复产品

当产品丧失规定功能时，按规定的程序和方法进行维修后，可恢复规定功能的产品。

一个产品是否修复，是一个相对的概念，受多方面因素的制约。一看技术上是否可能；二看经济上是否值得；三看时间上是否允许。例如电阻、电容、铆钉、垫片等器件，从经济和时间上均不值得，因此在工程上均可视为不可修复产品。而像飞机起落架、油泵、机床等，只要符合规定的技术条件，就属于可修复产品。若超出可修复的技术条件的范畴，又变成不可修复产品。以机翼大梁为例，当螺栓孔裂纹深度较小时，为可修复产品；当裂纹深度超过一定值时，就不可修复了。

对一个系统或一个复杂的设备而言，其中某些零件如前面所说的铆钉和垫片等，失效后是不可修复的，但对系统而言，如飞机或发动机必然属可修复产品，只需将这些失效的零件替换。

3．功能

功能是指作为产品必须完成的事项，指产品的功用和用途。凡回答"这是干什么用的？"或"这是干什么所必须的？"等问题的答案就是功能。

4．规定的功能

规定的功能是指国家有关法规、质量标准、技术文件以及合同规定的对产品适用、安全和其他特性的要求。它既是产品质量的核心，又是产品是否失效的判据。因此，产品是否失效，主要是在使用包括检验中考察。当然，规定的功能必须与相应的条件相对应。

应当指出，规定的功能可能用"应具备的"功能更恰当一些，因为产品除具有"国家有关法规、质量标准、技术文件以及合同规定的对产品适用、安全和其他特性的要求"外，还应具有常识上所应具备的一些功能，如儿童玩具必须具备在儿童误操作的情况下不会对儿童造成伤害的功能,尽管这一功能在产品合同中并未明确注明。

5. 丧失

产品在商品流通或使用过程中失去了原有规定的功能(或降低到规定的功能以下),也就是说,产品规定的功能有一个从有到无、从合格到不合格的过程。

这种功能的丧失可能是暂时的、简短的或永久性的;可能是部分的、全部的;丧失可能快也可能慢;丧失规定的功能,经过修理后有可能恢复,也可能无法恢复。不论上述哪种情况,均在丧失规定功能之列,即均处于失效状态。

也有这种情况,产品在一开始就不具备规定的功能,因此,采用"不具备"来代替"丧失"可能更具有代表性。

从上面的讨论可以看出,失效强调的是产品所处的功能状态,失效产品实质上是潜在的不合格产品(虽然出厂时均贴上了合格的标签),包括在使用初期是合格品而在规定的有效使用时间内功能失效的产品。而故障强调的是实际产品发生失效后可以进行修复的产品,换句话说,故障是产品处于可修复的失效状态。

失效后经修复的产品则为修理品,它也是一种产品,它通常应具有原产品所规定的功能。但在一些具体情况下,在原来所规定的内容和条件方面可能会发生一些改变,总之,修理品也存在一个质量问题。

产品失效尤其是大型运载装备如航空航天装备的失效经常会引起重大事故,但多数事故并非是机电产品失效造成的。据 1977 年—1986 年期间空军严重飞行事故统计结果来看(见表 1-1),大多是操纵不当引起的事故(56.1%),但机械失效造成的事故决不可低估(20.2%)。

表 1-1　1977 年—1986 年期间空军严重飞行事故统计

事故原因	操纵	制造	维护	翻修	指挥等	不明
百分比/%	56.1	12.8	4.7	2.7	18.1	5.6

1.1.2　失效分析

失效分析是判断产品的失效模式,查找产品失效机理和原因,提出预防再失效的对策的技术活动和管理活动。因此,失效分析的主要内容包括:明确分析对象,确定失效模式,研究失效机理,判定失效原因,提出预防措施(包括设计改进)。根据主要内容制定具体失效分析步骤和方法将在第九章介绍。

失效分析的理想目标应当是"模式准确,原因明确,机理清楚,措施得力,模拟再现,举一反三"。

1．模式准确

所谓失效模式,是指失效的外在宏观表现形式和过程规律,一般可理解为失效的性质和类型。失效模式按其所定义的范围、属性、标准和参量,可分为一级失效模式、二级失效模式等。模式准确,就是要将失效的性质和类型判断准确,尤其是要将一级失效模式和二级失效模式判断准确。

一级失效模式的分类如图 1-1 所示。

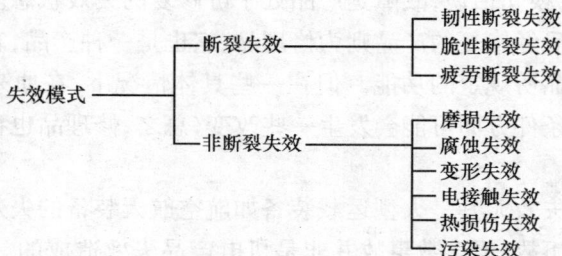

```
                                    ┌─ 韧性断裂失效
                     ┌─ 断裂失效 ──┼─ 脆性断裂失效
                     │              └─ 疲劳断裂失效
         失效模式 ──┤
                     │              ┌─ 磨损失效
                     │              ├─ 腐蚀失效
                     └─ 非断裂失效 ─┼─ 变形失效
                                    ├─ 电接触失效
                                    ├─ 热损伤失效
                                    └─ 污染失效
```

图 1-1　一级失效模式的分类[2]

二级失效模式分类所依据的"标准"和"参量"繁杂多样,其判断也要比一级难得多。有关二级失效模式的分类可见 1.4.1 节,有兴趣的读者还可参阅有关的失效分析文献[1]。

失效模式的判断应首先从对事故或失效现场痕迹及残骸的分析入手,并结合对结构的受力特点、工作和使用环境、制造工艺、材料组织与性能等进行分析,其中对肇事件的确定和分析是最重要的判断依据。对肇事件残骸的分析应首先从对痕迹、变形、断口及裂纹的分析入手。

失效模式的判断分为定性和定量分析两个方面。在一般情况下,对一级失效模式的判断采用定性分析即可。而对二级甚至三级失效模式的判断,就要采用定性和定量、宏观和微观相结合的方法。如某型涡轮叶片在第一榫齿处发生断裂,通过断口的宏观特征可确定一级失效模式为疲劳失效。然后通过对断口源区和扩展区特征分析和对比,并结合有限元应力分析等,可作出该叶片的断裂模式为起始应力较大的高周疲劳断裂的判断,即相当于作出了三级失效模式的判断。

2. 原因明确

失效原因的判断通常是整个失效分析的核心和关键,对于确定失效机理、提出预防措施等均有重要的意义。

失效原因通常是指酿成失效甚至事故的直接关键性因素。与失效模式一样,失效原因也可分为一级失效原因和二级失效原因等。一级失效原因的判断,一般指造成该失效事故的直接关键因素处于设计、材料、制造工艺、使用及环境的哪一环节,即通常所谓的"设计是根本,材料是基础,工艺是关键,使用是保证"的某一关键环节。

失效原因的判断建立在失效模式判断的基础上,当一个失效件的二级以上失效模式确定以后,一般而言,一级失效原因基本上就很容易确定了。在一级失效原因正确的基础上,探讨和分析二级失效原因。例如设计原因引起的失效还可细分为设计思想、结构、对载荷分析的准确性、选材等二级失效原因。

同样,失效原因的确定也分为定量确定和定性确定,在必要时,还要采用失效模拟技术来确定失效的原因。

然而失效原因的确定是相当复杂的,其复杂性表现为失效原因具有一些特点,如原因的必要性、多样性、相关性、可变性和偶然性。有关这方面的深入研究可阅读有关参考资料[1]。

3．机理清楚

失效机理是指失效的物理、化学变化本质,微观过程可以追溯到原子、分子尺度和结构的变化,但与此相对的是它迟早也要表现出一系列宏观(外在的)的性能、性质变化。失效机理是对失效的内在本质、必然性和规律性的研究,它是人们对失效内在本质认识的理论提高和升华。

通常可将失效原因分为内因和外因。失效机理即失效的内因,它是导致发生失效零件或材料的物理、化学或机械损伤过程等。失效机理研究是对失效的深层次的内因或内在本质,即酿成失效的必然性和规律性的研究。

4．措施得力,模拟再现,举一反三

措施得力,模拟再现,举一反三是建立在前面对失效模式、失效原因和失效机理深入分析和准确把握的基础上。当然制定预防措施需考虑长远的措施和产品使用问题以及工程上的可行性、经济性等。模拟再现则要分析模拟的可能性和必要性。同时,随着计算机技术的高速发展,计算机模拟也成为模拟再现的一个重要手段。

如上所述的失效分析的主要目标不能简单地理解为"归零"。"归零"往往在很多时期是无法实现的,有时为了达到"归零"状态而使失效分析结论有悖于实际情况。对暂时在技术上尚不能"归零"的故障或失效分析,应根据具体情况采取相应的预防措施,防止类似失效重复出现,同时对事故或失效的机理等进一步研究,达到最终归零的状态。

1.1.3 失效分析在工程中的地位和作用

20 世纪中叶以来,随着微电子技术的异军突起(电子光学、断口学、痕迹学、表面科学、电子金相学等迅猛发展),产品失效的物理、化学过程,已能从微观方面阐明失效的本质、规律和原因。在此基础上,失效分析逐步走上了较为系统、综合、理论化的新阶段,并在国民经济和技术进步中发挥着日益重要的作用,已为世人所

瞩目。

1. 失效分析是全面质量管理中必不可少的重要环节

任何一次失效,都可以看成是产品在服役条件下所做的一次最真实、最可靠的科学试验的结果。通过失效分析,判断失效的模式,找出失效的原因和影响因素(相关因素),也就找到了薄弱环节所在,从而改进有关部门的工作,提高产品质量。因此,它是对设计、制造,也包括对维修工作在内的最终最有效的检验。

失效分析是检验、评定产品缺陷安全度的最佳依据。同时,它好似一面镜子,不断反映产品所固有的以及质量控制中的薄弱环节。

2. 失效分析是可靠性工程的技术基础之一

可靠性是产品的关键性质量指标,而可靠性技术是质量保证的核心。从宏观统计入手的可靠性分析,虽然可以得到产品可靠性的各种特征参数及宏观规律,但不能回答产品是怎样失效以及为什么失效? 它主要是处理故障和寿命问题的,并从开发、设计阶段防止缺陷、进行可靠性设计和预测。

可靠性分析的前提之一就是确认产品是否失效,分析产品失效类型、失效模式和机理。因此可靠性分析离开失效分析将寸步难行,失效分析的成果和信息,是可靠性分析必不可少的物质基础。因此,可靠性要求把失效分析提到中心环节,强调搞好三"F"是可靠性工作的基础:

①FRACAS 失效报告、分析及纠正系统(要求扎实完成三个程序:即失效报告程序;失效分析和评审程序;失效纠正程序。形成一个闭环)。

②FTA 故障树分析。

③FMEA 失效模式、影响及分析。

3. 失效分析是安全工程的重要技术保证之一

安全工作环节多、涉及面广(安全工程本身是一个系统工程),失效分析是其中的一项关键性工作。例如机械原因引起的严重飞行事故发生之后,失效分析的作用尤为突出。首先一个问题是同类飞机是否停飞,接着是要不要普查,要不要返修,如何返修等一系列难题摆在面前。

WP-7 型发动机中央从动圆锥齿轮失效,在 1985 年 2 月造成一起二等事故,由于失效分析工作跟不上,在一年时间内又发生三起同类事故。

相反,1972 年 12 月,一架 J-5 飞机发生空中解体(机翼大梁从下缘条第一螺栓孔处疲劳折断)一等事故之后,由于通过失效分析,及时、准确地判明了失效模式和失效原因,果断地采取了一系列预防对策(探伤、扩修、表面强化、加强件、控制使用科目等),从而杜绝了同类事故,保证了飞行训练和安全。

安全工程以事故为主要研究对象,美国空军在 20 世纪 60 年代以来提出了安全系统工程学。我们知道,有许多事故是由于产品失效引起的。安全系统工程的主要内容包括安全分析、安全评价和安全措施。失效分析可以找出薄弱环节,查明不安全因素,发现事故隐患,预测由失效引起的危险,提供优化的安全措施,因此,它是安全工程强有力的技术保证之一。

4. 失效分析是维修工程的理论基础和指导依据

产品维修要解决的基本矛盾就是良好与失效。维护主要是预防失效,保持产品应有的(规定的)功能;而修理主要是排除失效,即恢复对产品所规定的功能。人类正是在长期与失效作斗争并分析其后果的实践中,才逐步形成了科学的维护规程;发展了先进的修理技术;提出了以可靠性为中心的维修思想,它实质上是依据产品本身的固有可靠性特性和产品使用可靠性,结合产品的失效规律和机理,采用科学的分析方法,仅作必要的维修工作(视情维修)。

维修工作中首先遇到的问题是要确认是否失效?使用部门曾经多次遇到飞机在使用中断裂的机件,经分析属于个别机件使用过载断裂而不属于产品失效,从而避免了外场不必要的拆卸普查。

关键的问题是要找准失效的原因,这样才能对症下药,把维护和修理工作做到点子上。

在修理工作中,把故障检修作为中心环节,根据故障检修的结果,确认产品失效的状态(性质、程度和后果),从而采取不同的修理方式(如不必修理,原位修理,换件修理等等)。

综上所述,在涉及全局的质量管理、可靠性、安全、维修四大工程中,失效分析具有不可替代的、举足轻重的地位和作用。

5. 失效分析可产生巨大的经济效益和社会效益

通过失效分析可以避免同类事故的再次发生,保障人民的生命财产安全,保证正常的生产、生活和训练。因此,从某种意义上讲,失效分析出生产力和战斗力。

失效分析是推动科技进步的强大动力。正是在长期、大量失效分析的基础上,不断发现新的失效模式和机理,摩擦学、腐蚀学、疲劳学、断裂力学、损伤力学、断口学、电子金相学、痕迹学、电接触、表面科学等一大批工程学得以迅猛发展。新技术,新工艺,新材料,新的诊断、测试和监控手段等得以广泛的推广和应用。

失效分析成果反馈到有关部门之后,促进了产品质量的提高(产品失效是质量失控后发生偏差的反映),而大量宝贵的失效分析成果和信息,是设计、制造部门开发新产品的最好营养品。失效分析在全面质量管理中是一个重要环节,特别是在源流管理中,起到早期警戒作用,以便尽早采取对策。

苏联著名的飞机设计师雅可夫列夫曾在《一个飞机设计师的自述》一书中说:"一个好的飞机设计师一定要很好地研究飞机的失效零件,从中学到很多从书本上无法学到的宝贵经验。"

统计表明,在产品的不同发展阶段,由于质量缺陷带来的经济损失是以数量级的变化而增大的,因此,从设计师开始,头脑中不仅要装有大量成功的设计原型,更要念念不忘那些用血的代价换来的惨痛失败(失效)的教训(例如各种失效模式、各种设计禁忌、各种防错设计等),尽全力把产品的潜在缺陷消灭在设计过程中。

失效分析是用户手中最强有力的武器。虽说用户是产品的最终"判官",是"上帝",但从根本上讲,产品失效,用户是直接的最大的受害者,始终处于不利的地位,因此我们不要忽视手中惟一可能发挥作用的最强有力的武器——失效分析。例如 1987 年 10 月，进口的一架"黑鹰"直升机发生机毁人亡事故，经中美双方专家联合失效分析，确认尾减输出齿轮轴疲劳失效，并属厂方产品质量问题，公司赔偿 300 万美元，不仅取得了重大经济效益，而且维护了国威和军威。

《中华人民共和国产品质量法》有关条文中规定，因产品存在缺陷造成受害人财产损失的，侵害人应当恢复原状或者折价赔偿。受害人因此遭受其他重大损失的，侵害人应当赔偿损失。因产品存在缺陷造成人身、财产损害的消费者，可以向产品生产者索赔，亦可向产品销售者索赔。

失效分析在加强社会监督，保护消费者合法权益方面可以并且必将发挥更大的作用。

1.2 失效分析的历史发展

失效分析的发展历程，大体经历了与简单手工生产基础相适应的古代失效分析，以大机器工业为基础的近代失效分析和以系统理论为指导的现代失效分析三个重要的历史阶段[3]。

1.2.1 古代失效分析阶段

应当说，从人类使用工具开始，失效就与产品相伴随。由于远古时代的生产力极为落后，产品也极为简陋，没有科学而言，不可能也没有必要对产品失效的原因进行分析，其对付办法就是更换。虽然失效与产品相伴随，但失效分析并不是随产品的出现而出现的。

目前所能考证的有史料记载的最早有关产品质量的法律文件是公元前 2025 年由巴比伦国王汉莫拉比撰写的。该法律大典第一次在人类历史上明确规定对制造有缺陷产品的工匠进行严厉制裁。然而由于生产力的落后，商品往往供不应求，罗马法律便肯定了商品出门概不退换的总原则。买主只好自己当心，对产品质量的判断也只能靠零星、分散、宏观的经验世代相传。失效分析作为仲裁事故和提高产品质量的技术手段则是随着两百年前的工业革命开始的。因此可将公元前 2025 年到世界工业革命前看作失效分析的第一阶段,即与简单手工生产基础相适应的古代失效分析阶段。

1.2.2 近代失效分析阶段

以蒸汽动力和大机器生产为代表的工业革命给人类带来巨大物质文明的同时,也不可避免地给人类带来了前所未闻的灾难。约在 160 年前,越来越多的蒸汽锅炉爆炸事件发生,在总结这些失效事故的经验教训后,英国于 1862 年建立了世界上第一个蒸汽锅炉监察局,把失效分析作为仲裁事故的法律手段和提高产品质量的技术手段。随后在工业化国家中,对失效产品进行分析的机构相继出现,在这一时期,失效分析也大大推动了相关学科特别是推动和促进了强度理论和断裂力学学科的创立和发展。通过对大量锅炉爆炸和桥梁断裂事故的研究,Charpy 发明了摆锤冲击试验机,用以检验金属材料的韧性;Wohler 通过对 1852 年—1870 年期间火车轮轴断裂失效的分析研究,揭示出金属的"疲劳"现象,并成功地研制了世界上第一台疲劳试验机;20 世纪 20 年代,Griffith 通过对大量脆性断裂事故的研究,提出了金属材料的脆断理论;在 1940 年—1950 年间发生的北极星导弹爆炸事故、第二次世界大战期间的"自由轮"脆性断裂事故,大大推动了人们对带裂纹体在低应力下断裂的研究,从而在 20 世纪 50 年代中后期产生了断裂力学这一新型学科。然而由于科学技术的限制,这一时期虽然有失效分析的专门机构,但其分析手段仅限于宏观痕迹以及对材质的宏观检验。如 1908 年的第一次正式飞行事故调查,其事故结论是螺旋桨桨叶折断,打断了垂尾的张线,使飞机失去操纵而坠毁,当时的证据只不过是铝合金张线上抹有桨叶上的漆。因此这一时期的失效分析虽得到很大发展,但人们不可能从宏、微观上揭示产品失效的物理本质与化学本质。这一问题的解决也只是在电子显微学及其他相关学科得到高速发展后才成为可能。因此从工业革命到 20 世纪 50 年代末电子显微学取得长足进步前,可看作失效分析发展的第二阶段,即以大机器工业为基础的近代失效分析阶段。

1.2.3 现代失效分析阶段

失效分析作为学科分支则是近半个世纪的事情。20 世纪 50 年代,随着电子工业兴起,首先在电子产品领域里将失效分析的成果应用于产品的可靠性设计,它以数理统计为基础,使得失效分析进入了一个新阶段。同时,由于科学技术发展突飞猛进,作为失效分析基础学科的材料科学与力学的迅猛发展,断口观察仪器的长足进步,特别是分辨率高、放大倍数大、景深长的扫描电子显微镜的先后问世,为失效分析技术向纵深发展创造了条件,铺平了道路,并取得了辉煌的成果。同时由于大型运载工具尤其是航空装备的广泛应用,各种失效造成的事故越来越大,影响越来越严重,反过来又大大促使了失效分析的迅猛发展。近半个世纪所积累的失效分析知识与技术,千百倍于失效分析前两个阶段的总和。

从 20 世纪 50 年代开始的现代失效分析阶段到目前为止可细分为两个时期。从 60 年代到 80 年代中期为第一时期。在这一时期,由于扫描电子显微镜的问世,使粗糙断口在高倍下的直接观察成为可能,因而其失效分析基本上围绕断裂特征和性质分析来进行的。加之在 20 世纪 60 年代之前所进行的失效分析基本上限于材料的组织和性能分析、宏观的痕迹分析和材质的冶金检验,因此这一时期的失效分析大多从材质冶金等方面去寻找引起断裂失效原因,而对失效件的力学分析则认为是结构设计考虑的问题,失效分析的学术活动及其学术组织也都附属于材料学科或理化检测领域。1974 年在南京召开的材料金相学术讨论会上,第一次设立了失效分析的分会场。

随着科学技术和制造水平的不断进步,尤其是断裂力学、损伤力学、产品可靠性及损伤容限设计思想的应用和发展,使得产品的可靠性越来越高,产品失效引起的恶性事故数量相对减少但危害及影响越来越大,产品失效的原因很少是由于某一特定的因素所致,均呈现复杂的多因素特征,这就需要从设计、力学、材料、制造工艺及使用等方面进行系统的综合性的分析,也就需要有从事设计、力学、材料等各方面的研究人员共同参与,其解决办法是从降低零件所受的外力(包括环境等)与提高零件所具有的抗力两方面入手,以达到提高产品使用可靠性的目的。从 20 世纪 80 年代中后期开始的这一时期,失效分析开始逐渐形成一个分支学科,而不再是材料科学技术的一个附属部分。这一时期失效分析领域发展的主要标志是失效分析的专著大量出现,全国性的失效分析分会相继成立,如 1987 年成立的中国机械工程学会失效分析工作委员会,1994 年成立的中国航空学会失效分析专业分会和中国科协工程联失效分析与预防中心等,空军的内部刊物《飞行事故和失效分析》杂志于 1990 年创刊,一些材料、机械类杂志中也大都设立了失效分析专栏。德国成立了阿利安兹技术中心(AZT),它是专门从事失效分析及预防的商业性研究机构。该中心还出版了《机械失效》月刊。失效分析的国际英文杂志《Engineering Failure Analysis》也于 1994 年创刊。这一时期失效分析的主要特点就是集断裂特征分析、力学分析、结构分析、材料抗力分析以及可靠性分析为一体,逐渐发展成为一门专门的学科。

1.3 失效分析作为学科的发展

一个新的学科分支通常是这样发展起来的[4],即某些人首先提出基本设想,继而逐渐出现一些有创造性的贡献,在达到一定的程度后,人们相继发表一些综述性的文章,举行相关的学术会议,并在教科书中首次提到,最后写成专著。从这个意义上可以说,失效分析作为学科分支已不成为问题。

机电产品失效分析是研究产品失效的分析诊断、预测和预防的理论、技术和方法及其工程应用的分支学科,前已述及,失效分析的发展是与近代科学技术的高速发展相关联的。近代以来的机电失效分析推动和促进了相关学科尤其是强度理论和断裂力学等学科的发展,同时也形成了失效诊断理论的主要支撑科学技术

——断口学和痕迹学。

1.3.1 断口学

断口是试样或零件在试验或使用过程中发生断裂(或形成裂纹后打断)所形成的断面。它以形貌特征记录了材料在载荷和环境作用下断裂前的不可逆变形,以及裂纹的萌生和扩展直止断裂的全过程。断口学就是通过定性和定量分析来识别这些特征,并将这些特征与发生损伤乃至最终失效的过程联系起来,找出与失效相关的内在或外在原因的科学技术。

对断口的认识和利用虽可以追溯到远古时代,但断口分析作为一门研究断面的科学则是最近半个世纪的事情。这主要归于失效分析基础学科的材料科学与力学的迅猛发展,特别是扫描电镜的问世,使断口的微观细节分析成为可能,直接促进了断口学的完善。因此,从 20 世纪 60 年代到 80 年代中期,一系列有关不同材料的断口图谱相继出现。1974 年和 1975 年正式出版的美国金属手册第九卷《断口金相和断口图谱》以及第十卷《失效分析与预防》,1979 年我国出版发行的《金属断口分析》,均是较为系统的断口学和失效分析专著[5]。

断口学作为失效分析学科一个重要的组成部分,在断裂失效分析中发挥了很大的作用。然而仅仅依靠断口分析就得出失效原因的结论,把断口学当做失效分析的全部内容,这是片面的。

虽然断口学已得到很大发展,但仍存在诸多问题,首先是迄今为止的断裂分析还基本上是停留在以断口的定性分析为主的阶段。断口学有待发展的另一重要方面是新材料的断口特征以及材料在特殊环境下的断裂行为与其断口特征内在联系的研究。

1.3.2 痕迹学

痕迹是一个含义丰富、历史悠久、应用甚多的概念。它可以泛指物体留下的某些印记。从人类出现之前就有的陨石坑,到我国古代的甲骨文和敦煌的壁画,直止现代社会鉴别罪犯的指纹,都是一种痕迹[6]。在刑事检查中首先发展起来的是指纹痕迹分析法。

痕迹学应用于失效分析由来已久,但真正成为在失效分析中应用的科学技术应该说是 20 世纪末的事情,其代表作则是张栋的"机械失效的痕迹分析"[6]。如今,痕迹学也像断口学一样,深入到失效分析的每一个角落,在失效分析中发挥着重要的作用,成为机械失效分析学科中重要的组成部分。可以说,痕迹学涉及的范围远大于断口学所涉及的范围。

1.3.3　失效分析与相关学科的关系

失效分析是一个极其复杂的过程。首先,它是多学科交叉的产物,包容了如可靠性、材料科学、机械学、力学、腐蚀与摩擦学以及生物学等。其次,它又以基础科学与实践经验相结合为基础。因此失效分析与相关学科的关系非常密切,如断裂分析中需要力学,腐蚀失效分析需要腐蚀学和电化学,磨损失效分析需要摩擦与润滑学等。其中失效分析与可靠性分析是具有紧密联系的一个矛盾体的两个方面。

可靠相对失效而言,失效又意味着不可靠。因此,从这个意义上讲,失效即不可靠。

可靠性是产品在规定的条件下和规定的时间内完成规定功能的能力。当用概率定量描述这种能力时,称为可靠度。

既然可靠相对失效而言,所以可靠性相对失效性而言。则可靠度(概率)相对失效度(概率)概率,并且有如下关系:

可靠度 $R(t)$ + 失效度 $F(t) = 1$

因此,失效度即不可靠度,而失效性即不可靠性。同样,可靠分析相对失效分析而言,可靠性(度)分析相对失效性(度)分析而言。通过上述对比分析可以看出,失效分析和失效性(度)分析不是一个概念。

失效分析是以逐个失效产品(或将要失效的产品)及其相关的失效过程为分析对象,并以查找某个失效产品的机理和原因为主要目标;而可靠性(度)分析以某一种产品(或系统)群体为分析对象,以评估其失效的可能性或获得其失效概率为主要目标。因此,失效分析的思路和方法也就与可靠性分析的思路和方法不一样。

现代失效分析发展阶段的初期,失效分析主要是围绕材料或构件的断裂特征和性质分析来进行的。加之在 20 世纪 60 年代之前所进行的失效分析基本上限于材料的组织和性能分析、宏观的痕迹分析和材质的冶金检验。因此失效分析与材料研究领域有着密切的联系。

应当说,失效分析是现代材料科学与工程的一个重要组成部分。由于产品特别像大型运载装备等已由早期强调的保证性能为主转变为强调满足"三性"要求,即适应性、可靠性和维修性,新型材料的研制过程已由过去"成分—组织—性能"的研制模式发展为"成分组织—合成加工—性能—设计制造—服役—失效—综合表现"七者之间的综合体现,其关系示于图 1-2。从而将材料在使用中的"综合表现"提高到理性的高度,使材料的研究开发从被动式变为主动式。

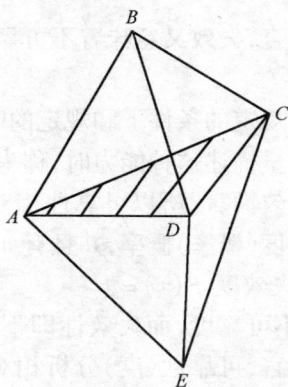

图 1-2 材料研制与失效分析的关系
1—ABD 成分组织;2—BCD 合成加工; 3—ABC 性能;4—ADC 设计制造;
5—CDE 服役; 6—ACE 失效; 7—ACD 综合表现。

诚然,失效分析与材料学科有着密切的关系,然而失效分析有许多材料学科不能包容的内容。就二者共同涉及的断口分析范畴

而言,也存在很大的不同,其主要表现在:

①材料学科中涉及的断口分析基本上为试样,而失效分析涉及的基本上是产品(包括零部件和装备)。

②材料学科中的断口分析主要在于分析材料组织、性能与断裂的关系,从而改善材料的设计和制造,同时为失效分析积累有关材料在已知典型试验条件下的断口特征。而失效分析中的断口分析则是通过分析构件在服役过程损伤发生、累积、发展直止破坏这一过程留在断口上的特征来诊断破坏的条件和原因。

③有关的分析表明,产品失效与材质相关的仅占 10% 左右,大多数与设计、制造工艺以及使用工况等有关。

从上述意义来说,失效分析与机械学的关系更为密切。可以说,失效分析是机械设计的重要基础。

与失效做斗争是人类社会永恒的重要的社会和科学活动之一,产品失效机理及其预防的研究是人类面临的许许多多的难题之一。具有文字记载的失效分析发展史表明,失效分析这一难题仅用单一学科和简单还原论是难以解决的,要求我们采用更加整体化、多学科交叉整合的方法来加以解决。当前科学正处于一个新的转折点,这就是复杂学科的兴起。复杂学科主要是研究复杂性和复杂系统的科学,它是包含许多学科的科学大集成。可以这样认为,机电失效分析就是这样一门复杂学科。

1.4 机电装备失效与失效分析的分类

1.4.1 机电装备失效的分类

1. 按功能分类

由失效的定义可知,失效的判据是看规定的功能是否丧失。因此,失效的分类可以按功能进行分类。例如,当把材料作为产品,按不同材料的规定功能,可以用各种材料缺陷(包括成分、性能、组织、表面完整性、品种、规格等方面的)来划分材料失效的类型。对电子和电器产品可按其相应规定功能来分类,对机械产品也可按其相应规定功能来分类。

由于机械产品门类太多,而其规定功能更是千差万别,因此,从总体上讲,在机械失效分析中一般不宜按功能分类。但在可靠性工程中,为了进行可靠性设计、评估、预测和可靠性试验,找出系统中的薄弱环节,往往需要并且有可能按某一或某种产品规定的功能项目对故障实施分类,从而便于获取和积累故障和寿命资料(或数据),进行定性和定量分析。

2. 按材料变化(损伤和变质)的机理来分类

任何机械失效最终都可追溯到某一零构件或某些零构件失效引起的。尽管零件的功能千差万别,但绝大多数情况下,失效是由构成零件的材料的损伤和变质引起的。根据机械失效过程中材料发生变化(损伤和变质)的物理、化学的本质机理不同和过程特征的差异,可以作如下分类:

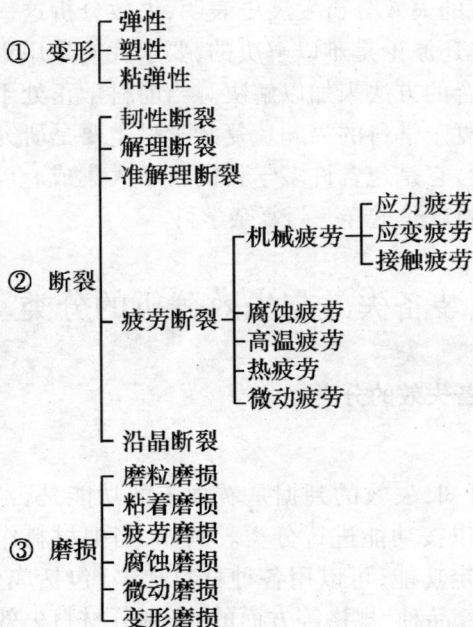

```
          ┌ 弹性
① 变形 ─┼ 塑性
          └ 粘弹性

          ┌ 韧性断裂
          ├ 解理断裂
          ├ 准解理断裂
          │                      ┌ 应力疲劳
          │          ┌ 机械疲劳 ─┼ 应变疲劳
          │          │            └ 接触疲劳
② 断裂 ─┤          │
          │          ├ 腐蚀疲劳
          ├ 疲劳断裂 ┼ 高温疲劳
          │          ├ 热疲劳
          │          └ 微动疲劳
          │
          └ 沿晶断裂

          ┌ 磨粒磨损
          ├ 粘着磨损
          ├ 疲劳磨损
③ 磨损 ─┼ 腐蚀磨损
          ├ 微动磨损
          └ 变形磨损
```

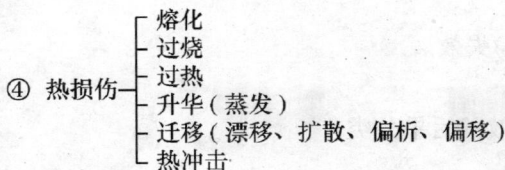

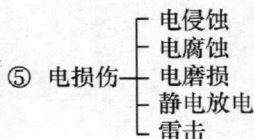

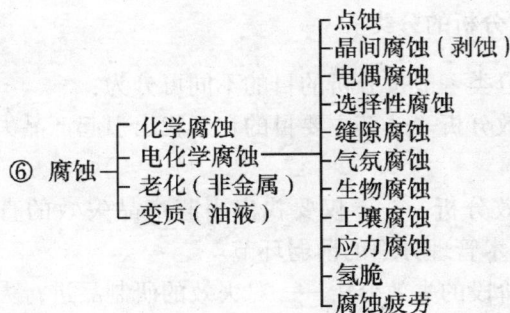

④ 热损伤
- 熔化
- 过烧
- 过热
- 升华（蒸发）
- 迁移（漂移、扩散、偏析、偏移）
- 热冲击

⑤ 电损伤
- 电侵蚀
- 电腐蚀
- 电磨损
- 静电放电
- 雷击

⑥ 腐蚀
- 化学腐蚀
- 电化学腐蚀
  - 点蚀
  - 晶间腐蚀（剥蚀）
  - 电偶腐蚀
  - 选择性腐蚀
  - 缝隙腐蚀
  - 气氛腐蚀
  - 生物腐蚀
  - 土壤腐蚀
  - 应力腐蚀
  - 氢脆
  - 腐蚀疲劳
- 老化（非金属）
- 变质（油液）

⑦ 污染。

⑧ 辐射损伤(辐射脆化、老化等)。

应当指出：当机械产品的失效按其规定功能进行失效分类时，某一种具体的功能失效类别可能是由几种不同的材料变化机理分别引起的。例如驾驶杆失去规定功能——无法操纵，即失效，既可能是驾驶杆断裂、变形，也可能是锈蚀、磨损，甚至可能是外来物卡死等等不同的机理所引起。所以，在失效分析中按材料变化的机理来分类比较合理，有利于分析失效的原因和过程的本质。

3．按机械失效的时间特征分类

① 早期失效

偶然失效期失效。

耗损期失效。

② 突发失效
　　渐进(渐变)失效。
　　间歇失效。
4. 按机械失效的后果分类
① 部分失效。
② 完全失效。
③ 轻度失效。
④ 危险性(严重)失效。
⑤ 灾难性(致命)失效。

1.4.2　失效分析的分类

失效分析的分类一般按分析的目的不同可分为：

①狭义的失效分析——其主要目的在于找出引起产品失效的直接原因。

②广义的失效分析——不仅要找出引起产品失效的直接原因,而且要找出技术管理方面的薄弱环节。

③新品研制阶段的失效分析——对失效的研制品进行失效分析。

④产品试用阶段的失效分析——对失效的试用品进行失效分析。

⑤定型产品使用阶段的失效分析——对失效的定型产品进行失效分析。

⑥修理品使用阶段的失效分析——对失效的修理品进行失效分析。

1.5　灰色系统与失效分析中的并行工程

1.5.1　灰色系统

物质世界是一个无限复杂、相互关联和相互依赖的统一整体。

按照唯物论的观点,无限复杂的世界总是可以被人们认识的,不存在不可认识的世界。然而,在一定的历史条件下,物质世界总存在着暂时未被人们认识的东西。现代控制论根据人们对事物系统内部结构可否观察或认识的不同程度,将其分为黑箱、灰箱和白箱,即黑色系统、灰色系统和白色系统。

所谓白色系统,是指人们对事物内部结构可以直接观察或能够直接运用演绎推理进行分析的系统。那些既不能打开箱体,又不能从外部观察内部状态或运用某种推理进行分析的系统,换言之,现代人类知识尚不能够认识的事物或系统为所谓的黑色系统。灰色系统则是对内部结构可以部分了解或可以综合运用逻辑推理的方法进行分析的系统。

失效分析是一门复杂学科,失效特征及其规律的研究一般滞后于设计、材料、机械等学科的发展,这就决定了机电装备的失效具有丰富多样性和不可穷尽的特点,而失效分析有时仅是在有限的个别实践和认识中发展的,因而构成了矛盾。如定向凝固合金叶片的断裂,最初对疲劳断口源区所谓的"黑色粗糙区"的认识就是这样。从人类实践的绝对性来看,人类可以穷尽对机电失效规律及其预防的认识,但从对失效分析的个别实践和认识来看,又总是在有限的空间内进行的。因此,对失效特点和规律的认识又往往是有限的和相对的,这就决定了失效分析的研究和发展总是处于一个灰色系统内。

1.5.2 失效分析中的并行工程

现代失效分析具有系统工程学的一般特征:即整体性、综合性、社会性和客观性。除此之外,它还具有法律性和时效性。然而,失效分析在相当一些情况下往往属于在灰色系统中寻求答案,这就要求从事设计、制造、使用和维修人员,尤其是失效分析人员,在每一次失效分析开始,就应考虑上述特征,采用一种综合的、相协调的系统失效分析方法,即并行工程(Concurrent Engineering,CE)的方法。该方法在失效分析中应用的可行性与实施要素已在一些文献[8]中阐述。

现代失效分析虽然也强调了综合系统分析，但这一综合系统往往是在各方面（职能部门）分析或各个子分析过程进行到一定阶段后的"综合分析"。失效分析采用的一般程序为：调查现场失效信息；初步确定肇事件；确定具体分析思路和工作程序；初步判断肇事件的失效模式；查找失效原因；综合性分析和提出总结报告。采用的方法一般为从材料、设计、制造工艺、使用、损伤的宏、微观特征方面提出若干个分报告，再组织有关人员进行综合分析，甚至组织国内同行专家进行"会诊"。最后上级机关根据专家的"会诊"意见去向用户或有关预防单位协调落实专家意见。

由于在大多数情况下从事材料、设计、制造工艺及使用的并非同一单位，因而各自往往从自己的角度和本身的利益出发，把"眼睛向内"变成"眼睛向外"，而一旦形成各自的"结论"，最后的"综合分析"可能是各家相互推卸责任。同时，从各自专业角度形成的分析报告，往往会得出"无设计问题"、"未发现材质和冶金缺陷"、"无工艺质量问题"等一系列无问题的结论。最终不得不组织圈外的专家形成所谓"专家意见"。这种方法很容易造成重新组织分析、反复协调、延误时间。因此在今后的失效分析组织管理上有必要采用并行工程方法。

并行工程强调了阶段的相互关联、阶段信息的双向交流以及反馈问题，因而在并行工程用于失效分析时一方面打破了原来由设计、制造、保障、材料等部门分析的界限，并强调了不同分析阶段或不同分析方面的所有成员都能了解分析的总目标以及其他阶段或其他方面的进展、问题及看法，进而在分析的整个过程中不断协调、不断综合各家及各方面的意见和看法，最后得出达到正确的失效分析和预防结论，因而能够极大地缩小"综合分析"时前面各阶段所遗留下的众多矛盾及所花费的时间，大为减少迭代循环，并促进失效分析结论和预防措施实施的可行性。

现代失效分析中采用并行工程的实施要素应当是：

①提出明确具体的失效分析总体要求和目标；

②交互作用的相互协调的并行分析过程;

③多学科(专业)人员参与的综合分析机构;

④综合的辅助诊断或模拟系统(包括必要时有关专家的会诊)。

执行每一实施要素时均应随时考虑系统综合,即总体目标。

1.5.3 对失效分析人员的基本要求

由于失效分析重要性、复杂性和特殊性,失效分析人员除要有扎实宽广的基础理论外,还应在实践中逐步培养,并应具备以下基本素质:

①彻底的求实精神,在任何情况下都要坚持实事求是,要用事实来说话,勇于坚持真理,修正错误。

②敏锐的观察力和熟练的分析技术,善于利用一切手段(包括先进的仪器、设备)捕捉失效的信息和证据。

③正确的失效分析思路和良好的失效模式、失效原因判断能力,要有"医生的思路,侦探的技巧"。

④善于学习,向书本学习,向实践学习,向同行学习,向一切可能共事的人们学习。

⑤要有扎实的专业基础知识和较广的知识面,工作能力要强,办事效率要高。

1.6 失效分析的未来发展

机电失效分析从 20 世纪 50 年代末以来得到了迅猛发展,使机电失效分析从一种简单实用的事故分析技术即分析机电失效原因,进而为预测预防再失效的一门技术向一个独立的分支学科飞跃提供了基础。作为正在兴起和发展的边缘学科,机电失效分析领域面临着众多的机遇和挑战,有众多的热点领域等待我们进行深入系统的研究[7]。

1.6.1 机电失效分析分支学科的建立和完善

机电失效分析是研究产品的失效分析诊断、失效预测和失效预防的理论、技术和方法及其工程应用的分支学科,其发展是以近代科学技术的高速发展相关联的。尽管机电失效学雏形的"基本内容"以及"内涵和外延"早在十多年前就已提出,失效诊断理论的主要支撑技术——断口学和痕迹学也已得到很大发展,但失效分析作为一门学科,其体系的系统性和完整性还远远不够完善,与相关学科的"边界"还远不够明确,特别是失效预测和失效预防理论、技术和方法还未形成相对独立的科学体系,这无疑将限制失效分析领域的发展,即使机电失效诊断学得到相对充分发展,目前人们仍依据经验或根据已有的断口、裂纹、金相图谱来进行失效诊断。现有的图谱和案例集基本上仍是损伤定性的"特征诊断"。虽然也有一些定量分析的结果,但这些结果大多只是特定条件下的定量分析,尚不能给出损伤失效特征随条件变化的系统规律性认识的诊断依据。近年来,人们在金属疲劳断口物理数学模型[9]和定量反推原始疲劳质量[10]以及疲劳应力[11]等方面进行了一系列的研究工作,但失效诊断也还处于定性分析阶段。因此,失效分析从感性向理性转变的关键是定量分析的建立和完善。

1.6.2 固体材料环境损伤的演化诱致突变及其预测

任何材料都在特定环境下服役,材料的失效取决于材料的环境行为。材料与服役条件交互作用的结果,使材料的组织、结构和性能发生变化,甚至最终导致材料的失效。材料的环境失效机理涉及材料、物理、化学、机械、电子等学科领域,其研究成果将构成改善材料品质的创新技术的理论基础,使材料的设计从被动的提高环境抗力到主动的适应多元环境的飞跃,并必将促进宏、微观弹塑性断裂力学、疲劳学和安全评估等学科的协同发展,建立、发展和完善与环境失效有关的模式、诊断、预测和控制等理论。材料的环境行为具有多因素偶合作用和非线性损伤累积效应的特点,如温度变化和机械载荷的偶合作用、应力和腐蚀环境的交互作用等。其失效通常是远离平衡条件下的非线性演化及其突变过程,其研究涉及宏微观的各个层次,包含着对演化诱致突变、样本个性行为以及跨层次敏感性的研究。环境因素偶合效应的物理机制、多因素作用的非线性损伤叠加理论、损伤累积过程的描述和物理数学模型,将成为材料在复杂环境过程中失效评价和控制的理论基础。在此基础上,人们将建立复合作用下材料和结构的寿命预测模型,完善复杂环境下的材料与结构的损伤模型、剩余寿命估算方法、耐久性分析技术和日历寿命分析技术,并进一步研究新型防腐蚀,损伤愈合,止裂和表面工程技术。

1.6.3　新材料断口特征及其规律性

机械失效分析几乎均涉及对材料抗力和构件承受外力(包括环境介质等)的分析。由于科学技术的迅猛发展,新材料在工程上的应用得以广泛应用。不仅像陶瓷、工程塑料与复合材料这些与传统金属材料在力学行为、化学特性及断裂本质等方面存在巨大差异的新材料的断裂特征需要预先进行一些基础性研究,就是传统金属材料本身,由于现代材料制备技术的日益改进,像粉末冶金、定向凝固及单晶制备技术的大量采用,也使得损伤特征与原来发生了很大的改变。如定向凝固合金为含有特定的微细观结构的各向异性材料,材料微细观单元及其构造的动力演化控制了材料的力学损伤破坏过程,从而构成了定向凝固合金主干、枝晶干及枝晶间的不同强度和韧性,在受力作用下当合金主干、枝晶干处于弹性变形范围时,枝晶间已处于塑性变形甚至微开裂,即局部已受到严重的过负荷损伤。相对与普通铸造合金而言,定向凝固合金叶片具有高的弯曲疲劳性能和振动阻尼效果,但由于叶片纵向晶界的作用,叶片抗扭转性能相对较差。同时,定向凝固合金叶片也存在类似树脂基复合材料损伤破坏的某些特点,如在低速高能冲击后的损伤问题值得高度重视。另外,定向凝固合金尤其单晶合金的再结晶及其预防问题已成为定向和单晶合金工程应用中一个棘手问题。相对于金属材料而言,复合材料、功能材料涉及的领域更为广泛,其分析技术更需要多个学科的相互促进和相互提高,仅以对复合材料性能起重要作用的界面而言,层板材料之间、聚合物之间、聚合物和金属之间以及陶瓷与金属之间等界面失效特征与机制及预防措施的研究就是一个极为重要的领域,是急待加强与深入研究的"自由王国"之一。

1.6.4 构件的安全可靠性评估技术

对于大型构件,由于在设计、制造、装配、使用和维修等阶段存在诸多的不确定因素,实际构件所受的外力不仅随工况不同而改变,而且还受偶然因素的影响;同时构件的抗力也由于材料组织的不均匀、内部缺陷的随机分布和加工制造的不一致,存在很大的分散性。因此其失效受偶然性和必然性两个因素的影响。然而任何偶然性造成的随机性在子样大时总体上必然服从某些统计规律,即事物从无序状态转化为一定的有序状态,这就为构件安全可靠性评估提供了基础。

构件的安全可靠性评估不仅需要对过去同类产品的使用数据收集和统计分析,且涉及表征构件的各种基本参数的分散概率及其对构件失效的影响的研究,在此基础上建立构件安全可靠性或失效概率的物理数学模型,并通过数值计算和实验或计算机模拟验证,从而达到产品和构件安全可靠性评估的目的,在规定的寿命内使产品在规定工作条件下完成规定功能时因断裂等造成失效的可能性减少到最低程度。

1.6.5 电子产品及其控制系统的失效分析

现代技术的不断发展,对电子元器件的种类和精细程度的要求越来越高,但电子产品出现失效与故障的频率也一直很高,加之电子元器件种类繁多,其功能各式各样,失效形式又常常具有随机性和偶然性,失效分析工作面临的领域更广,难度更大。控制系统功能繁多,失效模式复杂多样,分析检测的难度很大。本书第七章专门就电子产品的失效分析做了论述。

1.6.6 失效过程的计算机模拟与辅助诊断

计算机已广泛用于设备操纵和控制系统。在安全监控、检测、设计、生产及维修中的自动化方面、产品可靠性设计与提高,计算机都发挥着重要的作用。由于材料或构件的失效过程很复杂,至今还无预测材料、构件和设备的损伤倾向和评估剩余寿命的有效手段,对于失效机理和失效过程的认识基本上仍是唯象的和定性的,用计算机模拟材料和构件失效的动力学过程,不仅可以演示再现失效过程、突出各种失效因子的作用,而且为材料和构件的设计提供了科学依据。近年来发展起来的用计算机模拟失效件断口和失效特征形貌技术,无疑为计算机辅助诊断和模拟损伤过程提供了必要条件。失效过程的计算机模拟与诊断包括失效库的建立,断口的三维重建与模拟,损伤过程的动力学模拟与再现。在上述基础上,借助于神经网络原理,最终形成具有自学习功能、用于分析材料及构件损伤行为和失效机理的人工智能系统。

参 考 文 献

1 张栋,钟培道,陶春虎. 机械失效的实用分析. 北京:国防工业出版社,1997

2 钟群鹏等. 失效诊断、预测、预防的研究方向、内容和目标. 全国第二届航空装备失效分析研讨会特邀报告,1997

3 Tao C H, Zhong P D et al. Progress in Safety Science and Technology, Science press. (1998)43

4 J. 勒迈特. 损伤力学教程. 倪金刚,陶春虎译. 北京:科学出版社,1996

5 上海交通大学《金属断口分析》编写组. 金属断口分析. 北京:国防工业出版 社, 1979

6 张栋.机械失效的痕迹分析.北京:国防工业出版社,1996

7 陶春虎,钟群鹏,颜鸣皋.理化检验—物理分册,2000,36(4):167

8 陶春虎,习年生.材料工程,1999,2:43

9 钟群鹏等.金属疲劳宏观断口的物理数学模型和定量反推分析.全国第三届机电装备失效分析预测预防战略研讨会论文集,1998,333

10 黄宏发,阎海,陶春虎.机械强度,1998,20(3):237

11 谢明立,习年生,陶春虎.航空材料学报,2000,4:34

第二章　失效分析的基本理论与技术

痕迹分析、裂纹分析和断口分析是失效分析学科中较为成熟的学科分支和使用频度最高的基本技术，正在发展的失效评估是失效分析发展的极其重要的内容。本章重点介绍了痕迹分析、裂纹分析和断口分析，并简要介绍了失效评估的基本理论以及失效分析常用的其它理化检测技术。

2.1　痕　迹　分　析

2.1.1　痕迹分析的作用和意义

痕迹学应用于失效分析由来已久，但真正成为失效分析学科中的一个学科分支应该说是上个世纪末的事情，其概念、理论和分析方法在有关文献中有较为详细的介绍[1,2]。痕迹分析不仅可对事故和失效的发生、发展过程作出判断，并可为分析结论提供可靠的依据。痕迹的广泛含义可定义如下："环境作用于系统，在系统表面留下的标记称为痕迹"。在机械失效时，定义中的"系统"便是"机械"，而"环境"中的力学、化学、热学、电学等因素"作用"于机械，在机械表面及表面层所留下的损伤性标记，便是痕迹。由于机械表面的不完整性，服役时首先受到环境的破坏作用。因此，机械失效往往从表面或表面层损伤开始，并留下某些特征痕迹。痕迹标记包括表面形貌（花样）、成分（或材料迁移）、颜色、表层组织、性能、残余应力以及表面污染状态等的变化。

所谓痕迹分析，即是对上述变化特征进行诊断鉴别，并找出其变化的过程和原因，为事故和机械失效分析提供线索和证据。

机械失效的痕迹分析的意义在于：

① 它是机械失效分析中最重要的分析方法之一，对判断失效性质、破坏(解体)顺序，找出肇事失效件，提供分析线索等方面有着极为重要的意义；

② 在进行受力分析、相关分析、确定温度和介质环境的影响，判断外来物(或污染物)以及电接触影响等一系列因素分析中，可以提供直接或间接的证据，对分析失效原因起着重大的作用；

③ 在生产制造、安装、调试、维修、使用等过程中，不仅可以作为检验加工质量的重要手段，也是发现和诊断故障的重要方法；

④ 是表面科学的一个组成部分，对研究和改善材料的表面性能，预防机械失效、推动表面科学的发展有重要价值。

综上所述，痕迹分析是研究痕迹的形成机制、过程和检验方法的一门专门学科，是失效分析学科中重要的组成部分。由于各种痕迹形成机制的不同，痕迹形成过程相当复杂，因此痕迹分析将涉及材料、无损检测、腐蚀、摩擦、压力加工、机械、力学、测试技术、数理统计等各个领域。

2.1.2 痕迹的分类

痕迹分析的直接研究对象是机电装备表面上各种各样的痕迹。根据痕迹形成机理和条件的不同，可以把痕迹分成以下几类：

1. 机械接触痕迹

接触部位在机械力作用下所留下的痕迹称为机械接触痕迹(简称机械痕迹)，其特点是塑性变形或材料转移、断裂等集中发生于接触部位，并且塑性变形极不均匀。机械痕迹依据接触方式和相对机械运动方式的不同又可分成五种[1,2]：压入性机械痕迹、撞击性机械痕迹、滑动性机械痕迹、滚压性机械痕迹和微动性机械痕迹。如果把上述五种痕迹中两种或两种以上痕迹组合，就会产生各种复合机械痕迹。另外，在同一接触表面上也可能出现多次撞击、反复滚压、划伤的情况。

2．腐蚀痕迹

由于化学作用或电化学作用而在接触部位表面留下的反应产物（生成物）和基体材料变质损耗的现象称为腐蚀痕迹。反应产物一般可从以下几方面加以分析鉴别：

①形貌的变化，如点蚀坑、麻点、剥蚀、缝隙腐蚀、鼓泡,生物腐蚀等；

②表面层化学成分的改变或腐蚀产物成分的变化；

③颜色的变化和区别；

④物质结构的变化；

⑤导电、传热、表面电阻等表面性能的变化。

3．电侵蚀痕迹

由于电能的作用,在电接触部位或放电部位留下的痕迹。它可分成两类：即由于电接触现象而在电接触部位留下的电侵蚀痕迹和由于静电放电现象而在放电部位留下的电侵蚀痕迹。

4．污染痕迹

各种污染物附着在机械表面而留下的痕迹为污染痕迹,即污染物的自我像。鉴别污染痕迹除了各种理化检验方法之外，还可利用气味鉴别,如烟味、油味、火药味、油漆味、酸味等。常见的污染痕迹还有水迹、膏脂迹、灰迹、积炭、汗迹、血迹、指纹、霉斑、寄生物、各种金属溅痕等。

5．分离物痕迹

分离物主要是指接触面在物理、化学作用下从接触面上脱落下来的颗粒,它既可以是机械表面的分离物,也可以是反应产物的脱落物。这些分离物是某一痕迹产生过程的终了产物。分离物痕迹分析,着重是指分离物本身的形貌、成分、结构、颜色、磁性等。目前颗粒鉴定已发展为一项专门技术,其中铁谱分析及其应用已相当成熟[2]。

6．热损伤痕迹

由于接触部位在热能的作用下发生局部不均匀的温度变化而在接触部位表层留下的痕迹。金属表面层局部过热、过烧、熔化、

直到烧穿,漆层及非金属表面的烧焦都会留下热损伤痕迹。热损伤痕迹一般可从以下几方面分析:

①颜色的变化,如不锈钢从 430℃~480℃开始变色,随温度升高,从黄褐色、淡蓝色、蓝色变为黑色,钛合金[3]在 350℃以上开始变黄,随温度升高,从黄色、淡蓝色、蓝色变为黄褐色、褐色;

②表面层成分、结构的变化,包括氧化膜的形成、合金元素富集和贫化等;

③金相组织的变化,如再结晶、晶界熔化、表面层局部相变等;

④表面性能的改变,如显微硬度、耐蚀性、耐磨性等;

⑤形貌特征,除了变色区的形貌外,严重烧伤时会出现熔坑等,非金属表层可能出现龟裂、烧焦痕迹等。

7. 加工痕迹

任何机械产品在表面都会留下出厂前的加工痕迹,包括最终的机加工痕迹、表面处理痕迹、各种加工和检验标记等。由于加工痕迹是已知生产条件下的产物,规律性较强,容易识别判断,有利于与使用痕迹对比分析。值得重视的是可能导致机械失效的非正常加工痕迹,即留在表面的各种加工缺陷,如啃刀、磨削烧伤痕迹等。

痕迹分析既要重视通过痕迹的各种特征来确定痕迹的特定性,又要研究痕迹的共同性和普遍性,以便识别痕迹的特殊性,这时要注意痕迹特征的数量和质量。

特征(表象)是特性(稳定性、本质)的客观反映,是表面的客观反映。不仅质是客观的,就是外表也是客观的。不同类型的痕迹,反映了不同本质的过程曾在接触面上进行。从微观中发现细微特征的量越多,质越高,这些特征的总和在其它客体上重复出现的可能性就越小。产品的外表局部形态,常常是现场痕迹的造痕形象的来源,这也是一种因果关系,可从结果去找原因,即从痕迹形态去找造痕物的特性。

从材料的角度分析,接触面的材料可能发生:

①粘着转移;

②脱落成为分离物离开表面；

③化学反应生成腐蚀产物；

④电侵蚀时的飞溅、烧蚀；

⑤附着物(如污染物、吸附物)的转移。

把痕迹形态分析和材料转移分析结合才是完整的痕迹分析。

2.1.3 机械接触的损伤痕迹

1. 压入性机械痕迹

造痕物压入留痕物时，法向载荷的作用缓慢而持续，保持较长时间的接触状态或接触面不再分离(即静态接触)，变形速度一般较小，这时留下的痕迹称为压入性机械痕迹——简称为压痕(或压印)。

最典型的压入性机械痕迹要数用压入法测量金属材料硬度时在金属表面留下的各种规则的印痕了。在试样表面敲上钢印编号、在重要机件上敲上质检钢印标记，这也是典型的压痕。出厂时就留下的这些加工痕迹，也是拼凑残骸的重要依据。

压入性机械痕迹一般形貌比较规则，与造痕物的接触部位的形状比较吻合，能较好地反映造痕物的几何特征，如曲率半径、锥度、螺距、棱边或刀刃特征等，并且在有些情况下仍能保留机件原始的表面加工痕迹，压痕的边界也比较清晰。压入性的机械痕迹在垂直表面的方向上的变形最大，往往形成容积性的压印痕。在机械加工过程中留下的有害压印痕，是机械失效的重要原因之一。

(1)压入性机械痕迹的典型特征

摩尔曾把一个硬的钢柱沿槽的平行方向放置并压入铜的表面，结果如图 2 - 1 所示，表面原有的加工凹凸状在压痕的底部仍清晰可见。实验还表明，凸峰的加工硬化使其屈服应力显著地高于基材金属的屈服应力。

用任何形状的压头，特别是钢球或圆锥体在静力下压入材料时，不论是压头或者是被试验的材料，都会产生弹性或塑性变形。当测量硬度时，如果我们选择的测量条件合适，压头通常只产生弹

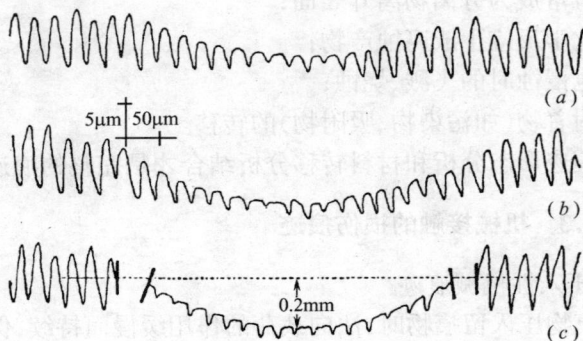

图 2-1　槽状表面被一硬圆柱形压印体
压着变形后的塔里舒尔夫式轮廓仪记录
(*a*)轻负荷下的变形;(*b*)进一步的变形过程;
(*c*)在重负荷下,凸峰与金属主体均属塑性变形。

性变形,而被研究的材料,在负荷很小时产生弹性变形,在负荷增大时便产生塑性变形。图 2-2 表示压入球体时表面所产生的容积性痕迹特征。

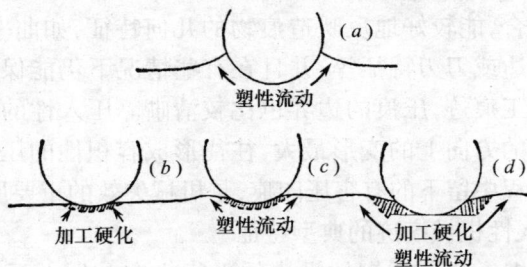

图 2-2　用球形压头产生的金属变形
(*a*)用加工硬化后的金属,生成一个隆起的脊背或称堆积棱;
(*b*)、(*c*)和(*d*)用退火的金属,出现下沉现象。

对于脆性材料,压痕常带有明显的表面裂纹,这些裂纹从压痕的棱锥出发向材料的内部延伸。当压痕达到一个临界尺寸时,脆性材料的弹塑性压痕会导致中线裂纹和横向无出口裂纹的产生和蔓延。随着材料硬度和断裂韧度增加,断裂压痕的最小临界尺寸也增加,钝压头的临界尺寸比锋利压头大。这些静态压痕现象也可定性地应用到滑动压头,但是产生断裂的载荷要降低。

(2)压入性机械痕迹分析的应用

在司法鉴定中关心的是各种作案工具在现场留下的敲击压印、撬压印痕、钳压痕(成对),踩在泥地上留下的脚印、鞋印以及动物和人体留下的牙印等等。

在机械事故检查和失效分析时最常用的压痕分析有:

①确定发生事故(或故障)时机件之间相对工作位置的卡压痕迹;

②确定仪表指示位置的卡压痕迹;

③外来物的压入痕迹;

④反映解体顺序的机件压印痕。

钢珠在镀铬零件上压入时,会造成圆形的压坑,并且在压坑的底部和边缘的铬层呈现脆性的网状龟裂,由放射状和同心环状裂纹交叉组成。

如果钢珠压入时还有侧向移动,则形成椭圆形的压坑,并在长轴方向的终端有金属的隆起变形。金属隆起变形的方向就是移动的方向,在移动时,滑动方向上的铬层的裂隙大于非滑动方向上的裂隙。

机件在工作中被卡死,往往先产生划痕,最后在产生压痕处卡死;飞机坠毁时,在机件上有可能只有压痕,也可能既有压痕又有划痕。

残骸机件表面上既有凹陷变形又有贯通凹陷变形的连续划痕时,则划痕产生于凹陷变形之前。如果划痕出现于凹陷变形之后,则划痕通过机件表面的凸凹变形处会出现间断特征。

重叠压痕先后顺序的判断,一般是后面的压痕覆盖前面的压痕;最后形成的压痕外形最完整(形象完整、边界范围清楚、特征变形小);最早形成的压痕外形最不完整;小坑可以建立在大坑上,大坑则可以覆盖小坑。

在众多紊乱的压痕中,要选择形状完整、特定特征清楚的一次形成(或最后形成的)痕迹部位作深入分析,这样的痕迹部位可能浅而小,也可能是孤立的,但是检验价值可能很高。

(3)仪表残痕分析

仪表残骸痕迹分析的基本原理是飞机坠地时受到很大的负加速度,相当于仪表受到突然撞击而破坏;这时,指针与表盘、球形刻度盘与其它机件、各传动机构之间或活动线圈与磁铁之间等都受到撞击,根据这些撞击所造成的印痕就可以判断出仪表当时的指示值。

据模拟试验的结果,典型的飞机坠毁时的一个机载附件所受负过载,从 $-1g$ 到 $-500g$ 的大过载的作用时间只有 $(1 \sim 2)\,\mathrm{ms}$。由此可见,从仪表正常状态到受到几百个 g 的负加速度而破坏的时间极短,仪表的指针或传动机构在撞击前的指示是可信的。但飞机接地角很小的事故,飞机可能多次接地,有时仪表指示的位置有改变,需作具体分析。

飞机在空中解体时,仪表同样受到很大的过载,可能留有印痕,也可以分析它们在解体时的位置,但是,主残骸接地时可能造成第二个印痕。

仪表残骸分析的目的,主要是判断飞机坠地瞬间的仪表指示值,为判断飞机坠地时的速度、姿态和发动机工作状态等提供依据,同时也可判断仪表本身工作是否正常。

飞机坠地时,如果仪表因表盘面受压而使指针卡死,这种指示值一般就是飞机坠地时的仪表指示值。如一架米格－17飞机发生事故后,排气温度表的指针卡死在 400℃ 处。经检查该机的发动机残骸,判明飞机坠地时发动机的转速与排气温度表残骸指示值基本相符。

如果压痕或划痕是由指针在飞机坠地撞击时形成的,则认定指针痕迹的原则有以下两条:

①此划痕是以指针转轴为圆心的圆弧线;

②此压痕的延长线必通过指针的转轴。

如果表盘上有两条平行的压痕,压痕的间距等于指针的宽度,而且两条压痕的中线延长线通过指针转轴,则该压痕是指针在飞机坠地时形成的。

例如从事故现场找到的空速表残骸相对来说还较完整(见图2-3),指针尚可转动。表盘上有不同方向的划痕及不同部位的压痕数十条。先将空速表残骸图简化为图2-4,弧线 CD 的曲率半径已超出盘面,故非指针所形成;弧线 FE 的弯曲方向不对,也可排除;直线 AB 的延长线不通过指针转轴可以排除;只有直线 A'B' 延长线通过指针转轴,所以直线 A'B' 可能是指针留下的压痕。

图 2-3 空速表残骸

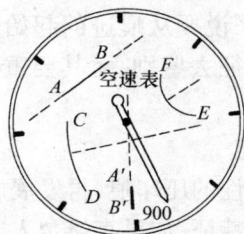

图 2-4 表盘简化图

对于指针已不存在的仪表盘残骸,应注意表盘上有无碰断指针时留下的压痕,据此可以判断仪表的指示值,但要考虑到指针被碰断时受力的方向和位移量。必要时,可用能谱仪等检查表盘上指针尾端印痕上的金属成分,可能发现上面有指针配重上铅的成分。

受热变色的表盘也值得注意,由于受到着火时的温度影响,表盘被指针遮盖部分为黑色,其他部分则是黑漆被烧掉,而呈白带绿色。

仪表残骸指示值用肉眼直接判读有困难时,可用放大镜仔细观察,还可用紫外灯照射表盘,这时从指针上撞下的而粘在表盘上的荧光粉颗粒会发光。

2．滑动性机械痕迹的判断检验

滑动性的机械接触痕迹,都是在摩擦过程中形成的,没有摩擦,也就不会产生滑动性的机械痕迹。因此,亦可称为摩擦痕迹,它是摩擦过程的真实记录。

滑动性机械痕迹分为:

①犁痕(即划痕):包括犁皱痕迹、犁削痕迹和犁碎痕迹。

②粘着痕迹。

③摩擦疲劳痕迹。

④摩擦腐蚀痕迹(复合型)。

在滑动性机械痕迹中,最常见的是犁痕,这里重点阐述犁痕的判断检验方法。

犁痕的判断,总的来说要从痕迹的起始、末端、沟边和沟底四个部位的宏观和微观特征去鉴别,尤其要重视细微形貌和材料转移特征的鉴别。

(1)犁痕方向的确定

①如果先形成压入性的压印痕,再发展成划痕,则起始点就会留下压入性机械痕迹的特征;如果直接犁入或刨入,则起点处一般没有材料堆积,相反会出现凹陷。划痕的深度和宽度也有一个渐变阶段。

②在划痕的中间阶段如果法向载荷不变,则痕迹特征一般比较稳定,沟宽保持不变,沟底为平行性的细微划痕,沟边缘成脊状。

③划痕的末端(尾巴),一次性的划痕,结尾往往带有突然性,所以末端的材料堆积比较明显,如果最后阶段作用在压头上的力渐渐变小,则划痕的宽度和深度也有一个变化过程,但尾巴处也不会出现凹陷而是出现隆起。一般来说,末端的特征比起始端更为明显。

④如果划痕沟底还有先前其他的划痕,则可从先前划痕的变形方向来确定划痕方向。

⑤撞击型的划痕,当沿撞击运动轨迹,造痕物对受痕物的作用力由大而小,所以划痕宽度由粗到细,划痕深度由深到浅,材料转移由多而少,划痕的宏观形状呈收敛状态,因此这种收敛方向指示划痕方向。

⑥当划痕过程中途经表面凹凸处时,其形成方向可以借助该凹凸处材料的变形或堆积的位置的形状,以及划痕的中断特征来加以判断。例如造痕物经过表面的凸起处,若在该处堆积成锥形(油漆类材料、特种涂抹痕迹),锥形尖端所指方向正好与划痕的形成方向相反(见图 2-5)。

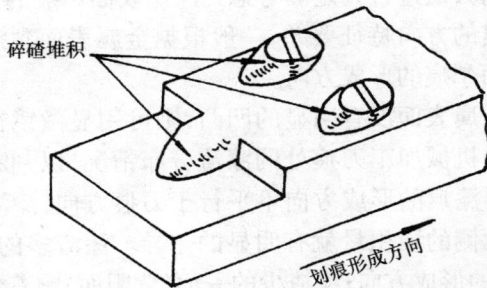

图 2-5 碎渣在表面凸起处的堆积情况

表面划痕经过物体表面凹陷处,常常会将材料碎渣堆积在迎划痕前进方向的一侧,并且表面划痕是间断的。

⑦犁沟痕迹的方向性特征:一般金属材料向犁沟外侧的两边

或一边翻起(这取决于两物体表面所成的角度),翻起的金属毛刺的倾斜方向为表面犁沟的形成方向。有时,仔细观察犁沟的内侧边缘,还会发现有许多细小的毛刺,这些毛刺的倾斜方向与犁沟的形成方向一致。

如果甲物体与乙物体表面接触部位比较圆钝,相对速度比较小,则在乙物体表面所形成的表面犁痕,其边缘也会有翻起的金属毛刺,但数量较少。最能反映其方向特征的是犁沟底部出现的若干弧形台阶(当作用力增大后就成为舌形痕迹),台阶的凸面(舌尖)方向就是犁沟的形成方向。另一个重要特征是金属堆积,金属堆积出现在犁沟终端。金属堆积由被翻起来的金属屑和犁痕终端的金属材料塑性挤压变形组成,金属堆积的方向与犁痕的形成方向一致。

⑧在漆层上出现的刻划型表面犁痕,当漆层未被划透时,常常会将其中一种颜色的漆刮到另一种颜色的漆层上。如犁痕经过红漆层与黄漆层交界处,黄漆层上有红颜色漆;黄漆层与白漆层交界处,白漆层上有黄颜色漆。则犁痕的方向是:从红漆层经黄漆层到白漆层。当漆层下面的金属表面被划伤时,还可以采用金属表面划痕的判断方法来判断表面犁痕的形成方向,也可以利用漆层表面犁痕的判断方法进行判定。考虑到漆层表面犁痕的方向特征较金属表面犁痕的方向特征要差,一般根据金属表面犁痕的方向特征来判定表面犁痕的形成方向。

⑨如果金属表面没有明显的凹凸,则可用显微镜在低倍下观察金属表面的机械加工刀痕处的漆渣分布情况,以判断犁痕的形成方向。只要漆痕的形成方向不平行于刀痕方向,漆渣在刀痕的凸起部分的两侧的堆积量就有明显的差异。漆渣多的一面(向阳面)迎着犁痕的形成方向;漆渣少的一面(背阳面)顺着犁痕的形成方向。此外,用显微镜在较高倍数下观察,漆痕是由许多菱形小块组成的。菱形小块的前端与后端不相同,后端有卷曲和翘起的现象。据此也可以判断犁痕的形成方向。

⑩橡胶件属于高弹性体,弹性变形大,而塑性变形小(并有滞

后现象),所以不易留下连续的犁痕,往往在犁痕的轴线方向上,橡胶碎渣(形成鳞片和卷体)积聚呈弓形排列,其凸出方向即是犁痕的形成方向,由于微切削和塑性变形都很难发生,所以犁皱现象难以出现,这是橡胶高弹体的低模数和高断裂应变性能所决定的。

(2)一次性还是多次性的同类划痕

由一个独立的造痕物形成的同一条划痕沟底,细微的划道大体上是平行的,因为造痕物的凸峰在擦划一次的过程中大体上是保持等间距的,因此,在一次性的划痕沟底,不可能有相交的细划道。反过来讲,若在划痕沟底发现有相交的细划道,则说明不是一次性的划痕。

在同划痕延续方向上:①断续性划痕是最好区分的,当切向推力小,滑动速度小时,由于不易克服摩擦阻力,有时出现停顿现象,形成断断续续的划痕;②停顿性划痕,也可从材料堆积,沟底平行细划痕的转折以及停顿处划痕沟边的转折及边上的毛刺等多方面特征加以区分;③独立平行的长短不一的划痕显然是多次性的,但无法区分先后。

(3)相交的划痕先后的区分

①如果第2条划痕沟底的细划痕覆盖了第1条划痕沟底的细划痕,这时第一条划痕沟底的细划痕在相交处突然中断(或发生转折、变形),因此说明第一条划痕先出现(见图2-6)。总之在划痕沟底较好地保持有连续而平行于沟边方向的细微划痕,一般是较晚出现的划痕。

②浅划痕遇到深划痕时,则浅划痕在深划痕的沟边出现不连续现象,浅划痕呈断续状。但有时可使深划痕沟底的细划道顺划痕方向凸起(见图2-6)。在迎划痕的深划痕的沟边有可能产生涂抹材料的堆积。

③深划痕通过浅划痕时,将迫使浅划痕中断(犁断),交叉相遇处的浅痕的沟边顺着擦划的方向变形,在交叉处出现"收口",由此也可反推深划痕的划痕形成方向。

④涂抹型划痕遇到原有划痕时,常使原划痕覆盖而中断。刮

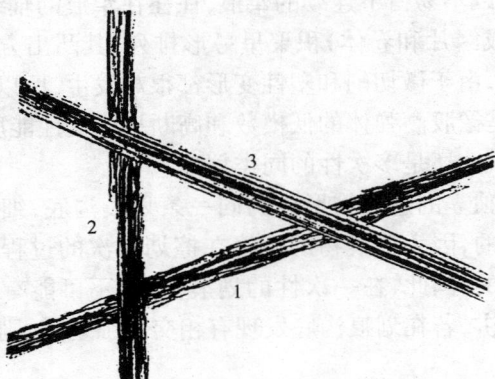

图 2-6　划痕相交处的特征

痕和划痕并无本质差异,只是犁头宽窄和行程长短有别,刮痕一般宽而短。前缘金属堆积和变形也小些。铲痕和划痕也无本质差异,只是沟槽两侧变形较小,而前缘金属堆积较多。

其他类型的机械接触痕迹,请参考有关文献[1]。

2.1.4　电接触损伤痕迹

1. 电腐蚀(电侵蚀)痕迹

早在 19 世纪初人们就发现了电腐蚀现象,例如在插头或电器开关触点开、闭时,往往产生火花而把接触表面烧毛、腐蚀成粗糙不平的凹坑而逐渐损坏。这一过程大致可分为以下几个连续的阶段:极间介质的击穿与放电;能量的转换、分布与传递;电极材料的抛出。

传递给电极上的能量是材料产生腐蚀的原因。当传递给两极的能量转化为热能,形成一个瞬时高温热源,而高温热源必然向周围和内部传递热量,在放电点处温度最高,如超过材料沸点,便形成汽化区,低于沸点而超过材料熔点时,形成熔化区。在电极表面形成放电痕。熔化区未被抛出的材料冷凝后残留在电极表面,形成熔化层。熔化层下面是热影响层,再往下才是无变化的材料基体。

脉冲放电初期,瞬时高温使放电点的局部金属汽化和熔化。由于汽化过程非常短,必然会产生一个很大的热爆炸力,使被加热到熔化状态的材料挤出或溅出。由于表面张力和内聚力的作用,使抛出的材料具有最小的表面积,冷凝时凝聚成细小的圆球颗粒,直径约 $0.1\mu m \sim 500\mu m$。

观察铜打钢电火花后的表面,可以看到钢上粘有铜,铜上粘有钢的痕迹。如果进一步在显微镜下可以看到除了游离碳粒、大小不等的铜和钢的球状颗粒之外,还有一些钢包铜、铜包钢、互相飞溅包容的颗粒,此外还有少数由气态金属冷凝成的中心带有空泡的空心球状颗粒产物。

2.电腐蚀(表面)损伤痕迹特征

(1)表面放电凹坑

由于爆炸力和冲击波的作用,会造成坑的卷边、重叠、沟槽、圆角、波纹等形貌。由于瞬间高温作用,所以凹坑表面一般有熔化层铸态形貌特征,由于热爆炸力的推挤作用,坑边一般形成凸缘,并且坑的直径一般明显大于坑的深度。

(2)表面变质层

电腐蚀时,材料的表层发生了很大的变化,粗略地可把它分为熔化层和热影响层,对于碳钢来说,熔化层在金相照片上呈现白色,故又称之为白层。

①熔化层位于工件表面的最上层,它被放电时产生的瞬时高温熔化而滞留下来,受快速冷却而凝固。它与基体金属完全不同,是一种树枝状的淬火铸造组织,与内层的结合也不甚牢固。熔化层可有渗碳、渗金属、气孔及其他夹杂物。熔化层的厚度一般不超过 0.1mm。

②热影响层介于熔化层和基体之间。热影响层的金属材料并没有熔化,只是受到高温的影响,使材料和组织发生了变化,它和基体材料之间没有明显界限。由于温度场分布和冷却速度的不同,对淬火钢,热影响层包括再淬火区、高温回火区和低温回火区;

对未淬火钢,热影响层主要为淬火区。因此,淬火钢的热影响层厚度比未淬火钢大。不同金属材料的热影响层组织是不同的,耐热合金的热影响层与基体差异不大。

③显微裂纹。电腐蚀表面由于受到高温作用并迅速冷却而产生拉应力,往往出现显微裂纹。裂纹一般仅在熔化层出现,只有在脉冲能量很大的情况下才有可能扩展到热影响层。

(3)表面性能

①显微硬度及耐磨性:电侵蚀处表面的熔化层硬度一般均比较高,对某些淬火钢,也可能稍低于基体硬度。对未淬火钢,特别是原来含碳量低的钢,热影响层的硬度都比基体材料高;对淬火钢,热影响层中的再淬火区硬度稍高或接近于基体硬度,而回火区的硬度比基体低,高温回火区又比低温回火区的硬度低。一般来说,电侵蚀处表面最外层的硬度比较高,耐磨性好。但对于滚动摩擦,由于是交变载荷,如果是干摩擦,则因熔化层和基体的结合不牢固,容易剥落而磨损。含碳较高的钢有可能产生表面脱碳现象而使熔化层的硬度大大降低。白层因生成细化组织,微电池作用减弱,所以表面耐腐蚀性提高了。

②残余应力:电腐蚀表面存在热和相变作用而形成的残余应力,而且大部分为拉应力。残余应力的大小和分布,主要和材料热处理状态及电侵蚀时的脉冲能量有关。

③疲劳抗力:由于表面存在着较大的拉应力,甚至存在显微裂纹,因此其疲劳抗力比原来的机械加工表面低许多。

3.电接触粘附

如果电接触的恢复力太小及过热温度相当高,则实际接触处就会产生熔焊。

表面膜被严重破坏后,轻微的摩擦就会使实际接触处粘着而引起触头冷熔焊。对大功率接触元件来说,触头热熔焊对可靠性很重要,而小功率接触元件,特别是还原气氛下的舌簧式触头用软接触材料纯金和纯银时,则会产生冷熔焊或摩擦熔焊。另外,气体放电和触头熔化引起的弹跳现象可导致动态熔焊和粘附。

4. 电磨损痕迹

接触元件的电磨损,是指两个相对滑动的接触元件的表面状态发生了变化,这种表面状态的变化包括表面粗糙度、几何形状的改变、擦伤、粘连和产生磨损碎片(磨屑)、材料的转移等等。接触元件的磨损也是一种机械磨损。但是,这种机械磨损和一般的机械磨损有一定的差别,因为它是在带电条件下的一种磨损,电流所引起的热量和温度对磨损过程是有影响的。

5. 静电痕迹

两种物质发生摩擦时可以使它们都带上电,称为静电。当两个物体相互摩擦或者接触时,其中一个物体失去一些电子,另一个物体则获得一些电子。从物质的电结构来看,无论用摩擦起电,还是用其他方法来使物体带电的过程,都不过是使物体中原有的正负电荷分离和转移。

(1)静电放电的痕迹特征

放电过程中形成的碳及碳化物,使放电部位的表面颜色发黄、发灰或发黑,留下小斑点。局部的高温熔融,使放电部位表面颜色变成深蓝。高电压、小电流情况下发生的静电火花放电,在放电过程中,放电体上会形成形貌类似于"火山口"状的高温熔融微坑(几微米到几十微米不等,呈分散孤立状态分布),被称为"火花放电微坑",它是静电燃爆事故残骸件上最主要的微观形貌特征,是判断事故原因的重要证据。

在液化石油气燃爆事故分析中,残骸分析发现灌枪的局部表面存在大量的"火花放电微坑"[2]。这就证实了静电放电火源就在灌枪。

在微观分析中,要谨慎区别"火花放电微坑"和"电气短路微坑"。

电气短路打火是一种低电压大电流情况下发生的放电形式。在放电部位也形成熔坑,称作"电气短路微坑"。它与"火花放电微坑"的区别在于:a. 形状不规律,面积较大,有时用肉眼或高倍放大镜就可以辨认;b. 不具有"火山口"形貌特征,而是具有明显的

"贝壳"几何花样、"溅射"花样[2]，往往存在明显的金属粘连特征痕迹和大量的金属迁移。

(2)雷击痕迹

1)热损伤

在雷击大电量阶段，雷击电流通过导体时能在极短时间内转换成大量热能，会造成结构的严重烧伤和烧蚀。特别是在整个雷电传导期内，当闪电通道停留或附着在飞机的一点上时，会发生最严重的损伤，能使飞机蒙皮上生成直径达数厘米的洞。如果烧伤或烧蚀发生在油箱附近处有油蒸气的蒙皮上，蒙皮烧穿或蒙皮下表面的局部过热点能点燃油蒸气而引起爆炸。

2)电损伤

雷击时会有数十万乃至数百万伏的脉冲电压放电。这将造成绝缘材料的击穿，如机头雷达罩就可被这种极高电压击穿。在雷击大电流流过飞机的急拐弯弯头时，产生强的磁通作用，其磁力能使结构件从铆钉、螺钉或其他紧固件处扭开、撕开、弯折或剪开。在预先雷击阶段，在飞机端部产生枝状流光。位于这一部位的某些类型的燃油通气口对枝状流光反应敏感，流光能点燃易燃爆的燃油蒸气而发生爆炸。在主放电阶段，流过电搭接不良的飞机结构处会产生火花。如果火花发生在燃油箱内或燃油蒸气空间内，也会引起爆炸。雷击电流流过电气附件或线路，也会给飞机电气或电子设备造成破坏。大电流通过导线、触点时，可使导线、触点熔化并汽化。另外，闪电时的电磁辐射和冲击波也有间接破坏作用。

3)直接雷击点分析

当飞机遭受雷击时，它总是成为闪电通道的一部分，与雷击中实际传送的电荷量相比，飞机本身的电容量很小，因此，闪电要通过飞机到另一个最终雷击目标。这样，在每次雷击事故中一般有两个雷击点，一个是"进入点"，另一个是"穿出点"。有时候由于闪电的分叉，可能有多于一个的"进入点"或"穿出点"。还必需考虑闪电在整个飞机上的扫掠问题。随飞机的速度和大小的不同，扫掉的范围可从几厘米到整个飞机长度。因此,在直接雷击点后面的任何部位也会出现雷击点凹坑(图 2-7)。直接雷击点的特征是在飞机表面显示出凹坑和熔化金属的典型特征,严重时可以见到烧穿的小孔或洞。

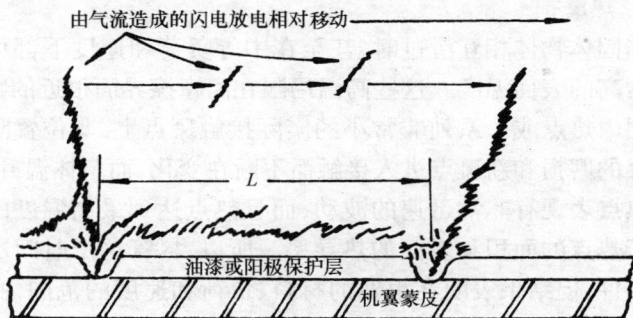

图 2-7 闪电扫掠机翼蒙皮示意图

在分析飞机直接雷击点时,要特别注意检查下列部件:(1)机头;(2)机翼翼尖;(3)尾翼(包括操纵舵面)翼尖;(4)空速管;(5)机头雷达罩;(6)尾锥;(7)天线;(8)燃油通气口;(9)座舱盖;(10)旋翼桨叶;(11)尾桨桨叶;(12)兵器外挂架;(13)副油箱外挂架;(14)进气道;(15)静电放电器等。

2.1.5 热损伤痕迹

1.热冲击

在非正常的急剧加热和急剧冷却情况下,温度梯度比正常时大,所以热冲击应力一般比正常热应力高。和机械冲击一样,在热冲击时,变形的不均匀性、惯性抗力和波动过程可能产生一定的作用。

热冲击损伤具有如下一些痕迹特征:

① 表面可能烧熔,出现铸态熔坑、几何花样、交叉滑移等。

② 表面烧蚀变色,失去金属光泽。

③ 表面龟裂,萌生热疲劳裂纹,并且出现多条热疲劳裂纹。

热疲劳裂纹多呈分叉的龟裂状,裂缝内充满氧化物。宏观上断口呈深灰色,并为氧化产物覆盖,裂纹源系多源,从表面向内部发展。磨片观察,裂缝内充满氧化物,其边沿则因高温氧化使基体元素贫化、硬度降低。裂纹多为沿晶型或沿晶 + 穿晶型。

2. 热磨损

当固体物体相互滑过时,甚至在中等负荷和速度下都可能产生非常高的表面温度。这些高温局限在离摩擦界面很近的物体的极薄层内热点或一系列非常小的实际接触斑点上,其位置随着表面凸峰的磨损和新斑点进入接触而不断的变化,而基体温升较小。通常热点表现有非常迅速的波动,而且热点达到最高温度的时间取决于热点的面积和表面的热导率。所以,尽管这个时间决定于实验条件,但结果表明在很宽的材料、负荷和速度的范围内,热点的寿命是在 $(10^{-4} \sim 10^{-3})$s 数量级的范围内。各种金属在玻璃上滑动所产生的最大的热点面积是在 $10^{-3}cm^2$ 数量级。

当滑动摩擦的摩擦表面相对移动速度较高时 $(v = 3m/s)$,并且单位压力也较大 $(P \approx 25MN/m^2)$,使金属摩擦表面层的温度急剧增高,引起热磨损。

当产生热磨损时,互相作用的表面,在表面接触区域之间产生金属的亲合力。后者取决于外摩擦热作用在摩擦表面金属上而引起的热塑性。产生热磨损时,摩擦系数是变化的:随着滑动速度增加而增加,达到最大值,然后平稳下降。发生热磨损时,摩擦表面由裂纹、金属的粘着粒子和涂抹粒子所覆盖。

3. 低熔点金属的热污染

低熔点金属受热液化时若与固体金属表面直接接触,常使该固体金属浸湿而脆化,在拉伸应力的作用下,从表面起裂,而裂纹尖端吸附低熔点液态金属原子,进一步降低固体金属的晶体结合键强度,导致裂纹脆性扩展。低熔点金属的热污染常导致接触金属的脆性断裂,一般称作液态金属脆。

低熔点金属的热污染,只要环境温度接近低熔点金属的熔化温度便会发生。例如在铁—铝,铁—铟,铁—镉以及其他不少金属偶中都存在这种现象。

低熔点金属热污染导致的脆化,一般是分枝裂纹或与主裂纹相连的网状裂纹,裂纹源区为低熔点金属所覆盖,带有不同的色彩,常可检出低熔点金属元素(图2-8)。

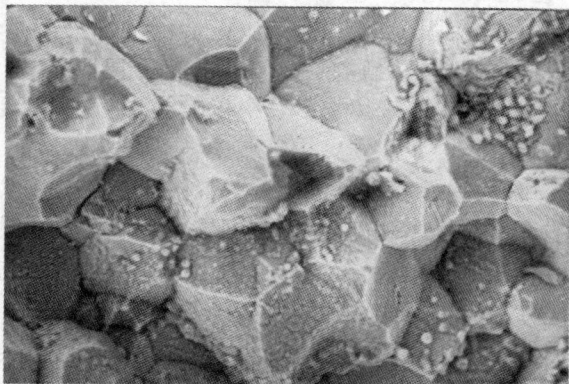

图 2-8 高强钢的镉脆断口

机械使用中产生单纯的热损伤痕迹是比较少见的,往往是在其他类型的痕迹形成过程伴随产生热损伤痕迹(例如摩擦过程、电接触过程、火花或电弧放电、爆炸过程等)或者与其他过程联合进行(例如高温下的氧化腐蚀、热腐蚀、熔盐腐蚀等)。

在机械使用中,单纯的热损伤痕迹主要出现在失火(过热、过烧、烧蚀)、热应力、热冲击和热辐射场合,焊接或修理补焊时造成的表面脱碳等也是典型的热损伤痕迹。

腐蚀痕迹和分离物痕迹分析,可参考第四章和第五章。

2.1.6 痕迹分析的一般程序

在一般情况下,痕迹分析程序是:

① 寻找、发现和显现痕迹。

这是痕迹分析工作的基础,一般以现场为起点,全面收集证据,不放过细微的有用痕迹,痕迹不像断裂那么显眼,需要一定的耐心和经验。一般首先搜集能显示整机破坏顺序的痕迹,其次搜集零部件外部痕迹,再搜集零部件之间痕迹,最后搜集污染物和分离物,如油滤、收油池、磁性塞等集中的各种多余物、磨屑等。

在分解残骸时,要确保痕迹的原始状况,并且不要造成新的附加损伤,以免引起混淆。

②痕迹的提取、固定、显现、清洗、记录和保存。

摄影、复印、制模法、静电法、AC法等都可提取、固定痕迹,各种干法和湿法还可提取残留物。其中正确摄取痕迹照片是一项重要工作。

③鉴定痕迹(这是痕迹分析的重点工作)。

根据上述痕迹具体含义所反映的特征进行针对性的检验,一般原则是由表及里,由简而繁,先宏观后微观,先定性后定量。遵循形貌→成分→组织结构→性能这么一个分析顺序。

鉴定痕迹时要充分利用过去曾经发生过的同类故障的痕迹分析资料。在鉴定痕迹时,若需要破坏痕迹区做检验,则应慎重确定取样部位,并事先做好原始记录。

④痕迹的模拟再现试验。

这项工作有时难度较大,只有在上述各项工作尤其是鉴定痕迹工作深入的基础上方能开展模拟再现痕迹的工作。最简单的模拟试验可在模塑品(塑料、蜡、特制胶泥)上进行,只有十分必要时才在产品上进行模拟试验。有时可以抽查同型号的已使用过的机件的相应痕迹来加以对比说明,这实际上是一种更真实的"试验"。

⑤综合性分析。

经验表明,分析机械产品的失效原因是最复杂最艰巨的一项工作,大部分的时间(对航空产品大约占70%~90%)是花在寻找原因上。失效往往是由多种原因促成的,其中只要有一关能把住也许就不致发生不幸。因此在进行痕迹分析时也要采取综合性分析的方法,要考虑到痕迹的形成过程、形成条件、影响因素,痕迹与失效的关系,痕迹的可变性等等。

⑥做分析结论并写出有建设性意见的报告。

2.2 裂纹分析

裂纹和断口是表述断裂失效过程不同阶段的术语,在力的作用下,零件表面或内部的连续性遭到破坏而未最终破断之前称为裂纹,最终破断的断裂面称为断口,包括为了分析研究的目的人为将裂纹打开形成的断面。断裂经历裂纹的萌生、扩展直至最终破断等不同阶段,而每一阶段都与内部的、外部的、力学的、化学的以及物理的诸多因素有关;同时断裂过程的每一阶段又会在断口上留下相应的痕迹、形貌与特征。断口和裂纹分析就是通过对这些痕迹、形貌与特征的观察、鉴别及分析,揭示出断裂过程的相关因素,从而判明断裂失效的性质与机理。因此,断口和裂纹分析是断裂失效分析的基础,而裂纹分析则需要相当多的力学知识。有关与裂纹分析相关的力学有专门的书籍介绍,本章仅介绍裂纹分析所需的力学基础知识。

2.2.1 裂纹分析的力学基础

传统的力学强度计算和力学性能的测试是建立在无裂纹的"完整"材料基础上,而实际上由于各种工艺因素的影响,零件内部不可避免地存在各种内部缺陷或裂纹。对于塑性较好、韧性较高的中、低强度的材料来说,在通常情况下,预先存在的缺陷或裂纹不会引起低应力脆断。而对于塑性、韧性较差的高强度、超高强度材料来说,这种预先存在的宏观裂纹就有可能引起低应力脆断,从而迫使人们研究有宏观裂纹材料的抗断裂问题,于是产生了断裂力学。

材料的断裂韧性是衡量材料抵抗裂纹扩展能力的一个性能指标。断裂力学所研究的就是带有宏观裂纹的材料及其裂纹周围的应力场、裂纹失稳扩展规律的一门科学。

2.2.1.1 裂纹深度与断裂强度的经验关系式

为了显示裂纹对断裂强度的影响,将高强度材料的试样,预制有不同深度的表面裂纹,进行拉伸试验,求出裂纹深度与实际断裂强度的关系,如图 2-9 所示。

断裂强度 σ_c 与裂纹深度 a 的平方根成反比:

$$\sigma_c \propto \frac{1}{\sqrt{a}} \tag{2-1}$$

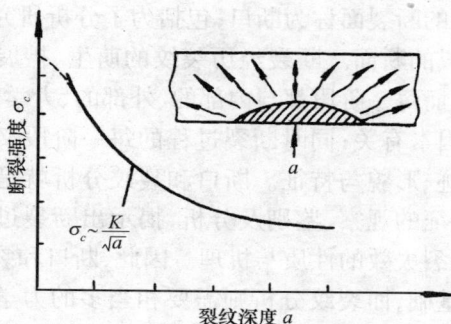

图 2-9　断裂强度与裂纹深度的关系曲线

式(2-1)可以写成:

$$\sigma_c = \frac{K}{\sqrt{a}}, \text{或 } K = \sigma_c\sqrt{a} \tag{2-2}$$

式中 σ_c 为断裂强度,a 为裂纹深度,K 为常数。

由式(2-2)可知:

①对于一定的裂纹深度 a,存在一个临界的应力值 σ_c,只有当外界作用应力大于此临界应力时,裂纹才能扩展,造成断裂,小于此应力值,裂纹将是稳定的,不会扩展,构件也不会断裂。

②或者换句话说,对应于一定的应力值,存在着一个临界的裂纹深度 a_c,当裂纹深度小于此值时,裂纹是稳定的,只有大于此值时,裂纹才是不稳定的。

③裂纹愈深,材料的临界断裂应力愈低;或者作用于试样上的应力愈大,裂纹的临界尺寸愈小。

④常数 K 不是一般的比例常数,它表达了裂纹前端的力学因素,反映材料抵抗脆性断裂能力的一个断裂韧性指标。不同的材

料，K 值不同。

2.2.1.2 断裂韧性的基本概念

上面所谈的断裂韧性概念是基于实践得出的经验规律。现在，扼要介绍在线弹性理论基础上建立起来的断裂力学基本概念。

1．平面应力和平面应变的概念

一块带有缺口或裂纹的板试样受拉伸时（见图 2-10（a）），在缺口或裂纹端部，因应力集中和形变约束，将产生复杂的应力状态。

假若板试样很薄，则裂纹前端 A 附近区域，沿 Z 方向的变形基本不受约束，可以自由变形，在该方向上的应力 $\sigma_z = 0$，但应变 $\varepsilon_z \neq 0$。此时，裂纹前端区域仅在板宽、板长度方向上受 σ_x、σ_y 作用，应力状态是二维平面型的。此种应力状态，称为平面应力状态，见图 2-10（b）。

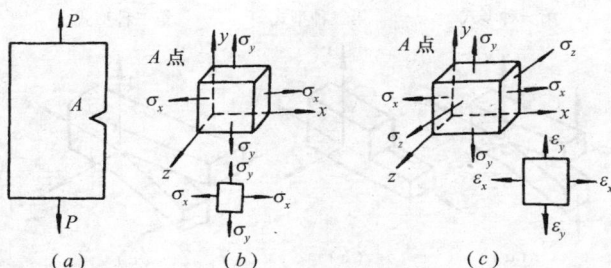

图 2-10　缺口或裂纹前端应力状态示意图
（a）带缺口的拉伸试样；（b）平面应力状态；（c）平面应变状态。

相反，假若是厚板，则裂纹前端区域除了靠近板表面的部位之外，在板的内部，由于 Z 方向受到严重的形变约束，$\sigma_z \neq 0$，而 $\varepsilon_z = 0$。所以，应力是三维的，处于三向拉伸状态，但应变是二维的，$\varepsilon_x \neq 0$，$\varepsilon_y \neq 0$，即是平面型的。这种状态称为平面应变状态，见图 2-10（c）。

裂纹前端处的应力状态不同，将显著影响裂纹的扩展过程和构件的抗断裂能力。如若为平面应力状态，则裂纹扩展的抗力较高;若为平面应变状态,则裂纹抗力较低,易脆断。

2.断裂近程中裂纹表面的三种位移形式。

所谓裂纹表面的位移形式,就是指裂纹两侧的断裂面在断裂过程中相对运动的方向。它有三种基本型式,见图2-11。

第一种型式称为张开型(Ⅰ型),如图2-11(a),裂纹表面移动的方向与裂纹表面相垂直。这种型式的断裂,常见于疲劳及脆性断裂,其断口齐平,是工程上最常见和最危险的断裂类型。

第二种型式是前后滑移型(或称Ⅱ型,刃型),如图2-11(b),裂纹表面在同一平面内相对移动,裂纹表面移动方向与裂纹尖端的裂纹前沿线垂直。

第三种型式是所谓"出平面剪切型"(或称Ⅲ型,螺型),裂纹表面几乎在同一平面内扩展,裂纹表面移动的方向和裂纹前沿线一致,见图2-11(c)。

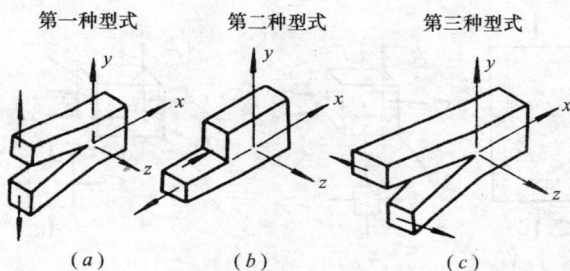

第一种型式　　　第二种型式　　　第三种型式

(a)　　　　　(b)　　　　　(c)

图 2-11　裂纹表面位移的三种型式

剪切断口、斜断口和扭转断口是Ⅱ型以及Ⅱ型和Ⅲ型的组合。

3.裂纹前端的应力和应变分析,应力强度因子的概念。

由于最危险的断裂是张开型(Ⅰ型)断裂,所以首先研究它的断裂条件:

假设在均匀厚度的无限宽的弹性板中,有一长度为 $2a$ 的穿透裂纹,垂直于裂纹方向作用均匀的单向拉伸应力 σ,则根据线弹性理论分析,在裂纹前端 A 点处的应力分量,如图2-11所示,为:

$$\sigma_x = \frac{K_I}{(2\pi r)^{1/2}} \left\{ \cos \frac{\theta}{2} \left[1 - \sin \frac{\theta}{2} \sin \frac{3\theta}{2} \right] \right\} \tag{2-3}$$

$$\sigma_y = \frac{K_I}{(2\pi r)^{1/2}} \left\{ \cos \frac{\theta}{2} \left[1 + \sin \frac{\theta}{2} \sin \frac{3\theta}{2} \right] \right\} \qquad (2-4)$$

$$\sigma_z = 0 \, (平面应力时)$$

$$\sigma_z = \nu (\sigma_x + \sigma_y) \, (平面应变时) \qquad (2-5)$$

$$\tau_{xy} = \frac{K_I}{(2\pi r)^{1/2}} \left\{ \cos \frac{\theta}{2} \left[\sin \frac{\theta}{2} \cos \frac{3\theta}{2} \right] \right\} \qquad (2-6)$$

位移分量为：

$$\varepsilon_x = \frac{K_I}{G} \left(\frac{r}{2\pi} \right)^{1/2} \left\{ \cos \frac{\theta}{2} \left[1 - \nu + \sin^2 \frac{\theta}{2} \right] \right\} \qquad (2-7)$$

$$\varepsilon_y = \frac{K_I}{G} \left(\frac{r}{2\pi} \right)^{1/2} \left\{ \sin \frac{\theta}{2} \left[2(1 - \nu) - \cos^2 \frac{\theta}{2} \right] \right\} \qquad (2-8)$$

$$\varepsilon_z = 0 \, (平面应变时)$$

$$\varepsilon = -\frac{\gamma}{E} (\sigma_x + \sigma_y) \, (平面应力时) \qquad (2-9)$$

式中 θ 为极坐标的极角，r 为极轴，ν 为泊桑比，G 为切变模量，E 为杨氏模量。

上述式(2-3)~式(2-9)中，均有一个共同的因子 K_I，它表达了裂纹前端应力场的强弱程度，是描述裂纹前端力学因素的参数，称为应力强度因子。其值决定于零件及裂纹的几何参数(形状及大小)、载荷型式及大小。应当注意，应力强度因子 K_I 同应力集中系数 K_t 不同，后者仅为零件几何形状的函数。不同的试样和裂纹的几何形状，K_I 的表达式也不同。对于图 2-12(a)所示的这种无限宽板穿透裂纹，弹性理论计算表明：

$$K_I = \sigma \sqrt{\pi a} \qquad (2-10)$$

式中 a 为裂纹半长，σ 为作用在板上的平均应力，K_I 的量纲为 $MN \cdot m^{-3/2}$。

由式(2-10)可看出，应力强度因子 K_I 随作用应力 σ 的提高而提高。当 σ 达到临界值，即断裂应力 σ_c 时，裂纹将迅速扩展而使构件破断，这时，K_I 也达到临界值 K_{IC}。

对于一定的材料，K_{IC} 为一常值。

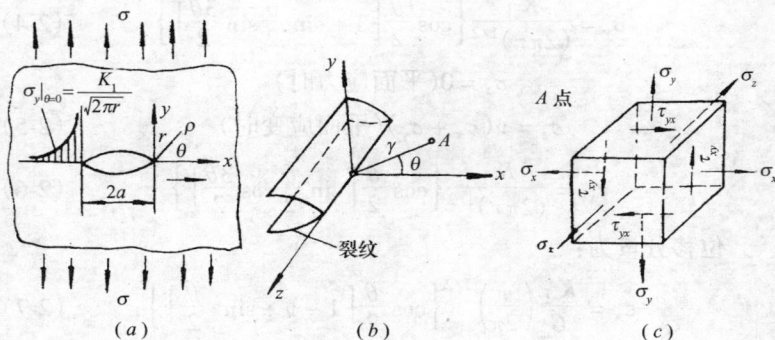

图 2-12 裂纹前端 A 点的应力状态

$$K_{IC} = \sigma_c \sqrt{\pi a} = 常数 \qquad (2\text{-}11)$$

通常,人们称 K_{IC} 为张开型平面应变条件下的临界应力强度因子,或称它为材料的"断裂韧度"。应当指出,材料的断裂韧度和它的强度指标 σ_b、$\sigma_{0.2}$ 一样,也是材料本身所具有的一种力学性能指标。

上式(2-11)与前面所介绍的经验公式(2-2)完全相似。显然,由该式可知,对应于一定的应力存在着一个导致断裂的临界裂纹长度 a_c,或者对应一定长度的裂纹存在着一个临界断裂应力 σ_c;而且裂纹长度愈长,材料的临界断裂应力愈低,由此可以推断,随着裂纹的扩展,所需的断裂应力将越来越小。所以,对于一定尺寸的裂纹,一旦应力达到临界值,裂纹将迅速扩展。

不同的载荷和裂纹位移型式,应力强度因子 K 的表达式不同。对 II 型,应力强度因子表达式为:

$$K_{II} = \tau \sqrt{\pi a}, \tau 为切应力 \qquad (2\text{-}12)$$

对于 III 型:

$$K_{III} = \tau \sqrt{\pi a}, \tau 为切应力 \qquad (2\text{-}13)$$

4. 裂纹前端屈服区的大小以及 K_I 的修正(近似计算)

式(2-11)$K_I = \sigma\sqrt{\pi a}$ 是根据裂纹前端的区域应力应变服从线弹性规律导出的。但是,实际上,即使是很脆的材料,在裂纹前端的区域内,总有或多或少的塑性变形存在。因此,应力与应变关系并不严格地服从线弹性关系,需加以修正。

当裂纹前端发生塑性变形时,应力将有一定程度的松弛;应力场有所变化;裂纹扩展需要消耗的能量也大,所以 K_I 也将发生变化。为了修正 K_I 值,首先要估计裂纹前端屈服区的大小和形状。

根据弹性理论计算的结果,平面应力时裂纹前端屈服区的边缘方程为:

$$r = \frac{K_I^2}{2\pi\sigma_s^2}\cos^2\frac{\theta}{2}\left[1 + 3\sin^2\frac{\theta}{2}\right] \tag{2-14}$$

平面应变时,裂纹前端屈服区的边缘方程为:

$$r = \frac{K_I^2}{2\pi\sigma_s^2}\cos^2\frac{\theta}{2}\left[(1 - 2\nu)^2 + 3\sin^2\frac{\theta}{2}\right] \tag{2-15}$$

式中 r 为极轴,θ 为极角,σ_s 为材料的屈服强度。

根据式(2-14)与式(2-15),绘制成如图 2-13 所示的屈服区边缘曲线。

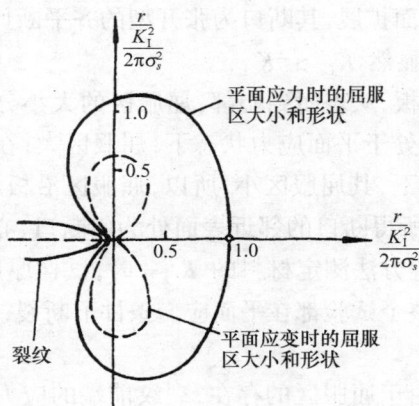

图 2-13　裂纹前端屈服区的大小和形状

由式(2-14)与式(3-15)知,平面应力时在 x 轴上的 r 值为:

$$r_0 = \frac{K_I^2}{2\pi\sigma_s^2} \tag{2-16}$$

平面应变时,在 x 轴上的 r 值为:

$$r_0 = 0.16\frac{K_I^2}{2\pi\sigma_s^2} \tag{2-17}$$

比较于(2-16)和(2-17)两式的 r_0 值可知,平面应力(如薄板)的 r_0 比平面应变的大几倍,这是由于在平面应力时,Z 方向可以自由变形,约束较小,因此屈服区大,而在平面应变时,由于三向拉伸作用,约束严重,不易变形,故屈服区小。

屈服区大,消耗能量也大,需要较大的外来能源才能使裂纹扩展,所以平面应力的临界应力强度因子比平面应变的临界应力强度因子要高得多,实际上,在平面应力条件下,形变约束小,滑移剪切相对比较容易,裂纹将沿最大切应力方向扩展,故其断口为与最大拉伸应力轴呈一定角度(通常为45°)的斜断口。此时,裂纹位移的型式将不是张开型、而是 Ⅱ、Ⅲ 型的组合,其临界应力强度因子用 K_C 表示。平面应变时,由于应变约束大,裂纹将沿垂直于正应力方向的宏观平面扩展,其断口为张开型的齐平断口,临界应力强度因子即 K_{IC},显然 $K_C > K_{IC}$。

一块较厚的板,从表面到心部,屈服区的大小分布也不一样。邻近表面的区域处于平面应力状态下,屈服区大;在板的中央,处于平面应变状态下,其屈服区小,所以,屈服区沿板厚的分布类似于成"哑铃"状。所得断口的邻近表面处为斜断口,心部为平断口。所以,当要用试验方法测定材料的 K_{IC} 时,试样厚度须达到一定的尺寸,以保证整个试验都在平面应变条件下断裂,并得到正断型断口。

正如前述,由于屈服区的存在,裂纹前端的应力松弛,实际有效 K_I 值亦发生相应的变化。故需应 K_I 的计算值加以修正。修正的简单方法,是将裂纹的有效长度等效于 K_I 的增大。即在原来的

a_0 裂纹长度上加上屈服区的修正值 r_y。经过修正后的 K_{I} 表达式为：

$$K_{\mathrm{I}} = \sigma \sqrt{\pi(a_0 + r_y)} \qquad (2\text{-}18)$$

根据应力松弛前与松弛后内力与外力平衡的观点计算结果，在平面应力时，屈服修正值为：

$$r_y = \frac{1}{2\pi}\left(\frac{K_{\mathrm{I}}}{\sigma_s}\right)^2 \qquad (2\text{-}19)$$

平面应变时：

$$r_y = \frac{1}{4\pi}\left(\frac{K_{\mathrm{I}}}{\sigma_s}\right)^2 \qquad (2\text{-}20)$$

经过上述修正后，以前所有根据线弹性原理导出的公式，均可应用于裂纹前端有小规模屈服的弹塑性体。

最后，在结束应力强度因子 K_{I} 的分析时，须再一次强调，它不仅仅是裂纹前端的一个力学参数，而且是一个很重要的表达材料特征的更接近工程实际的力学性能指标。断裂韧度 $K_{\mathrm{I}c}$（或 K_c）不仅包括了危险缺陷裂纹和形变约束，而且也是韧性和强度的一种带有复合性质的力学性能指标。在断裂失效分析中，经常要用到它。

5. 裂纹张开位移 COD 的概念

断裂韧度 $K_{\mathrm{I}c}$ 是建筑在线弹性理论基础上的，所以对于大屈服和完全屈服的材料来说，在 $K_{\mathrm{I}c}$ 理论分析和测试技术上还存在一定的困难。1972 年提出了用裂纹端部的塑性张开位移量即 COD(Crack Opening Displacement) 来作为裂纹端部出现大屈服区甚至完全屈服的材料抗力指标。对小屈服区的高强度材料，COD 值也可以同 $K_{\mathrm{I}c}$ 建立起一定的关系。

图 2-14 为在外力作用下，裂纹端部由于塑性变形而产生张开位移。当应力达极限值时，裂纹张开位移也达到极限值（即 $\delta \to \delta_c$），此时将出现塑性撕裂。出现塑性撕裂的极限值，称为裂纹爆发点，我们可以用此 COD 极限值 δ_c 来评定材料抗断的能力和对带有

裂纹的构件进行安全设计。δ_c 值愈大,裂纹前端的塑性储备也愈高,材料不易脆断,反之,若 δ_c 值愈小,则材料比较容易脆断。

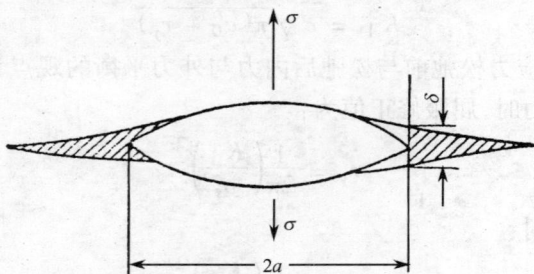

图 2-14　裂纹张开位移示意图

通过试验获得 δ_c 后,可以根据下式来计算临界裂纹尺寸 a_c:

$$\delta_c = \frac{8\sigma_s a_c}{E\pi}\text{lnsec}\left(\frac{\pi\sigma}{2\sigma_s}\right) \qquad (2\text{-}21)$$

式中,a_c 为临界裂纹长度,σ_s 为屈服强度,σ 为工作应力。

此外,如在裂纹前端只有小屈服时(如对高强度材料处于平面应变条件下时)COD 与应力强度因子 K_{I} 以及断裂韧性 $K_{\mathrm{I}c}$ 之间关系:

$$\text{COD} = \delta = \frac{4K_{\mathrm{I}}^2}{\pi E\sigma_s}$$

$$\text{COD}_{临界} = \delta_c = \frac{4K_{\mathrm{I}c}^2}{\pi E\sigma_s} \qquad (2\text{-}22)$$

式(2-22)对于定量分析是很重要的式子。

2.2.1.3　断裂力学在断裂失效分析中的应用举例

断裂力学在低应力脆断、应力腐蚀断裂和疲劳断裂等方面都得到了广泛的应用。这里只就断裂力学在断裂失效分析中的应用作简略的介绍。

1. 判断断裂性质

由 $K_{\mathrm{I}c} = \sigma_c\sqrt{\pi a_c}\cdot y$ 可知,在三个参量(即 $K_{\mathrm{I}c}$、σ_c、a_c)中已知任何二个,就可推知另一个,例如,已知材料的断裂韧度 $K_{\mathrm{I}c}$

和其零件的临界工作应力 σ_c，可以通过 $a_c = \dfrac{1}{\pi y^2} \cdot \dfrac{K_{IC}^2}{\sigma_c^2}$，求得其最大的临界裂纹尺寸 a_c。这里的 y 为构件的几何修正因子。

若已知材料的断裂韧度 K_{IC} 和从断口上测得断裂时的临界裂纹大小 a_c，则可按下式求得零件断裂时的临界工作应力 σ_c。

$$\sigma_c = K_{IC}/(\sqrt{\pi a_c} \cdot y) \tag{2-23}$$

若已知 a_c 和 σ_c，则按下式可以估算出材料的断裂韧性。

$$K_{IC} = \sigma_c \sqrt{\pi a_c} \cdot y$$

对于一个具有裂纹的零件来说，它可以按 $K_{IC} = \sigma_c \sqrt{\pi a_c} \cdot y$ 式发生低应力脆断，也可以按 $\sigma_{Nb} = \sigma_c$ 式发生缺口静拉伸断裂。其判断依据为：

当 $K_{IC} > \sigma_{Nb} \sqrt{\pi a_c} \cdot y$，发生缺口静拉伸断裂；

当 $K_{IC} < \sigma_{Nb} \sqrt{\pi a_c} \cdot y$，发生低应力脆断；

当 $K_{IC} = \sigma_{Nb} \sqrt{\pi a_c} \cdot y$，则缺口静拉伸断裂和低应力脆断均有可能发生。

2. 估算剩余寿命

估算高强度材料构件的剩余寿命往往是失效分析中需要解决的重要任务之一。如果在零件或构件中已发现有 a_0 大小的裂纹，通过 $K_{IC} = \sigma_c \sqrt{\pi a_c} \cdot y$ 式，可以求得零件或构件允许存在的最大裂纹 a_c，则允许该裂纹作临界扩展余量为 $(a_c - a_0)$，如果已知裂纹的平均扩展速率为 da/dN，其剩余寿命 N_c 为：

$$N_c = \frac{a_c - a_0}{(da/dN)} \tag{2-24}$$

da/dN 可以从同类零件的断口上作微观断口形貌统计分析得到。

根据 Pari 公式，如果已知该零件的 $da/dN = C(\Delta K)^m$ 具体的解析表达式，那么可得 $dN = da/C(\Delta K)^m$。故其剩余寿命为：

$$N_c = \int_{a_0}^{a_c} \frac{da}{C(\Delta K)^m} \tag{2-25}$$

若已知

$$\mathrm{d}a/\mathrm{d}N = \frac{C(\Delta K)^m}{(1-r)K_C - \Delta K}$$

式中 ΔK—— 应力强度因子幅度;

K_C—— 材料的断裂韧性;

r—— 应力比。

则:

$$N_c = \int_{a_0}^{a_c} \left[\frac{(1-r)K_C - \Delta K}{C(\Delta K)^m} \right] \mathrm{d}a \qquad (2\text{-}26)$$

3. 指导修磨工艺

为了修复已有裂纹的零件,可以采用修磨的办法,将有裂纹的表面磨去一层。修磨的量不仅要将裂纹除掉,而且要将裂纹尖端的塑性变形区完全去掉。因此,需要对裂纹尖端塑性变形区的大小进行估算。

根据断裂力学的推导,其塑性区大小为:

$$R = \frac{1}{2\pi}\left(\frac{K_{Ic}}{\sigma_s}\right)^2 \text{平面应力状态} \qquad (2\text{-}27)$$

$$R \approx \frac{1}{4\pi}\left(\frac{K_{Ic}}{\sigma_s}\right)^2 \text{平面应变状态} \qquad (2\text{-}28)$$

也就是说,平面应变状态下的塑性变形区大小只有平面应力状态下的二分之一。

几种典型结构材料塑性变形区大小的计算结果列入表 2-1。

表 2-1   几种典型结构材料塑性变形区大小

性能 材料	屈服强度 σ_s/MPa	断裂韧性 $K_{Ic}(\mathrm{MPa} \cdot \mathrm{m}^{1/2})$	塑性变形区 R 大小 /mm	
			平面应力	平面应变
超高强度钢 30CrMnSiNi2A	1500	69.7	0.716	0.161
钛合金 Ti-6Al-4V	~ 800	86.8	3.90	0.88
铝合金 7075(T73)	~ 400	32.5	2.2	0.495

由上表可以看出,不同材料的修磨量是不同的,对于薄零件,

由于处于平面应力状态,应该多修一些;而对于厚零件,处于平面应变状态,则应少修一些。同理,对于零件外表面,应多修,而对零件内部和中心部位,还可少修一些。具体修多少,应根据材料的 σ_s 和 K_{IC} 计算值确定。

2.2.2 首断件的判定

机电装备在服役过程中,由于某一零件(或元件)首先发生开裂或断裂失效,往往会导致多个不同零件或相同零件(如叶片)先后出现断裂。在这种情况下,须从众多的开裂或断裂件中准确地找出首先开裂件,通常称为首断件,作为分析断裂失效原因和事故原因的主要对象。分析首断件所要遵循的原则是:根据各零件的功能特征,各相关零件的损伤痕迹,各零件的断裂形貌特征等加以综合分析判断。

① 当各断裂件中,既有延性断裂,又有脆性断裂时,一般脆性断裂件发生在前,延性断裂件发生在后;

② 当各断裂件中,既存在脆性断裂件,又存在疲劳断裂件时,则疲劳断裂件应为首断件;

③ 当存在两个或两个以上的疲劳断裂件时,低应力疲劳断裂件出现在前,而大应力疲劳断裂件出现在后;

④ 当各断裂件均为延性断裂时,则应根据各零件的受力状态、结构特性、断裂的走向、材质与性能等进行综合分析与评定,才能找出首先断裂失效件。

2.2.3 主裂纹及裂纹源的判断

在机械事故分析中,当残骸拼凑之后,经常会碰到在同一失效件上出现多条裂纹,例如涡轮盘的断裂,环形齿圈的断裂,压力容器的破裂等就有这种情况。这就要求从中准确地找出首先开裂的部位——主裂纹。

一般说来,在同一零件上出现多条裂纹或存在多个断口时,这些断裂在时间上是依次陆续产生的,也就是说,形成断裂的时间是有先后的。从众多的碎片中确定最先开裂的部位的常用方法有：

1．"T"型法

若一个零件上出现两块或两块以上碎片时，可将其合拢起来（注意不要将其断面相互碰撞），其断裂构成"T"型，如图 2-15 所示。在通常情况下，横贯裂纹 A 为主裂纹。因为 A 裂纹最先形成，阻止了 B 裂纹向前扩展，故 B 裂纹为二次裂纹。

2．分叉法

机械零件在断裂过程中，往往在出现一条裂纹后，要产生多条分叉或分支裂纹，如图 2-16 所示。一般裂纹的分叉或分支的方向为裂纹的扩展方向，其反方向为断裂的起始方向。也就是说，分叉或分支裂纹为二次裂纹，汇合裂纹为主裂纹。

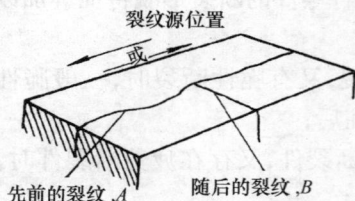

图 2-15　判别主裂纹的"T"
型法示意图

A—主裂纹；B—二次裂纹。

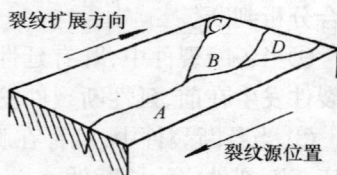

图 2-16　判别主裂纹的
分叉法示意图

A—主裂纹；B、C、D—二次裂纹。

3．变形法

当机械零件在断裂过程中产生变形并断成几块时，可测定各碎块不同方向上的变形量大小，变形量大的部位为主裂纹，其他部位为二次裂纹。

4．氧化颜色法

机械零件产生裂纹后在环境介质与温度作用下发生腐蚀与氧化，并随时间的增长而趋严重，由于主裂纹面开裂的时间比二次裂纹要早，经历的时间要长，腐蚀氧化要重，颜色要深，因此可以判定，氧化腐蚀比较严重、颜色较深的部位，是主裂纹部位，而氧化腐蚀较轻、颜色较浅的部位是二次裂纹的部位。

5.疲劳裂纹长度法

在实际的机械零件断裂失效中,往往在同一零件上同时出现多条疲劳裂纹或多个疲劳区。在这种情况下,一般可根据疲劳裂纹扩展区的长度或深度,疲劳弧线或疲劳条带间距的疏密来判定主断口或主裂纹。疲劳裂纹长、疲劳弧线或条带间距密者,为主裂纹或主断口,反之为次生裂纹或二次断口。

由于实际断裂事故情况复杂多变,因此,在实际的分析中,应根据各种具体情况和具体条件,如裂纹扩展的规律,断裂的形貌特征,断口表面的颜色,各部位相对变形的大小,零件散落的部位及分布,表面损伤的痕迹,零件的结构与受力状态,零件的材质与性能等,加以综合分析与比较,才能准确无误地判明主断口或主裂纹。一般地讲,脆性断裂可用"T"型法或分叉法来判别主裂纹与二次裂纹;延性断裂则可用变形法来判别主次裂纹;环境断裂可根据断面氧化与腐蚀程度及颜色深浅来区分主次断裂;而疲劳断裂常常利用断口的宏观与微观特征形貌加以区分。

上述方法只是对一般情况而言,不能包括所有情况,尤其是一些特殊的疑难断裂件,需要运用多种手段才能予以鉴别。具体的裂纹分析技术在第三章中有专门的介绍。

2.3 断 口 分 析

有关断裂分类、断口基本特征以及断裂的主要类型与机理在第三章中有详细的介绍,在此仅简要介绍断口分析的基本理论与方法。

断口分析一般包括宏观分析与微观分析两个方面。前者系指用肉眼或 40 倍以下的放大镜、实体显微镜对断口进行观察分析,可有效地确定断裂起源和扩展方向;后者系指用光学显微镜、透射电镜、扫描电镜等对断口进行观察、鉴别与分析,可以有效地确定断裂类型与机理。宏观分析和微观分析是不可分割的整体,二者不可互相取代,只能互相补充、相互促进。过分依赖微观分析而不重视宏观分析,只根据几个微观视场的特征就作出判断,往往会导致全局性的判断错误;反之,忽视微观分析而只进行宏观分析,也可能得出浮浅的乃至错误的结论。

断口分析技术一般应包括分析对象的确定与显示技术,观察与照相记录技术,识别与诊断技术,定性与定量分析技术以及仪器与设备的使用技术等。

2.3.1 断口的获取与保护

分析断口的获取主要指首断件的获取,所采用的原则前面已做简要介绍。

2.3.1.1 裂纹打开与断口切取技术

由于断口分析比裂纹分析更为全面准确与直观,对尚未断开的裂纹零件,往往需要将裂纹打开。其次,有时主断口受到机械的或化学的损伤与污染,很难对断口形貌特征进行分析,需要将二次裂纹打开加以观察分析。

打开裂纹的方法很多,例如拉开、扳开、压开等。无论采用何种方法,都需根据裂纹的位置及裂纹扩展方向,来选定受力点。通常是沿裂纹扩展方向受力,使裂纹张开形成断口,而避免在打开裂纹的过程中造成断裂面的损伤。如果造成零件开裂的应力是已知的,可用同类型的更大应力来打开裂纹。例如,对受循环拉应力的开裂件,可通过静拉伸法将裂纹打开。如果造成的应力是未知的,可采用三点弯曲法将裂纹打开。

有时,裂纹较浅,零件厚度较大,不易将裂纹打开,此时,可用锯、刨、车等手段在裂纹的反方向上进行加工,但要注意加工的深度,不要损坏裂纹断口的形貌。对于较大的断口,例如涡轮盘,起落架,齿轮等大型断裂件,为了便于进行深入的观察分析,需要将大型零件的断口切割成小块试样。常用的切割方法有:火焰切割,锯切,砂轮切割,线切割,电火花切割等。在选择切割和实施切割过程中,要注意如下事项:

①要防止断口及其附近区域的显微组织因受热发生变化;

②要防止断面的形貌特征受到机械的或化学的损伤和污染。

需要强调的是,无论是打开裂纹还是切取断口,都会部分地破坏断裂失效件的外观特征。因此,在实施切割或打开裂纹的操作之前,要对失效件的外观特征进行仔细的观察与测量,并要将观察与测量结果用文字和照相详实地记录下来。

2.3.1.2 断口的清洗技术

零件在断裂过程中和断裂之后,断裂表面不可避免地会受到机械的、化学的损伤与污染,为了能够观察到断口的真实形貌与特征,需要将覆盖在断口表面上的尘埃、油污、腐蚀产物及氧化膜等清除掉。

在清洗之前,要对断口进行仔细的观察与检查。对断口表面上的附着物的分析测定,有助于揭示断裂失效的原因。例如,测定断口表面上的氢、氯离子的浓度及分布情况,有利于区分氢脆断裂与应力腐蚀断裂;测定断面上有无低熔点金属(镉、铋、锡、铅等)存在,可以为判明是否出现低熔点金属致脆提供证据。

断口清洗方法很多,可根据断口材料特性、附着物的种类加以选定。常用的清洗方法可在有关文献中找到。对于断口表面只有尘埃或油渍污染者,推荐使用丙酮与超声波清洗;对于遭受轻微腐蚀氧化的断口,推荐使用醋酸纤维(AC)纸反复复型剥离法加以清洗;对于遭受较重腐蚀氧化的钢制零件断口,则推荐在 $10\% \ H_2SO_4$ 水溶液 + 缓蚀剂(1%卵磷脂)中超声波法清洗;对于高温合金的高温氧化断口,可使用氢氧化钠 + 高锰酸钾热煮法予以清洗。

无论使用何种方法清洗,都应以既要除去断口表面的污物和腐蚀与氧化层,又不损伤断口的形貌特征为原则。

断口的清洗在很多情况下是十分关键的,舍此就不能揭示断口的真实形貌特征。例如由 BiSn 低熔点合金致脆的涡轮叶片,在清洗前,脆断区为无特征平坦区,经在 600℃ 的真空炉中加热蒸发,覆盖在断面上的 BiSn 被蒸发抽走后,清晰地显示出断口的原始形貌。

2.3.1.3 断口的保护与保存技术

在切取断口与运送断口过程中,要严防断口表面遭受机械或化学损伤。在断口初检及清洗时,切忌用手去触摸断口表面,更不能将两个匹配断面对接碰撞,以免使断口表面产生人为的损伤。在整个分析过程中,要十分注意对断口的保护和保存。对于重大事故的关键断口,要有专人保管,以防丢失。

为了防止断口表面在运送与保存过程中遭受腐蚀与损伤,可在断口表面上涂抹一薄层保护材料,例如防锈漆、环氧树脂、醋酸纤维丙酮溶液等。保护材料应选择既无腐蚀作用又容易溶解除去的品种。目前,大多采用醋酸纤维素 7%~8%(质量百分比)的丙酮溶液,将其倒在断口表面上,并使溶液均匀分布,待干后将断口包装好运送到试验室,并存放在干燥器中或真空储存室中,也可将断口直接浸在无水酒精溶液中。也可直接用干净的塑料膜包扎保护断口。注意不要用油、脂涂抹在断口上防锈。

2.3.2 断口观察的原则

对断口的特征、性质进行宏观的和微观的分析,主要是通过对断口的观察活动来实现,敏锐而细微的观察能力在断口分析中起着不可替代的作用。这里所说的观察是通过肉眼或借助放大镜等观察工具对分析对象进行识别以获取感性认识的研究活动。因此,有必要对如何进行观察加以简略地叙述。

观察活动中的客观性是失效分析人员所要遵循的根本原则,为此,在观察活动中,要处理如下几方面的关系:

1.观察的目的性与客观性

观察的目的是为了判定断裂的性质,寻找断裂的原因。观察对象(断口)是客观存在的事实,观察得到的结果只能是关于断口形象特征的反映,这是观察的客观性。如果为了本部门、本单位的利益,或为了验证某一预先设定的观点而去进行观察,往往会直接影响结果的全面性与客观性。

2.观察的全面性和典型法

断裂失效的本质存在于与断裂过程相关的各种现象及关系中。为了正确揭示失效事件的原因,要求全面地观察失效事件在各个方面的表现与各种现象。在对断口进行了宏观观察,对断口形貌有全面了解的基础上,可以选择那些能够集中反映断裂本质的典型区域、典型现象进行深入细致的观察,以加深对失效事件本质与规律的认识。因此,正确地认识规律和本质与典型断裂特征中的关系,是断口观察与分析中必须注意的问题。

3.观察的受动性与主动性

在观察断口时不应进行人为的干预与控制,只应对断裂特征作如实的观察与记录,这就是观察的受动性。但这并不意味着观察是绝对消极的"静观",观察乃是一种积极的探索。观察的目的,观察对象及工具的选择都具有积极探索的性质。例如,选用不同的观察设备(实体显微镜、透射电镜、扫描电镜等),用不同的放大倍数进行观察,从不同的角度进行观察,断口的清洗与显示等,使断口更加清晰,更加逼真,使其易于观察。总之,只是在不改变观察对象(断口)的原始特征这个意义说,观察是"消极性"的,但从为观察提供便利条件这个意义讲,观察是积极的。因此,观察是一种积极的、主动的"静观"。

4.观察活动中的感性因素与理性因素

通过观测所获得的是关于断口定性和定量两个方面的实际资料和数据,即为认识中的感性经验材料。但这并不是说观察过程中没有任何理性和思维的因素。实际上在观察过程中总是以某种理论作指导进行积极的思维活动,在描述和概括观察结果时,也总要使用专业知识和基础理论。

正确认识与处理好上述四个方面的关系,对于观察活动的设计和组织,对于获得客观、准确、可靠的观察结果,均具有极其重要的指导意义。

2.3.3 断口宏观分析

断口的宏观分析,是指在各种不同照明条件下用肉眼、放大镜和体视显微镜等对断口进行直接观察与分析。

断口宏观分析的主要任务是:确定断裂的类型和方式,为判明断裂失效的模式提供依据;寻找断裂起源区和断裂扩展方向;估算断裂失效件应力集中的程度和名义应力的高低(疲劳断口);观察断裂源区有无宏观缺陷等。总之,断口的宏观分析可为断口的微观分析和其他分析工作指明方向,奠定基础,是断裂失效分析中的关键环节。

宏观断口分析的第一步是用肉眼观察断面形貌特征及其失效件的全貌,包括断口的颜色变化,变形引起的结构变化,断口附近的损伤痕迹等。然后对主要的特征区用放大镜和体视显微镜进行进一步的观察,确定重点分析的部位。

在宏观分析时,通常要将断裂失效件的外观断口全貌及重点部位照相记录,或按适当的比例绘成详细的草图,测量并标明各部分的尺寸。照相时要根据断口的特点选择最佳的照相条件,包括亮度、衬度、入射灯光的角度等,使断口的全貌,重点是源区的特征清晰地显示出来。由于断口表面形貌往往凹凸不平,要将这种起伏形态逼真地拍摄下来,关键是如何选择断口表面的照明。在通常情况下,采用斜光照明,可利用其阴影效应有效地将凹凸形貌显示出来。斜光照明的倾斜角,可根据断口表面的起伏情况及性质来确定,一般以 10°~45°角投射到断口表面上为适度,对较复杂的断裂失效件,可用几个侧向照明光源进行照相。宏观照相的倍数一般以 1 倍~10 倍为宜。另外底片的曝光时间、冲洗等均要很好地配合,才能获得良好的效果。在进行断口的宏观分析过程中,重点要注意观察以下七个方面的特征:

①断口上是否存在放射花样及人字纹。这种特征一方面表征裂纹在该区的扩展是不稳定的、快速的;另一方面,沿着放射方向的逆向或人字纹尖顶,可追溯到裂纹源所在位置。

②断口上是否存在弧形迹线。这种特征表明裂纹在扩展过程中,由于应力状态(包括应力大小的变化、应力持续时间)的交变,断裂方向的变化,环境介质的影响,以及裂纹扩展速度的明显变化都会在断口上留下此种弧形迹线,如疲劳断口上的疲劳弧线等。

③断口的粗糙程度。实际断裂失效零件的断口表面,是由许多微小断面所构成。这些小断面的大小、曲率半径以及相邻小断面的高度差(台阶),决定整个断面的粗糙度。不同的材料,不同的断裂方式,其粗糙度可有很大的不同。一般说来,断口越粗糙,即表征断口特征的"花"样越粗大,则剪切断裂所占的比例越大。如果断口细平,多光泽,或者"花样"越细,则晶间断裂、解理断裂所起的作用也越大。当然这仅是就一般的情况而言。

④断面的光泽与色彩。由于构成断面的许多小断面往往具有特有的金属光泽与色彩,所以当不同断裂方式所造成的这些小断面集合在一起时,断口的光泽与色彩会发生微妙的变化。例如,准解理、解理断裂的金属断口在阳光下转动断面进行观察时常可看到闪闪发光的小刻面。如果断面有相对摩擦、氧化以及受到腐蚀时,金属断口的色泽将完全不同。

⑤断面与最大正应力的交角(倾斜角)。不同的应力状态,不同的材料及外界环境,断口与最大正应力的夹角不同。例如,在平面应变条件下断裂的断口,与最大正应力垂直。在平面应力条件下断裂的断口,与最大正应力呈45°交角。

⑥断口特征区的划分和位置、分布与面积大小等。

⑦材料缺陷在断口上所呈现的特征。若材料内部存在缺陷,则缺陷附近存在应力集中,因而在断口上留下缺陷的痕迹。

2.3.4 断口的微观分析

断口的微观分析主要指借助于显微镜对断口进行放大后进行的观察。

断口的微观分析分为直接观察法与复型观察法两种。

2.3.4.1 直接观察法

直接观察法主要是使用体视显微镜、光学显微镜和电子显微镜对实际断口进行的直接观察。

利用体视显微镜直接观察断口,最大倍数只有 100 倍左右,但较为灵便,在断口的初步分析中,得到广泛的应用。

用光学显微镜直接观察断口,由于景深小,放大倍率有限,只能观察一些比较平坦的断口,对于起伏高差较大的断口,就不能直接用光学显微镜进行观察。在裂纹和断口分析中,光学显微镜主要是用来分析裂纹的形态,如裂纹的走向及其与组织的关系等。

用于断口直接观察的电子显微镜主要是扫描电镜。由于它具有聚焦深度大,分辨率较高,放大倍数可在一定范围内连续变化,因而可以直接观察尺寸较大的断口(新型扫描电镜可观察的断口尺寸达 80 mm ~ 120mm),并可进行微区化学成分、晶体取向测定等一系列分析工作。虽然用于断口直接观察的还有其他电子仪器,但扫描电镜仍是目前观察断口最实用的工具。在使用扫描电镜观察断口过程中除要充分利用这些特点外,还要掌握一些基本的观察技术:

①首先对断口从扫描电镜所能达到的较低放大倍数(5 倍 ~ 50 倍左右)作初步的观察,以求对断口的整体形貌、断裂特征区有全局性的了解与掌握和确定重点观察部位,切忌一开始就在高倍率下进行局部观察。

②在整体观察的基础上,找出断裂起始区,并对断裂源区(包括源区的位置、形貌、特征、微区成分、材质冶金缺陷、源区附近的加工刀痕以及外物损伤痕迹等)进行重点深入的观察与分析。

③对断裂过程不同阶段的形貌特征要逐一加以观察。以疲劳断口为例,除了对疲劳源区要进行重点观察外,对扩展区和瞬断区的特征均要依次进行仔细的观察,找出各区断裂形貌的共性与特性。

④断裂特征的识别。在断口观察过程中,发现、识别和表征断裂形貌的特征是断口分析的关键。在观察未知断口时,往往是和

已知的断裂形貌加以比较来进行识别。各种材料在不同的外界条件下的断裂机制不同,留在断口上的形貌特征也不同。有关这方面的内容国内外已发表大量专著,本书后面的章节将作详细的叙述。掌握这方面的知识与经验,是进行断口观察的前提与基础。在识别断裂形貌特征的基础上,还要注意观察各种形貌特征的共性与特性。例如对疲劳条带要区分是塑性还是脆性条带以及条带间距的疏密等。

⑤扫描电镜断口照片的获得。一般地讲,一个断口的观察结果要用如下几部分的照片来表述:断口的全貌照片、断裂源区照片和反映扩展区、瞬断区特征的典型照片。

⑥断口的全貌照片可提供断裂形貌的整体概念。为了便于从断口照片上辨明断裂的起始与扩展方向,可将试样摆到使裂纹从照片的下方扩展到上方的位置,同时以 30°至 45°的角度观察断口,拍摄照片。对于较大的断口,可采用同一放大倍数分段拍摄然后剪切拼接或用光学照相机拍摄。在全貌照片上应标明各特征区及微观形貌特征照片的位置。断裂源区要有不同放大倍数的照片(2～3)张,以显示源区的全貌及细节特征。

⑦对于判定断裂机理的微观形貌特征要用合适的放大倍数拍摄,以充分显示形貌特征细节为原则。对于不同区域疲劳条带间距的变化,最好采用同一放大倍数拍摄,使人一目了然。

以上所述各项只是断口观察中的技术,未涉及扫描电镜的操作技巧。

2.3.4.2 间接观察法

目前实际应用的断口间接观察法主要指复型观察法,即以断口为原型,用一种特殊的材料制成很薄的断口"复型",然后用显微镜对复型进行观察分析,以揭示断口特征的分析方法。复型观察法不受零件的大小、观察部位以及断面起伏高差大小的限制,比直接观察法应用广泛,尤其是对于那些目前还没有扫描电镜的单位来说,更具有实际意义。

复型材料多用厚度 0.1mm～0.4mm 的醋酸纤维薄膜(AC

纸)。首先在断口上(或选定的特定部位上)滴以丙酮,将 AC 纸覆盖在断口表面上,用手指或橡皮从中心向边缘逐渐压紧,使塑料纸与断口表面紧密地贴合。经灯光或自然干燥后,用镊子轻轻地将 AC 纸揭下,再用丙酮将其另一面溶化后粘在玻璃板上,并展平贴牢,即可放到光学显微镜下进行观察。为了提高分辨率和成像衬度,可在真空蒸发仪中,以一定的倾斜角度向复型浮雕面上蒸镀一薄层铬。用这种方法可在油物镜头下进行观察,放大倍数可达 1500 倍。

如果断口比较平坦,可不用醋酸纤维薄膜,而用火棉胶溶液来制取断口复型。在断口上滴以 1% 火棉胶的醋酸酯溶液,并令其干透。然后滴以 4% 火棉胶溶液作为支撑。干后用透明胶纸从断口上将复型揭下来。随后再进行必要的加深(如蒸镀一层铝或铬)。这一方法可以提供具有逼真细节的复型,在光学显微镜下能方便地进行观察。

断口的复型也可通过透射电镜观察。由于断面的复型工序较复杂,影响因素多,同时,很难将所观察到的部位与实际断口上的位置一一对应起来。当需要分析研究两个匹配断口的对应关系时,透射电镜复型观察就很难做到。再者,透射电镜所观察到的复型面积很小,一般均在 $3.0mm^2$ 以下,不但不能对断口进行连续观察,更不能观察断口的全貌。因此,目前仅在某些特殊情况(例如观察断口的精细特征形貌、分辨较细的疲劳条带等)下,使用透射电镜来分析断口的特征。

2.3.5 断口的特殊分析

在断口的分析中,除通用的宏观分析、光学及电镜分析外,根据分析的具体要求,可采用某些特殊的分析技术,其中主要的有断口剖面分析、断口蚀坑分析、断口定量分析、断口浮凸测量等。

2.3.5.1 断口的剖面分析技术

断口的剖面分析能有效地揭示零件在制造、加工等过程中产生的缺陷、使用状况和环境条件等对断裂失效的影响。例如对夹杂物、脱碳、增碳、偏析、硬化深度、镀层厚度、晶粒大小、组织结构及热影响区等检查与分析。

断口剖面分析技术是在断口上截取一定的剖面,剖面与断面相交的角度,一般可为 60°~ 90°。在截取之前要采用镀镍层或镶嵌法等保护断口表面不受损伤。断口表面的截取方向可根据所要分析的具体内容来确定。如果要研究断裂过程,要在平行裂纹扩展方向截取,并且使断口不同区域对称截取,使在断口剖面上能包含断裂不同阶段的区域。如果仅是研究某一特定位置的情况,则此断口剖面的截取方向,要垂直于裂纹扩展方向,见图2-17。

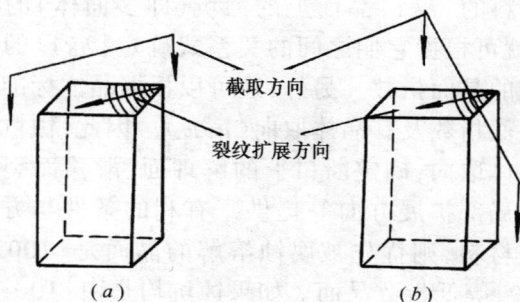

图 2-17　断口剖面截取示意图
(a) 平行裂纹方向的截取;(b) 垂直裂纹方向的截取。

断口剖面分析技术,主要是用来分析研究断口形貌与显微组织之间的对应关系、断裂过程、断裂机理、变形程度、表面状态及其损伤情况等。借助于显微硬度分析技术研究疲劳断口剖面,可以对裂纹尖端塑性区的形态,尤其是热疲劳剖面两侧不同显微硬度的变化、基体合金元素的变化情况等进行深入的研究。焊接零件的断裂失效,断裂往往起源于焊缝与过渡区或过渡区与基体之间的界面上,匹配断口上的显微组织及断口形貌特征不完全相同。在这种情况下,应用匹配断口剖面分析技术,对于研究断裂原因和断裂机理之间的关系能取得很好的结果。将匹配断口重新对接起来,使其相应的位置一一对应。但要注意断口表面不能直接接触,中间可用环氧树脂之类的粘合剂粘合起来。然后截取剖面,测量其断裂不同阶段的变形量及其相对应的形貌特征。

2.3.5.2 断口蚀坑分析技术

利用腐蚀坑体积的几何参数与晶面指数之间的关系来分析晶体取向的技术称作蚀坑分析技术。晶体材料在一定的腐蚀介质条件下,发生的腐蚀溶解是不均匀的,在一般情况下,晶体材料的低指数面被优先腐蚀溶解,同时不是产生各向同性腐蚀溶解,而是产生各向异性腐蚀溶解,腐蚀结果呈现一个角锥体,即多面体的蚀坑。由于腐蚀坑的几何形状取决于材料的晶体结构,即材料的晶体结构不同,蚀坑的几何形状亦不相同。如果晶体材料的 $\{hk1\}$ 晶面上的蚀坑(即多面体)的参数测量出来,那么就可根据它们之间的关系式确定 $\{hk1\}$ 的具体数值及其被腐蚀的晶面指数。另外,还可以根据晶体标准三角形比较法定出晶面指数及其晶体取向 $\langle uvw \rangle$。因此,蚀坑分析技术对于研究晶体取向,确定断口上的解理面、滑移面裂纹萌生的位置及裂纹局部扩展方向等提供了有利的条件与方法。例如立方晶系的材料,则优先被腐蚀溶解的晶面是 $\{100\}$、$\{110\}$、$\{111\}$、$\{112\}$ 等低指数晶面。如果蚀坑均是由 $\{100\}$ 晶面所围成,则这个多面体是正六面体;如果蚀坑均匀是由 $\{110\}$ 晶面围成,则这个多面体是十二面体;同理,由 $\{111\}$ 或 $\{112\}$ 晶体面所围成的多面体是八面体,如图 2-18 所示。

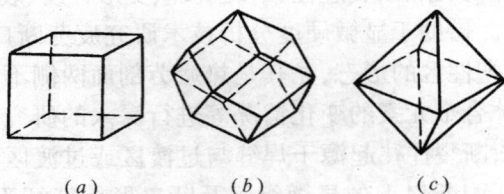

(a) (b) (c)

图 2-18　由立方晶系单一指数晶面所构成的多面体几何形状
(a) 正方体;(b) 十二面体;(c) 八面体。

腐蚀剂的选择与腐蚀条件的控制要根据材料的种类及状态而定,有关这方面的细节请参阅有关文献。

2.3.6　断口的定量分析

断口的定量分析包括断口表面成分、结构和形貌特征的定量分析。断口表面成分定量分析是指表面平均成分、表面微区成分、元素的面分布与线分布以及元素沿断口深度变化情况等。断口表面结构的定量分析是指断裂小面的晶面指数,断面微区第二相的结构、数量,各微区表面之间的夹角等。断口形貌特征的定量分析包括断口表面上各种特征花样的线条与面积的多少与大小,断口形貌特征的数量与断裂条件尤其是断裂力学参量之间的定量关系。此外,还有断口表面残余应力以及表面硬度的大小等。由此可见,断口定量分析涉及的内容十分广泛。由于篇幅所限,这里不作叙述,请参见本书的有关章节和其他文献。

2.4　失　效　评　估

随着产品设计的进步和选用材料抗力的提高,对产品使用可靠性的关切越来越引起人们的关注。人们已不满足产品要么安全,要么失效的简单评估,而是要在考虑经济性和可维修性的基础上,在规定的工作条件下,在完成规定功能和在尽可能长的规定使用寿命内,使产品因疲劳、断裂、老化而失效的可能性降至最低限度,这便需要对产品的失效进行评估。

产品由于任何偶然性造成的随机性失效在子样大时总体上必然服从某些统计规律,即事物从无序状态转化为一定的有序状态,这就为产品或构件的失效评估提供了技术基础。

失效评估被认为是失效分析领域今后将得到重视和发展的一个分支[8]。但从总体来说,失效评估作为失效分析领域的主要分支还很不成熟,仍然是有待大力研究的新领域。失效评估是涉及力学、材料科学、可靠性工程的综合性学科。这里仅介绍一些有关失效评估所需的基础知识和国内外在该领域所取得的一些进展。

2.4.1 应力—强度分布干涉理论

应力—强度干涉理论的基本思想是:结构要能可靠地使用,其强度必须超过外载引起的总应力。这里的应力和强度是广义的概念,如可以是腐蚀环境和腐蚀抗力等。零件是否发生失效,不仅取决于应力与强度的平均值,还取决于两者的分布规律。当强度大于应力,且分布不发生干涉或重叠时,则零件不会发生失效。如果强度和应力发生干涉,如图 2-19 所示,则零件会出现一定概率的失效。

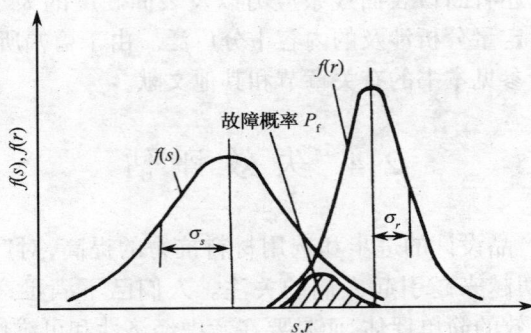

图 2-19 应力和强度干涉模型示意图

2.4.2 当量初始裂纹尺寸概率分布

损伤容限设计的基本思想就是认为材料或构件在服役前必然带有初始缺陷,由该缺陷或裂纹扩展至临界裂纹的寿命即为构件的总寿命。

实际构件或材料中必然存在某些微观缺陷(如夹杂、气孔、位错等)甚至宏观缺陷,材料在加工过程中也难免产生各种表面加工缺陷以及其他一些对构件疲劳抗力有较大影响的表面完整性因素(如残余应力、表面组织状态等)。损伤容限设计思想中的初始裂纹,就是指把这些存在于构件中的初始缺陷群等效地归结为一非实体的当量初始裂纹。

由于材料或实际构件加工等条件不同,因而存在的微观缺陷的种类、形状和尺寸等存在一定的分散性,一批材料或构件所等效出的当量初始裂纹尺寸也必然存在一定的概率分布。

2.4.3 影响失效的不确定性因素

断裂失效大多与疲劳损伤有关,疲劳损伤理论基本上是建立在应力(或应变)幅度与疲劳循环次数曲线基础上,在此基础上引入存活率或失效概率,同时又考虑平均应力的影响,再进一步考虑疲劳损伤估算可靠度的置信度。尽管如此,考虑到材料基本性能参数的不确定性分布、构件形状和尺寸在设计公差内的波动、载荷的随机变化所引起危险应力点应力的不确定性、按照断裂力学理论分析认为材料存在初始损伤程度以及无损检测的实际水平而造成初始损伤程度估计的不确定性,因而形成了失效的不确定性因素。

2.4.3.1 材料基本性能参数的不确定性

金属材料的基本物理性能如弹性模量、泊松比、导热系数等、基本力学性能如抗拉强度、延伸率等以及断裂韧度、疲劳极限和裂纹扩展速率等,一般服从正态分布,但不同生产厂家、不同批次等仍然可能由于生产工艺的不稳定性而造成偏离正态分布,造成材料基本性能参数的不确定性而影响可靠性设计。如同样是 TA11(Ti811)钛合金,有美国生产的和国内生产的,尽管其化学成分规定范围相同,基本力学性能如抗拉强度、延伸率等技术条件相同,实测值相当。但国产 TA11 钛合金的疲劳极限却较美国生产 Ti811 合金的下降 12.6%。其主要原因在于国产钛合金微观组织的均匀性较差。显然,在使用中造成产品寿命的分散性较大。

2.4.3.2 构件形状和尺寸的随机性

在实际生产中,构件形状和尺寸的容许偏差范围称其为公差。一般情况下,构成产品的实际形状和尺寸与设计值的差异一般也服从正态分布。但对不同生产厂家和不同期间生产的产品却有时具有批次性和系统性的误差,总体上可能偏离正态分布,在一定范围内,其子样不服从正态分布统计规律。

2.4.3.3 初始裂纹尺寸的随机性

由于材料初始损伤程度不同,无损检测技术水平——裂纹检出概率等影响,以及小尺寸裂纹检测和当量等效的困难,使得构件的当量初始裂纹(EIFS)的分布参数估计非常困难,而疲劳寿命大多消耗在初始裂纹微观扩展的阶段,尤其对低应力的高周疲劳损伤而言,这一阶段的寿命可占总寿命的 90%以上。因此,初始裂纹尺寸的随机性对构件是否失效影响极大。

2.4.3.4 危险应力点应力的不确定性

在恒定应力或恒幅交变应力的作用下,构件危险应力点的应力随构件尺寸和形状公差容许范围的波动且服从一定的统计规律。然而对于构件受复杂的应力---时间历程随机作用时,构件危险点的应力虽然也服从一定的分布规律,但其不确定性相对增大。

2.4.3.5 失效寿命估算模型简化造成的不确定性

影响材料和构件疲劳寿命因素很多,因而材料和构件疲劳寿命估算模型一般均作了程度不同的简化,这一简化在一些情况下可能是合适的,但有时在另一些情况下,会造成极大的偏差。

综上所述,构件的失效评估不仅需要对过去同类产品的使用数据收集和统计分析,且涉及表征构件的各种基本参数的分散概率及其对构件失效的影响的研究,在此基础上建立构件可靠性或失效概率的物理数学模型,并通过数值计算和实验或计算机模拟验证,从而达到产品和构件可靠性评估的目的,使产品在规定工作条件下,在规定的寿命内完成规定功能时因断裂等造成失效的概率降低到最低程度。

2.4.4 英国 PD-6493 的质量带标准

英国 PD-6493 的质量带标准[8]是基于 Harrison 在对含体积缺陷焊接结构疲劳评定实验数据基础上所提出的。对焊缝非平面缺陷,根据不同初始质量(即含不同密度的气孔和不同长短的夹渣),将焊接结构质量分成十个等级 Q1-Q10,形成一质量带,如图

2-20 。

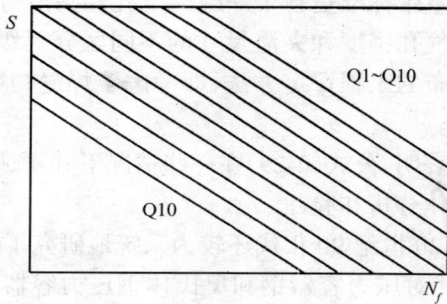

图 2-20 质量等级带

PD-6493 的质量带标准中认为含体积型缺陷(如气孔和夹渣)焊接结构的疲劳寿命 N_f 与承受的交变应力幅 S 之间存在如下关系:

$$S^3 N_f = C \qquad (2-29)$$

式中: C 为与结构缺陷大小有关的常数。根据 PD-6493 第 20 款表格 4 计算的各质量等级的常数 C 见表 2-2 。

表 2-2　根据 PD-6493 计算的各质量等级的常数 C

质量等级	常数 C	质量等级	常数 C
Q1	1.48×10^{12}	Q6	1.60×10^{11}
Q2	1.01×10^{12}	Q7	9.83×10^{10}
Q3	6.55×10^{11}	Q8	6.75×10^{10}
Q4	4.39×10^{11}	Q9	3.46×10^{10}
Q5	2.43×10^{11}	Q10	2.66×10^{10}

具体的评定方法为:首先用无损检测方法检测体积型缺陷的性质和大小,得到焊接结构件的实际质量等级,然后由该结构所要承受载荷大小和所要求的服役寿命,得到该结构所要求的质量等级。如果实际质量等级小于或等于所要求的质量等级,则结构是可靠的。

钟群鹏用 PD-6493 的质量带标准对 16MnR 钢进行的实验分

析来看,PD-6493 的工程评定方法对 16MnR 钢是偏保守的。

考虑到质量带标准是基于焊缝的气孔和夹渣等缺陷建立的,同时根据初始气孔密度和夹渣尺寸的不同区分等级,相当于考虑了初始缺陷分布的工程评定方法,即考虑了焊缝初始缺陷质量的疲劳寿命预测。

一些分析表明,公式(2-29)在一些情况下并不适应,因而在使用时应加以具体分析和验证。

钟群鹏在 20 世纪 90 年代还较为系统地研究了失效评定曲线的绘制过程,并对压力容器钢和奥氏体钢压力容器采用 PD-6493 的 R6 的通用失效评定曲线进行了研究。失效评定曲线与材料、裂纹形状和尺寸、应力状态和采用的屈服准则条件有关。有关断裂失效评估的 R6 方法在《断裂失效的概率分析和评估基础》一书中进行了较为系统的介绍,在此不再赘述。

2.4.5 基于初始疲劳质量和裂纹扩展速率的构件寿命估算方法

按照损伤容限设计的观点,可以假设构件在一开始服役时就存在一个当量初始裂纹(缺陷)a_{0i},构件的初始裂纹在服役过程中可能产生裂纹扩展,当构件中的初始裂纹 a_{0i} 受到 N 次载荷循环之后扩展至 a_N,根据损伤线性累积概念可表示为:

$$a_N = a_{0i} + \sum \Delta a_i$$

则:
$$a_{0i} = a_N - \sum \Delta a_i \qquad (2\text{-}30)$$

式中 　a_{0i}——当量初始裂纹尺寸;

　　　Δa_i——每次载荷循环的裂纹扩展量;

　　　$\sum \Delta a_i$——载荷 N 次循环后裂纹逐次扩展的总量。

由上式不难看出,若能确定裂纹扩展增量 $\sum \Delta a_i$,就能求出当量初始裂纹长度 a_{0i}。反之,若能知道一批构件的当量初始裂纹长度 a_{0i} 和在服役条件下的疲劳裂纹扩展增量 $\sum \Delta a_i$,就能估算出构件的服役寿命。当然,由于构件的当量初始裂纹长度 a_{0i} 和微观裂纹开始扩展的起始裂纹长度 a_0 是完全不同的概念,后者是一个受检测能力和实际构件形状影响的裂纹尺寸,当构件中当量初始裂纹长度 a_{0i} 超过其值时,即发生 $da/dN > 10^{-7}$ mm/循环的裂纹扩展,可估算出损伤容限寿命。反之,裂纹不扩展,则可视构件为无限寿命设计。基于裂纹扩展速率的构件寿命估算方法见第八章。

2.5 失效分析常用的检测技术及其选用原则

失效分析中所用的实验检测技术种类繁多,涉及到物理、化学、力学、电子学等各种学科和技术领域中的一些专门测试技术,其中金相检验、成分分析、无损检测和常规性能测试等实验检测及分析技术应用更为常见。有关详细内容在有关书籍中均有专门介绍,在此不再赘述。表 2-3[7] 仅给出了失效分析时采用的实验检测及分析方法、可利用的工具和可获得的信息。

在进行某项具体的失效分析时,究竟应该选用哪些检测技术,一般说来,应根据失效现象的复杂程度,同时考虑失效分析的深度、时间性和经济性,有效而经济地选用检测技术。

在选用实验检测技术时,应该遵循以下几个原则:

①考虑失效分析的实际需要。应根据失效分析的具体目的、分析的深度和进度要求、委托人的经济支付能力等因素,来选用实用而且简便的检测技术。

②考虑检测技术的适用性,即这些检测技术是可能实现的和可信的。

③考虑检测技术的经济性,即选用那些实验费用较低、又能满足具体要求的检测技术。

例如,有一锻件毛坯,在粗加工后,通过磁粉探伤检查,发现在锻件外表面上有许多裂纹。在判明裂纹产生原因的试验过程中发现:在绝大多数的裂纹中,存在着黄绿色或灰色的粉末状物质。用小刀从裂纹中挖出一些粉末,根据上述原则,分别选用了岩相分析法、X 射线衍射法、微量化学分析法和电子衍射物相分析法,对粉

表 2-3 失效分析时采用的实验检测及分析方法、

试样类型	分析方法		可利用的工具	形貌	颜色	相	发光
表　面 （反射）	光学	视觉	肉眼	√	√		
		低倍	放大镜	√	√	√	
		高倍	金相显微镜	√	√	√	
	力学	移动划痕	矿物硬度级				
		压痕	金刚石棱锥硬度、努普硬度计、洛氏（表面）硬度				
	电子	二次电子	扫描电镜	√			
		背射电子	带电子通道花样探头的扫描电镜				
		X 射线	带能谱或波谱的扫描电镜、电子探针				
		光	带光发射探头的扫描电镜				√
		俄歇电子	俄歇能谱，扫描俄歇，扫描电镜带俄歇能谱				
	X 射线-二次 X 射线		X 射线荧光带能谱或波谱，X 射线衍射				
	离子-二次离子		扫描离子探针，扫描电镜带离子探头				
薄　片 （透射）	光学	吸收	照度计				
		颜色滤波	原子吸收光谱				
		颜色改变	紫外光谱				
	电子	吸收	透射电镜，扫描透射电镜	√			
		X 射线	透射电镜或扫描电镜带能谱				
	X 射线	吸收	X 射线衍射				
		二次 X 射线	X 射线衍射				

可利用的工具以及可获得的信息

容量	位置	表面缺陷	内部缺陷	内部结构	尺寸	硬度	强度性质	疲劳性质	断裂性质	制造性质	质量	点阵常数	成分	备　注
	√	√			√									1×
	√	√			√									<100×
		√												<2000×(也许需要复型腐刻或着色)
						√								空间的>1mm
						√								深度<5mm
												√	√	空间的>5nm①,深度<5nm
													√	空间的>100nm,深度<300nm
													√	空间的>1μm,深度<1μm
													√	空间>10nm,深度<1nm
												√	√	
											√		√	空间的>100nm,深度<2.5nm
√													√	
√													√	
		√		√									√	空间的>0.3nm(如用复型>15nm)
												√	√	
												√	√	

末物质进行分析测试。结果表明,裂纹中的粉末状物质,来源于浇铸系统的耐火材料变质层。而裂纹正是由于耐火材料变质层在浇铸过程中因机械冲刷作用而被卷入钢水中,并且在以后的锻造过程中作为外来夹杂物破坏了金属组织的连续性而形成的。在该例中,由于挖出的粉末数量极微(mg 数量级),因此,不能采用常量化学分析方法。显然,金相观测和力学性能测试,在这里也是毫无用处的,因为这两种技术都不能提供有关这些外来夹杂物来源的信息。

参 考 文 献

1　张栋.机械失效的痕迹分析.北京:国防工业出版社,1996

2　张栋,钟培道,陶春虎.机械失效的实用分析.北京:国防工业出版社,1997

3　陶春虎,刘庆琼,曹春晓,张卫方.航空用钛合金的失效与预防.北京:国防工业出版社,2002

4　《金属机械性能》编写组.金属机械性能.北京:机械工业出版社,1982

5　苏锡久,陈英等.金属材料断口分析及图谱.北京:科学出版社,1991

6　胡世炎等.机械失效分析手册.成都:四川科学出版社,1987

7　刘民治,钟明勋.失效分析的思路与诊断.北京:机械工业出版社,1993

8　钟群鹏,金星,洪延姬,陶春虎.断裂失效的概率分析和评估基础.北京:北京航空航天大学出版社,1999

第三章　断裂失效分析

在机电装备的各类失效中以断裂失效最主要,危害最大。因此,国内外对断裂失效进行了大量的分析研究。迄今为止,断裂失效的分析与预防已发展为一门独立的边缘学科。

目前对断裂行为的研究有两种不同的方法。一种是断裂力学的方法,它是根据弹性力学及弹塑性理论,并考虑材料内部存在有缺陷而建立起来的一种研究断裂行为的方法。断裂力学的方法在本书第二章已有简单介绍。另一种是金属物理的方法,从材料的显微组织、微观缺陷、甚至分子和原子的尺度上研究断裂行为的方法。而断裂失效分析则是从裂纹和断口的宏观、微观特征入手,研究断裂过程和形貌特征与材料性能、显微组织、零件受力状态及环境条件之间的关系,从而揭示断裂失效的原因和规律。它在断裂力学方法和金属物理方法之间架起联系的桥梁。

3.1　金属断裂的基本概念与分类

3.1.1　断裂与断口

构件或试样在外力作用下导致裂纹形成扩展而分裂为两部分(或几部分)的过程称为断裂。它包括裂纹萌生、扩展和最后瞬断三个阶段。各阶段的形成机理及其在整个断裂过程中所占的比例,与构件形状、材料种类、应力大小与方向、环境条件等因素有关。断裂形成的断面称为断口。断口上详细记录了断裂过程中内外因素的变化所留下的痕迹与特征,是分析断裂机理与原因的重要依据。

3.1.2　断裂分类

断裂可按具体的需要和分析研究的方便进行分类。下面介绍几种常用的分类方法,这些分类是相辅相成的。

1.按断裂性质分类

根据零件断裂前所产生的宏观塑性变形量的大小分为:

① 塑性断裂,断裂前发生较明显的塑性变形。延伸率大于5%的材料通常称为塑性材料。

② 脆性断裂,断裂前几乎不产生明显的塑性变形。延伸率小于3%的材料通常称为脆性材料。

③ 塑性—脆性混合型断裂,又称为准脆性断裂。

塑性断裂对装备与环境造成的危害远较脆性断裂小,因为它在断裂之前出现明显的塑性变形,易引起人们的注意。与此相反,脆性断裂往往会引起危险的突发事故。

脆性断裂有穿晶脆断(如解理断裂、疲劳断裂)和沿晶脆断(如回火脆、氢脆)之分。

2.按断裂路径分类

依断裂路径的走向可分为穿晶断裂和沿晶断裂两类。

① 穿晶断裂。裂纹穿过晶粒内部,如图 3-1(*a*)所示。穿晶断裂可以是塑性的,也可以是脆性的。前者断口具有明显的韧窝花样,后者断口的主要特征为解理花样。

② 沿晶断裂。断裂沿着晶粒边界扩展,可分为沿晶脆断和沿晶韧断(在晶界面上有浅而小的韧窝),如图 3-1(*b*)、(*c*)。

在实际断裂失效断口上,多数情况是既有沿晶断裂,又有穿晶断裂的混合型断裂。

3.按断面相对位移形式分类

按两断面在断裂过程中相对运动的方向可分为:

① 张开型(Ⅰ型);

② 前后滑移型(Ⅱ型);

③ 剪切性(Ⅲ型)。

(a)

无微孔聚集沿晶断裂

(b)

微孔聚集沿晶断裂

(c)

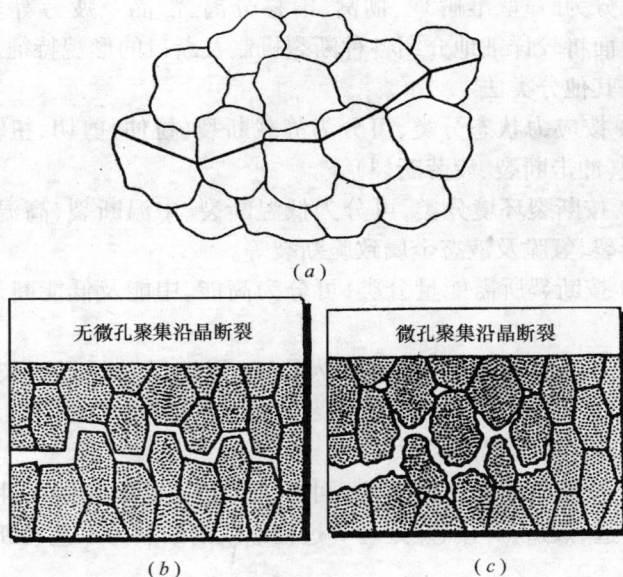

图 3-1　按断裂路径分类示意图

(a)穿晶断裂；(b)沿晶脆断；(c)沿晶韧断。

详见第二章有关断裂韧性的基本概念。

4.按断裂方式分类

按断面所受的外力类型的不同分为正断、切断及混合断裂三种。

① 正断断裂,受正应力引起的断裂,其断口表面与最大正应力方向相垂直。断口宏观形貌较平整,微观形貌有韧窝、解理花样等。

② 切断断裂,是在切应力作用下引起的断裂。断面与最大正应力方向成45°角,断口的宏观形貌较平滑,微观形貌为抛物线状的韧窝花样。

③ 混合断裂,正断与切断两者相混合的断裂方式,断口呈锥杯状,混合断裂是最常见的断裂类型。

5.按断裂机制分类

可分为解理、准解理、韧窝、滑移分离、沿晶及疲劳等多种断裂。后面将较详细地介绍各种断裂机制及断口的形貌特征。

6.其他分类法

① 按应力状态分类,可分为静载断裂(拉伸、剪切、扭转)、动载断裂(冲击断裂、疲劳断裂)等。

② 按断裂环境分类,可分为低温断裂、中温断裂、高温断裂、腐蚀断裂、氢脆及液态金属致脆断裂等。

③ 按断裂所需能量分类,可分为高能、中能及低能断裂等三类。

④ 按断裂速度分类,可分为快速、慢速以及延迟断裂三类。如拉伸、冲击、爆破等为快速断裂,疲劳、蠕变等为慢速断裂,氢脆、应力腐蚀等为延迟断裂。

⑤ 按断裂形成过程分类,可分为工艺性断裂和服役性断裂。如在铸造、锻造、焊接、热处理等过程形成的断裂为工艺性断裂。

3.1.3 过载断裂的宏观断口三要素

金属断裂的宏观规律,断裂力学方法已作了详细的研究,本书第二章也作了简要介绍。这里介绍金属一次性过载断裂断口的宏观特征,即宏观断口三要素。

在金属光滑圆试样室温拉伸或冲击断口上,通常可分为三个宏观特征区,即如图 3-2 所示的纤维区、放射区和剪切唇区。这就是所谓的断口宏观特征三要素。

纤维区:该区一般位于断口的中央,是材料处于平面应变状态下发生的断裂,呈粗糙的纤维状,属正断型断裂。纤维区的宏观平面与拉伸应力轴相垂直,断裂在该区形核。

放射区:该区紧接纤维区,是裂纹由缓慢扩展转化为快速的不稳定扩展的标志,其特征是放射线花样。放射线发散的方向为裂纹扩展方向。放射条纹的粗细取决于材料的性能、微观结构及试验温度等。

剪切唇区:剪切唇区出现在断裂过程的最后阶段,表面较光

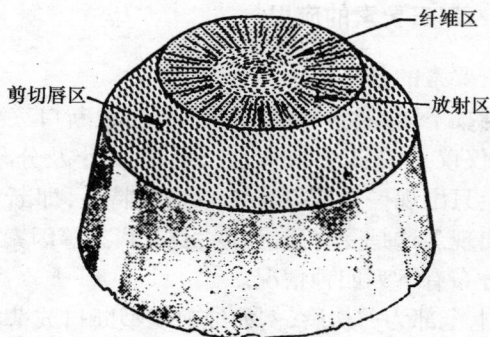

图 3-2　光滑圆试样拉伸断口三要素示意图

滑,与拉伸应力轴的交角约 45°,属切断型断裂。它是在平面应力状态下发生的快速不稳定扩展。在一般情况下,剪切唇大小是应力状态及材料性能的函数。

　　对于带缺口的圆形拉伸试样,断口三要素的分布与光滑圆形试样不同。试样中心部分,基本上是放射区;纤维状区在试样周围形成环状;裂源在缺口底部萌生,裂纹扩展方向刚好与光滑试样相反,从周围开始向中心扩展。这类断口基本上无剪切唇区,见图 3-3。

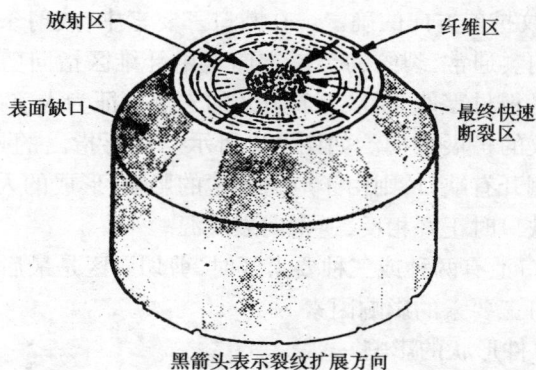

黑箭头表示裂纹扩展方向

图 3-3　缺口圆形拉伸试样断口三要素示意图

3.1.4 断口三要素的应用

1.断口三要素的分布

在通常情况下,金属材料的断口均要出现断口三要素形貌特征,所不同的仅仅是三个区域的位置、形状、大小及分布不同而已。有时在断口上只出现一种或两种断口形貌特征,即断口三要素有时并不同时出现。这是受材质、温度、受力状态等因素的影响。断口三要素的分布有下列四种情况。

① 断口上全部为剪切唇,例如纯剪切型断口或薄板拉伸断口等就属于这种情况;

② 断口上只有纤维区和剪切唇区,而没有放射区;

③ 断口上没有纤维区,仅有放射区和剪切唇区,例如低合金钢在 − 60℃的拉伸断口;

④ 断口三要素同时出现,这是最常见的断口宏观形貌特征。

2.断口三要素在断裂失效分析中的应用

① 裂源位置的确定。在通常情况下,裂源位于纤维状区的中心部位,因此找到了纤维区的位置就可确定裂源的位置。另一方法是利用放射区的形貌特征,在一般条件下,放射条纹收敛处为裂源位置。

② 裂纹扩展方向的确定。在断口三要素中,放射条纹指向裂纹扩展方向。通常,裂纹的扩展方向是由纤维区指向剪切唇区方向。如果是板材零件,断口上放射区的宏观特征为人字条纹,其反方向为裂纹的扩展方向。如图 3-4 所示。需要指出的是,如果在板材的两侧开有缺口,则由于应力集中的影响,形成的人字纹尖顶指向与无缺口时正好相反,逆指向裂纹源。

③ 断口上有两种或三种要素区时,剪切唇区是最后断裂区。

3.断口三要素的影响因素

(1) 零件形状的影响

圆形拉伸试样断口三要素中形态及位置的变化如图 3-2、图 3-3 所示;矩形拉伸试样的变化情况见图 3-5,纤维区呈现椭圆形

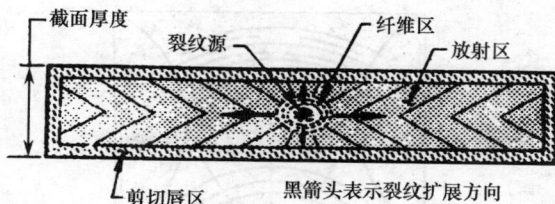

图 3-4 人字纹反方向指向裂纹扩展方向

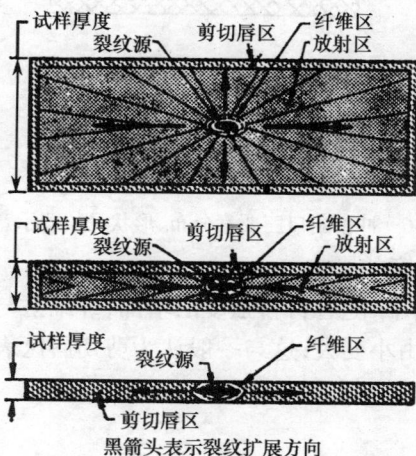

图 3-5 矩形拉伸试样断口三要素变化示意图

且位于中心部位,放射区的形状往往为人字纹,剪切唇区为矩形框与自由表面相接。

韧性较好的室温冲击断口上往往可见到断口三要素,如图 3-6 所示。纤维区在缺口中部呈半圆状,放射区呈现半轮辐型,剪切唇区在三侧边缘区域(矩形试样厚度越薄,剪切唇区的面积越大,而放射区面积越小)。

(2) 环境温度的影响

温度对断口三要素的影响比较明显。对于同一材料及相同形状的试样,随着温度的降低,断口上的纤维区和剪切唇区减少,而放射区面积增加。随着试验温度的升高,则出现相反的变化。

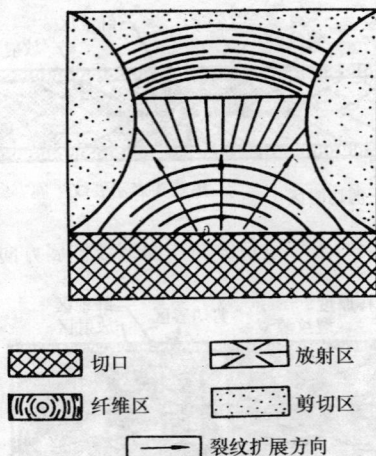

图 3-6　冲击断口三要素分布、形状及位置示意图

（3）材料强度的影响

在室温条件下，随着材料强度的增加，纤维区与放射区由大变小，而剪切唇区由小变大，这与一般认为剪切唇区表示塑性断裂的看法相反。

3.2　金属断裂的微观机理与典型形貌

工程材料的显微结构都比较复杂，特定的显微结构在特定的外界条件（如载荷类型与大小、环境温度与介质）下有特定的断裂物理机制和微观形貌特征。下面重点介绍韧窝断裂、滑移分离、解理和准解理断裂、疲劳断裂、沿晶断裂等几种主要的断裂机理及其微观形貌特征。

3.2.1　穿晶韧窝断裂

韧窝是金属延性断裂的主要微观特征。韧窝又称作迭波、孔坑、微孔、微坑等。韧窝是材料在微区范围内塑性变形产生的显微空洞,经形核、长大、聚集,最后相互连接而导致断裂后,在断口表面所留下的痕迹。图 3-7 为典型的韧窝形貌。

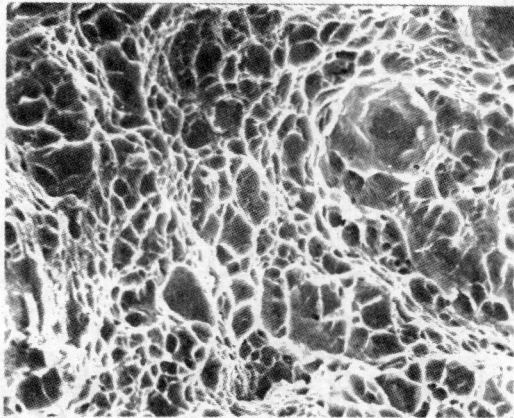

图 3-7　典型的韧窝形貌(SEM)

虽然韧窝是延性断裂的微观特征,但不能仅仅据此就作出断裂属延性断裂的结论,因为延性断裂与脆性断裂的区别在于断裂前是否发生可察觉的塑性变形。即使在脆性断裂的断口上,个别区域也可能由于微区的塑变而形成韧窝。

1.韧窝的形成

韧窝形成的机理比较复杂,大致可分为显微空洞的形核、显微空洞的长大和显微空洞的聚集三个阶段。D. Broek 根据实验结果,建立了韧窝形核及生长模型,如图 3-8 所示。其中图(a)为微孔聚集模型(其典型形貌见图 3-7),图(b)为在第二相粒子形核模型,图(c)为图(b)模型的典型形貌。

这个韧窝模型,可以同时解释在应力作用下,形成等轴韧窝或抛物线韧窝的过程和夹杂物或第二相粒子在切应力作用下,破碎而形成韧窝的现象。

2. 韧窝的形状

韧窝的形状主要取决于所受的应力状态,最基本的韧窝形状

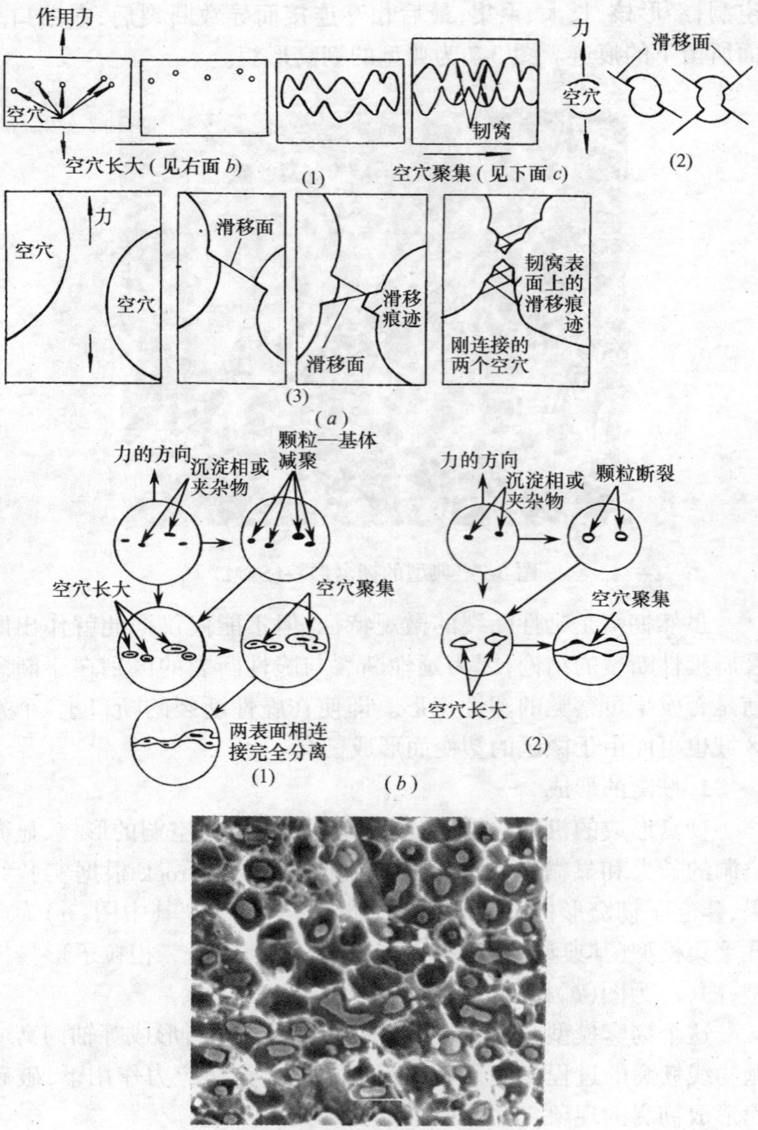

图 3-8 韧窝形核及扩展模型

(a) 微孔聚集模型;(b) 在第二相粒子处形核模型;(c) 典型形貌。

有等轴韧窝、撕裂韧窝和剪切韧窝三种,如图 3-9 所示,后两种又
称拉长韧窝,见图 3-9(d)。

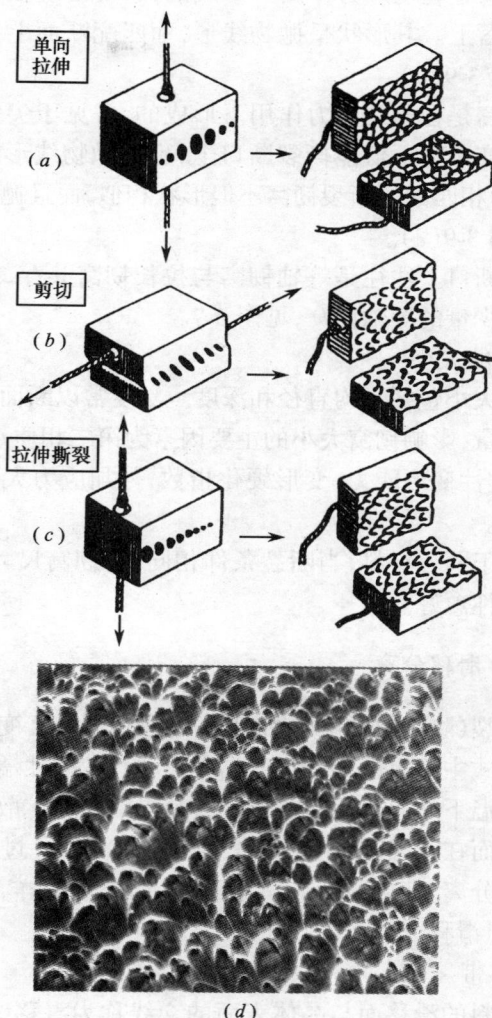

图 3-9 三种基本韧窝形态示意图
(a)等轴韧窝;(b)剪切韧窝;(c)撕裂韧窝;(d)拉长韧窝。

等轴韧窝是在正应力作用下形成的。在正应力作用下,显微空洞的周边均匀增长,断裂之后形成近似圆形的等轴韧窝。

剪切韧窝是在切应力作用下形成的,通常出现在拉伸或冲击断口的剪切唇上。其形状呈抛物线形,而匹配断面上抛物线的凸向相反,见图 3-9(b)。

撕裂韧窝是在撕裂应力作用下形成的,常见于尖锐裂纹的前端及平面应变条件下低能撕裂断口上,也呈抛物线形。但在匹配断口上,一对相匹配的撕裂韧窝不但形状相似,而且抛物线的凸向也相同,见图 3-9(c)。

在实际断口上往往是等轴韧窝与拉长韧窝共存,或在拉长韧窝的周围有少量的等轴韧窝,见图 3-7。

3.韧窝的大小

韧窝的大小包括平均直径和深度。深度常以断面到韧窝底部的距离来衡量,影响韧窝大小的主要因素为第二相质点的大小、密度,基体的塑性变形能力,变形硬化指数,外加应力大小状态以及加载速度等。

通常对于同一材料,当断裂条件相同时,韧窝尺寸愈大,则表征材料的塑性愈好。

3.2.2 滑移分离

金属断裂(除理想的解理断裂外)过程均起始于变形。金属的塑性变形方式主要有滑移、孪生、晶界滑动和扩散性蠕变四种。孪生一般在低温下才起作用;在高温下,晶界滑动和扩散性蠕变方式较为重要。而在常温下,主要的变形方式是滑移。过量的滑移变形出现滑移分离,其微观形貌有滑移台阶、蛇形花样、涟波等。因此,有必要对滑移分离加以叙述。

1.滑移带

晶体材料的滑移面与晶体表面的交线称为滑移线,滑移部分的晶体与晶体表面形成的台阶称为滑移台阶。由这些数目不等的滑移线或滑移台阶组成的条带称为滑移带。更确切地说,目前人们将在电镜下分辨出来的滑移痕迹称为滑移带。滑移带中各滑移线之间的区域为滑移层,滑移层宽度在 5nm ~ 50nm 之间。随着外力的增加,一方面滑移带不断加宽;另一方面,在原有滑移带之间还会出现新的滑移带。

金属材料滑移的一般规则是:

① 滑移方向总是原子的最密排方向;

② 滑移通常在最密排的晶面上发生;

③ 滑移首先沿具有最大切应力的滑移系发生。

2. 滑移的形式

晶体材料产生滑移的形式是多种多样的,主要有一次滑移、二次滑移、多系滑移、交滑移、波状滑移、滑移碎化、滑移扭折等。

一次滑移是指单晶材料在拉伸时,只在一组平行晶面的特定晶向上产生滑移。一次滑移晶体材料在滑移前后晶体的相对位向不变。

多系滑移是指当外力轴同时与几个滑移系的相对取向相同,且外力使这几个滑移系的分切应力同时达到临界值而同时产生滑移。在多系滑移中,最简单的情况是二次滑移,即在两个不相平行的晶面上,沿两个滑移方向同时产生滑移。

交滑移是在两个或两个以上滑移面共同按一个滑移方向的滑移。交滑移有很多滑移面参加滑移,滑移线不再是直线,而可变成弯曲的折线。

滑移碎化,当一个晶粒产生滑移变形时,它受到相邻晶粒的束缚而阻止该晶粒的滑移。这样,滑动的晶粒随着滑移变形量的增加而产生硬化现象;另一方面,这个晶粒边界的应力场将促进相邻晶粒滑移。与此同时,这个晶粒开动了更多的滑移系来反抗相邻晶粒的阻力,由此产生了多重滑移而引起滑移碎化。

扭折带,在晶体材料滑移变形时,有时出现滑移部分的晶体相对于基体旋转一定的角度,滑移区域内的滑移线成 S 形弯曲,称为扭折带。扭折带两端的晶体区域具有不同的取向,但扭折带平面总是大致垂直于主要参与滑移的方向。

波状滑移,晶体材料中不仅有直线型的滑移线或滑移带,而且还有波状的滑移线或滑移带。尤其是体心立方材料,由于它没有最密排的晶面,所以滑移没有一个确定的晶面,一般可能在几个较密的低指数面滑移,如{110}、{112}、{123}。而密排方向是⟨111⟩,它便是滑移方向。共有 48 个滑移系,如果有很多的滑移系同时开动,除了产生直线滑移外,还可能产生波状滑移。

3. 滑移分离断口形貌

滑移分离的基本特征是:断面倾斜,呈 45°角;断口附近有明显的塑性变形,滑移分离是在平面应力状态下进行的。

滑移分离的主要微观特征是滑移线或滑移带、蛇形花样、涟波花样、延伸区。

图 3-10 为在电子显微镜下观察到的滑移线的典型形貌特征,是多系滑移留下的微观痕迹。

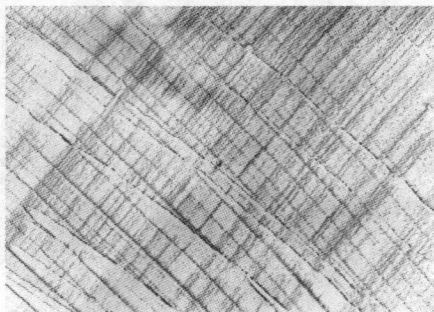

图 3-10　典型的滑移线形貌

蛇形花样,多晶体材料受到较大的塑形变形产生交滑移,导致滑移面分离,形成起伏弯曲的条纹,通常称为蛇形滑移花样,如图 3-11。

若变形程度加剧,则蛇形滑移花样因变形而平滑化,形成涟波花样,典型的照片见图 3-12。

如若继续变形,涟波花样也将进一步平坦化,在断口上留下了

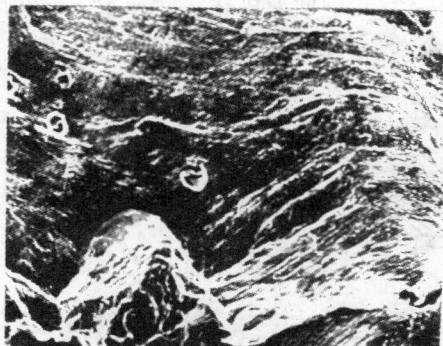

图 3-11　蛇形滑移花样

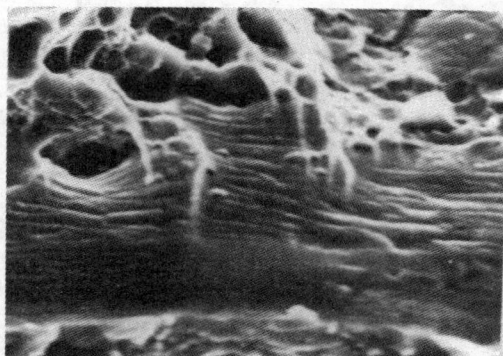

图 3-12　涟波形貌

没有什么特殊形貌可言的平坦区,称为"延伸区"。

　　实际材料总是存在缺陷,如缺口、裂纹、显微空洞等。在应力作用下,这些缺陷附近的区域可能发生纯剪切过程,在其内表面上也会显示出蛇形滑移、涟波、延伸区等特征。

　　图 3-13 表示材料内部缺陷处有自由表面上的应力状态及滑移流变。在与最大切应力平面相平行的一组滑移面滑移而形成台阶,这就是蛇形滑动。若进一步变形,则蛇形滑动平坦化而形成涟

波。若变形继续作用,则使波纹状花样完全变得光滑,其显微形貌
呈现无特征状态,通常称为无特征区。

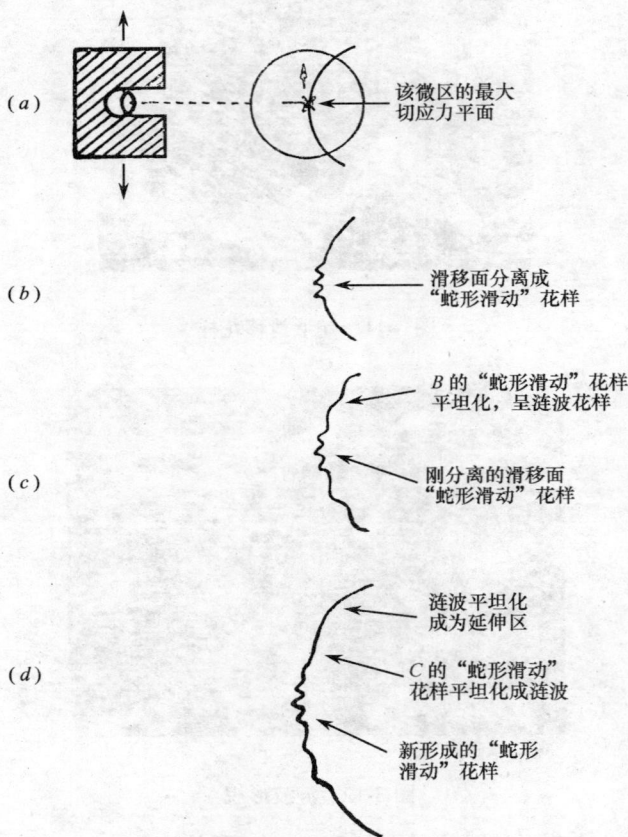

(a)   该微区的最大
切应力平面

(b)   滑移面分离成
"蛇形滑动"花样

(c) B 的"蛇形滑动"花样
平坦化,呈涟波花样

刚分离的滑移面
"蛇形滑动"花样

(d)   涟波平坦化
成为延伸区

C 的"蛇形滑动"
花样平坦化成涟波

新形成的"蛇形
滑动"花样

图 3-13   滑移变形所产生的蛇形滑移、涟波及无特征区示意图

    靠滑移分离而导致的断裂,即使在晶界处也能发生。这种断
裂有两种可能。一种是在相邻的二个晶粒内部,发生了滑移而导
致晶界产生分离;另一种是由于晶界本身的滑移而产生分离。沿
晶界滑移分离的断口显微形貌也具有蛇形滑移、涟波状花样及无
特征等。

3.2.3 解理断裂

解理断裂是金属在正应力作用下,由于原子结合键的破坏而造成的沿一定的晶体学平面(即解理面)快速分离的过程。解理断裂是脆性断裂的一种机理,属于脆性断裂,但并不是脆断的同义语,有时解理可以伴有一定的微观塑性变形。解理面一般是表面能量最小的晶面。常见的解理面见表 3-1。面心立方晶系的金属及合金,在一般情况下,不发生解理断裂。

表 3-1 常见的解理面

晶 系	材 料	主解理面	次解理面
体心立方	Fe, W, Mn	{100}	{110}
密排六方	Zn, Mg, Cd, α-Ti	{0001}	{11$\overline{2}$4}
金刚石型晶体	Si	{111}	
离子晶体	NaCl, LiF	{100}	{110}

1. 解理裂纹的萌生与扩展

根据原子键合的能量关系,可以推算出材料的理论断裂强度:

$$\sigma_c = \sqrt{\frac{E \cdot \gamma_s}{a_0}}$$

式中　γ_s——表面能;

　　　E——杨氏模量;

　　　a_0——原子间距。

粗略估算时,可取 $\gamma = 0.01 E a_0$,则 $\sigma_c = 0.1 E$。Fe、Al、Cu 的 E 值分别为 2.14×10^5、7.2×10^4 及 1.21×10^5 MPa。因此,它们的断裂强度分别为 21400 MPa、7200 MPa 及 12100 MPa。金属的实际断裂强度远低于该值。其原因有三:一是由于材料中存在着裂纹和缺口,裂纹尖端严重应力集中;二是存在着弱化平面,这些弱化平面的原子结合键被杂质或特定的外部腐蚀介质所削弱;三是如在较低的温度下先发生塑性变形,由于温度低,滑移难,滑移受到限制,应力集中不能松弛。

①解理裂纹形核的位置。解理裂纹核大都萌生于有界面存在的地方及位错易于塞积的地方。例如晶界、亚晶界、孪晶界、杂质及第二相界面。

②解理裂纹的萌生。解理裂纹萌生的模型有位错单向塞积、位错双向塞积、位错交叉滑移、刃型位错合并等。它们都是建立在解理生核之前存在变形这一前提之下。塑性变形过程是滑移过程，即位错在滑移面上滑动，从位错源不断地释放出位错，位错不断地向前移动，这样就产生塑性变形。如果在滑移面前方遇到障碍就造成位错塞积。随着塞积的数量增多，在塞积处产生的弹性应力集中越严重。如果此时能继续发生塑性变形，应力集中可以被松弛掉；如果不产生塑性变形，由于应力集中的进一步加大而导致裂纹的萌生。

除位错塞积机制外，还有位错反应机制。该机制认为，在适当的条件下，伯氏矢量较小的位错相互反应生成伯氏矢量较大的位错，大位错像楔子一样塞入解理面，将其劈开。

③解理裂纹的扩展。解理裂纹形成后能否扩展至临界长度，不仅取决于应力大小和应力状态，而且还取决于材料的性质和环境介质与温度等因素。

2.解理断裂的形貌特征

解理断裂区通常呈典型的脆性状态，不产生宏观塑性变形。小刻面是解理断裂断口上明显的宏观特征。

解理断口上的"小刻面"即为结晶面，呈无规则取向。当断口在强光下转动时，可见到闪闪发光的特征。图 3-14 为解理断口上见到的小刻面特征。在多晶体中，由于每个晶粒的取向不同，尽管宏观断口表面与最大拉伸应力方向垂直，但在微观上，每个解理"小刻面"并不都是与拉应力方向垂直。实际上解理"小刻面"内部，断裂也很少沿着单一的晶面发生解理。在多数情况下，裂纹要跨越若干个相互平行的位于不同高度上的解理面。如果裂纹沿着两个平行的解理面发展，则在二者交界处形成台阶。

典型的解理断口微观形貌有以下重要特征：解理台阶、河流花

图 3-14 解理断口上的小刻面

样、"舌"状花样、鱼骨状花样、扇形花样及瓦纳线等。图 3-15 中 *A* 所示区域以及 *B* 所指的河流花样中的每条支流,都是解理台阶。弄清解理台阶的特征及其形成过程,对于理解与解释解理断裂的主要微观特征——河流花样,是非常重要的。所有这些解理特征花样,都是局部发生微观塑性变形形成的。理论上的解理断裂是沿着一个解理面断开,则其断口的电子金相应是一个理想的平坦面。但由于实际晶体总是存在缺陷,因此这种理想的完整晶体是难得到的。

(1)解理台阶形成途径

解理台阶形成的途径主要有二种:

①一种是解理裂纹与螺位错相交截而形成台阶。设晶体内存在一个螺位错,当解理裂纹沿解理面扩展时,与螺位错交截,产生一个高度为伯氏矢量的解理台阶,如图 3-16 所示。

解理台阶在裂纹扩展过程中,要发生合并与消失或台阶高度减小等变化,如图 3-17 所示。其中图(a)表示具有相反方向的解理台阶,合并后解理台阶消失;图(b)表示具有相同方向的解理台阶,合并后解理台阶增加。

②另一种是通过次生解理撕裂的方式形成台阶。两个相互平行但处于不同高度上的解理裂纹可通过次生解理或撕裂的方式

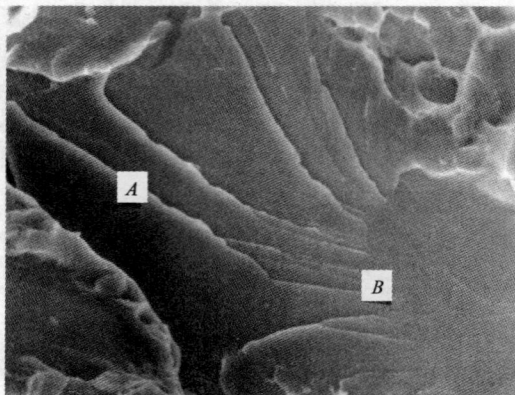

图 3-15　典型的解理断口形貌特征

A—台阶；B—河流花样。

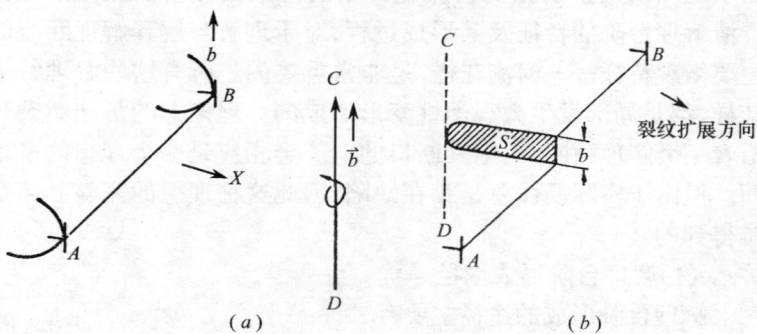

（a）　　　　　　　　　（b）

图 3-16　解理台阶的形成过程示意图

（a）裂纹 AB 向螺位错 CD 扩展；（b）裂纹与螺位错 CD 交割，

形成台阶 S，台阶 S 的位向与裂纹线 AB 垂直，而与裂纹扩展方向基本一致。

互相连接而形成台阶，如图 3-18 所示。

(2)河流花样

解理裂纹扩展过程中，台阶不断地相互汇合，便形成河流花样。如图 3-15 所示。河流花样是解理断裂的重要微观形貌特征。

在断裂过程中，台阶合并是一个逐步的过程。许多较小的台

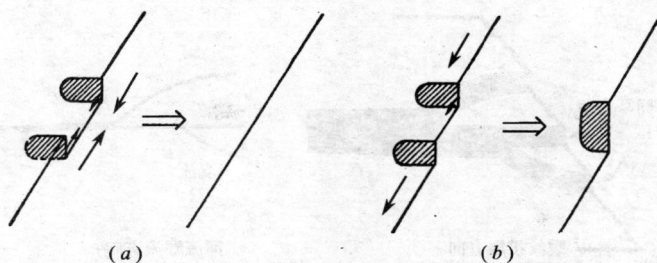

图 3-17　解理台阶相互汇合示意图

(a)异号台阶汇合,台阶消失;(b)同号台阶汇合,台阶增大。

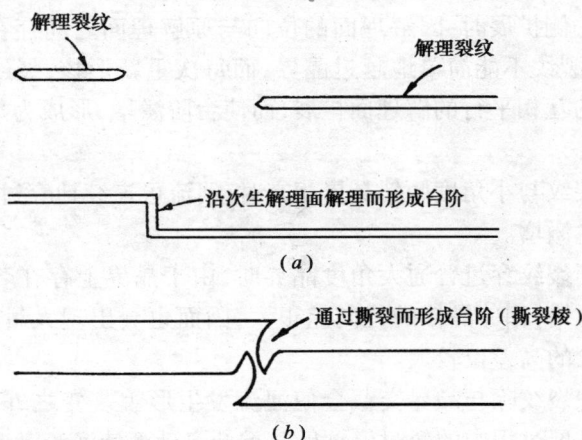

图 3-18　通过次生解理或撕裂而形成台阶

(a)通过次生解理而形成台阶;(b)通过撕裂而形成台阶。

阶(即较小的"支流")到"下游"又汇合成较大的台阶(即较大的"支流"),见图 3-19 所示。河流的流向恰好与裂纹扩展方向一致。所以,可以根据河流花样的流向,判断解理裂纹在微观区域内的扩展方向。

　　由于实际金属材料是多晶体,存在着晶界和亚晶界。当解理裂纹穿过晶界时,会使解理断裂出现复杂的情况。现分述如下:

　　①解理断裂穿过扭转晶界,将使河流激增。扭转晶界两侧的

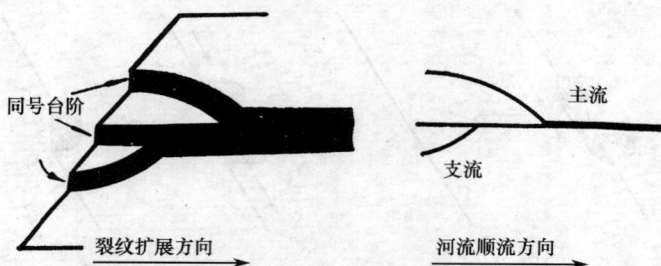

图 3-19　河流花样形成示意图

晶体以晶界为其公共面,旋转了一个小角度。当裂纹从晶界的一侧向另一侧扩展时,因解理面的位向与原解理面之间存在小角度位向差,裂纹不能简单地越过晶界,而每次重新形核,裂纹将沿若干组新的互相平行的解理面扩展,而使台阶激增,形成为数众多的河流。

②裂纹与小角度倾斜晶界相交时,河流可连续地穿过晶界,河流不发生激增。

③当裂纹穿过普通大角度晶界时,由于晶界上存在着的螺位错和刃位错,相邻晶粒的位向差很大,因而也会出现大量的河流,河流台阶的高差也较大。

解理裂纹除与晶界交截会使河流发生形貌改变之外,还会因裂纹在扩展过程中的暂时停歇后又重新启动而使河流激增。因为在停歇过程中,裂纹前端产生大量的螺位错。一般说来,只要解理裂纹不太快,螺位错有足够的时间移动到裂纹前端,就可产生此种现象。位错运动的速度与应力及温度有关,所以,降低裂纹前端的扩展速度或提高温度,促进螺位错的运动,均有利于河流的形成。

(3)舌状花样

解理舌是解理断裂的典型特征之一。它的显微形貌为舌状,见图 3-20。

解理舌的形成与解理裂纹沿变形孪晶与基体之间的界面扩展有关。此种变形孪晶是当解理裂纹以很高的速度向前扩展时,在

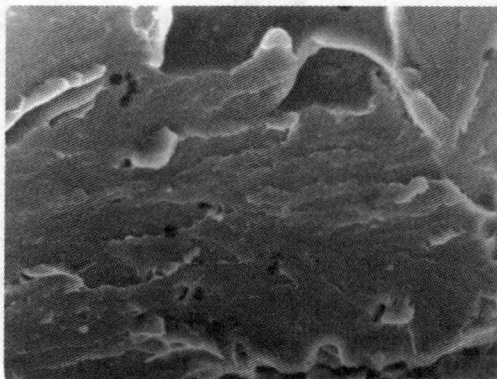

图 3-20 舌状花样

裂纹前端形成的。

另外一种舌状花样是解理裂纹在扩展过程中局部发生二次解理，或者是滑移分离、或者是二次解理和滑移分离的混合。

(4)其他花样

①扇形花样。在很多材料中，解理断裂面并不是等轴的，而是沿着裂纹扩展方向伸长，形成椭圆形或狭长形的特征，其外观类似扇形或羽毛形状。在一个晶粒内，河流花样有时不是发源于晶界，而是在晶界附近的晶内发源，河流花样以扇形的方式向外扩展。在多晶体材料中，扇形花样在各个晶粒内可以重复出现。利用扇形花样，也可以判明解理裂纹的裂源及裂纹的局部扩展方向。图3-21 所示为解理扇形花样。

②鱼骨状花样。在解理断口中，有时可以见到类似于鱼骨状花样，见图 3-22。

3.影响解理断裂的因素

影响解理断裂的因素主要有环境温度，介质，加载速度，材料的晶体结构、显微组织、应力大小与状态等。

① 环境温度。环境温度直接影响解理裂纹扩展时所吸收的能量的大小，随着温度的降低，解理裂纹扩展时所吸收的能量较小，更容易导致解理断裂。

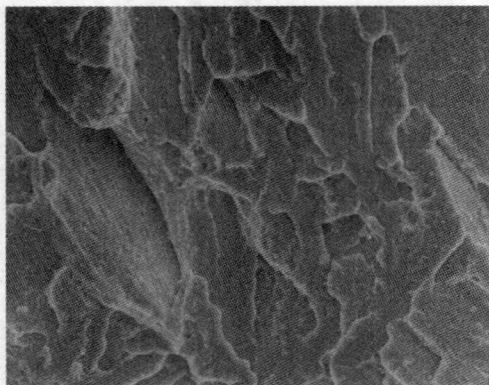

图 3-21　解理扇形花样

图 3-22　鱼骨状花样

② 加载速度。加载速率不同,不仅影响解理裂纹扩展应力的大小,而且还影响材料应变硬化指数。在高应变速率下,有利于解理断裂发生,如图 3-23 所示。由图可以看出,在同一试验温度 T_a 下,加载速率高的 V_2 所对应的冲击能 A_{k_2} 小于加载速率低的 V_1 所对应的 A_{k_1}。A_{k_1} 为延性断裂,A_{k_2} 则进入脆断区。

③材料的种类、晶体结构及冶金质量对断裂起着重要的作用。在通常情况下所遇到的解理断裂,大多数都是属于体心立方和密排六方晶体材料,而面心立方晶体材料只有在特定的条件下才发生解理断裂。即使体心立方晶体材料,由于显微组织不同,其解理

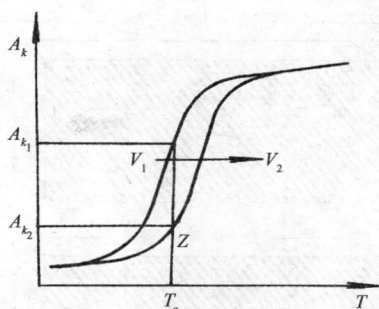

图 3-23　钢的延性脆性转变曲线

断裂的形貌特征也不相同。材料的显微缺陷、第二相粒子等分布在解理面上，则有利于解理断裂的发生。如氢集聚在{100}面，将产生氢解理断裂。

3.2.4　准解理断裂

准解理断裂是介于解理断裂和韧窝断裂之间的一种过渡断裂形式。准解理的形成过程如图 3-24 所示。首先在不同部位(如回火钢的第二相粒子处)，同时产生许多解理裂纹核，然后按解理方式扩展成解理小刻面，最后以塑性方式撕裂，与相邻的解理小刻面相连，形成撕裂棱。

准解理断口与解理断口的不同之处在于：

①准解理断裂起源于晶粒内部的空洞、夹杂物、第二相粒子，而不像解理断裂那样，断裂源在晶粒边界或相界面上。如图 3-25 所示。

②裂纹传播的途径不同，准解理是由裂源向四周扩展，不连续，而且多是局部扩展。解理裂纹是由晶界向晶内扩展，表现河流走向。

③准解理小平面的位向并不与基体(体心立方)的解理面{100}严格对应，相互并不存在确定的对应关系。

④在调质钢中准解理小刻面的尺寸比回火马氏体的尺寸要大

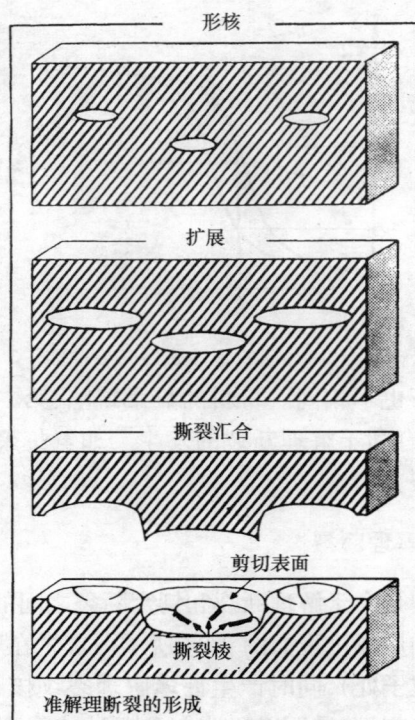

形核

扩展

撕裂汇合

剪切表面

撕裂棱

准解理断裂的形成

图 3-24 准解理裂纹形成机理示意图

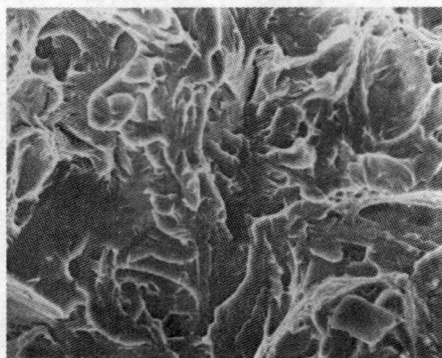

图 3-25 典型准解理断面形貌

得多,它相当于淬火前的原始奥氏体晶粒尺度。

准解理断口宏观形貌比较平整。基本上无宏观塑性或宏观塑性变形较小,呈脆性特征。其微观形貌有河流花样、舌状花样及韧窝与撕裂棱等。

3.2.5 沿晶断裂

沿晶断裂又称晶间断裂,它是多晶体沿不同取向的晶粒所形成的沿晶粒界面分离,即沿晶界发生的断裂现象。

在通常情况下,晶界的键合力高于晶内,断裂扩展的路径不是沿晶而是穿晶,如前述的韧窝型断裂、解理断裂等。但如果热加工工艺不当,造成杂质元素在晶界富集与沿晶界析出脆性第二相,或因温度过高(加工温度与使用温度)使晶界弱化,或因环境介质沿晶界浸入金属基体等因素出现时,晶界的键合力被严重削弱,往往在低于正常断裂应力的情况下,被弱化的晶界成为断裂扩展的优先通道而发生沿晶断裂。沿晶断裂的路线一般沿着与局部拉应力垂直的晶界进行。

按断面的微观形貌,通常可将沿晶断裂分为两类:沿晶韧窝断裂和沿晶脆性断裂。沿晶韧窝断裂是由晶界沉淀的分散颗粒作为裂纹核,然后以剪切方向形成空洞,最后空洞连接形成的细小韧窝而分离。见图 3-26。这种沿晶断裂又称微孔聚合型沿晶断裂或沿晶韧断。

沿晶脆性断裂是指在断后的沿晶分离面平滑、干净、无微观塑性变形特征,往往呈现冰糖块形貌,见图 3-27。这种沿晶断裂又叫沿晶光面断裂或非微孔聚合型沿晶断裂。

回火脆、氢脆、应力腐蚀、液体金属致脆以及因过热、过烧引起的脆断断口大都为沿晶光面断裂特征;而蠕变断裂、某些高温合金的室温冲击或拉伸断口往往为沿晶韧窝形貌。

另外还有两种情况也属沿晶断裂范畴。一是沿结合面发生的断裂,如沿焊接结合面发生的断裂;二是沿相界面发生的断裂,如在两相金属中沿两相的交界面发生的断裂。

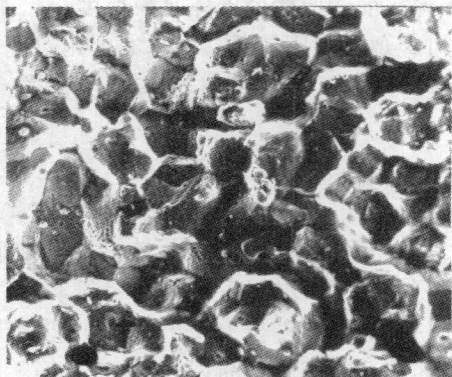

图 3-26　沿晶韧窝断裂

图 3-27　沿晶脆性断裂

3.2.6　疲劳断裂

1. 定义

疲劳断裂是材料(或构件)在交变应力反复作用下发生的断裂。所谓交变应力是指应力的大小、方向或大小和方向同时都随时间作周期性改变的应力。这种改变可以是规律性的或不完全规律性的。

2．疲劳断裂的危害性

①多数机件承受的应力是周期性变动的（称为循环交变应力）。如各种发动机曲轴、发动机的主轴、齿轮、弹簧、涡轮叶片、钢轨、飞机螺旋桨以及各种滚动轴承等。这些零件的失效，据统计60％～80％是属于疲劳断裂失效。

②疲劳破坏表现为突然断裂，断裂前无显著变形。不用特殊探伤设备，无法预察损坏迹象。除定期检查外，很难防范偶发性事故。

③造成疲劳破坏时，循环交变应力中的最高应力一般远低于静载荷下材料的强度极限。有时也低于屈服极限，甚至低于最精密测定的弹性极限。

④零件的疲劳断裂不仅取决于材质，而且对零件的形状、尺寸、表面状态、使用条件、外界环境等非常敏感。加工过程也对疲劳抗力有很大影响。材料内部宏观、微观的不均匀性对材料抗疲劳性能的影响也远较静负荷下为大。

⑤很大一部分机件承受弯曲扭转应力。这种机件的应力分布都是表面应力最大。而表面情况，如切口、刀痕、粗糙度、氧化、腐蚀及脱碳等都对疲劳抗力有极大的影响，增加了疲劳损坏的机会。

3．交变应力与交变应变

为了清楚地看出应力的变化规律，人们将应力 σ 随时间 t 的变化规律绘成图形，如图 3-28 所示的正弦波应力。

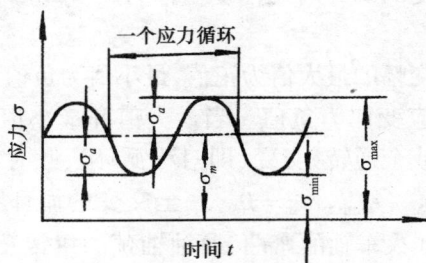

图 3-28　应力循环图

图 3-28 上各种符号所代表的意义如下：

σ_{max}——最大应力，$\sigma_{max} = \sigma_m + \sigma_a$；

σ_{min}——最小应力，$\sigma_{min} = \sigma_m - \sigma_a$；

σ_m——平均应力，$\sigma_m = 1/2(\sigma_{max} + \sigma_{min})$；

σ_a——应力振幅，$\sigma_a = 1/2(\sigma_{max} - \sigma_{min}) = 1/2(1-r)\sigma_{max}$；

$\Delta\sigma$——应力范围，$\Delta\sigma = 2\sigma_a$；

r——应力比（循环特征），$r = \sigma_{min}/\sigma_{max}$。

同样，交变应变也是在上下两个极值之间随时间作周期性变化的应变，如图 3-29 所示，取 ε_{max} 为应变幅的最大值，ε_{min} 为应变幅的最小值，根据最大应变与最小应变之间的关系确定出应变幅 ε_a、应变范围 $\Delta\varepsilon(\Delta\varepsilon = 2\varepsilon_a)$、平均应变 ε_m 和应变比 R。

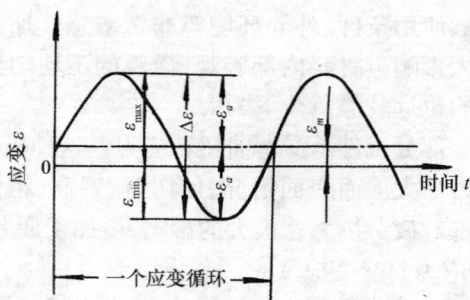

图 3-29　应变循环图

应力或应变的每一周期性变化称为"一个应力循环"或"一个应变循环"。

应力或应变幅的最大值为正值，最小值为负值，称为交变。此时其应力比或应变比为负值。当最大值和最小值的绝对值相等时，称为完全（或全逆转）交变（即对称循环），此时，$\sigma_{max} = -\sigma_{min}$，$\sigma_m = 0$ 或 $\varepsilon_{max} = -\varepsilon_{min}$，$\varepsilon_m = 0$。完全交变的循环特征是 $r = -1$ 或 $R_\varepsilon = -1$。如火车轴的弯曲、曲轴轴颈的扭转及旋转弯曲疲劳试验的试样等都是对称循环的例子。当最大值和最小值都是正值或都是负值时，称为脉动。当最小值为零，即 $\sigma_{min} = 0$ 或 $\varepsilon_{min} = 0$

时,称为完全脉动。完全脉动的循环特征是 $r=0$ 或 $R_\varepsilon=0$。如一些齿轮齿根的弯曲就是完全脉动循环的例子。当 r 或 R 等于其他任意数值时,则属于非对称循环。如汽缸盖螺钉即受大拉小拉循环应力,$0<r<1$;内燃机连杆受小拉大压循环应力,$r<1$。

4. 疲劳曲线、疲劳极限和疲劳寿命

在交变载荷下,金属承受的最大交变应力 σ_{max} 愈大,则至断裂的应力交变次数 N 愈少;反之,σ_{max} 愈小,则 N 愈大。如果将所加的应力 σ_{max} 和对应的断裂周次 N 绘成图,便得到如图 3-30 所示的曲线,通过试验测得的这种曲线称为疲劳曲线(即 $S—N$ 曲线)。该图指出,当应力低到某值时,材料或构件承受无限多次应力循环或应变循环而不发生疲劳断裂,这一应力值称为材料或构件的疲劳极限,通常以 σ_r 表示(r 为循环应力比),就是说,疲劳极限是指一定的材料或构件可以承受无限次应力循环而不发生破坏的最大应力。发生破坏时的应力循环次数或从开始承受应力直至断裂所经历的时间称为疲劳寿命,通常以 N_f 表示。通常横轴用对数坐标表示寿命,纵轴用均匀坐标或对数坐标表示最大应力或应力振幅来绘制在应力疲劳试验中获得的 $S—N$ 曲线。

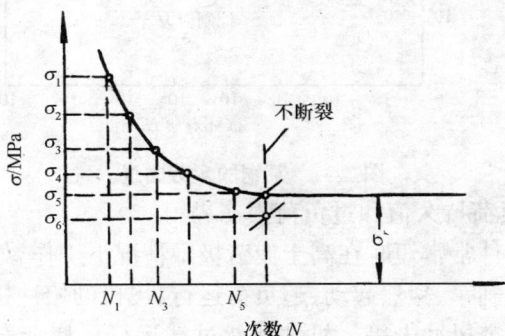

图 3-30　疲劳曲线示意图

表示应变范围与寿命之间的关系曲线称为 $\varepsilon—N$ 曲线。横轴用对数坐标表示寿命,纵轴为应变振幅、应变范围或最大应变,通常也用对数坐标表示。

下面以钢为例说明控制应变试验结果的 ε—N 曲线与控制应力试验获得的 S—N 曲线之间的差别(图 3-31)。图中控制应变试验的结果是把控制应变值与杨氏模量(拉伸弹性模量)之积标在纵轴上。从图可以看出,不管是控制应力还是控制应变,其疲劳极限是一致的,因为在 $10^6 \sim 10^7$ 范围内,应力振幅在屈服点以下,应变是弹性的,因此 ε—N 和 S—N 曲线具有相同的水平部分——疲劳极限。随着寿命的缩短,由于疲劳试验时的控制参量不同,使上述两曲线产生显著的差别。在寿命约为 $10^6 \sim 10^7$ 循环时,S—N 曲线几乎是水平的,而 ε—N 曲线则为一条斜线。从图 3-31 可以看出,应力幅(或应变振幅)愈大,疲劳寿命愈短。相应于有限寿命的振幅可从 ε—N 曲线或 S—N 曲线上得到,这种振幅称为该寿命下的定时强度(或称为过负荷持久值)。

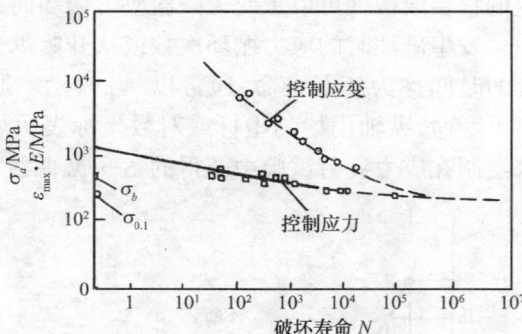

图 3-31 某钢的疲劳曲线

5. 过负荷持久值和过负荷损伤界

许多零件常常短时在高于疲劳极限情况下工作,如汽车、拖拉机等的紧急刹车、猛然起动、超负荷运行;飞机的俯冲拉起、机翼在飞行中受到突风冲击等。机件偶然过载运行对疲劳寿命影响,通常是用过负荷损伤来衡量的。

材料的过负荷损伤界是由实验确定的。首先按上述方法求出一条完整的疲劳曲线,找出疲劳极限 σ_r,然后用试样在任一高于 σ_r 的应力下进行疲劳试验,经过一定循环次数 N 之后,再在疲劳极限的应力下运转,看是否影响了疲劳寿命(N_0),如果不影响寿命,说明过负荷没有造成损伤,如果寿命缩短,则说明造成了损伤。这样,在每一过负荷应力下,经过不同 N 次循环,寻找开始损伤的周次 a 点、b 点、c 点等,连接 a、b、c 等点就得出疲劳损伤界,如图 3-32 所示。图中的影线区即为过负荷损伤区,若过负荷下的循环周次落入此区,将导致疲劳寿命的缩短。因此,此区域愈窄,说明材料抵抗过负荷的能力愈好。

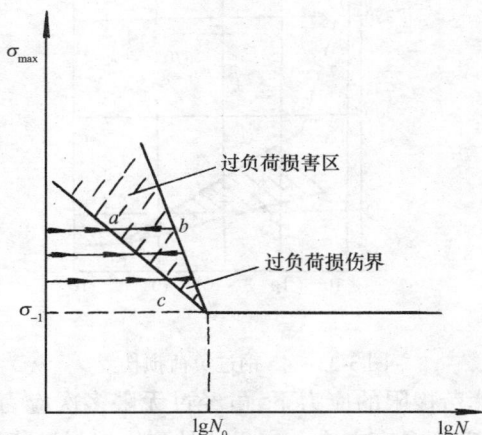

图 3-32　过负荷损伤界和损伤区的测定

疲劳曲线上的斜线叫做过负荷持久值,它表示在超过疲劳极限的应力下直到断裂所能经受的最大的应力循环周次。此斜线愈陡直,表示在相同的过负荷下能经受的应力循环周数愈多,即其过负荷抗力愈高。

钢在不同的热处理状态时,不仅疲劳极限数值不同,而且抵抗过负荷损伤能力也不相同。图 3-33 为 45 钢淬火后经两种不同温度回火的疲劳曲线,从两条曲线的位置和形状可以看出,200℃回火不但疲劳极限比 570℃回火的高,而且抵抗过负荷损伤的能力也强。

过负荷损伤界的产生,通常是用金属内部的"非发展裂纹"来

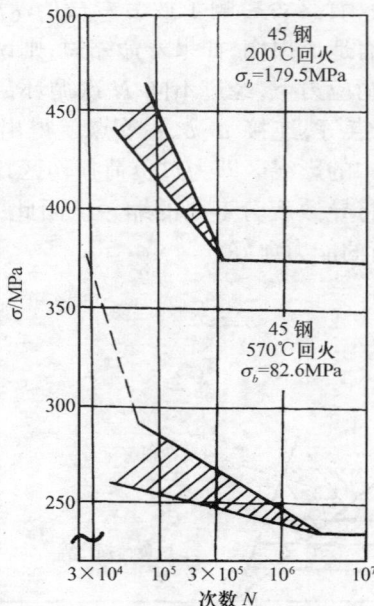

图 3-33　45 钢过负荷损伤界

解释的。在疲劳极限的应力下,虽经过无限多次应力循环而未断裂,但金属内部还是存在有一定尺寸的裂纹,只是这种裂纹在金属内部不发展(在疲劳极限应力下),故称为"非发展裂纹"。这种裂纹在疲劳极限应力下有一临界尺寸。过负荷下造成的裂纹长度如果小于此临界尺寸,则此裂纹在疲劳极限应力下不会发展,即此过负荷没有造成损害;如果在过负荷应力下造成的裂纹长度大于临界尺寸,则在以后的疲劳极限应力下,此裂纹将继续发展,从而导致最后的断裂,在这种情况下,即此过负荷造成了损伤。由于上述的这种原因,在疲劳曲线上存在有过负荷损伤界。

　　值得指出的是,与过负荷损伤现象相反的情况是,金属在低于或近于疲劳极限 σ_{-1} 下转动一定循环数之后,其疲劳极限会有所提高,这种现象称为次负荷锻炼。

　　例如,45 钢经淬火加 200℃回火的缺口试样,在 $0.9\sigma_{-1}$ 应力下,经 2×10^6 次的锻炼后,使整个的疲劳曲线显著提高并向右移,不仅提高了疲劳极限,而且延长了疲劳寿命,如图 3-34 所示。这可能是由于次负荷锻炼与冷加工硬化相似,提高了材料强度的缘故。

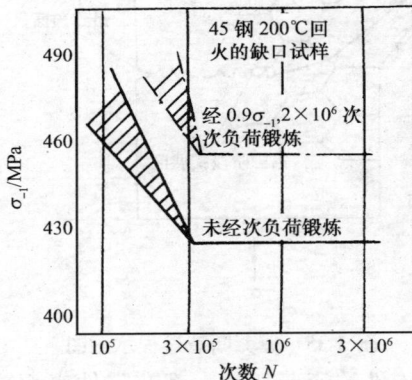

图 3-34　45 钢次负荷锻炼的影响

因此,有些新制成的机器在空载或不满载的条件下磨合一段时间,一方面可以使各转动配合部分啮合得更好;另一方面,可利用上述规律提高机件的疲劳抗力,延长使用寿命。

6. 疲劳断裂过程

疲劳断裂过程可分为疲劳裂纹的萌生、稳定扩展以及失稳扩展断裂三个阶段,而疲劳裂纹的稳定扩展又可分为两个阶段,见图 3-35。了解疲劳裂纹的萌生、扩展的机理及断裂的形貌特征,对于分析疲劳断裂失效的原因有着极其重要的意义。

7. 疲劳裂纹的萌生(形核)

在交变载荷作用下,材料发生局部滑移。随着循环次数的增加,滑移线在某些局部区域内变粗,并形成滑移带,其中一部分滑移带为驻留带。进一步增加循环次数,驻留滑移带上可以形成挤出峰、挤入槽现象,见图 3-36,这就是疲劳裂纹的萌生。表面缺陷或材料内部缺陷起着尖缺口的作用,使应力集中,促进疲劳裂纹的

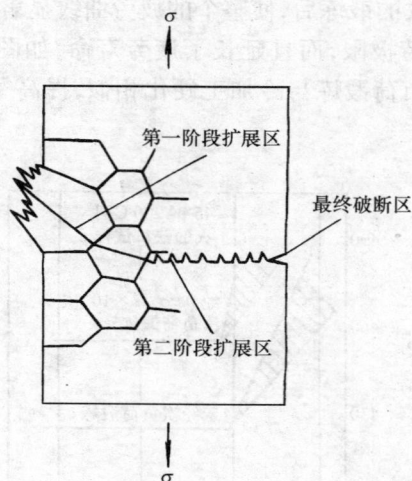

图 3-35　疲劳断裂过程示意图

形成。实际工程构件的疲劳裂纹大都在零件表面缺陷、晶界或第二相粒子处萌生。

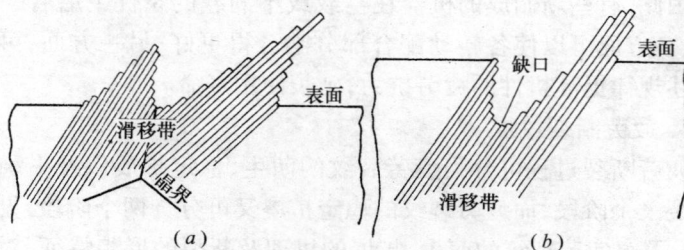

图 3-36　滑移带中的挤出、挤入现象

（*a*）在晶界附近起源；（*b*）在滑移带的缺口处起源。

8. 疲劳裂纹稳定扩展的两个阶段

疲劳裂纹的稳定扩展按其形成机理与特征的不同又可分为两个阶段：

（1）疲劳裂纹稳定扩展第一阶段

疲劳裂纹稳定扩展的第一阶段是在裂纹萌生后，在交变载荷作用下立即沿着滑移带的主滑移面向金属内部伸展。此滑移面的取向大致与正应力成45°角,这时裂纹的扩展主要是由于切应力的作用(见图3-35)。对于大多数合金来说,第一阶段裂纹扩展的深度很浅,大约在(2~5)个晶粒之内。这些晶粒断面都是沿着不同的结晶学平面延伸,与解理面不同。疲劳裂纹的第一阶段的显微特征取决于材料类型、应力水平与状态以及环境介质等因素。

对于体心立方晶系及密堆六方晶系材料,这一阶段的断口区极小,又因断面之间相互摩擦等原因,使得这个区域的显微特征难以分辨。

对于面心立方晶系材料,例如镍基高温合金,在高温下的疲劳断裂,这一阶段发展得较为充分,根据观察发现,此阶段有两种类型的断裂形貌特征:

①第一种,类解理断裂小平面,裂纹严格地沿着晶粒内的{111}滑移面扩展。当其与晶界相遇时,稍微改变位向,显示出平坦、光滑和强的反光能力等特征。在涡轮叶片(材料为GH4037)的实际疲劳断裂失效断口,就观察到了这种典型的特征,见图3-37。在其上发现有滑移台阶、河流花样等微观特征,见图3-38。

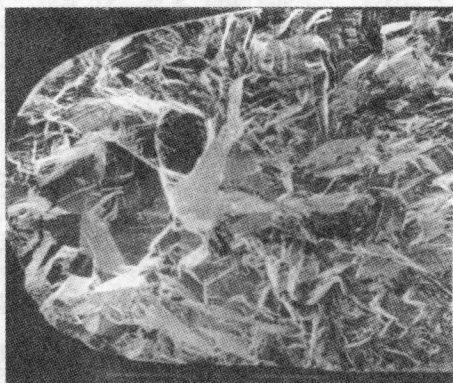

图 3-37 涡轮叶片(GH4037)疲劳断裂第一阶段特征

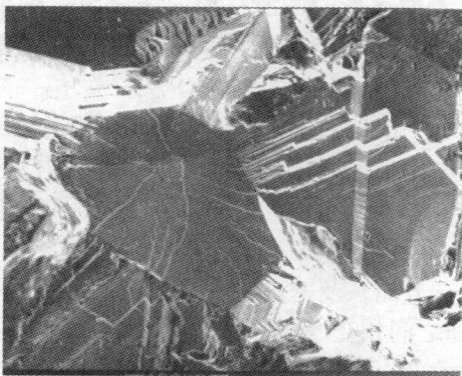

图 3-38　类解理断裂小平面上的滑移台阶、河流花样

　　②第二种是平行锯齿状断面。第一阶段裂纹沿着两组互不平行的｛111｝滑移面扩展，裂纹扩展的方向平行于两组｛111｝面的交线，即〈110〉方向，其典型的照片见图 3-39。

　　这里所说的类解理断裂面不同于体心立方晶体或密堆六方晶体中出现的断裂解理面。二者的比较见表 3-2。

10μm

图 3-39　涡轮叶片（GH4037）疲劳断裂第一阶段的锯齿状断面

　　以上是镍基高温合金疲劳裂纹稳定扩展第一阶段断面的特征。有关这种特征的形成机理目前尚无统一的看法。较普遍的解

表 3-2 面心立方金属的类解理面与体心
立方金属中的解理面比较

	体心立方或密排六方金属的解理面	面心立方金属疲劳断口上的类解理小面
不同	解理面为结合能最低的(001)、(110)、(0001) 扩展速度极快	(111) 扩展速度缓慢
相同	呈平坦、光滑,具有高反射能力的小面,有解理台阶、河流花样、舌头花样	

释是结合力弱化模型。其基本观点是:在疲劳载荷作用下,裂纹前端的滑移面(为数不多的平行滑移面)产生了反复的滑移运动。这种滑移运动使滑移面间的原子结合力弱化。当这种弱化效应在裂纹尖端前的局部区域足够大时,便在正应力(交变载荷下的 σ_{max})作用下,产生局部的应力断裂,裂纹向前扩展了一个距离,并留下了没有显著塑形变形的类似于解理的断面。

(2)疲劳裂纹稳定扩展第二阶段

疲劳裂纹按第一阶段方式扩展一定距离后,将改变方向,沿着与正应力相垂直的方向扩展。此时正应力对裂纹的扩展产生重大影响。这就是疲劳裂纹稳定扩展的第二阶段,见图 3-35。疲劳裂纹扩展第二阶段断面上最重要的显微特征是疲劳条带,又称疲劳辉纹。疲劳条带的主要特征是:

①疲劳条带是一系列基本上相互平行的、略带弯曲的波浪形条纹,并与裂纹局部扩展方向相垂直;

②每一条条带代表一次应力循环,每条条带表示该循环下裂纹前端的位置,疲劳条带在数量上与循环次数相等;

③疲劳条带间距(或宽度)随应力强度因子幅的变化而变化;

④疲劳断面通常由许多大小不等、高低不同的小断块所组成,各个小断块上的疲劳条带并不连续,且不平行,见图 3-40 所示;

⑤断口两匹配断面上的疲劳条带基本对应。

在实际断口上,疲劳条带的数量不一定与循环次数完全相等,

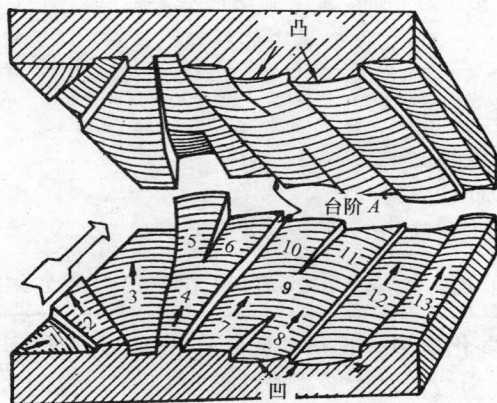

图 3-40　疲劳条带与小断块示意图

因为它受应力状态、环境条件、材质等因素的影响很大。同时，疲劳条带有时也容易与其他花样相混淆，如滑移痕迹、解理台阶、瓦纳线，以及像珠光体之类的层状组织等。疲劳条带是疲劳断裂的基本特征，凡在断口上发现了疲劳条带，即可判定此断口为疲劳断裂。但反过来，如果在断口上未发现疲劳条带，并不能判断此断口为非疲劳断裂，还要根据宏观、微观的其他特征和其他分析工作的结果加以综合分析判断。

　　一般地讲，疲劳条带仅在疲劳裂纹扩展的第二阶段才能出现，但在某些合金中，第一阶段的后期有时也会出现疲劳条带。疲劳条带出现的必要条件是在疲劳裂纹前端必须处于张开型平面应变状态。这不仅从宏观的角度，即裂纹前端整个都处于平面应变状态，而且局部区域也要处于平面应变状态。但是张开型平面应变，仅仅是疲劳条带形成的必要条件，不是充分条件。如果已满足平面应变条件，能否形成疲劳条带，还要看材料的性质与环境条件。一般地说，延性材料容易形成疲劳条带，脆性材料则比较困难。例如体心立方晶系金属比面心立方金属形成疲劳条带要困难得多，其原因可能是体心立方金属的层错能高，滑移系多，易于交错滑移，不利于疲劳条带的形成。

(3)疲劳条带的类型及其形态

通常将疲劳条带分成延性疲劳条带与脆性疲劳条带。图3-41为两种疲劳条带的典型照片。脆性疲劳的特征是断裂路径呈放射状扇形,疲劳条带被放射台阶割成短而且平坦的小段。

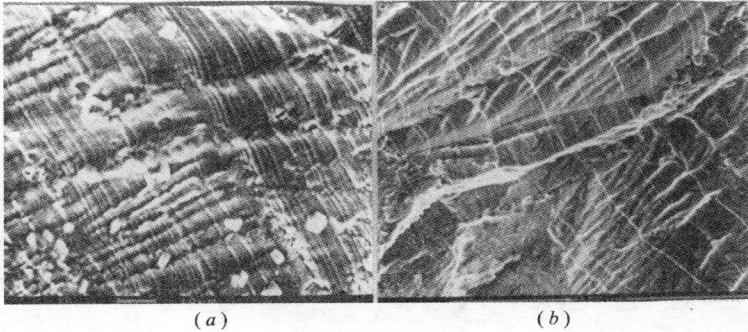

(a) (b)

图 3-41　延性疲劳条带与脆性疲劳条带
(a)延性疲劳条带;(b)脆性疲劳条带。

延性疲劳条带分为非晶体和晶体学两种;脆性疲劳条带也分为非晶体学与晶体学(解理)两种。

非晶体学延性疲劳条带是指条带的形态与金属晶体结构、组织无关,在疲劳条带区域中看不到晶界、显微组织的任何痕迹。在高的 $\triangle K$(应力强度因子幅)下形成的延性疲劳条带,大多属非晶体学延性疲劳条带,见图 3-41(a)。晶体学延性疲劳条带具有晶体学特征,条带的形态与金属内部组织(第二相、晶界、晶体学位向、孪晶等)密切相关,见图 3-42。

晶体学脆性(解理)疲劳条带的特征是既有常见的脆性解理河流,又有垂直于解理河流的疲劳条带,见图 3-41(b)。一般情况下,形成这种疲劳条带的条件有三:腐蚀环境、应力交变频率较低及应力强度因子幅 $\triangle K$ 较低。如果这些条件变了,那么不管什么材料,甚至对于同一种材料,既可能出现延性疲劳条带,又可能出现脆性疲劳条带,或者二者兼有。

非晶体学脆性疲劳条带的特征是在与疲劳纹相垂直的方向上

没有河流花样的解理台阶,但又与延性疲劳条带不同,断面平坦,条带的高差很小,见图 3-43。条带的这种特征往往与材料本身较脆有关。

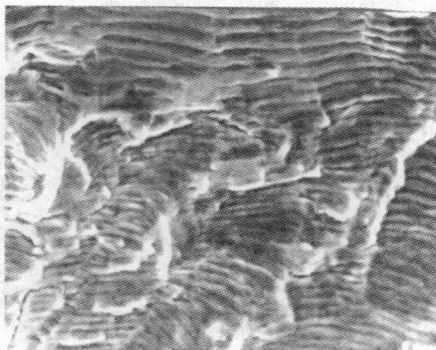

图 3-42　晶体学延性疲劳条带

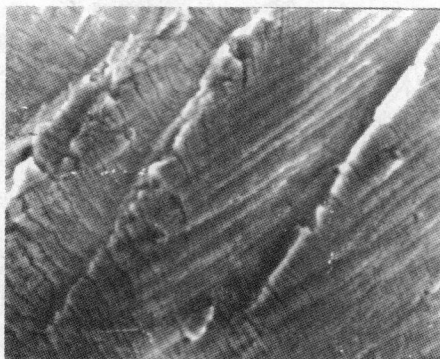

图 3-43　非晶体学脆性疲劳条带

(4)疲劳条带的形成机理

疲劳条带的形成机理是在研究疲劳裂纹扩展机理的基础上提出的。疲劳裂纹的扩展机理有很多论述,目前主要有裂纹的连续扩展模型和裂纹的不连续扩展模型两种。疲劳条带的形成机理也有很多种,现将主要的三种加以简略的介绍。

①疲劳裂纹尖端在一次循环中的压缩阶段,裂纹的两个面紧靠在一起,裂纹尖端表面产生塑性变形,接着在下半个拉伸循环中,裂纹角度张开,并使裂纹扩展向前产生一个增量 Δa,这时便形成了一个条带。

②疲劳裂纹尖端存在显微空穴,当空穴长大到一定尺寸时便与主裂纹连接,使裂纹向前扩展了 Δa 距离。这便形成了一条间距为 Δa 的条带。这两个疲劳条带形成模型实质上就是疲劳裂纹的连续扩展和不连续扩展模型,所形成的疲劳条带均属延性疲劳条带,见图 3-44。

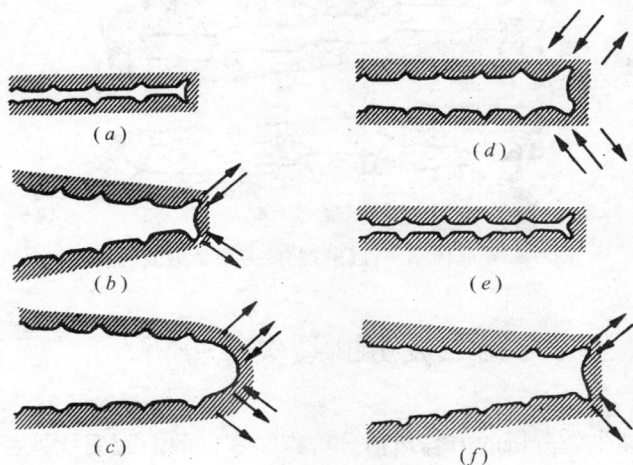

图 3-44 延性疲劳条带形成机理

③脆性疲劳条带的形成,是在疲劳裂纹扩展过程中,裂纹尖端首先沿解理面断裂成一小段距离,然后因裂纹前端塑性变形而停止扩展。当下一周期开始时,又作解理断裂,如此往复即形成解理疲劳条带,见图 3-45。

疲劳裂纹的形成及扩展机理是非常复杂的,尽管国内外对此进行了大量的研究,提出了各种各样的机理与模型,但目前仍未形成统一的看法。本书由于篇幅所限,对此不进行深入的探讨,请读者参阅有关文献。

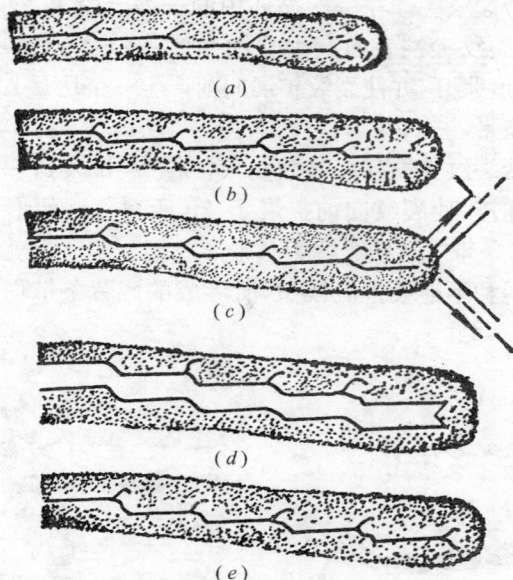

图 3-45　晶体学脆性(解理)疲劳条带形成机理

3.3　疲劳断裂失效分析

　　断裂失效分析的内容包括分析判断零件的断裂失效是否属于疲劳断裂,疲劳断裂的类别,引起疲劳断裂的载荷类型与大小,疲劳断裂的起源等。疲劳断裂失效分析的目的在于找出引起疲劳断裂的确切原因,从而为防止同类疲劳断裂失效再次出现所要采取的措施提供依据。

3.3.1　疲劳断裂失效的分类

　　根据零件在服役过程中所受载荷的类型与大小,加载频率的高低及环境条件等的不同,可将疲劳断裂分为如图 3-46 所示的类别。

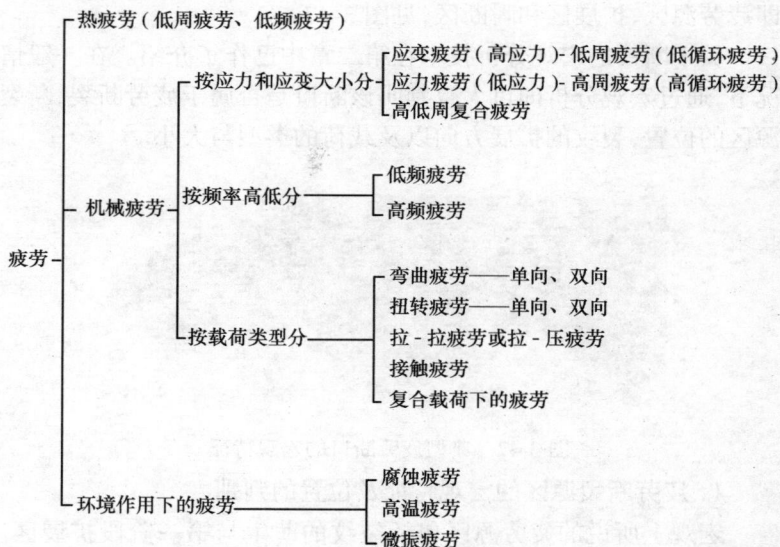

图 3-46　疲劳失效分类

　　由于各类疲劳断裂寿命均是以循环周次计算,一般分为高周与低周疲劳。

　　①高周疲劳,又称低应力疲劳或长寿命疲劳,是指零件在较低的交变应力作用下至断裂的循环周次较高(一般 $N_f > 10^4$),它是最常见的疲劳断裂,统称高周疲劳。有时将 N_f 大于 10^4 而小于 10^6 称为中周疲劳。

　　②低周疲劳又称大应力或大应变、短寿命疲劳,是指零件在较高的交变应力作用下至断裂的循环周次较低,一般 $N_f \leqslant 10^4$,称为低周疲劳。

　　按其他形式分类的疲劳断裂(包括热疲劳、高频疲劳、低频疲劳、腐蚀疲劳、高温疲劳等)均可按至断裂循环周次的高低而纳入此两类疲劳范畴之内。

3.3.2　疲劳断裂的宏观分析

　　典型的疲劳断口按照断裂过程的先后有三个明显的特征区,

即疲劳源区、扩展区和瞬断区,见图 3-47。

关于断口的宏观分析技术在第二章中已作了介绍。在一般情况下,通过宏观分析即可大致判明该断口是否属于疲劳断裂,断裂源区的位置,裂纹的扩展方向以及载荷的类型与大小。

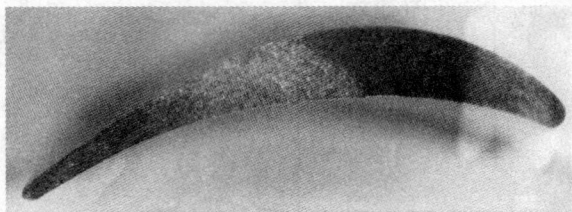

图 3-47 典型疲劳断口的宏观特征

1.疲劳断裂源区的宏观特征及位置的判别

宏观上所说的疲劳源区包括裂纹的萌生与第一阶段扩展区。疲劳源区一般位于零件的表面或亚表面的应力集中处,由于疲劳源区暴露于空气、介质中时间最长,裂纹扩展速率较慢,经过反复张开与闭合的磨损,同时在不同高度起始的裂纹在扩展中相遇,汇合形成辐射状台阶或条纹。因此,疲劳源区具有如下宏观特征:

①氧化或腐蚀较重,颜色较深;

②断面平坦、光滑、细密,有些断口可见到闪光的小刻面;

③有向外辐射的放射台阶和放射状条纹;

④在源区虽看不到疲劳弧线,但它看上去像向外发射疲劳弧线的中心。

以上是疲劳断裂源区的一般特征,有时宏观特征并不典型,这时需要通过较高倍率的放大观察。有时疲劳源区不只一个,在存在多个源区的情况下,需要找出疲劳断裂的主源区。

2.疲劳断裂扩展区的宏观特征

该区断面较平坦,与主应力相垂直,颜色介于源区与瞬断区之间,疲劳断裂扩展阶段留在断口上最基本的宏观特征是疲劳弧线(又称海滩花样或贝壳花样)。这也是识别和判断疲劳失效的主要依据。但并不是在所有的情况下,疲劳断口都有清晰可见的疲劳弧线,有时看不到疲劳弧线,这是因为疲劳弧线的形成是有条件的。因此,在分析判断时,不能仅仅根据断口上有无宏观疲劳弧线就作出肯定或否定的结论。

一般认为,疲劳弧线是由于外载荷大小、方向发生变化,应力松弛或者材质不均,使得裂纹扩展不断改变方向的结果。在低应力高周疲劳断口上,一般能看到典型的疲劳弧线,见图 3-48,而在大应力低周疲劳断口上,一般没有典型的疲劳弧线。此外,在某些静应力作用下的应力腐蚀破坏断口上,有时也有类似于疲劳弧线的宏观特征。

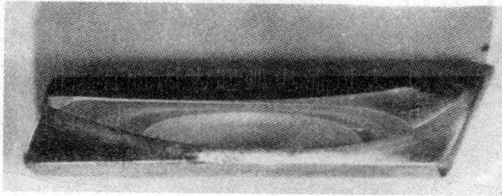

图 3-48　压气机叶片断口上的疲劳弧线(低应力高周疲劳断裂)

另外,疲劳弧线的形状(即绕着疲劳源向外凸起或向外凹下)和疲劳弧线的间距变化等与受力状态,材质及环境介质等有关,后面将分别介绍。

3. 最终断裂区的宏观特征

疲劳裂纹扩展至临界尺寸(即零件剩余截面不足以承受外载时的尺寸)后发生失稳快速破断,称为瞬时断裂,断口上对应的区域简称瞬断区,其宏观特征与带尖缺口一次性断裂的断口相近。

①瞬断区面积的大小取决于载荷的大小,材料的性质,环境介质等因素。在通常情况下,瞬断区面积较大,则表示所受载荷较大或者材料较脆;相反,瞬断区面积较小,则表示承受的载荷较小或材料韧性较好。

②瞬断区的位置越处于断面的中心部位,表示所受的外载越大;瞬断区的位置接近自由表面,则表示受到的外力较小。

③在通常情况下,瞬断区具有断口三要素的全部特征。但由于断裂条件的变化,有时只出现一种或两种特征。

当疲劳裂纹扩展到应力处于平面应变状态以及由平面应变过渡到平面应力状态时,其断口宏观形貌呈现人字纹或放射条纹,当裂纹扩展到使应力处于平面应力状态时,断口呈现剪切唇形态。

3.3.3 疲劳断口的微观分析

疲劳断裂的微观分析必须建立在宏观分析的基础上,它是宏观分析的继续和深化。在很多情况下,通过宏观分析即可判明断裂是否属于疲劳断裂,找出疲劳断裂起始区的位置,裂纹的扩展方向,瞬断区面积的大小等。在有些情况下,仅仅通过宏观分析还难以判明断裂的性质和找出准确的断裂源位置等。无论是前一种情况还是后一种情况,都需要对断口进行深入的微观分析,才能较准确地判明断裂失效的模式与机制。疲劳断裂的微观分析一般包括以下内容:

①疲劳源区的微观分析。首先要确定疲劳源区的具体位置是表面还是亚表面,对于多源疲劳还需判明主源与次源。其次要分析源区的微观形貌特征,包括裂纹萌生处有无外物损伤痕迹,加工刀痕,磨损痕迹,腐蚀损伤及腐蚀产物,材质缺陷(包括晶界、夹杂物、第二相粒子)等。

疲劳源区的微观分析能为判断疲劳断裂的原因提供十分重要信息与数据,是分析的重点。

②疲劳扩展区的微观分析包括对扩展第一阶段与第二阶段的微观形貌特征。由于第一阶段的范围较小,尤其要仔细观察其上有无疲劳条带、韧窝、台阶、二次裂纹以及断裂小刻面的微观形貌。对第二阶段的微观分析主要是观察有无疲劳条带,疲劳条带的性质(包括区分晶体学延性与脆性条带,非晶体学延性与脆性条带),条带间距的变化规律等。搞清这些特征,对于分析疲劳断裂机制、裂纹扩展速度、载荷的性质与大小等将起重要作用。

③瞬断区微观特征分析主要是观察韧窝的形态是等轴韧窝、

撕裂韧窝还是剪切韧窝。搞清韧窝的形貌特征有利于判断引起疲劳断裂的载荷类型。

3.3.4　疲劳载荷类型的判断

各种类型的疲劳断裂失效均是在交变载荷作用下造成的,因此,在分析疲劳断裂失效时,首要的是要以断口的特征形貌来分析判断所受载荷的类型。

1. 反复弯曲载荷引起的疲劳断裂

构件承受弯曲载荷时,其应力在表面最大、中心最小。所以疲劳核心总是在表面形成,然后沿着与最大正应力相垂直的方向扩展。当裂纹达到临界尺寸时,构件迅速断裂,因此,弯曲疲劳断口一般与其轴线成 90°。

(1)单向弯曲疲劳断口

在交变单向平面弯曲载荷作用下,疲劳破坏源是从交变张应力最大的一边的表面开始的,见图 3-49。

图 3-49　单向弯曲疲劳
a—裂纹起点;*b*—扩展区;*c*—瞬断区。

当轴为光滑轴时,没有应力集中,裂纹由核心向四周扩展的速度基本相同。当轴上有台阶或缺口时,则由于缺口根部应力集中大,故疲劳裂纹在两侧的扩展速度较快,其瞬断区所占的面积也较大。

(2)双向弯曲疲劳断口

在交变双向平面弯曲的作用下,疲劳破坏源则从相对应的两边开始,几乎是同时向内扩展。对尖缺口或轴截面突然发生变化的尖角处,由于应力集中的作用,疲劳裂纹在缺口的根部扩展较快。

(3)旋转弯曲疲劳断口

旋转弯曲疲劳时,其应力分布是外层大、中心小,故疲劳核心在两侧,且裂纹发展的速度较快,中心较慢,其疲劳线比较扁平。由于在疲劳裂纹扩展的过程中,轴还在不断的旋转,疲劳裂纹的前沿向旋转的相反方向偏转。因此,最后的破坏区也向旋转的相反方向偏转一个角度。由这种偏转现象,即疲劳断裂源区与最终断裂区的相对位置便能推断出轴的旋转方向。

偏转现象随着材料的缺口敏感性的增加而增加,应力愈大,轴的转速愈慢,周围介质的腐蚀性愈大则偏转现象愈严重。

当应力大小、应力集中的程度不同时,旋转弯曲疲劳断口不同,如图3-50所示。情况1是轴的外圆平滑过渡(有比较大的圆弧),应力集中小;情况2是轴的外圆上有尖锐的缺口,或没有圆弧过渡,应力集中大。在情况1时,当名义应力(公称应力、又称平均应力)小(接近于疲劳极限)时,疲劳源只在一处生核,疲劳最后破断区发生在外周;而当名义应力大时,疲劳在多处生核,最后破断区面积不仅比前者大,而且发生在轴中心附近。在情况2时,当名义应力较小,大的应力集中使得周界上裂纹扩展速率加大。而且使多处同时生成裂纹,最后使最终破断区向轴的中心移动。如果既有大的应力集中,名义应力又很大,那么不仅最后瞬时破断区的面积大,基本上在轴的中心,而且在沿应力集中线上同时产生许多疲劳源点,形成大量的沿径向排列的疲劳台阶。

根据上述分析可知,旋转轴上缺口越尖锐(应力集中越大)、名义应力越大,最后瞬断区越移向中心。因此,可以根据最终瞬断区偏离中心的程度,推测旋转轴上负荷的情况。

最后还应指出,由于弯曲疲劳裂纹的扩展方向总是与拉伸正应力相垂直,所以,对于那些轴颈突然发生变化的圆轴,其断面往往不是一个平面。而是像皿一样的曲面,此种断口叫皿状断口。轴颈处与主应力线相垂直的曲线及裂纹扩展的路线见图3-51。

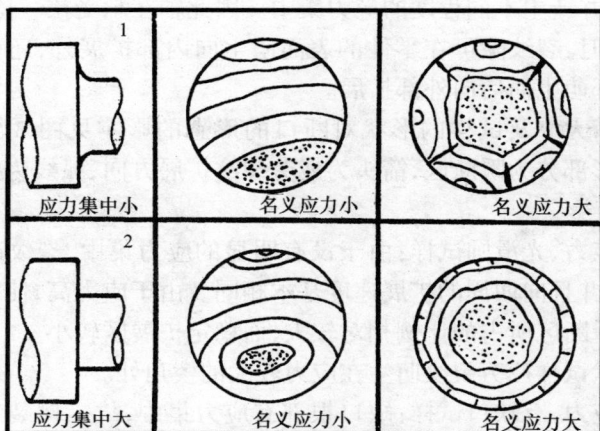

图 3-50 应力集中和大小对旋转疲劳时口的影响

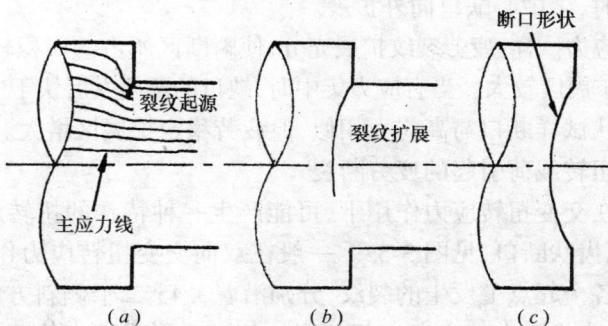

图 3-51 皿状断口形成示意图

2.拉—拉载荷引起的疲劳断裂

当材料承受拉-拉(拉-压)交变载荷时,其应力分布与轴在旋转弯曲疲劳时的应力分布是不同的,前者是沿着整个零件的横截面均匀分布,而后者是轴的外表面远高于中心。

由于应力分布均匀,使疲劳源萌生的位置变化较大。源可以在零件的外表面,也可以在零件的内部。这主要取决于各种缺陷在零件中分布状态及环境因素的影响。这些缺陷可以使材料的强度降低,并产生不同程度的应力集中。因此轴在承受拉—拉(拉—压)疲劳时,裂纹除可在零件的表面萌生向内部扩展外,还可以在零件内部萌生而后向外部扩展。

载荷大小及试样的形状对断口的形态的影响见图 3-52。图中的阴影部分为瞬断区,箭头为疲劳裂纹扩展方向,弧线为疲劳弧线。

高应力、光滑圆试样:由于没有明显的应力集中,裂纹萌生于外表面,并且向四周的扩展速度基本相同。由于应力高,使得疲劳断口的瞬断区所占的比例相对较大,而稳定扩展区较小。

板状试样疲劳裂纹萌生在应力较大的棱角处。

高应力、有缺口试样:缺口根部有应力集中,故二侧裂纹扩展较快,形成波浪形疲劳弧线。

板状试样疲劳裂纹萌生在缺口处向中心扩展,当板试样中心有缺口时,由中心缺口向外扩展。

低应力试样:疲劳裂纹扩展充分,使瞬断区所占的面积较小,疲劳稳定扩展区较大。当有应力集中时,缺口的两侧发展快于中心。

板状试样断口与高应力相似,但疲劳稳定扩展区增大。

3.扭转载荷引起的疲劳断裂

轴在交变扭转应力作用下,可能产生一种特殊的扭转疲劳断口,即锯齿状断口,见图 3-53。一般在双向交变扭转应力作用下,在相应各个起点上发生的裂纹,分别沿着 ±45°二个侧斜方向扩展(交变张应力最大的方向),相邻裂纹相交后形成锯齿状断口。而在单向交变扭转应力的作用下,在相应各个起点上发生的裂纹,只沿 45°倾斜方向扩展。当裂纹扩展到一定程度,最后连接部分破断而形成棘轮状断口。

如果在轴上开有轴向缺口,如轴上的键槽和花键。则在凹槽的尖角处产生应力集中。裂纹将在尖角处产生,并沿着与最大拉伸正应力相垂直的方向扩展。特别是花键轴,可能在各个尖角处都形成疲劳核心,并同时扩展,在轴的中央汇合,形成星形断口,见图 3-54。

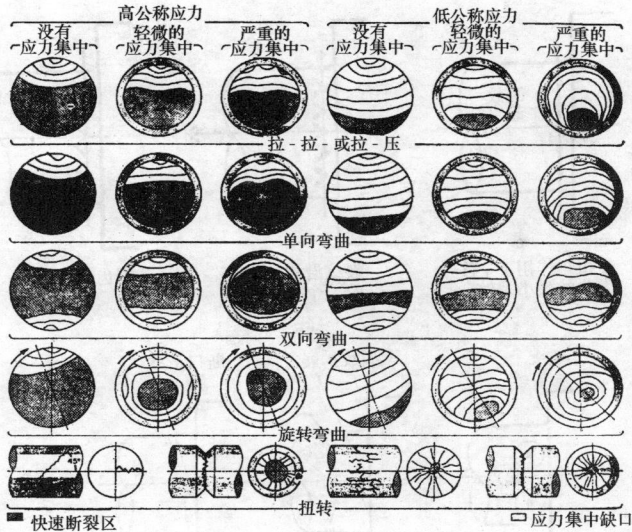

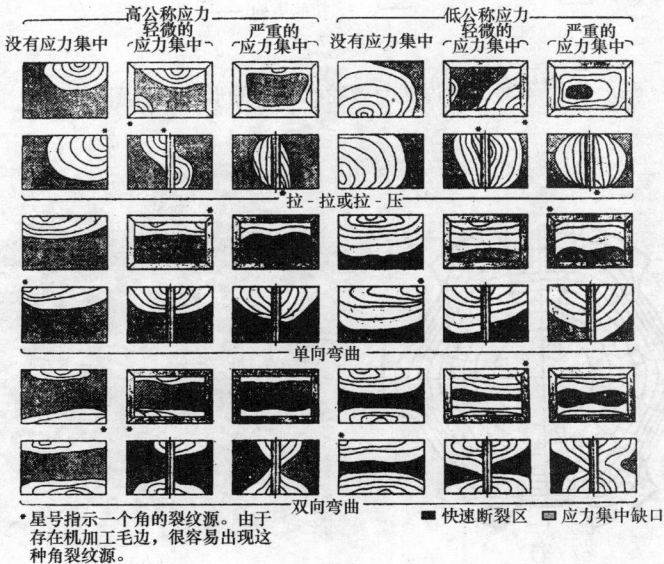

图 3-52　载荷大小与试样形状对断口形态的影响

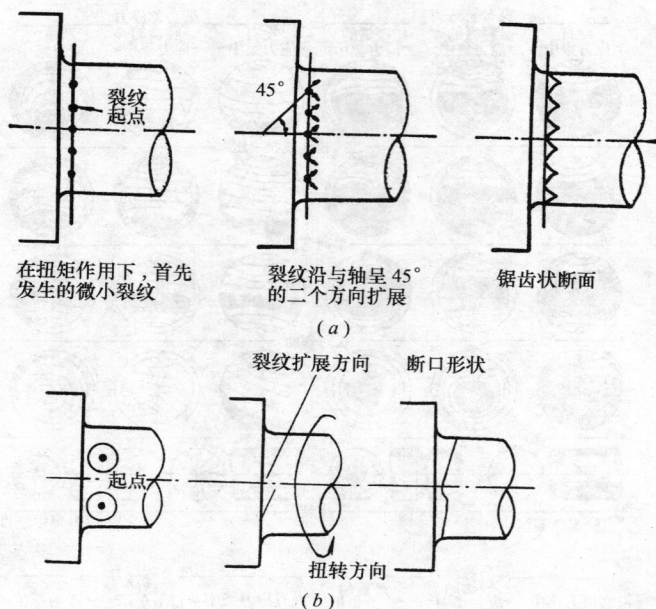

在扭矩作用下，首先
发生的微小裂纹

裂纹沿与轴呈 45°
的二个方向扩展

锯齿状断面

(*a*)

裂纹扩展方向　断口形状

起点

扭转方向

(*b*)

图 3-53　锯齿状与棘轮状断口的形成示意图

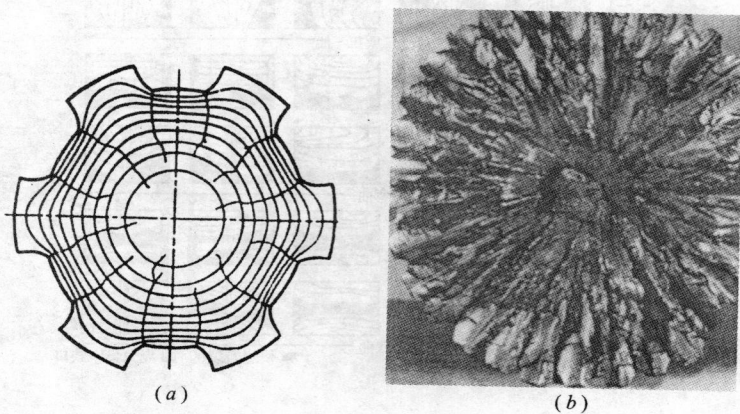

(*a*)

(*b*)

图 3-54　星形断口

在交变扭转应力作用下,断口的基本形态可以总结成图 3-55
所示的几种情况。

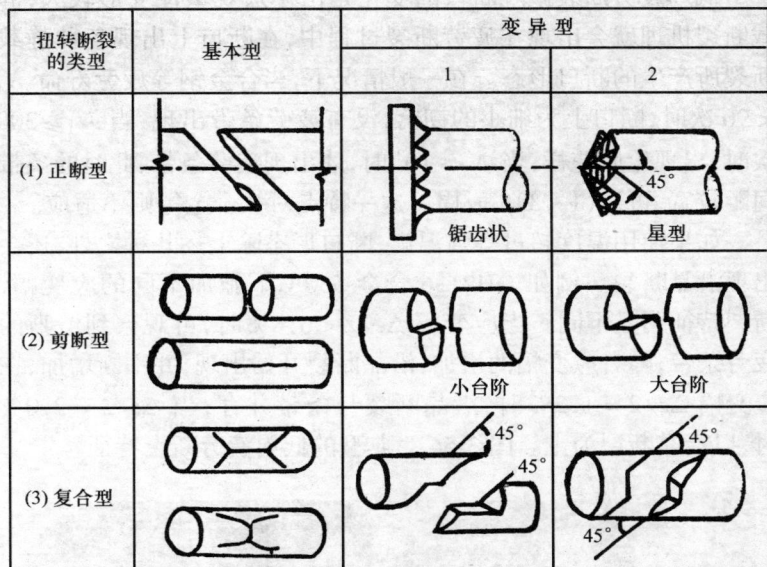

扭转断裂的类型	基本型	变异型	
		1	2
(1) 正断型		锯齿状	星型 45°
(2) 剪断型		小台阶	大台阶
(3) 复合型		45° 45°	45° 45° 45°

图 3-55 扭转疲劳断口的主要形态

3.3.5 低周疲劳断裂的判据

1. 宏观特征

低周疲劳断裂宏观断口除具有疲劳断裂宏观断口的一般特征
之外,还有如下几点:

①具有多个疲劳源点,且往往成为线状。源区间的放射状棱
线(疲劳一次台阶)多而且台阶的高度差大。

②瞬断区的面积所占比例大,甚至远大于疲劳裂纹稳定扩展
区面积。

③疲劳弧线间距加大,稳定扩展区的棱线(疲劳二次台阶)粗
且短。

④与高周疲劳断口相比,整个断口高低不平。随着断裂循环

数(N_f)的降低,断口形貌愈来愈接近静拉伸断裂断口。

2. 微观特征

低周疲劳断裂微观断口的变化是由于宏观塑性变形较大,静载断裂机理就会出现在疲劳断裂过程中,在断口上出现各种静载断裂所产生的断口形态。在一般情况下,当合金钢等疲劳寿命 N_f < 90 次时,断口上为细小的韧窝,没有疲劳条带出现;当 $N_f \geqslant 300$ 次时,出现轮胎花样;当 $N_f > 10^3$ 时,才出现疲劳条带,此时的条带间距较宽,可达$(1 \sim 3)\mu m$/周。这一特点对钛合金等则不适应。

如果使用温度超过等强温度,断口形态除上述几种之外,还会出现沿晶断裂。例如 GH2136 合金 550℃ 下施加不同的应变幅,断裂特征明显不同。当应变幅 $\Delta\varepsilon/2 < 0.8\%$ 时,可观察到清晰的疲劳条带;随着应变幅的增加,沿晶断裂开始出现,并不断增加,在应变幅 $\Delta\varepsilon/2 = 1.2\%$ 时,沿晶断裂与条带并存;当 $\Delta\varepsilon/2 = 2.0\%$ 时,以沿晶断裂为主。图 3-56 为典型的低周疲劳断裂特征。

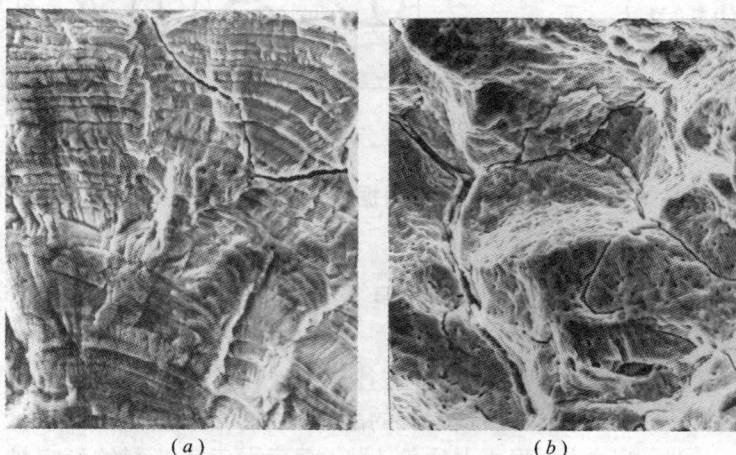

(a) (b)

图 3-56 典型的低周疲劳断裂特征

与高周疲劳相比,对低周大应力疲劳断裂特征及机理的研究显得很不够,而实际的疲劳断裂失效件,往往是由非正常的大应力引致,在以往的分析中,由于对其断裂特征缺乏足够的认识与了解,而误判为高周疲劳断裂而形成导向错误,致使同类事故多次出现,造成不应有的损失。因此,应加强对低周大应力疲劳断裂失效的基础研究,以掌握其基本的断裂特征和断裂机理。

3.3.6　腐蚀疲劳断裂失效分析

腐蚀疲劳断裂是在腐蚀环境与交应载荷协同、交互作用下发生的一种失效模式。在航空装备的实际运行中,因腐蚀疲劳而导致早期断裂失效的事例屡见不鲜。例如:起落架、机翼大梁、刹车轮毂、涡轮盘、叶片等关键部件,均曾发生过腐蚀疲劳断裂失效,有的还酿成灾难性事故。

腐蚀疲劳断裂失效既不同于应力腐蚀开裂,也不同于一般的机械疲劳断裂,腐蚀疲劳对环境介质没有特定的限制,不像应力腐蚀那样,需要金属材料与腐蚀介质构成特定的组合关系。腐蚀疲劳一般不具有真正的疲劳极限,腐蚀疲劳曲线类似非铁基合金(如铝、镁)的一般疲劳曲线,没有与应力完全无关的水平线段,腐蚀疲劳的条件疲劳极限与材料的抗拉强度没有直接的相关关系。腐蚀疲劳性能同循环加载频率及波形密切相关,尤其是加载频率的影响更为明显,一般频率愈低,腐蚀疲劳愈严重。

影响腐蚀疲劳断裂过程(包括裂纹的萌生与裂纹的扩展过程)的相关因素有:

①环境因素:包括环境介质的成分、浓度、介质的酸度(pH值)、介质中的氧含量、介质的电极电位以及环境温度等;

②力学因素:包括加载方式、平均应力、应力比、载荷波形、频率以及应力循环周数;

③材质冶金因素:包括材料的成分、强度、热处理状态、组织结构、冶金缺陷、夹杂物等。

机械疲劳、腐蚀疲劳和应力腐蚀三者之间的关系是相对的,要严格地将这三者加以区分有时是困难的。近腾达男用图 3-57 来说明这三者的关系。当 $R = 1$,且频率 f 很低时易产生应力腐蚀,当 $R = 0$,f 为中等程度时,易产生腐蚀疲劳;随着 f 的增高,腐蚀的作用愈来愈小,趋于纯机械疲劳。这种区分只是就疲劳裂纹的扩展阶段而言,并未考虑裂纹的萌生阶段。实际上,在腐蚀疲劳裂纹的萌生阶段,腐蚀起了极其重要的作用。因此,要准确区分机械疲劳、腐蚀疲劳和应力腐蚀三者,需要对腐蚀疲劳裂纹的萌生机制与扩展机制加以阐述。这有助于对实际发生的工程构件的腐蚀疲劳断裂失效作出准确的分析判断。

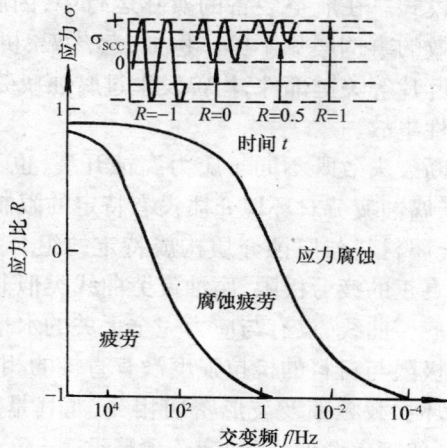

图 3-57　机械疲劳、腐蚀疲劳、应力腐蚀疲劳三者的关系

1. 腐蚀疲劳裂纹的萌生

在腐蚀环境中,腐蚀疲劳裂纹的萌生不仅与应力及表面状态有关,而且与腐蚀和表面完整性、腐蚀反应与应力状态之间的相互作用有关。腐蚀疲劳裂纹的萌生随力学因素、环境因素与材质冶金因素的不同而不同。不同的研究者按各自的研究结果提出了不同的理论,目前主要有如下几种。

(1)局部腐蚀(孔蚀)理论

在表面遭受局部腐蚀处,引起应力集中,当腐蚀坑达到临界深度后,就会形成腐蚀疲劳裂纹。

(2)择优溶解理论

在驻留滑移带(PSB)形成腐蚀电池,加速局部腐蚀,促使裂纹的萌生。

(3)保护膜破坏理论

在腐蚀疲劳条件下,表面保护膜易被驻留滑移带所破坏而露出新鲜表面,发生局部溶解,而逐渐在沿滑移边界上出现小而尖的缺口,当缺口深度达到施加应力变程所需的临界值时,就会萌生裂纹。

(4)吸附理论

在腐蚀环境中,腐蚀介质吸附在金属表面上导致表面能下降,使滑移容易产生而促使裂纹萌生。

(5)最低临界腐蚀速度理论

Uhlig 认为,在驻留滑移带中造成加工硬化的一些位错因局部腐蚀而开动,从而促进了裂纹的萌生。要使位错开动,局部腐蚀速度需要达到某一临界值。低于该速度,裂纹不会萌生。

2．腐蚀疲劳裂纹的扩展

在腐蚀疲劳裂纹扩展过程中,产生力学和电化学相互作用的部位仅仅限于裂纹尖端。裂纹尖端在每一循环周期内都将有新鲜的金属暴露于腐蚀环境中,从而发生钝化和吸附等反应并影响裂纹的扩展速率。但是给定的外界环境与裂纹尖端区的环境有很大差异,例如,在 pH = 7 的 3% NaCl 水溶液中进行腐蚀疲劳试验,裂纹尖端处的 pH 值仅为 3。

在腐蚀疲劳裂纹扩展阶段,有如下六种过程起重要作用:

①反应物向裂纹尖端区输送和反应产物由裂纹尖端区向外转移(传质过程);

②金属-环境界面反应生成有害化学物质(如氢原子),它们被吸附并扩散进入裂尖前缘区,加速裂纹扩展(如通过氢脆);

③裂尖阳极溶解;

④疲劳开裂导致重复形成新鲜金属表面;

⑤循环应变导致裂纹尖端表面保护膜反复破裂;

⑥在裂纹张开期形成的腐蚀产物堆积起来,然后既影响裂纹内微区环境(闭塞效应),又影响裂纹闭合过程以及裂尖处局部应

力强度因子的大小(提前闭合)。

根据应力强度因子 K_{max} 与应力腐蚀临界应力强度因子 K_{ISCC} 二者之间的关系,将腐蚀疲劳裂纹扩展分为三类:

① $K_{max} \leqslant K_{ISCC}$ 时,在腐蚀疲劳扩展过程中将不出现应力腐蚀,da/dN 与应力腐蚀无关而主要取决于循环载荷与环境腐蚀的交互作用,称为"真腐蚀疲劳"(TCF, True Corrosion Fatigue)。但是 da/dN 受应力频率 f 的影响十分明显,且这种影响随材料和环境的组合而异。

② $K_{max} > K_{ISCC}$ 时,应力腐蚀开裂(SCC)对腐蚀疲劳裂纹扩展速率 da/dN 有影响,称为"应力腐蚀疲劳"(SCF, Stress Corrosion Fatigue)。

③大多数工程结构金属材料的腐蚀疲劳裂纹扩展速率 da/dN 为上述两种类型的组合。

根据上述不同的腐蚀疲劳裂纹扩展行为,有两种不同的裂纹扩展模型,即:"叠加模型"和"竞争模型"。

"叠加模型"认为,腐蚀疲劳裂纹扩展速率即为同一环境中应力腐蚀裂纹扩展速率与惰性环境中纯机械疲劳裂纹扩展速率之和,即:

$$(da/dN)_e = (da/dN)_r + (da/dN)_f + (da/dN)_{SCC}$$

式中右下角符号意义分别为:

e——腐蚀环境中的疲劳;

r——空气介质中的疲劳;

f——无应力腐蚀的真腐蚀疲劳;

SCC——疲劳过程中的应力腐蚀。

"竞争模型"认为:$(da/dN)_e$ 是由 $(da/dN)_{SCC}$ 与 $(da/dN)_r$ 或 $(da/dN)_f$ 相互竞争的结果所决定。最终的裂纹扩展速率取决于占优势一方的最大速率。随着 f 的提高和 R 的降低,应力腐蚀疲劳裂纹扩展过程从以应力腐蚀开裂为主转变为以一般疲劳裂纹扩展为主。

3. 腐蚀疲劳的断裂特征

和一般疲劳断裂一样,腐蚀疲劳的断口上也有源区、扩展区和瞬断区,但在细节上,腐蚀疲劳断口有其独特的特征,主要表现在如下几方面:

①断口低倍形貌呈现出明显的疲劳弧线。

②腐蚀疲劳断口的源区与疲劳扩展区一般均有腐蚀产物,通过微区成分分析,可以测定出腐蚀介质的组分及相对含量。但应当指出,疲劳断口上覆盖有腐蚀产物,并不一定就是腐蚀疲劳断裂。因为常规疲劳断裂后的断面上,亦有可能产生锈蚀。因此,断面上有腐蚀产物不是判定是否腐蚀疲劳断裂的惟一判据。

③腐蚀疲劳断裂一般均起源于表面腐蚀损伤处(包括点腐蚀、晶间腐蚀、应力腐蚀等),因此,大多数腐蚀疲劳断裂的源区可见到腐蚀损伤特征。

④腐蚀疲劳断裂扩展区具有某些较明显腐蚀特征,如腐蚀坑、泥纹花样等。

⑤腐蚀疲劳断裂的重要微观特征是穿晶解理脆性疲劳条带,如图 3-41(b)所示。

⑥在腐蚀疲劳断裂过程中,当腐蚀损伤占主导地位时,腐蚀疲劳断口呈现穿晶与沿晶混合型。

⑦当 $K_{max} > K_{ISCC}$,在频率很低的情况下,腐蚀疲劳断口呈现出穿晶解理与韧窝混合特征。

上述断裂特征并非在每一具体腐蚀疲劳断裂失效件上全部具备,对某一具体失效件是究竟具备上述特征的哪几项,随力学因素、环境因素、材质冶金因素而定。

4. 腐蚀疲劳断裂失效的分析判据

对工程构件在使用过程中出现的疲劳断裂失效,准确地判断是否属于腐蚀疲劳性质,对采取有针对性的预防措施,提高构件的使用可靠性是十分重要的。

综合前面所述,在实际的失效分析中,判断腐蚀疲劳断裂失效的主要判据有如下几方面:

①构件是在交变应力和腐蚀条件下工作,交变应力的频率和应力比一般处在图 3-57 所示的腐蚀疲劳区内,在液态、气态和潮湿空气中有腐蚀性元素;

②断口表面颜色灰暗,无金属光泽,通常可见到较明显的疲劳弧线;

③断口表面上或多或少存在有腐蚀产物和腐蚀损伤痕迹;

④疲劳条带多呈解理脆性特征,断裂路径一般为穿晶,有时出现穿晶与沿晶混合型甚至沿晶型。

腐蚀产物是分析、判定失效零件工作环境和工作时间的重要依据。人们可以采用能谱仪、电子探针以及其他化学分析方法确定腐蚀产物的化学元素及量的分布规律。

3.3.7 热疲劳断裂失效分析

零件在没有外加载荷的情况下,由于工作温度的反复变化而导致的开裂叫热疲劳。如果金属零件不能自由膨胀和收缩,或者冷热快速的交变而产生了热应力梯度,则此零件均处于热应力作用之下。在热循环频率较低的情况下,热应力值有限,而且会逐渐消失,难以引起破坏。但当快速加热、冷却交变循环条件下所产生的交变热应力超过材料的热疲劳极限时,就会导致零件疲劳破坏。

1. 热疲劳的特征

在冷热交变循环中所产生的交变应力可能并不大,但材料处于高温-低温交变状态下,在高温,材料在热应力作用下处于塑变状态,因此热疲劳属于应变疲劳。

影响热疲劳的主要因素是冷热循环的频率和上限温度的高低。频率提高,热应力来不及平衡,使零件的应力梯度增加,材料的热疲劳寿命降低;在同样的频率下,上限温度升高,材料塑变增加,降低了材料的热疲劳寿命;如果温度差的大小一定,上限温度降低,使得下限温度很低(零下),而成为连续地冷骤变,此时对材料所造成的损伤远小于热骤变。

影响热疲劳性能的其他因素有材料的热膨胀系数(α)、导热率(K)和材料抗交变应变的能力(ε)。当然,材料的热膨胀系数小、导热率高、抗交变应变的能力强时,有利于提高材料的热疲劳性能。

显然,热疲劳性能与材料的室温静强度及延性无关,因损伤是在高温下产生的。

2. 热疲劳断口的形貌特征

对于有表面应力集中零件,热疲劳裂纹易产生于应力集中处;而对于光滑表面零件,则易产生于温度高,温差大的部位,在这些部位首先产生多条微裂纹。在酸浸显示晶粒度后,可发现热疲劳裂纹发展极不规则,呈跳跃式,忽宽忽窄。有时还会产生分枝和二次裂纹,裂纹多为沿晶开裂。

热疲劳断口与机械疲劳断口在宏观上有相似之处,也可以分为三个区域,即裂纹起始区、扩展区和瞬时断裂区。其微观形貌为韧窝和疲劳条带。

热疲劳裂纹附近,显微硬度降低,这是由于高温氧化使靠近热疲劳裂纹两侧的材料产生合金元素贫化。

除了上述几种主要的疲劳断裂失效形式外,还有高温疲劳、蠕变疲劳、复合疲劳等,由于篇幅所限,在此就不作叙述了。有关微动疲劳将在第五章加以叙述。

3.4 沿晶断裂失效分析

金属零件的沿晶断裂大都归入脆性断裂失效范畴,主要包括热脆、低温脆、铜脆、回火脆、氢脆、应力腐蚀致脆、液态金属致脆等等。有关氢脆、应力腐蚀致脆及液态金属致脆等将在环境介质作用下的失效一章予以介绍,这里主要叙述回火脆、过热过烧致脆及元素偏析致脆等的沿晶断裂失效。

3.4.1 沿晶断裂失效模式的判别

金属零件沿晶断裂失效的主要宏观特征是:断口的两匹配面

很好地吻合一致,断口附近没有或极少有塑性变形,绝大部分断面结构粗糙呈颗粒状,称为"岩石状"断口、断面平齐、边缘无剪切唇、一般与主应力轴垂直。断面无纤维状和放射状特征,一般看不出加载速度影响,且宏观上难以判明裂纹扩展方向。但当零件断口上既有沿晶断裂又有韧窝断裂的混合状态时,则要根据微观特征进行分析判断。

沿晶断裂的典型微观特征是沿晶分离。晶界面光滑无特征,呈冰糖块状,或者显示撕裂痕和细小的韧窝花样。如3.2.5所述,二者的形成机制不同,断裂原因也不同,在分析时要加以区分。

3.4.2 沿晶断裂失效原因分析

产生沿晶断裂的原因除环境介质作用外还有如下3种情况:

1. 晶界沉淀相引起的沿晶断裂

由晶界沉淀相所造成的沿晶断裂多是沿晶韧窝断裂。在晶界,沉淀相总是以分散粒子的形式存在,并且不连续。沉淀相数量的不同,被沉淀相覆盖晶界的面积会有所不同,多者可达50%以上。这些沉淀相的形状可以是长形的、树枝状或锯齿状及链状。

这些相存在通常能够用金相法检查出来。采用萃取法不但可以确定其形状,而且可准确地测定其组成。

断裂过程是在外力作用下,围绕晶界沉淀相首先形成显微空洞。这些空洞长大最后连接起来,就是沿晶裂纹。因此,随晶界粒子数量的增加,裂纹沿晶界扩展所需要的总应力减小,而沿晶断裂的百分比则增加。

合金的成分、热加工中的加热温度、冷却速度、热处理制度等都有可能引起第二相在晶界析出,弱化晶界,引起沿晶韧窝断裂。主要的影响因素有:

(1)微量元素引起第二相质点沿晶析出

含铝镇静钢从高于1300℃的奥氏体化温度缓慢冷却,或者铸造后缓慢冷却过程中,氮化铝粒子沿奥氏体晶界沉淀。当其在高于其韧性—脆性转变温度破断时,断裂沿着原奥氏体晶界进行,因此,这些晶界由于 AlN 的存在而被削弱。钢中含氮不同,断裂的方式也不同。含质量分数 0.004% N 的钢,在低于韧性—脆性转变温度下,是以穿晶解理方式断裂,高于韧性—脆性转变温度时,则是以穿晶韧窝方式断裂。当含氮量增加到质量分数 0.014% 时,断裂方式由解理转变为沿晶。金相观察表明,在高氮钢的沿晶断面上被树枝状或片状 AlN 所覆盖。

(2)缓冷引起第二相质点沿晶析出

马氏体时效钢,在高于 1200℃固溶后,以缓慢冷速通过(1000 ~750)℃区间,缓冷过程中碳化钛沿晶界析出,导致冲击功明显降低,断口呈沿晶断裂。晶面上有 Ti(C,N)粒子覆盖。

2. 杂质元素在晶界偏聚引起的沿晶断裂

沿晶断裂的另一个主要原因是某些杂质元素在晶界上聚集,降低了晶界的聚合能,最常见的脆性杂质元素有 Si、Ge、Sn、P、As、Sb、S、Se、Te 等。

(1)第一类回火脆引起的沿晶断裂

某些钢(主要是高强合金钢)经淬火后在低温(350℃左右)短时间回火后出现的脆化现象称为第一类回火脆。第一类回火脆最明显的特征是:冲击值明显下降,断口在宏观呈岩石状,微观上沿原奥氏体界面断裂,晶界面上观察不到第二相粒子,微区成分分析发现在晶界面上有杂质元素 P、S、As 等偏聚,第一类回火脆又称不可逆回火脆,即重复回火后即可消除脆性。

(2)第二类回火脆引起的沿晶断裂

有些钢经淬火后在 600℃以上的高温下回火,若冷速缓慢或在 500℃左右长时间停留,会引起钢的韧性大幅度下降,而在冲击断口上出现沿晶断裂,这种现象称为第二类回火脆。由于通过重新热处理不能消除脆性,故又称可逆回火脆。第二类回火脆与第一类回火脆仅从断口的宏观、微观特征难以区分。

引起第二类回火脆的原因是钢中存在有 Sb、Sn、P 等杂质元素。这些杂质元素在(500 ~ 600)℃下向晶界扩散、偏聚,降低晶界的结合能。钢中的某些合金元素(如 Ni、Cr 等)促进杂质元素向晶界扩散,偏聚,而另一些元素(如 Ti、Mo 等)则起抑制作用,将杂质元素钉扎在基体中,阻止杂质元素向晶界偏聚。

由于大多数合金结构钢都经调质处理后使用,所以第二类回火脆更具危险性。

关于回火脆的原因有多种理论,如相析出论,碳化物转变论,残余奥氏体分解论和杂质元素偏聚论等。根据用俄歇谱仪,离子探针,电子探针等对各种钢的回火脆断口表面进行探测分析的结果表明:沿晶断裂面上的 Sn、Sb、P 等杂质元素的浓度比基体平均浓度高出(500~1000)倍。这一结果证实杂质元素在晶界上的偏聚是导致回火脆的主要原因。

3. 金属过热、过烧引起的沿晶断裂

金属零件在热加工过程中,或使用过程中在过热、过烧温度区间内长期或短期停留,均会引起零件整件、或局部过热与过烧,从而在应力作用下导致沿晶脆性断裂。

过热、过烧断口宏观上呈粗大的颗粒状,无明显的断裂起源特征,断口附近无明显变形,过烧断口无金属光泽。过热断口微观形貌为晶粒粗大,晶界分离面上有细小的韧窝。过烧断口微观形貌为晶粒粗大,晶界粗而深,晶界分离面上有氧化膜、熔化的孔洞等特征。

3.5 断裂失效分析中的裂纹分析

金属材料的表面或内部的连续性遭到局部破裂称为裂纹。裂纹是断裂失效的前奏。

这里所说的裂纹分析主要是指裂纹的无损检测及光学金相磨片分析,如果将裂纹打开,分析其断裂特征,则纳入断口分析范畴。

3.5.1 裂纹分析方法

1. 裂纹的宏观检查和无损检测

无论是钢材生产和工件制造过程中质量检验,还是在运行的机器和设备停修期的安全检验,其中一项重要内容就是裂纹的检查。

在上述检验中,一般除通过肉眼进行外观检查外,多以无损探伤法,如采取 X 射线、磁力、超声波、荧光等物理探伤法检测裂纹。而某些情况下采取简易的敲击测音法,也是行之有效的。如锤击机车车辆的车轴、弹簧,通过声音的清浊判定是否有裂纹。此外,对于一些小型工件也可利用着色检查。随着声发射技术的发展,正在运行中的某些关键性的零件是否已产生了裂纹,现已经可以进行可靠的监控。

2.裂纹的微观分析

为了进一步确定裂纹的性质和产生的原因,需对裂纹进行微观分析,即光学金相分析和电子金相分析。

裂纹的微观分析主要内容是:

①裂纹形态特征,其分布是穿过晶粒开裂,还是沿晶粒边界开裂。主裂纹附近有无微裂纹。

②裂纹处及附近的晶粒度,有无显著粗大或细小或大小极不均匀的现象。晶粒是否变形,裂纹与晶粒变形的方向相平行或垂直。

③裂纹附近是否存在碳化物或非金属夹杂物,它们的形态、大小、数量及分布情况如何。裂纹源是否产生于碳化物或非金属夹杂周围,裂纹扩展过程与夹杂物之间有无联系。

④裂纹两侧是否存在氧化和脱碳现象,有无氧化物和脱碳组织出现。

⑤产生裂纹的表面是否存在加工硬化层或回火层。

⑥裂纹萌生处及扩展路径周围是否有过热组织、魏氏组织、带状组织以及其他形式的组织缺陷。

3.其他分析

工件结构形状上易引起应力集中的部位,往往是裂纹出现的地方。根据裂纹存在的部位、受力状态,就可以初步判断裂纹产生的条件。若裂纹不产生在零件的应力集中处,则裂纹存在的部位与材料的性能、成分、缺陷和内应力的作用有关。因此除进行应力分析外,还要结合加工工艺和使用条件,从裂纹特征、裂纹周围的显微组织缺陷、力学性能、化学成分综合分析研究,从而找出产生裂纹的原因。

除上述常用的分析方法之外,零件的工艺流程和每道工序的工艺参数、零件的形状及工艺条件分析也是必不可少的。

统计表明:由于裂纹造成的废品,多产生于制造工艺过程之中。至于在使用状态下所出现的裂纹和由此导致的断裂事故,有时亦与材料的缺陷、加工工艺过程中产生的微裂纹的扩展等因素密切有关。

3.5.2 裂纹起始位置的分析

裂纹起始位置取决于两方面因素的综合作用,即应力集中的大小及材料强度值的高低。当材料局部地区存在着缺陷时,会使缺陷处的强度大幅度降低,此处最易成为裂纹的起源位置。

1. 由材料原因所引起的裂纹

金属的表面缺陷,例如夹杂、斑疤、划痕、折叠、氧化、脱碳、粗晶环等,金属的内部缺陷,例如缩孔、气孔、疏松、偏析、夹杂物、白点、过热、过烧、发纹等。不仅它们本身直接破坏了材料的连续性,降低了材料的强度和塑性,而且往往在这些缺陷的尖锐的前沿,造成很大的应力集中,使其在很低的平均应力下产生裂纹并得以扩展,最后引起断裂。

我们知道,构件的形状和材料性质急剧改变的地方,会产生局部的高应力(σ_{max})应力集中。一般在结构零件的台阶、沟槽、齿槽、转角、圆角以及材料缺陷等附近,都会出现应力集中。而且缺陷或沟槽、转角等形状愈尖锐,材料的强度愈高,塑性愈低,应力集中系数也就愈大。当这种集中应力大于材料的强度极限时,就会在应力集中处产生裂纹,并使裂纹不断扩展,直至发生断裂。

从金属的表面缺陷和内部缺陷起始的裂纹,一般可以找到作为裂纹源的缺陷。例如:由于砂眼引起的疲劳断裂,在零件表面或断口附近的截面上可以找到砂眼；由于切削刀痕所引起的疲劳裂纹，裂纹源是沿着刀痕分布的；由于残余缩孔所引起锻造裂纹，它是从缩孔开始向外扩展，并沿纵向开裂。

虽然偏析一般并不破坏金属的连续性，但是却使金属材料机械性能变得不均匀，并造成某些薄弱环节。因此偏析也可能成为裂纹源。

2．由零件的形状因素所引起的裂纹

有不少零件由于结构上的需要或由于设计不合理，在零件上存在有尖锐的凹角、凸边或缺口。这种零件在制造过程中（特别是淬火时）和使用过程中，将在尖锐的凹角、缺口或凸边过渡处产生很大的应力集中并可能形成裂纹。

不仅在凹角、缺口、凸边过渡处容易产生淬火裂纹，凡在工件截面尺寸相差悬殊时的台阶、尖角等处，都可能因为这些部位的冷却速度存在巨大的差异而导致马氏体转变的不同时性加剧而使组织应力增加，加上这些部位的应力集中因素，因而极易形成淬火裂纹。

此外，在焊接件的应力集中处，也可能产生焊接裂纹。在深拉或冲压时，由于总的变形程度太大，或零件圆角太小，或材料的晶粒度不均匀，往往在底部圆角处（变形程度最大）产生裂纹或开裂。

3．受力状态不同所引起的裂纹

除了金属材料的质量和零件的几何形状影响裂纹的生核位置外，零件的受力状况也对裂纹的起始位置产生影响。在金属材料质量合格、零件形状设计合理的情况下，裂纹将在应力最大处生核，例如，单向弯曲疲劳裂纹一般起源于受力最大的一边，双向弯曲疲劳裂纹一般起源于受力两边的最大应力处。在齿面上的磨损裂纹，一般起源于齿轮的节圆附近（该处的受力最大，相对运动速度最大、磨损也严重）。

3.5.3　裂纹的宏观形貌

裂纹的宏观形貌种类很多，这里只讨论龟裂和宏观近似直线的裂纹。

1. 龟裂

龟裂是以裂纹的宏观外形呈龟壳网络状态分布而得名。在一般情况下,龟裂裂纹的深度都不大,是一种表面裂纹。形成龟裂的原因很多,它的形状、特点也略有不同。

(1)铸锭或铸件表面的龟裂(一种不常见的裂纹)

精密铸钢件表面的龟裂是由于融熔金属液与模型涂料起作用,而生成硅酸盐夹杂物。这种硅酸盐夹杂物有的作为领先相从金属液体中析出,有的则在铸件表面的初始奥氏体晶上析出,从而在钢体表面上形成龟裂。

在铸锭表面上龟裂,也可能是由于锭型内壁有网状裂缝,钢液注入后则流入这种网状裂缝内,凝固后起着"钉子"的作用,影响钢锭的自由收缩,以致造成钢锭表面的龟裂。此外,铸件表面龟裂还可能是在(1250～1450)℃形成的热裂纹。

(2)锻件表面的龟裂

金属在锻造和轧制过程中有时也会出现表面龟裂。这种龟裂形成的原因可以是过烧、渗铜、含硫量过高……。

在锻件加热过程中,由于温度过高或停留时间过长,不仅晶粒严重粗化,使脆性增加,甚至出现晶界氧化而削弱了断裂强度,以至在锻造加工时沿晶界出现表面龟裂。过烧裂纹多出现在易于过热的凸出表面和棱角部位,其形态为网络状或龟裂状。

锻造中过烧裂纹除上述特征外,有时还可见表面有氧化色,无金属光泽。断口粗糙,呈灰暗色。

当钢中的含铜量过高(质量分数＞0.2%)时,在热锻过程中由于表面发生选择性氧化,即铁首先发生氧化,使局部铜含量相对地增加,从而沿晶界聚集并向钢材内部扩散,形成富铜的网络,其熔点通常低于基体。在毛坯进行锻造加热过程中,若炉内残存有杂质铜,熔化后并附着在钢的表面,高温下沿晶界渗入而导致铜脆龟裂。

当钢中含硫量较高时,低熔点的硫化铁与铁以共晶形式存在于晶粒边界上呈网络状。在高温锻造时,它们处于熔融状态,使塑性变形能力降低引起锻件开裂。这种开裂也多呈龟裂状。

(3)热处理中形成的表面龟裂

表面脱碳的高碳钢零件,淬火时易形成表面网状裂纹——龟裂。这是由于表面脱碳不仅使淬火硬度大为降低,而且由于零件表里不同含碳量的奥氏体具有不同的马氏体开始转变温度 M_s(如 W180Cr4V 钢的 M_s 点为 150℃,当表面脱碳为质量分数 0.4% 时,M_s 点为 330℃左右),再加上冷却先后的差异,扩大了组织转变的不同时性和体积变形的不均匀性,这些都使淬火组织应力显著增加,从而使表面造成很大的多向拉应力而形成网状裂纹。这种裂纹在重复淬火的高碳钢零件上经常出现。

(4)焊接过程中产生的龟裂

在电弧焊时,有时因为起弧电流过大,以致引起局部热量过高,而形成焊接龟裂。这种焊接龟裂,属于焊接热裂纹,它一般是在(1100～1300)℃的温度范围内、焊缝刚刚凝固、晶界强度较小的情况下,由于热应力的作用产生的。因此它往往发生在焊缝区或由焊缝区开始向基体金属引伸,最后成为一种沿晶粒边界分布的网状裂纹。

(5)磨削过程中产生的龟裂

淬火回火后或渗碳后热处理的零件,在磨削过程中有时在表面形成大量的龟裂或与磨削方向基本垂直的条状裂纹,磨削裂纹的产生一般有二方面的原因:一方面是因为在磨削金属表面时产生大量的磨削热,有人估计,这种热量可使磨削表面温度达(820～840)℃,其升温速度高达 6000℃/s。如果磨削时冷却不充分,则由于磨削而产生的热量足以使磨削表面薄层重新奥氏体化,随后又再次淬火成为马氏体,因而使表面层产生附加的组织应力,加上磨削加热速度极快,这种组织应力和热应力可能导致磨削表面产生磨削裂纹。另一原因是零件淬火回火后,组织中还可能存在残余奥氏体、网状碳化物或内应力,在磨削加热时,可能引起进一步的组织转变或应力的再分配,最后导致产生磨削裂纹。例如,当磨削的零件(已经最终热处理)还存在一定数量的残余奥氏体,在磨削热影响区内的残余奥氏体发生分解,并转变成马氏体,引起零件局部体积膨胀而形成组织应力,当这种应力大于材料的抗拉强度极限时,即导致形成磨削裂纹。

由于不同的原始组织(磨削前的)组成物本身的强度和形状不同,因此它们对磨削裂纹的倾向也各不相同。研究表明,在相同的磨削规范下,具有均匀分布的粒状碳化物的钢,不易引起应力集中,因而也就不容易产生磨削裂纹。带状碳化物与条块状碳化物,较易于引起磨削应力集中和磨削裂纹,碳化物液析及网状碳化物对磨削应力集中起促进作用,易形成散条状分布的或网络状的龟裂。

到底形成什么样的磨削裂纹,是网状的还是与磨削方向基本垂直的、有规则排列条状裂纹,要根据磨削条件、零件形状、材料质量及零件的工艺历史等因素来定。一般情况下,形成网状的磨削裂纹的主导原因是材质因素;而形成与磨削方向基本垂直的、有规则排列的条状裂纹的主要原因则是磨削条件。

(6)使用过程的龟裂

使用过程中的龟裂主要是蠕变龟裂。

蠕变裂纹是金属或合金在"等强温度"以上工作时,在低应力的条件下,沿晶界扩展的一种裂纹。由于蠕变是在高温低应力的条件下,先在晶界形成空洞、细沟或微裂纹,通过扩散使原来溶解在金属中的氧或大气中的氧进入空洞、细沟或微裂纹,从而使晶界逐渐氧化,降低了裂纹发展所需的能量,最后使金属发生沿晶的蠕变断裂。因此蠕变裂纹一般从金属表面开始(氧供应比较充分),其起始形态一般是沿晶界排列的孔洞。

从上面对龟裂(网状裂纹)的讨论中可以看出,一般情况下龟裂是一种沿晶扩展的表面裂纹。它的产生原因可以认为是由于金属构件表面(或晶界)的化学成分、组织、性能和应力状态与中心(或晶粒内部)不一致,在制造工艺过程中或在随后的使用过程中,使晶界成为薄弱环节,优先在晶界产生裂纹引起的。

2. 直线状裂纹

实际上,真正直线状裂纹是不存在的,这里所指的直线状裂纹是指近似直线状裂纹。

最典型的直线状裂纹是由于发纹或其他非金属夹杂物在后续工序中扩展而形成的裂纹。这种裂纹沿材料纵向分布,裂纹较长,在裂纹的两侧和金属的基体上,一般有氧化物夹杂或其他非金属夹杂物。

发纹是由于钢材内部存在的非金属夹杂物沿热加工方向延伸而形成的一种纵向线性缺陷。它在塔形试样或金属制品的表面上也具有近似直线状的外形。

在生产中,虽然原材料的氧化物、硫化物、发纹等都符合技术条件的要求,但在淬火中仍然可能产生纵向直线裂纹。这种裂纹多半产生在一些表面冷却情况比较均匀一致,且心部淬透的细长工件。其原因是由于心部淬透的细长工件的淬火应力(其中包括组织应力和热应力)作用的结果。在淬火时,表面首先开始冷却和收缩而受到心部的牵制,在表面产生拉应力,心部产生压应力。这种由于内外(或不同区域)温度不均引起内外(或不同区域)热胀冷缩的不一致而产生的内应力叫做热应力。当表面的温度降到马氏体开始转变点 M_s 点以下时,将首先开始马氏体转变,并带来体积膨胀。表面的马氏体转变同样也受到心部的阻碍,使表层产生压应力,而心部则受拉应力。当心部所受拉应力大到足以超过该温度下钢的屈服极限时,心部就发生塑性变形,并使应力松弛。继续冷却时,心部亦将发生马氏体转变,从而引起心部的体积膨胀。但因受到已转变成马氏体的表层阻碍,结果使表层受拉应力、中心受压应力。我们通常把这种由于内外温度不均匀引起内外组织转变不同步所产生的应力叫做组织应力。如果在冷却的某一温度范围内,由于热应力引起的拉应力与由于组织应力引起的拉应力相叠加,可能使总的拉应力超过材料的强度极限,这时将产生淬火裂纹。此外心部淬透的细长工件的表层周向应力总是大于轴向应力,因此淬火裂纹是纵向的直线状裂纹。

此外,对冷拔、热拔、深冲、挤压的制品,在表面还可能产生拉痕。这种拉痕是由于金属在拔制挤压等变形过程中,表面金属的流动受到模具内壁的机械阻碍而产生的。对拉痕观察表明,拉痕沿变形方向纵向线性分布,具有一定的宽度和深度,尾端具有一定圆角,两侧较为平整,整个宽度基本一致,且一般与表面垂直,拉痕附近的组织与基体组织没什么差别。

当磨削工艺不合理时,也有可能产生纵向直线裂纹。

3. 其他形状裂纹

除上述龟裂及直线状裂纹之外,还有各种形状,如环形裂纹、周向裂纹、辐射状裂纹、弧状裂纹等。

在化学热处理的零件上往往在渗层内或渗层与中心组织的过渡层内,发现有圆周裂纹,这种裂纹一般是由于渗层的组织和成分突然过渡而引起的热应力和组织应力,在渗层过渡层的薄弱环节中形成的。

值得指出的是,淬火裂纹不一定都是起源于表面,也不一定都是沿零件纵向分布的。例如在高碳钢零件中,当截面没有全部淬透时,由于心部最后冷却收缩,因此心部的热应力是拉应力;同时由于心部未淬透,即心部没有马氏体转变,因此表面层(淬硬层)马氏体转变使近淬硬层的过渡区的组织应力也是拉应力。上述二种应力叠加的结果,可能在心部接近淬硬层过渡区出现最大的总拉应力,这种总拉应力一旦超过了钢的轴向强度极限时,即在过渡区产生横向的淬火裂纹。

此外,大型的复杂零件淬火时,由于某些部位的冷却速度较慢而未能淬透,使在淬硬层与未淬硬区之间的过渡区内,产生很大的拉应力(这种拉应力主要是由于淬硬层的马氏体转变引起的组织应力造成的),因此弧状淬火裂纹在高碳钢中比较常见。有时甚至在淬火工件的软点周围也可能出现弧状裂纹,因为在软点和周围的淬硬区的过渡区内,同样也存在着很大的拉应力。当这种拉应力超过过渡区的强度极限时,就会在软点附近的过渡区内产生细小的弧状裂纹。可见,淬火弧状裂纹的基本特点是位于淬硬过渡层内或附近,裂纹两边的组织有时有很大的差别。

3.5.4 裂纹的走向

宏观上看,金属裂纹的走向是按应力和强度这样两个原则进行的。

1. 应力原则

金属的脆性断裂、疲劳断裂和应力腐蚀断裂,裂纹的扩展方向一般都垂直于主拉伸应力的方向;而当韧性金属承受扭转载荷或金属在平面应力的情况下,其裂纹的扩展方向一般平行剪切应力的方向。例如,塔形轴疲劳时,在凹角处起源的疲劳裂纹,在与主应力线垂直的方向上扩展,而并不与轴线垂直,最后形成碟形断口,可以看出,裂纹实际扩展方向与主应力的垂直线基本重合,这说明上述应力原则基本是符合实际的。但是在局部地区也有不重合的情况,无疑地,这种不重合的情况是由于材料缺陷引起的。

2. 强度原则

有时,虽然按应力原则裂纹在该方向上扩展是不利的,但是裂纹仍沿着此方向发展,这是因为裂纹扩展方向不仅按照应力的原则进行,而且还应按材料强度的原则进行的缘故。所谓强度原则即指裂纹总是沿着最小阻力路线——即材料的薄弱环节处扩展。有时按应力原则扩展的裂纹,途中突然发生转折,显然这种转折的原因是由于材料内部的缺陷。在这种情况下,在转折处常常能够找到缺陷的痕迹或者证据。

应该指出的是,齿轮的轮齿、键槽在受扭转力矩作用时,不仅会产生星形断口(因张力而断裂),而且还可能因键槽配合太松、材料的剪切强度太低而产生剪切断裂。这种现象通常俗称剥皮。十分明显,这种剥皮破坏与前面讨论过的沿与张应力垂直方向上的开裂不同,它是沿着与剪切应力相平行的方向上扩展的,即是按强度的原则进行扩展。

在一般情况下,当材质比较均匀时,应力原则起主导作用,裂纹按应力原则进行扩展;而当材质存在着明显不均匀时,强度原则将起主导作用,裂纹将按强度原则进行扩展。

当然,应力原则和强度原则对裂纹扩展的影响有时可能是一致的,这时裂纹将无疑地沿着一致的方向扩展。例如,表面硬化齿轮或滚动轴承的钢球等零件裂纹扩展的方向,按强度原则裂纹可能沿硬化层和心部材料的过渡层(分界面)上扩展,因为在分界面上的强度急剧地降低,按应力原则,齿轮在工作时沿分界面处应力主要是平行于分界面的交变切应力和交变张应力,因此往往发生沿分界面的剪裂和垂直于分界面的撕裂。

值得指出的是,对裂纹的宏观分析虽然是十分重要和必不可少的,它是整个裂纹分析的基础,但是宏观分析往往不能解决裂纹形成的机制、原因和影响因素。要解决上述问题,还必须对裂纹作微观分析。

3.5.5 裂纹的微观形貌

从微观上看,裂纹的扩展方向可能是沿着晶界的,也可能是穿晶或者是混合的。

在一般情况下,应力腐蚀裂纹、氢脆裂纹、回火脆性裂纹、磨削裂纹、焊接热裂纹、冷热疲劳裂纹、过烧引起的锻造裂纹、铸造热裂纹、蠕变裂纹、热脆裂纹等都是沿晶界扩展的;而疲劳裂纹、解理断裂裂纹、淬火裂纹(由于冷速过大、零件截面突变等原因引起的淬火裂纹)、焊接裂纹及其他韧性断裂裂纹都是穿晶裂纹。裂纹遇到亚晶界、晶界、硬质点或其他组织和性能的不均匀区,往往将改变扩展方向。因此可以认为,晶界能够阻碍裂纹的扩展。

需要指出的是,淬火裂纹由于形成的原因不同,既可以是沿晶的,也可以是穿晶或混合的。一般情况下,因过热或过烧引起的淬火裂纹是沿晶的,并具有晶粒粗大或马氏体粗大等组织特征,而因冷却速度过大或其他因素引起的应力集中产生的淬火裂纹则是穿晶的,或是混合的。

3.5.6　裂纹周围及裂纹末端情况

如上所述,当金属表面或内部缺陷成为裂纹源时,一般都能找到作为裂纹源的缺陷。有的裂纹虽不起源于缺陷,并按"应力原则"扩展,但当在裂纹的前沿附近有缺陷存在时,裂纹即发生转折,在裂纹的转折处也可以找到缺陷的痕迹。在高温下产生的裂纹,或者虽是在室温附近产生的裂纹,而在随后的工序中又加热至高温,这时,在裂纹的周围将存在氧化和脱碳的痕迹。对这种情况,必须作深入细致的分析:一方面要结合零件的工艺流程进行分析,例如,有无加热工序,是否在高温下工作等;一方面要对裂纹的周围情况作认真的金相分析,例如有无非金属夹杂的分布及其形状等。一般说来,由冶炼带来的夹杂物,它随金属一起塑性变形,因此具有明显的变形性,而由裂纹氧化而成的夹杂,它是靠原子扩散与置换作用形成的,不可能显示出变形特征,一般呈颗粒状分布在裂纹的两侧。

另外,根据裂纹及其周围的形状和颜色,可以判断裂纹经历的温度范围和零件的工艺历史,从而找到产生裂纹的具体工序。

裂纹周围的情况除了氧化、脱碳以外,还应该包括裂纹两侧的形状偶合性。在金相显微镜下观察裂纹,多数裂纹两侧形状是偶合的,即凹凸相应吻合。但是发裂、拉痕、磨削裂纹、折叠裂纹以及经过变形后的裂纹等,其偶合特征不明显。

一般情况下,疲劳裂纹的末端成尖锐状。

在显微镜下观察淬火裂纹时,淬火裂纹呈瘦直线状,线条刚健、棱角较多而尾巴尖细。此外,淬火裂纹两侧的金相组织与其他部分的组织无任何区别,也不会有氧化、脱碳的痕迹。

如前所述,铸造热裂纹一般具有龟裂的外形,裂纹沿原始晶界延伸,裂纹的内侧一般有氧化和脱碳,裂纹的末端圆秃。

磨削裂纹一般细而浅,呈龟裂或有规律的直线排列。有时在磨削裂纹的零件表面呈带状的回火色区域(因冷却不充分),裂纹一般呈喇叭形状,末端呈任意形状。裂纹附近的组织一般与其他组织无明显区别,有时也可能有微量的氧化脱碳现象。拉痕、发裂纹的末端一般均呈圆秃。折叠裂纹末端也较粗钝。

3.6 断裂模式、起源和扩展途径的分析

在断裂失效分析中,判明断裂的性质、起源及扩展方向是分析断裂失效原因的前提与基础。前面已或多或少涉及到此问题。本节在前面叙述的基础上,对如何根据断口的形貌特征来判明断裂的性质、起源及断裂扩展方向加以综合与归纳。

3.6.1 断裂模式(性质)的分析

为了便于分析判断,将塑性断裂、脆性断裂和疲劳断裂的主要宏观特征综合列于表 3-3。

表 3-3 几种主要断裂的宏观特征

断裂模式／断面特征	塑性断裂		脆性断裂		疲劳断裂	
	切断型	正断型	缺口脆性	低温脆性	低周疲劳	高周疲劳
放射线	不出现,在高强度钢中有时会出现	出现	明显	不太明显	较不明显,板材有近似人字纹	明显且细
弧形线	不出现	不出现	不出现	不出现	疲劳弧线,应力幅变动大时明显	疲劳弧线,但在恒载时不出现
断面粗糙度	比较光滑	粗糙的齿状	很粗糙	粗糙	较光滑	很光滑

（续）

断裂模式 断面特征	塑性断裂		脆性断裂		疲劳断裂	
	切断型	正断型	缺口脆性	低温脆性	低周疲劳	高周疲劳
色彩	较弱的金属光泽	灰色	白亮色，接近金属光泽	结晶状金属光泽	白亮色	灰黑色
倾角（与最大正应力的交角）	≈45°	≈90°	≈90°	≈90°	裂纹扩展速率小时为直角（K_I型），大时接近45°（K_{III}）	90°

3.6.2 断裂源位置的分析判断

断裂失效往往在零件的表面或次表面或在应力集中处萌生，如尖角、缺口、凹槽及表面损伤处等薄弱环节。由于受力状态、断裂模式（如延性与脆性，一次过载断与疲劳断裂等）的不同，在断口上留下特征也不相同，一般情况下根据如下宏观特征来确定断裂起源的位置。

1．放射状条纹或人字纹的收敛处为裂源

如果主断口宏观形貌具有放射状的撕裂棱线或呈人字花样，则放射状撕裂棱的收敛处即为断裂的起源位置，见图 3-58。

图 3-58　放射状条收敛处为裂源

同样人字纹收敛处(即人字头指向处)亦为裂源,人字纹的方向即为裂纹扩展方向。但是对两侧带有缺口的薄板零件,则由于裂纹首先在应力集中的缺口处形成,裂纹沿缺口处扩展速度较快,两侧较慢,故人字纹的尖顶方向是裂纹的扩展方向,和无缺口平滑板材零件正好相反。

2.纤维状区中心处为裂源

当断口上呈现纤维区、放射区和剪切唇区的宏观特征时,则裂源均在纤维区的中心处。如果纤维区为圆形或椭圆形,则它们的圆心为裂源,如果纤维区处在边部且呈半圆形或弧形条带,则裂源在零件表面的半圆或弧形条带的中心处。见图 3-59。

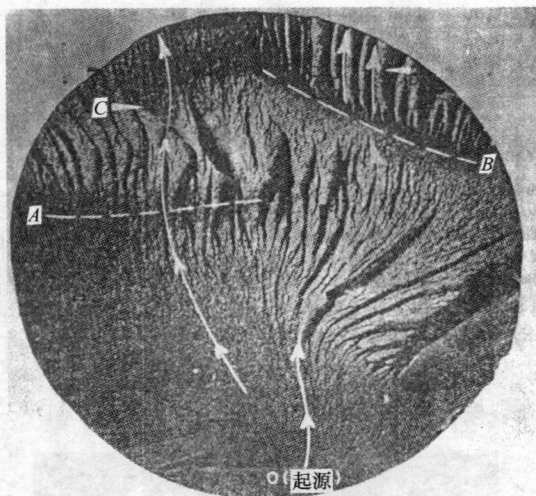

图 3-59　根据纤维区位置判定断裂源

3.裂源处无剪切唇形貌特征

某些机械零件(如厚板、轴类等),裂源常在构件的表面无剪切唇处。因为剪切唇是最终断裂的形貌,断裂的扩展方向由裂源指向剪切唇,见图 3-6。

4.裂源位于断口的平坦区内

机械零件的宏观断口常常呈现平坦区和凹凸不平区两部分

（例如疲劳断口），凹凸不平区通常是裂纹快速失稳扩展的形貌特征，而平坦区则是裂纹慢速稳定扩展的特征标记，裂源位于断口的平坦区内，见图3-60。

图 3-60　裂源位于平坦区内（箭头所示为源区）

5. 疲劳弧线曲率半径最小处为裂源

如果断口上具有明显的疲劳弧线，则疲劳源位于疲劳弧线曲线半径最小处，或者是在与疲劳弧线相垂直的放射状条纹汇集处，见图3-52。

6. 环境条件作用下断裂件的裂源

环境条件作用下断裂失效件的裂源位于腐蚀或氧化最严重的表面或次表面。

需要指出的是，有些断口在宏观上只能大致判明裂源所在区域，如前述的3.4节两种情况，需要在较高倍率下进行观察才能确定其具体位置。

以上所述裂纹位置的判别只适用于一般情况，对于一些疑难断口，例如断面遭到高温氧化或严重机械损伤、化学损伤等情况，则要采用多种手段进行综合分析判断。

3.6.3　断裂扩展方向的分析判别

断裂扩展的宏观方向与微观方向有时并不完全一致。在通常情况下主要是要判明断裂的宏观走向；在某些情况下，还要判明裂纹的微观走向。

1. 断裂扩展方向的判别

断裂失效分析中,当裂源的位置确定后,一般情况下,其裂纹扩展的宏观方向(即指向源区的反方向就是裂纹宏观扩展方向)随之确定。如放射线发散方向,纤维区至剪切唇区方向,与疲劳弧线相垂直的放射状条纹发散方向等。

2. 断裂扩展的微观方向判别

(1)解理与准解理断裂微观扩展方向的判别

①河流花样合并方向就是解理裂纹扩展方向,反方向是起源。因为河流花样的支流大都发源于晶界并穿过整个晶粒,而在扩展中逐渐合并为主流。准解理裂纹的扩展方向与解理裂纹正好相反,即在一个晶粒内,河流花样的发散方向为解理裂纹局部扩展方向;

②在解理或准解理的显微断面上,扇形或羽毛状花样的发散方向为裂纹的局部扩展方向。

(2)疲劳裂纹微观扩展方向的判别

①与疲劳条带相垂直的方向为裂纹局部扩展方向;

②轮胎花样间距增大的方向为疲劳裂纹局部扩展方向。

3.7 断裂失效原因的分析

3.7.1 断裂失效原因分析的前提条件

①分析对象要明确:某一机械零件首先断裂失效后,往往会导致其他机械构件断裂,因此应将首先失效件(肇事件)准确无误地找出来,作为断裂失效分析的主要对象,是判明零件失效原因乃至整个事故原因的首要前提。

②断裂失效的性质判明要准确。断裂失效的性质不同,其断裂失效的机理与原因不同,所用分析的手段与方法也不相同。

③有关断裂失效过程的事实要尽可能全面、真实可靠与清楚。

④与断裂失效件有关的原始资料与数据要尽可能全面与准

确。

总之,对断裂失效事件演变过程所表现出来的信息、现象,留下的损伤痕迹与断裂形貌特征等,要进行仔细的观察、分析与鉴别,真实而准确地描述与反映出来;对有关断裂失效件的原始资料(包括设计、制造、维护与修理,以及使用条件等)要尽可能全面、准确地收集起来;对失效件要有一个整体的而不是局部的、全面的而不是片面的、系统的而不是零散的、真实的而不是虚假的认识与掌握。只有在上述前提下,进行综合分析与判断,才有可能找出引起零件断裂失效的真正原因。

3.7.2 断裂失效原因分析要点

1. 外力与抗力分析判断准则

任何零件的任何类别的断裂失效,都是在零件所承受的外力超过了零件本身所具有的抗力的条件下发生的,见图 3-61 外力与抗力分析示意图。根据此图对于一个确定了断裂失效性质的失效件,既要分析零件承受的外力,包括载荷的类型、大小、加载的频率与振幅以及由此引起的应力分布状况等,又要分析零件本身所具有的抗力,包括材质冶金因素、表面完整性因素和环境因素等。

2. 由外力超过抗力引起的断裂失效

由于生产制造使用条件的复杂多样以及科学技术水平的限制,有时会出现由于设计的考虑不周,分析不透,计算不准等原因,使零件承受的外力大于它所具有的抗力(局部的或整体的),从而导致零件断裂失效。一般有如下三种情况。

①对几何形状复杂的零件的应力分布(主要是应力集中)分析不透、计算不准确而造成局部应力过大引起断裂失效;

②缺乏深入而全面的系统分析,使得零件的自振频率与系统的某一振动频率相耦合,引起共振而造成超载断裂失效;

③对零件承受的主要载荷类型及大小与选用的材料所具有的主要抗力指标不匹配而造成超载失效。

此外,在实际使用中,出现某些非正常偶然突发因素而导致零

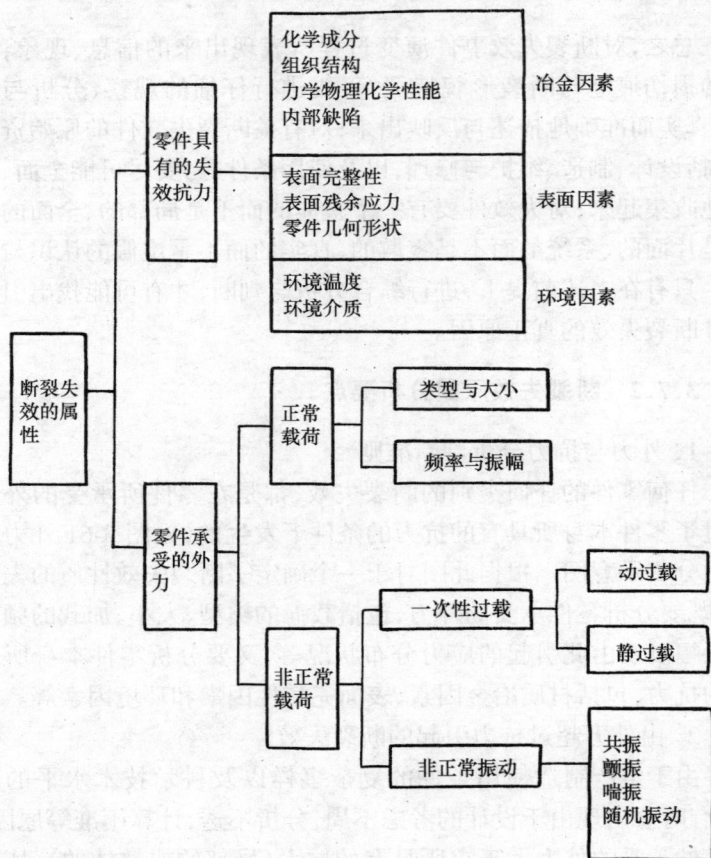

图 3-61　外力与抗力分析示意图

件过载断裂失效的例子也时有发生。

3.零件具有的抗力不足而引起的断裂失效

在实际使用中零件的断裂失效大部分是由于零件本身具有的抗力不足所致。造成零件失效抗力下降的主要因素有：

①材质冶金因素包括：

a.材料的化学成分超标或存在标准中未予规定的微量有害元素（如 O、N、H、Sb、Pb、As、Sn、Bi 等）。

b. 显微组织结构异常或超标,包括基体组织,第二相的数量、大小与分布,析出相的组分、大小与分布,晶粒度及残余奥氏体等。

c. 非金属夹杂物的种类、数量、大小及分布等超标。

d. 冶金缺陷超标(包括疏松、偏析、气孔、夹砂等)及流线分布不合理等。

e. 表面或内部存在有宏观裂纹或显微裂纹。

②表面完整性不符合要求或在使用中遭到破坏均会造成零件的力学性能、物理性能与化学性能(即失效抗力)下降,从而诱发裂纹在这些部位萌生。表面完整性包括表面粗糙度、表面防护层的致密性、完整性及外界因素造成的机械损伤等。

③表层残余应力的类型、大小与分布。这一因素在分析断裂失效原因时应予以充分注意,一方面是由于残余应力的存在往往不易察觉,另一方面在于它的危害性。残余拉应力往往与外加应力叠加而促进断裂失效。残余拉应力提高应力腐蚀与氢脆等敏感性,因而是有害的,残余压应力能提高疲劳断裂寿命,降低应力腐蚀敏感性,因而是有利的;对于化学、电化学腐蚀,无论是残余压应力还是残余拉应力均是不利的。

④零件的几何形状设计不当或加工质量不符合要求,均会导致应力分布不均。局部应力集中严重,往往使零件的实际抗力大大降低,疲劳断裂失效大多起源于零件的尖角、倒角、油孔、键槽及圆弧过渡处等。

⑤温度与介质引起抗力下降:温度升高会引起材料的疲劳抗力、蠕变抗力等降低,温度的急剧变化会使零件抗热疲劳能力降低。低温会引起低温脆断等。

环境介质会使零件对氢脆、应力腐蚀、腐蚀疲劳等抗力大大降低,由此造成许多重大断裂失效事件。因此在断裂失效原因分析中,环境是一个不容忽视的重要因素。

总之,断裂失效的原因是错综复杂的,分析起来难度较大。上面所述只是一般的原则与方法,在实际的断裂失效分析中,要根据具体的分析对象,遵循正确的分析思路与分析程序,采用相应的分析手段与分析方法进行具体分析。

3.7.3 断裂失效原因

断裂失效原因有着不同的深度和广度,或者叫层次。根据分析的对象,分析的目的与要求,分析时所具有的主观与客观条件等的不同,失效原因分析所要达到或所能达到的深度与广度(层次)也会有所不同。在一般情况下断裂失效原因可分为如下三个层次。

1．失效条件不确定性原因

在失效分析中由于分析对象的原始资料不全或者由于时间的紧迫或者由于分析手段的限制,或者由于分析经费的不足,只能对失效原因作出模糊的判断,而不能作出明确的界定。例如:根据零件断裂的形貌特征分析及冶金材质分析等可得出"该零件系由共振引起的疲劳断裂失效"或者"该零件失效系内部存在严重超过技术标准规定疏松缺陷所致"。这样两种断裂原因分析结论,只是在大的范围内分清了断裂产生的原因是由外力超过零件本身具有的抗力(前者)或是零件本身具有的抗力低于额定的外力,虽然为进一步分析指明了大方向,但没有给出产生失效的具体条件,因而提不出具有可操作性的改进措施。

2．失效条件确定性原因

一般情况下,失效原因应包括失效产生的具体力学参量或者具体的冶金工艺参数,才能提出可操作性强的改进措施。就前面列举两个例子而言,前者需要找出零件的自振频率以及系统与之相耦合的振动频率;后者需要找出产生严重疏松形成的因素及铸造工艺参数等。

3．失效机理性原因

对于一些具有普遍意义的失效模式,需要对引起断裂失效的力学参量与材料的物理冶金参量之间的关系进行深入系统的研究,以揭示断裂失效的机理与规律,从而为更新设计思想,发展材料学技术奠定理论基础。

对于工程上大多数的失效分析而言,所指的失效原因,主要是第二种情况即失效条件确定原因。其中找出失效的确定性力学原因的任务通常要由从事设计和结构强度方面的专业人员去完成;找出失效的确定性冶金材质原因的任务,一般要由从事材料工程的专业人员去完成。

参 考 文 献

1 张栋,钟培道,陶春虎,机械失效的实用分析.北京:国防工业出版社,1997

2 Metals Handbook, 8th ed, Vol.9, Fractography and Atlas of Fractographs, ASM, 1974

3 Charlie R. Brooks, Ashok Choudhury, Metallurgical Failure Analysis, Mcgraw Hill, 1993

4 Metals Handbook, 9th ed, Vol.12, Fractography, American Socity for Metals, Park Ohio, 1985

5 Metals Handbook, 9th ed. Vol.11, Failure Analysis and prevention, ASM, Ohio, 1980

6 上海交通大学.金属的断口分析.北京:国防工业出版社,1976

7 钟群鹏,田永江.失效分析基础知识.北京:机械工业出版社,1990

8 吴连生.失效分析技术.成都:四川科学技术出版社,1985

9 胡世炎等.机械失效分析手册.成都:四川科学技术出版社,1989

10 Shin-ichi Nishida, Failure Analysis in Engineering Applications, 1989

11 吕文林.航空发动机强度计算.北京:国防工业出版社,1998

12 闫海等.评估原始疲劳质量的标准方法.北京航空材料研究院标准,1995

13 袁文明,刘发信,汤鑫.铸型搅动法细晶铸造对 K4188 合金整体涡轮组织和力学性能的影响.航空材料学报,1998(4)

14 陶春虎,钟培道,王仁智等.航空发动机转动部件的失效与预防.北京:国防工业出版社,2000

15 郑运荣,阮中慈,王顺才.DZ22 合金的表层再结晶及其对持久性能的影响.金属学报,1995,31(Suppl):325

16 张宏伟,陈荣章.表面再结晶对 DZ25G 合金薄壁性能的影响.材料工程,1996,(Suppl):98

17 陈荣章.铸造涡轮叶片制造和使用过程中的一个问题:表面再结晶.航空制造工

程，1990(4)：22

18 吴昌新，谢济洲，李其娟等．定向凝固高温合金低周疲劳性能的研究．铸造高温合金论文集，北京：科学出版社，1993，76

19 陈南平，顾守仁，沈万慈．脆断失效分析.北京：机械工业出版社，1993

20 谢明立，习年生，陶春虎．疲劳应力的断口反推研究．航空材料学报，2000，20 (3):158

21 Pelloux R M, Huang J S. Creep-Fatigue-Environment Interactions. TMS-AIME, Warrendale, PA, 1980: 151

第四章　环境介质作用下的失效分析

环境介质作用下的失效是相当广泛的概念。应当说，一切机电产品都处于一定的环境中，一切机电产品的失效也都与环境有关，只不过有时环境的影响不是主要因素而已。"环境"是指机电产品工作现场的气氛、介质和温度等外界条件。金属构件或整个机械产品的环境失效的主要模式是我们常讲的腐蚀，当然包括"环境"与应力共同作用下的破坏——如应力腐蚀、氢脆、腐蚀疲劳及液态金属致脆等。腐蚀破坏是机电装备失效的三大模式之一。

本章主要涉及金属的腐蚀失效分析——点蚀、大气腐蚀、接触腐蚀、缝隙腐蚀、应力腐蚀与氢脆、液态金属致脆等。非金属材料的腐蚀(老化)见 6.9 节。

金属零件的腐蚀损伤是指金属材料与周围介质发生化学及电化学作用而遭受的变质和破坏。因此，金属零件的腐蚀损伤多数情况下是一个化学过程，是由于金属原子从金属状态转化为化合物的非金属状态造成的，是一个界面的反应过程[1]。

由于一切机械产品或多或少均与"环境"相作用，因而金属材料或构件的腐蚀问题遍及国民经济和国防建设的各个部门，也与我们的日常生活息息相关。据不完全统计，每年由于腐蚀而报废的金属构件和材料，约相当于金属年产量的 20% ~ 40%，而由于腐蚀造成的经济损失，约占年国民经济总值的 4% 以上。因此研究腐蚀发生的原因和条件，寻找腐蚀损伤的特征及其规律，找出防止的对策，对于国民经济的可持续发展，对于提高国防设备的质量与可靠性，均具有十分重要的意义。

4.1　腐蚀的分类及其破坏形式

按照腐蚀发生的机理,腐蚀基本上可分为两大类:化学腐蚀和电化学腐蚀。二者的差别仅仅在于前者是金属表面与介质只发生化学反应,在腐蚀过程中没有电流产生。而后者顾名思义,在腐蚀进行的过程中有电流产生。

4.1.1　化学腐蚀

由于化学腐蚀与电化学腐蚀的区别仅仅在于化学腐蚀过程中没有电流产生,因而金属与不导电的介质发生的反应属化学腐蚀。相对电化学腐蚀而言,发生纯化学腐蚀的情况较少,它可分为两类:

1. 气体腐蚀

气体腐蚀是金属在干燥气体中(表面上没有湿气冷凝)发生的腐蚀。气体腐蚀一般情况下为金属在高温时的氧化或腐蚀。发动机涡轮叶片常发生这一类损伤。

2. 在非电解质溶液中的腐蚀

一般指金属在不导电的溶液中发生的腐蚀,例如金属在有机液体(如酒精和石油等)中的腐蚀。

4.1.2　电化学腐蚀

电化学腐蚀的特点是在腐蚀的过程中有电流产生。按照所接触的环境不同,电化学腐蚀可分为如下几类:

1. 大气腐蚀

大气腐蚀是指金属的腐蚀在潮湿的气体中进行。如水蒸气、二氧化碳、氧等气相与金属均形成化合物。

2. 土壤腐蚀

埋设在地下的金属结构件发生的腐蚀。

3. 在电解质溶液中的腐蚀

金属结构件在天然水中和酸、碱、盐等的水溶液中所发生的腐蚀属于这一类。实际上,金属在熔融盐中的腐蚀也可视为这一类。

4.接触腐蚀(电偶腐蚀)

两种电极电位不同的金属互相接触时发生的腐蚀。由于两种金属电极电位不同,组成一电偶,因此也称为电偶腐蚀。

5.缝隙腐蚀

在两个零件或构件的联接缝隙处产生的腐蚀。

6.应力腐蚀和腐蚀疲劳

在应力(外加应力或内应力)和腐蚀介质共同作用下的腐蚀称为应力腐蚀,当应力为交变应力时,一般发生腐蚀疲劳。

除上述几种环境外,生物腐蚀、杂散电流的腐蚀、摩擦腐蚀、液态金属中的腐蚀都属于电化学腐蚀。对航天航空结构件而言,发生电化学腐蚀的情况远远大于发生化学腐蚀的情况。而在电化学腐蚀中,最常见的腐蚀形式当属大气腐蚀、接触腐蚀、缝隙腐蚀、应力腐蚀和腐蚀疲劳。

按照腐蚀破坏的方式,腐蚀可分为三类:即均匀腐蚀(全面腐蚀)、局部腐蚀及腐蚀断裂。均匀腐蚀作用在整个金属表面上,腐蚀速率大体相同;局部腐蚀是其腐蚀作用仅限于一定的区域内,它包括斑点腐蚀、脓疮腐蚀、点蚀(孔蚀)、晶间腐蚀、穿晶腐蚀、选择腐蚀、剥蚀;而腐蚀断裂则是在应力(外加应力或内应力)和腐蚀介质共同作用下导致零件或构件的最终断裂。

4.2 金属表面腐蚀损伤分析与判断

4.2.1 金属表面腐蚀的原因

金属的电化学腐蚀是由金属和周围介质之间的电化学作用引起的,其基本特点是在金属不断遭到腐蚀的同时,并伴有微弱的电流产生,其原理如图 4-1 所示。

考虑一根铁棒和一根铜棒都插入氯化钠水溶液中的情况。

在铁棒上(阳极):

$$Fe - 2e = Fe^{++}$$
$$Fe^{++} + 2Cl^- = FeCl_2$$

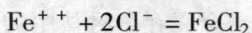

在铜棒上(阴极)：

$$Na^+ + H_2O = NaOH + H^+$$
$$2H^+ + 2e = H_2 \uparrow$$

在导线上不断流过电子(从铁棒流向铜棒)，在溶液中，阳极上形成的氯化亚铁与阴极上生成的氢氧化钠进一步发生反应：

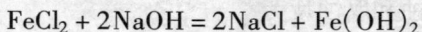

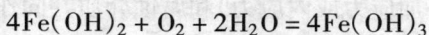

$$FeCl_2 + 2NaOH = 2NaCl + Fe(OH)_2$$
$$4Fe(OH)_2 + O_2 + 2H_2O = 4Fe(OH)_3$$

形成 $Fe(OH)_3$，即铁锈。

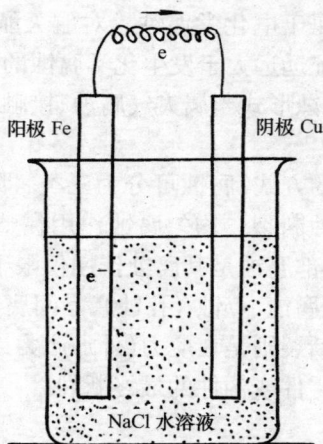

图 4-1 电化学腐蚀原理

如上所述，在阳极上不断发生铁的溶解，在阴极上不断放出氢气，而在氯化钠溶液中不断有铁锈生成，在连接铁棒和铜棒的导线上不断有电流通过，这样持续不断地进行下去，直至铁棒完全被腐蚀完为止。

由此可见，金属零件发生电化学腐蚀的基本条件是：

①两种金属或合金中的两个不同区域甚至两相之间的电极电

位不同,即在某溶液中的稳定性不同;

②使这两种金属或合金中的两个不同区域相互接触或用金属导线将其连接起来;

③均在同一个电解溶液中,受腐蚀的是电位低的(或更负的)一极。

上面列举的仅是一个典型的例子,实际上各种基体的金属、各种不同成分的金属或合金互相连结的机会是不可避免的。不仅是两种稳定电位不同的合金接触时可能产生电化学腐蚀,即使是同一合金中的不同区域或不同相、金属局部冷加工变形引起的内应力的不均匀、金属表面膜的不均匀性、腐蚀介质内部不均匀性等均会导致电化学的不均匀性,从而造成不同区域电位的差别,并引起电化学腐蚀。

因此,金属零件电化学腐蚀实际上是一种选择性腐蚀,下列情况下均可能会出现电化学腐蚀:不同金属之间;金属内部不同相之间;由于多孔,有缺陷的涂层和在金属表面上形成不稳定的保护层之间;不同的应力状态;局部的浓度差别;不同的变形状态;温度的不同;结晶学取向的不同等。

由于应力腐蚀和腐蚀疲劳、氢脆等均有专门章节讨论,本节主要讨论对航空航天结构零、部件危害较大的三类电化学腐蚀:大气腐蚀、接触腐蚀及缝隙腐蚀,并讨论对发动机损伤较大的金属的热腐蚀和熔盐腐蚀。

4.2.2　大气腐蚀

在实际工作条件下,经常碰到的是金属材料或零件在大气中的腐蚀问题。金属置于大气环境中,在其表面往往形成一层极薄的不易看见的湿汽膜(水膜),当这层水膜达到(20～30)个分子厚度时,它就变成电化学腐蚀所需要的电解液膜,此时电化学腐蚀就有可能发生。这种电解液膜的形成,或者是由于水分(雨、雪)的直接沉淀;或者是由于大气的湿度或温度的变化以及其他种种原因引起的凝聚作用而形成的。如果金属表面只是处于纯净的水膜中,由于纯水的导电性很差,一般不足以造成强烈的电化学腐蚀过程。然而实际上,水膜往往含有水溶性的盐类及溶入的腐蚀性气体(如二氧化碳、氢气、二氧化硫等),这样就使水膜成为具有导电性的电解薄膜了。

金属零件在大气条件下,一方面因在其表面上凝聚了一层电解液膜,另一方面由于金属本身的电化学不均匀性,这就造成了腐蚀微电池,促使其表面受到电化学腐蚀损伤。

在航空工业中,有机材料被广泛地应用于仪器、仪表、电机、机器及附件等机械制造行业中,这些材料在生产加工和产品存放使用过程中,很多都会挥发出有机气氛。而大多数仪器仪表均处于封闭状态,因而有机气氛存在于仪表中,易于导致电化学腐蚀。这一腐蚀也称为气氛腐蚀。

Kelvin 探头已被用于测定金属材料表面在极薄湿气膜下的电化学行为,这对大气腐蚀的诊断及其机理的研究具有重要的意义。

4.2.3　接触腐蚀

若把一对相接触的异类金属(电位不同)浸入电解液中,则电位较负的金属(阳极)就会受到电化学腐蚀,这就是接触引起腐蚀的实质。由于飞机结构中使用的材料很多,因此接触腐蚀在实际中是十分广泛的。

防止接触腐蚀最根本的方法是在设计时尽可能地使相接触的金属及其合金的电位差最小;然而飞机的结构异常复杂,在结构中的某些零件或部件往往有特殊的功能。它们的材料主要是由它们各自的工作条件决定的,所以对于不允许接触的零件必须装配在一起时,通常采用湿装配或表面处理(例如,钢零件镀锌、镀镉后可与阳极化的铝合金零件接触),增加腐蚀电路的电阻,减少腐蚀的速率;或在其间放置绝缘衬垫(例如纤维纸板、硬橡胶、夹布胶木、胶粘绝缘带等)。但是不允许用棉花、毛毡、报纸及不涂漆的麻布作为绝缘材料,因为这些材料因吸湿性强反而使之接触的金属发生强烈的腐蚀。

4.2.4 缝隙腐蚀

不仅电位不同的金属相互接触会引起缝隙腐蚀,就是电位相同的同类金属相接触而存在缝隙时,也会发生腐蚀。如板材之间的搭接处,加强板的连接处都会存在缝隙而引起缝隙腐蚀。

金属零件缝隙腐蚀损伤是指金属材料由于腐蚀介质进入缝隙并滞留产生电化学腐蚀作用而导致零件的损伤。因此,作为一条能成为腐蚀电池的缝隙,其宽窄程度必须足以使腐蚀介质进入并滞留其中。所以,缝隙腐蚀通常发生在几微米至几百微米宽的缝隙中,而在那些宽的沟槽或宽的缝隙,因腐蚀介质畅流而一般不发生缝隙腐蚀损伤。图 4-2 为 Fontana 和 Creene 所提出的不锈钢在充气的氯化钠溶液中发生缝隙腐蚀的机理示意图[2]。它假定,起初不锈钢是处在钝化状态,整个表面(包括缝隙内表面在内)均匀地发生一定的腐蚀。按照混合电位理论,阳极反应(即 $M \rightarrow M^+ + e$)由阴极反应(即 $O_2 + 2H_2O + 4e \rightarrow 4OH^-$)来平衡。但是,由于缝隙内的溶液是停滞的,阴极反应耗尽的氧来不及补充,形成氧的浓度电池(充气不均匀电池);从而使缝隙内的阴极反应中止。然而,缝隙内的阳极反应(即 $M \rightarrow M^+ + e$)却仍然继续进行,以致于形成一个充有高浓度的带正电荷金属离子溶液的缝隙。为了平衡这种电荷,带负电荷的阴离子,特别是 Cl^-,移入缝隙之内,而形成的金属氯化物(即 M^+Cl^-)又被水解成氢氧化物和游离酸:

$$M^+Cl^- + H_2O \rightarrow MOH + H^+Cl^-$$

这种酸度增大的结果导致钝化膜的破裂,因而形成与自催化点腐蚀相类似的腐蚀损伤。如同点腐蚀一样,水解反应所产生的酸,使缝隙内溶液的 pH 值降至 2 以下,而缝隙外部溶液的 pH 值仍然保持中性。有人通过对 304 不锈钢自然缝隙中离子种类分析发现:缝隙内部溶液的酸化主要是由铬离子的水解控制,即 $Cr^{3+} + 3H_2O \rightarrow Cr(OH)_3 + 3H^+$;而 Ni^{2+} 的水解作用主要是导致 pH 值为中性,有利于抗缝隙腐蚀能力的提高。

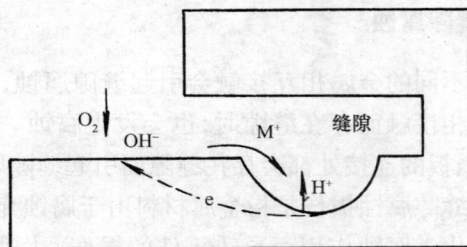

图 4-2　不锈钢在氯化钠溶液中发生缝隙腐蚀的机理示意图

4.2.5　金属的热腐蚀

金属的热腐蚀是指金属材料在高温工作时,基体金属与沉积在机件表面的沉盐(主要是指 Na_2SO_4)及机件同气体的综合作用而产生的腐蚀现象。

热腐蚀是发生在热燃气通道部件上的一种非常严重的表面腐蚀,早期曾叫"硫化腐蚀",它主要是燃烧气氛中的 S、O、Ca、Na 等发生如下反应:

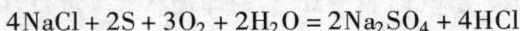

$$2CaO + 2S + 3O_2 = 2CaSO_4$$

$$4NaCl + 2S + 3O_2 + 2H_2O = 2Na_2SO_4 + 4HCl$$

在(600 ~ 1000)℃温度范围内,热腐蚀表现剧烈。根据相对腐蚀率与温度的关系,可将热腐蚀分为两类:在(600 ~ 850)℃之间称为低温热腐蚀;在 850℃以上的称为高温热腐蚀。热腐蚀与燃料中的杂质(如硫、钠、钒及碳离子等)及随空气一起摄入的海盐、灰尘及水蒸气等复杂的化学作用、热力学作用及流体动力学作用有关。热腐蚀与正常的氧化是有区别的。以含铝镍基合金为例(图4-3),正常氧化在合金表面上生成薄而致密的 Al_2O_3 层,起到防护作用,阻止氧化的进一步进行。而热腐蚀则由于复杂的过程使得防护性的氧化物破坏,形成一层疏松的、无粘附性的氧化物,在这种氧化物层下面还有内部氧化物和硫化物,并加速氧化过程的进行;或形成大量的夹杂着金属颗粒和硫化颗粒的疏松而无粘附性的氧化物层,造成灾难性氧化,因此,热腐蚀又可定义为加速氧化或灾难性氧化。加速氧化或灾难性氧化的实质相同,只是在腐蚀程度上有些差别而已。

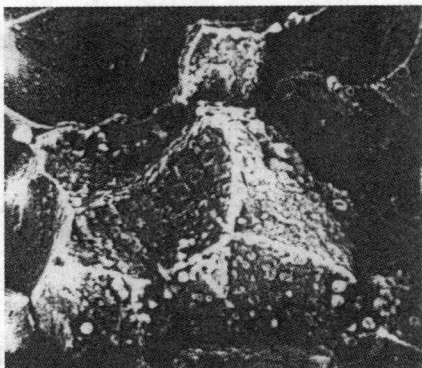

图 4-3　含铝镍基合金的热腐蚀形貌

对燃气轮机尤其是以燃油作为燃料的燃气轮机而言,涡轮叶片的热腐蚀问题非常突出。上述反应产物的熔盐粘附在叶片表面,从而产生热腐蚀损伤。热腐蚀损伤的特征是腐蚀产物呈"瘤"状生长,将"瘤"去掉后,则显示出深孔状局部腐蚀,腐蚀坑面积较大。热腐蚀多发生在叶片进气边和叶盆面上。

燃气炉的炉管热腐蚀时,外层氧化皮、内层鳞皮主要是硫化铁。

某些碱类与硫、钒相结合特别具有促进腐蚀的作用,钒腐蚀的事例很多。例如,一些在锅炉过热管火焰侧的管道上沿着长度方向所发生的沟状腐蚀,其最大深度达 2mm。所用材料是 321 不锈钢,运行开始后经过了 75000h。表面附着物的分析结果认为,大部分是 SiO_2 等非活性物质,但也含有少量的 V、Na、K、S 等氧化物。熔点为 $(630 \sim 650)$ ℃ 时,V_2O_5/Na_2O 的比值小,而且生成含有 $Na_2SO_4(K_2SO_4)$、Na – V – O 及过剩的 SO_3 的熔融物。还有,减薄区发生剧烈的渗碳;氧化皮附近生成贫 Cr 区,并发现有 Na_2SO_3。若取出该附着物涂敷在 321 不锈钢上,在实验室进行加热试验,在 650℃加热时,减薄速度约 0.5mm/10000h 左右。在这种情况下若要减薄 2mm 的话,推算下来约需要 40000h 左右。

4.2.6 熔盐腐蚀损伤

熔盐是盐类在高温下熔化以后得到的高温熔体。在冶金工业中,熔盐电解占有十分重要的地位。铝、镁、钙、钠、钾和锂等金属都是用熔盐电解法生产的;难熔金属的熔盐电镀近年来也受到重视;熔盐电池或者称为高温燃料电池已作为电池的一个重要部分;在热处理中经常使用盐浴(盐炉);在电厂和原子能工业中还使用熔盐作为热传导的载体。总之,随着熔盐应用的日益广泛,与熔盐相接触的金属所发生的熔盐腐蚀问题,也越来越受到重视。但目前对熔盐腐蚀问题研究的还较少,积累的资料也不多。

普遍认为,熔盐腐蚀是一种电化学腐蚀,可以明确地分为阳极过程和阴极过程。阳极过程是金属的离子化过程,离子进入熔盐并同熔盐阴离子发生溶剂化作用。阴极过程是熔盐中的氧或其他离子接受电子的去极化过程。

在熔盐电池和熔盐电解中,还经常遇到金属在自身的熔盐中腐蚀溶解的问题,例如铅和镁可以分别在 $PbCl_2$ 和 $MgCl_2$ 熔盐中发生腐蚀溶解。

4.3　金属腐蚀的形貌特征

4.3.1　腐蚀的表面形貌特征

金属材料由于其组成和组织状态以及所处环境不同、其腐蚀的形式不同,腐蚀后的表面形貌也各异。按腐蚀后表面形貌特征,可分为以下两种:

1. 全面腐蚀

腐蚀分布在整个金属表面,它可以是均匀的,也可以是不均匀的。这种腐蚀的危险性较小,在设计时也比较容易控制。这类腐蚀的腐蚀程度,可用平均腐蚀速度来评定,如以每小时(或每天)、每平方米(或平方厘米)损失多少克(或毫克)来表示,即 $g/m^2 \cdot h$,或以每年腐蚀深度(mm)来表示,即 mm/a。

2. 局部腐蚀

腐蚀是在金属表面的个别部位或合金的某一组织上发生。属于这类腐蚀的包括:

①选择性腐蚀:优先腐蚀合金中的某一成分或组成物。如黄铜发生电化学腐蚀时,黄铜中锌优先被腐蚀,并进入溶液,金属表面则逐渐成为低锌黄铜,甚至成为纯铜。

②点蚀:腐蚀表面呈点坑状,腐蚀点多、比较浅。有时腐蚀发生在表面有限的面积上,但腐蚀很深、成巢穴。

③晶间腐蚀:腐蚀沿晶界发生并扩展。

所有腐蚀表面均可找到腐蚀产物,对腐蚀产物进行分布规律、形态,尤其是成分和量的分析,有利于辨别产生腐蚀的原因、过程。腐蚀产物和量的分析,一般通过电子或离子探针先定性分析出组成腐蚀产物的主要元素,然后可用 X 射线或透射电镜对腐蚀产物的结构进行鉴别分析,从而为进一步分析腐蚀发生的过程和原因提供依据。

4.3.2 点蚀的形貌特征

金属构件发生点蚀损伤与金属构件表面结构的不均匀性,尤其与表面的夹杂物、表面保护膜的不完整性有关。点蚀坑的扩展不仅包括金属的溶解过程,而且包括通过已溶解的金属离子的水解而在腐蚀坑底部具有较高的酸度这一过程。图 4-4 示意金属在中性充气的氯化物溶液中发生点蚀及其扩展的过程。在点蚀坑的底部,发生金属的阳极溶解:

$$M \rightarrow M^+ + e$$

而在相邻的面上,发生阴极反应:

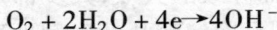

$$O_2 + 2H_2O + 4e \rightarrow 4OH^-$$

点蚀坑内 M^+ 浓度的增高,将导致氯离子的迁移,以保持点蚀坑内溶液的电中性。所形成的金属氯化物 M^+Cl^- 发生水解:

$$M^+Cl^- + H_2O \rightarrow MOH + H^+Cl^-$$

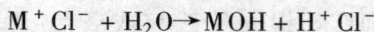

这种酸性物质的产生使点蚀坑底部溶液的 pH 值下降为 1.3 ~1.5 左右。

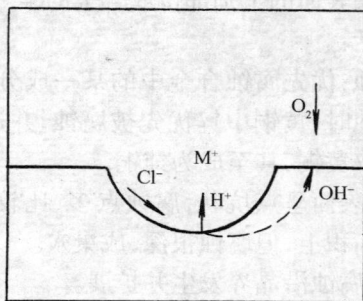

图 4-4　点蚀坑形成扩展机制示意图

点蚀坑的剖面形貌特征如图 4-5 所示,金属零件的点蚀坑边沿比较平滑,因腐蚀产物覆盖,坑底呈深灰色。垂直于蚀坑磨片观察,蚀坑多呈半圆形或多边形。点蚀并不一定择优沿晶界扩展。菊花形点蚀坑往往外小内大,犹如蚁穴般,所以点蚀损伤对金属结构件的危害很大。

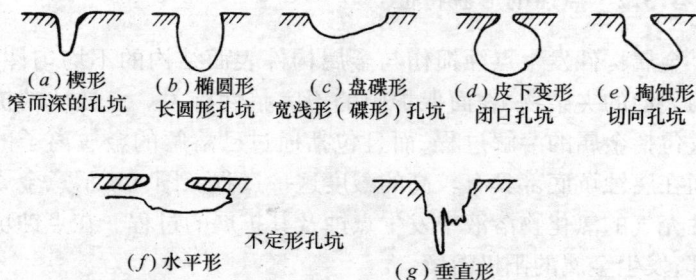

(a)楔形　　(b)椭圆形　　(c)盘碟形　　(d)皮下变形　(e)掏蚀形
窄而深的孔坑　长圆形孔坑　宽浅形(碟形)孔坑　闭口孔坑　切向孔坑

不定形孔坑

(f)水平形　　　　　　　(g)垂直形

图 4-5　点蚀坑的各种剖面形貌(ASTM G46－76)

金属构件由点蚀而导致的失效,大多都是氯化物或含氯离子的氯气所引起的,特别是次氯酸盐的腐蚀性更强。溶液中的氯离子浓度越高,合金越易于发生点蚀。若在氯化物溶液中含有铜、铁以及汞等金属离子,则点蚀的倾向增大。在其他卤素离子中,溴化物也引起点腐蚀。氟化物和碘化物一般降低不锈钢的点蚀倾向。降低氯化物溶液产生点蚀倾向的阴离子有 SO_4^{2-}、OH^-、ClO_4^-、CO_3^{2-}、CrO_4^{2-} 以及 NO_3^-。它们降低点蚀倾向的程度取决于其含量以及溶液中氯化物的浓度。

工业上一般使用钝化处理提高不锈钢的抗点蚀性能,在金属表面注入铬、氮离子也能明显改善合金抗点蚀的能力。

4.3.3 晶间腐蚀的形貌特征

晶间腐蚀损伤是指金属材料或构件沿晶界产生并沿晶界扩展而导致金属材料或构件的损伤,因而也称作晶界腐蚀。金属构件的晶间腐蚀不仅降低机械性能,而且由于难以发现,易于造成突然失效。

金属晶界是结晶学取向不同的晶粒间紊乱错合的区域,也是各种溶质元素偏析或金属化合物(如碳化物和δ相)沉淀析出的有利区域。因此,大多数的金属和合金,如不锈钢、铝合金,由碳化物分布不均匀或过饱和固溶体分解不均匀,引起电化学不均匀,从而促使晶界成为阳极区而在一定的腐蚀介质中发生晶间腐蚀损伤。金属构件的晶间腐蚀损伤起源于表面,裂纹沿晶扩展,如图 4-6。

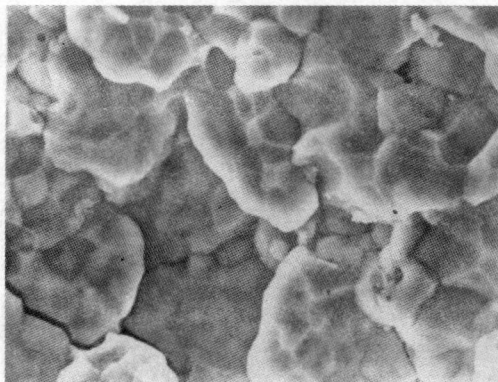

图 4-6　晶间腐蚀形貌

晶间腐蚀的一种特殊但较为常见的形式是剥落腐蚀,简称剥蚀,有时也称之为层状腐蚀。形成这类腐蚀应满足下列条件:

①适当的腐蚀介质;

②合金具有晶间腐蚀倾向;

③合金具有层状晶粒结构;

④晶界取向与表面趋向平行。

铝合金中的 Al – Cu – Mg 系、Al – Zn – Mg – Cu 和 Al – Mg 系合金具有比较明显的剥蚀倾向。这类合金的板材及模锻件制品,因其加工变形的特点,使晶粒沿变形方向展平,即晶粒的长宽尺寸远大于厚度,并且与制品表面接近平行。在适当的介质中产生晶间腐蚀时,因腐蚀产物($AlCl_3$ 或 $Al(OH)_3$)的比容大于基体金属,发生膨胀。随着腐蚀过程的进行和腐蚀产物的积累使晶界受到张应力,这种锲入作用会使金属成片地沿晶界剥离。

某型机内部重要承力框由 LC4 铝合金制造,由于属内部结构,未采取外防护体系。该部位经常积水,且有硫化型橡胶软油箱与 LC4 铝合金摩擦接触,因而在使用环境下发生严重的晶间腐蚀。进一步的腐蚀机理研究表明,硫化型橡胶软油箱表面的抗老化涂层与 LC4 铝合金在温度、湿度和摩擦紧密接触下发生组分扩散,其中 Cl 元素在晶间腐蚀中的作用已得到证实。图 4-7 为 LC4

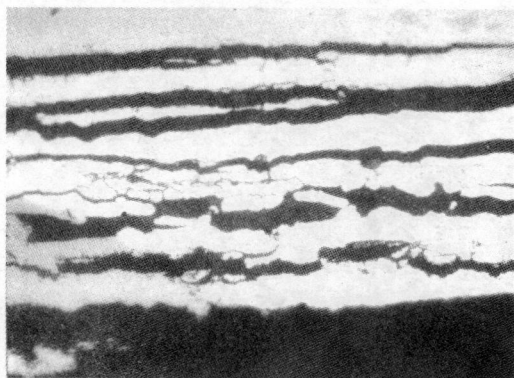

图 4-7 LC4 铝合金遭受剥落腐蚀后的显微形貌

铝合金遭受剥落腐蚀后的显微照片。

4.4 应力腐蚀断裂的分析与判断

金属构件在静应力和特定的腐蚀环境共同作用下所导致的脆性断裂为应力腐蚀断裂。

4.4.1 应力腐蚀的条件

应力腐蚀的条件可归纳为如下几点：

① 引起应力腐蚀的应力一般是拉应力。但这种拉应力可以很小，例如不锈钢、黄铜等，在外加应力为(19.6～29)MPa时，也会引起应力腐蚀破坏；合金不同，环境不同时所需要的拉应力大小不同。能引起金属产生应力腐蚀的最小应力称为应力腐蚀开裂的临界应力，常用 σ_{scc} 表示。然而用 σ_{scc} 表示应力腐蚀开裂的临界应力有很大的局限性。这是由于：

a. 用表面光滑试样测定的应力腐蚀断裂时间包括两部分：即应力腐蚀裂纹形核阶段和裂纹扩展阶段。这两阶段很难分开。因此用这种方法，两种不同合金可能得出同样的断裂时间曲线，尽管在一种合金中应力腐蚀裂纹形成快，扩展慢，而在另一种合金中形成慢、扩展快。这就是说用 σ_{scc} 不能反映出已有裂纹材料在应力腐蚀条件下裂纹扩展的性质。例如钛合金光滑试样放在 3.5% NaCl 溶液或海水中是不发生应力腐蚀开裂的，然而一旦试件上有了裂纹时，则很快地发生应力腐蚀开裂。而在金属构件中，实际上很难避免裂缝或缺陷。

b. σ_{scc} 不能用来确定具有缺口或裂纹的试样中应力腐蚀裂纹是否扩展

应力腐蚀裂纹扩展速率主要是受裂纹尖端的应力强度因子 K 所控制。因此人们采用断裂力学指标 K_{Iscc}——应力腐蚀临界应力强度因子来表示材料抗应力腐蚀的能力。当 $K_I < K_{Iscc}$ 时，在该腐蚀环境中长期暴露不发生破坏，当 $K_{Iscc} < K_r < K_{Ic}$ 时，在腐蚀

环境中经一定时间的裂纹稳定扩展而最终断裂；当 $K_r \geqslant K_{Ic}$ 时，初始裂纹就失稳扩展。

应当指出，有一些关于压应力引起应力腐蚀断裂的报道，经分析，是由于两种情况导致的结果：

a. 对应力方向的误判导致，如圆柱形薄壁零件发生垂直于半径而平行于轴向的应力腐蚀裂纹时，测得残余应力平行于半径方向的径向应力 σ_r 是压应力，因而人们有时误以为是压应力引起的应力腐蚀裂纹。实质上引起应力腐蚀的应力是切向应力 σ_τ，它是 σ_r 的分应力，属拉应力。

b. 在试样很薄的表面虽存在一定的压应力，但在亚表面以内为较大的拉应力存在如图 4-8 所示，加上装配或工作拉应力，总体上仍为拉应力。

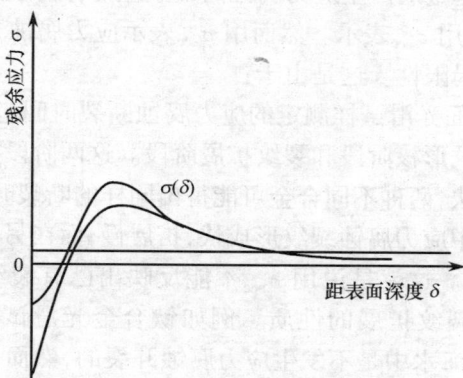

图 4-8　表面存在一层压应力

②纯金属不发生应力腐蚀破坏。但几乎所有的合金在特定（敏感）的腐蚀环境中，都会引起应力腐蚀裂纹。添加非常少的合金元素都可能使金属发生应力腐蚀。如 99.99% 的铁在硝酸盐中不发生应力腐蚀，但含有 0.04%C，则会引起应力腐蚀。

③金属材料只有在特定的活性介质中才发生应力腐蚀开裂，即对于一定的金属材料，需要有一定特效作用的离子、分子或络合

物才会导致构件的应力腐蚀断裂。它们的浓度有时甚至很低也可以引起应力腐蚀断裂。如钢在 Cl^- 或 OH^- 离子的作用下等。而且阴离子对应力腐蚀速度的影响不是简单的叠加关系,如添加 NO_3^-,反而减弱了不锈钢在 Cl^- 作用下的应力腐蚀。

在同样环境中,钛合金的耐腐蚀性比合金钢好得多,因而人们在20世纪60年代中期以前一直认为钛合金是制造潜水艇壳体的首选材料。但 Brown 等人[3~5]在 20 世纪 60 年代中期的研究发现,一些有裂纹的高强度钛合金在载荷作用下浸入蒸馏水和盐水时,仅在若干分钟内就破坏了,在所有的试验中,初始应力强度因子的水平均远低于材料的 K_{IC}。几乎在与 Brown 研究的同一时期,即 1965—1966 年间,美国在执行登月飞行计划时,用 Ti-6Al-4V 钛合金制作的 N_2O_4 压力容器曾发生应力腐蚀开裂而导致失效或事故,次数竟达 10 次之多,曾成为宇航技术中的严重问题[5]。

表 4-1 给出了一些常用金属材料易发生应力腐蚀的环境。

表 4-1　常用金属材料发生应力腐蚀开裂的敏感介质

基	合金组元	敏感应力腐蚀介质
铝 基	Al－Zn Al－Mg Al－Cu－Mg Al－Mg－Zn	大气 $NaCl + H_2O_2$,$NaCl$ 溶液,海洋性大气 海水 海水
	Al－Zn－Cu	$NaCl$,$NaCl + H_2O_2$ 溶液
	Al－Cu	$NaCl + H_2O_2$ 溶液,$NaCl$,$NaCl + NaHCO_3$,KCl,$MgCl$
	Al－Mg	$CuCl_2$,NH_3Cl,$CaCl_2$ 溶液
镁 基	Mg－Al	HNO_3,$NaOH$,HF 溶液,蒸馏水
	Mg－Al－Zn－Mn	$NaCl + H_2O_2$ 溶液,海洋大气,$NaCl + K_2CrO_4$ 溶液, 潮湿大气 $+ SO_2 + CO_2$
	Mg	KHF_2 溶液

（续）

基	合金组元	敏感应力腐蚀介质
铜基	Cu – Zn – Sn Cu – Zn – Pb	HN_3 溶液,蒸汽
	Cu – Zn – P	浓 NH_4OH
	Cu – Zn	HN_3 蒸汽,溶液,胺类,潮湿 SO_2 气氛,$Cu(NO_2)_2$ 溶液
	Cu – Zn – Ni Cu – Sn	NH_3 蒸汽和溶液
	Cu – Sn – P	大气
	Cu – P,Cu – As Cu – Ni – Al,Cu – Si, Cu – Zn,Cu – Si – Mn	潮湿的 NH_3 气氛
	Cu – Zn – Si	水蒸气
	Cu – Zn – Mn	潮湿 SO_2 气氛,$Cu(NO_2)_3$ 溶液
	Cu – Mn	潮湿 SO_2 气氛,$Cu(NO_3)_3$,H_2SO_4,HCl,HNO_3 溶液
铁基	软铁	$FeCl_3$ 溶液
	Fe – Cr – C	NH_4Cl,$MgCl_2$,$(NH_4)H_2PO_4$,Na_3HPO_4 溶液, $H_2SO_4 + NaCl$,$NaCl + H_2O_2$ 溶液,海水,H_2S 溶液
	Fe – Ni – C	$HCl + H_2SO_4$,水蒸气,H_2S 溶液
钛基	Ti – Al – Sn,Ti – Al – Sn – Zr,Ti – Al – Mo – V	H_2、CCl_4、NaCl 水溶液、海水、HCl、甲醇、乙醇溶液、发烟硝酸、融熔 NaCl 或融熔 $SnCl_2$、汞、氟三氯甲烷和液态 N_2O_4、Ag(> 466℃)、AgCl(371℃ ~ 482℃)、氯化物盐(288℃ ~ 427℃)、乙烯二醇等。

4.4.2 应力腐蚀的特点

①应力腐蚀断裂属脆性损伤,即使是延性极佳的材料产生应力腐蚀断裂时也是脆性断裂。断口平齐,与主应力垂直,没有明显的塑性变形痕迹,断口形态呈颗粒状,见图 4-9。

② 应力腐蚀是一种局部腐蚀,而且腐蚀裂纹常常被腐蚀产物

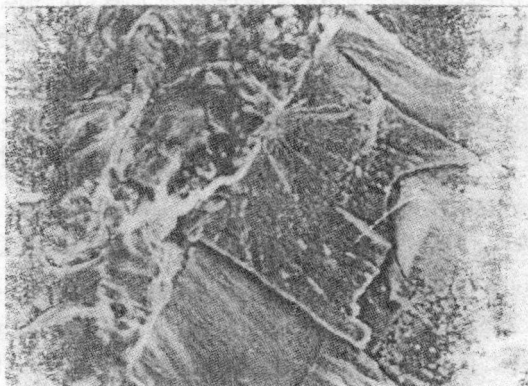

图 4-9 30CrMnSiA 合金的应力腐蚀特征

所覆盖,从外表很难观察到。

上述两个特征使应力腐蚀断裂成为断裂之前没有预兆的突然性断裂,不易预防,危害性极大。

③ 应力腐蚀试样持续加载时,应力腐蚀裂纹扩展大体上由三个阶段组成,如图 4-10 所示。

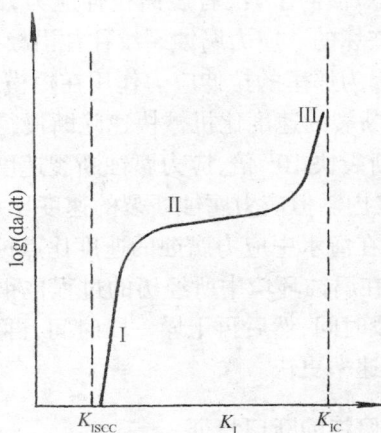

图 4-10 应力腐蚀裂纹扩展速率与 K 的关系

在第 I 阶段,da/dt 与 K_r 值有强烈的关系,曲线以 K_{Iscc} 为渐近线;在第 II 阶段,da/dt 与 K_r 值无明显的关系,但温度和环境仍产生强烈的影响;第 III 阶段, da/dt 又与 K_r 值有强烈的关系,曲线以 K_{Ic} 为渐近线;应力腐蚀试样到断裂的总时间 t_f 为以上三阶段稳定裂纹扩展时间 t_s 与稳定扩展前孕育期 t_i 的总和:$t_f = t_i + t_s$。

④ 焊接、冷加工产生的残余应力和组织变化很容易成为应力腐蚀的力学原因,甚至不同合金的膨胀系数的差别也可能成为应力腐蚀的应力源。这就是说,应力腐蚀的应力源可以由外加载荷引起,也可以由在部件加工成型过程中,如铸造、锻造、轧制、挤压、机加工、焊接、热处理及磨削等工序中产生的残余应力引起。然而不管是外加载荷还是金属内部的残余应力,引起应力腐蚀的应力源一般要有张应力的成分。同时,在拉应力横过拉长晶粒情况下的耐蚀性比拉力沿着拉长晶粒的情况要小得多。通常情况下,板材的晶粒一般都是沿轧制方向延伸,因此,板材危险的受力状态是垂直于板材平面的拉伸应力(横过晶粒的拉伸应力,即所谓短横向的拉伸应力)。对于很薄的板材,在垂直表面的方向上(即厚度方向上,或叫晶粒的短横向上)没有表面拉伸应力,因此很薄的板材很少有应力腐蚀破坏的。应力腐蚀裂纹往往沿模锻件的模锻分离面进行。这也是因为那里的拉伸应力作用在短横晶向的缘故。

⑤ 应力腐蚀断裂的速度比机械快速脆断慢得多,快速机械拉伸可比应力腐蚀断裂快 10^{10} 倍,应力腐蚀断裂速度大致在 $(0.0001 \sim 3)$ mm/h 范围之内。但应力腐蚀断裂的速度比点蚀等局部腐蚀速度快得多,如钢在海水中应力腐蚀的速度比点蚀速度快 10^6 倍。

⑥ 金属材料在腐蚀环境中所经历的过程也很重要,如果在腐蚀性环境中呆一段时间,然后再干燥一段时间,再重新处于腐蚀性环境中时,其腐蚀速率更快。

4.4.3 应力腐蚀的断口特征

前面已经提及,应力腐蚀断裂是脆性断裂,因此应力腐蚀断裂断口的宏观特征为脆性断裂的特征：断口平直，并与正应力垂直，没有剪切唇口，没有明显的塑性变形，断口表面有时比较灰暗，这通常是由于有一层腐蚀产物覆盖着断口的结果。同时应力腐蚀断裂起源于表面，且为多源，起源处表面一般存在腐蚀坑，且存在有腐蚀产物，离源区越近，腐蚀产物越多。腐蚀断裂断口上一般没有放射性花样。

应力腐蚀断口的微观形态可以是解理或准解理（河流花样、解理扇形）、沿晶断裂或混合型断口。在怎样的情况下形成穿晶，怎样的情况下形成沿晶或混合断口，目前还不清楚，因此，在一定的介质、温度、应力下某材料应力腐蚀断口上是何种形态及特征，应通过实验来确定。

高强度铝合金应力腐蚀断口的典型特征之一是沿晶断裂，并在晶界面上有腐蚀产生的痕迹（图 4-11），其他合金的应力腐蚀断口也常存在沿晶断裂的特征。

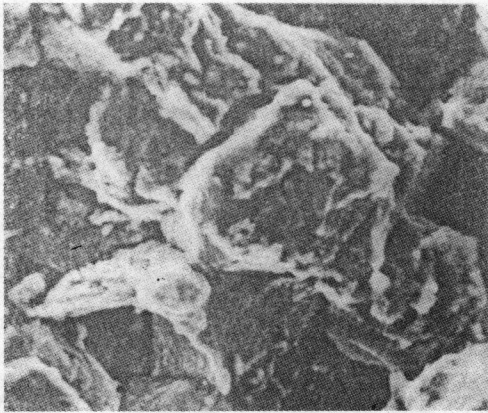

图 4-11　应力腐蚀断裂的沿晶特征

铝合金应力腐蚀断口上还可以看到另一种泥纹状花样（图 4-12），平坦面上分布着龟裂裂纹，平坦面并不是断口金属的真实面貌，而是晶界面上覆盖了厚厚一层腐蚀产物。

奥氏体不锈钢在 Cl^- 介质中主要是穿晶断裂，而 300 系列不

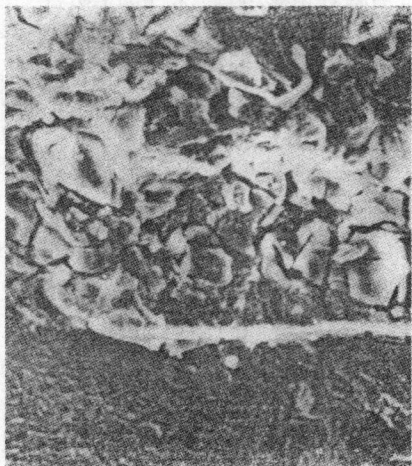

图 4-12　应力腐蚀断口上的龟裂及泥纹花样

锈钢在海洋性大气介质中除产生沿晶断裂之外,还可见到韧窝。应力腐蚀裂纹扩展的早期断面上可以见到泥纹花样。

呈河流花样或扇形的准解理形貌是面心立方金属(Al合金、奥氏体不锈钢)发生应力腐蚀断裂的又一典型特征,如图 4-13。

图 4-13　Al合金应力腐蚀断口上的扇形准解理形貌

应力腐蚀的微观断口上还常见二次裂纹,沿晶界面上一般存在腐蚀沟槽,棱边不大平直。

应力腐蚀裂纹扩展过程中会发生裂纹分叉现象,即在应力腐蚀开裂中裂纹扩展时有一主裂纹扩展得最快,其余是扩展得较慢的支裂纹。

亚临界裂纹扩展中,裂纹分叉可分为两种,其中一种是微观分叉,这种分叉表现为裂纹前沿分为多个局部裂纹,这些分叉裂纹的尺寸都在一个晶粒直径范围之内。另一种是宏观分叉,分叉的尺寸较大,有时可达几个毫米,甚至厘米。

这种应力腐蚀裂纹分叉现象在铝合金、镁合金、高强度钢及钛合金中都可以见到。人们用应力腐蚀这一特征来区分实际断裂构件是应力腐蚀还是腐蚀疲劳、晶间腐蚀或其他断裂方式。

4.5 氢致破断失效的分析和判断

由于氢渗入金属内部导致损伤,从而使金属零件在低于材料屈服极限的静应力持续作用下导致的失效称为氢致破断失效,俗称氢脆。

4.5.1 氢脆的类型及特点

金属的氢脆,可用不同的方法进行分类。例如,根据氢的来源不同(金属内部原有的和环境渗入的)可分为内部氢脆和环境氢脆;根据应变速度与氢脆敏感性的关系可分为第一类氢脆(随着应变速度增加,氢脆敏感性增加)和第二类氢脆(随着应变速度增加,氢脆敏感性降低);而根据经过低速度变形,去除载荷,静止一段时间再进行高速变形时其塑性能否恢复,又可分为可逆性氢脆和不可逆性氢脆。

下面简述第一类氢脆和第二类氢脆的特点:

1. 第一类氢脆

第一类氢脆有如下三个特点:

①这种氢脆裂纹都是由于金属内部氢含量过高所造成。在钢中氢含量超过$(5 \sim 10) \times 10^{-6}$以上;

②在材料承受载荷之前金属内部已经存在某些断裂源,在应力作用下加快了这些裂纹的扩展;

③属于不可逆氢脆,当裂纹已经形成,再除氢也无济于事。氢蚀、氢分子气泡及氢化物氢脆均属于此类。

2. 第二类氢脆

第二类氢脆的特点如下:

①变形速度对氢脆影响很大,变形速度增加,金属的氢脆敏感性下降,变形速度降低,金属的氢脆敏感性增加。

②氢脆裂纹源的萌生与应力有关。裂纹源的生成是应力和氢交互作用下逐步形成,加载之前并不存在裂纹源。

③其中有些氢脆是可逆的,有些是不可逆的。

4.5.2 氢的来源

金属材料在加工、制造过程中,以及在使用环境下很容易受到氢的浸入。氢原子具有最小的原子半径($r_H = 0.053nm$),所以易于进入金属,随后在静应力(包括外加的、残余的以及原子间的相互作用力)作用下,向应力高的部位扩散聚集,由原子变为分子,$H^+ + e \rightarrow H, 2H \rightarrow H_2 \uparrow$。此时在氢聚集的部位会产生巨大的体积膨胀效应,导致氢脆。因此要分析和预防氢致破断失效,首先应分析氢的来源。

就氢的来源来说,涉及的范围是相当广的,但氢进入金属材料的方式来说,可归纳为如下三种:

① 在冶炼、焊接及热处理过程中进入的氢:由于氢在金属材料中的溶解度随着温度而变化,当温度降低或组织转变,氢的溶解度由大变小时,氢便从固溶体中析出,而由于凝固或冷却速度较快,跑不出去,就残留在金属材料基体内,图 4-14 即为氢在铁中的固溶度随温度变化的情况。从图中可以看出氢固溶在奥氏体中比在 $\alpha - Fe$ 及 $\delta - Fe$ 中要多得多。白点就是这样形成的。

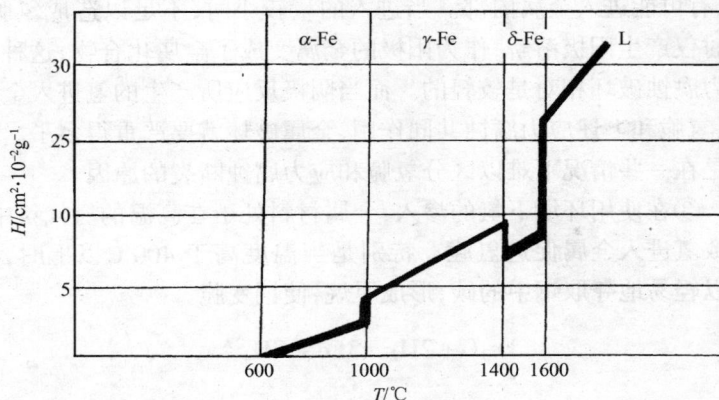

图 4-14 氢在铁中的溶解度

② 在电镀、酸洗及放氢型腐蚀环境中产生的氢:这类氢通常在化学或电化学处理中进入。这种过程最突出的就是电镀、酸洗及腐蚀。

电镀时零件作为阴极,因此氢的渗入是难免的,此时在宏观阴极或微观阴极上可以放出氢来:

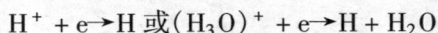

$$H^+ + e \rightarrow H \quad 或 \quad (H_3O)^+ + e \rightarrow H + H_2O$$

$$H + H \rightarrow H_2 \uparrow \quad 或 \quad H + H^+ + e \rightarrow H_2 \uparrow$$

因此要尽量采取氢脆性较小的电镀液,或采取镀后处理及采用真空镀、离子镀等无氢脆或少氢脆的工艺来尽量减少氢的渗入。

在酸洗过程中除金属表面的油污、附着物、氧化膜与酸洗液反应之外,还有可能发生金属与酸洗液之间的化学反应:

$$Fe + 3HCl \rightarrow 3H + FeCl_3$$

反应所产生的氢除以分子氢的形式逸出外,还有部分氢可能进入金属内部。因此高强度钢和一些对氢脆敏感的材料一般不允许酸洗。否则,金属经酸洗后应尽快进行除氢处理。

在应力腐蚀过程(或在其他腐蚀过程)中,腐蚀的阳极过程是基体的溶解过程,而阴极过程中形成氢,部分原子态氢被基体吸收,有可能进入金属内部。当进入的量较小时,不足以造成氢脆,这时仅产生阳极溶解,作为阳极的金属变成了金属化合物,这种纯应力腐蚀破坏相对是较轻的。而当阴极反应所产生的氢进入金属时,氢脆和上述应力腐蚀共同作用,金属破坏就要严重得多了。这也是在一些情况下难以区分氢脆和应力腐蚀断裂的原因。

③在使用环境下氢的渗入:金属材料处于在高温的氢气氛中,以致氢进入金属促进氢脆。特别是当温度高于 400℃以上时,氢可以轻易地夺取钢中的碳,形成甲烷,使钢变脆。

$$Fe_3C + 2H_2 \rightarrow 3Fe + CH_4 \uparrow$$

4.5.3　氢在金属中存在的形式与作用

氢并不能以分子状态渗入金属材料中,气相的氢渗入钢中只能通过部分或全部地在钢表面上分解或电离后进入。

阴极反应过程中生成的是氢原子,而不是氢分子。由于氢原子具有高度的化学活泼性,它首先吸附在金属表面上,然后有一部分氢原子脱附而生成氢分子,另一部分氢原子扩散渗入金属内部被吸收。

氢进入金属之后,部分氢可能解离成离子和电子,这种 H + 被电子所束缚,活动能力降低。而以原子存在的氢则并不被静电所吸引,它们在浓度梯度下扩散而占据晶体点阵中的空隙、结点、空穴等缺陷处。在高强钢中,这种呈原子态的氢是产生氢脆的主要作用者。

以分子态存在的氢活动能力较差,多存在于金属的缺陷处,不易从金属中逸出。

氢还可以氢化物的形式存在于金属材料的晶界处,使晶界脆化。因此,氢在金属中以离子态存在时相对比较稳定,其他存在方式都会在金属中产生氢分布的局部化,位错、晶界、沉淀相及夹杂与基体的界面、气孔等缺陷处均是氢易于聚集的地方。此外,缺口根部、微裂纹尖端处等应力集中的区域,氢与局部应力场交互作用,在此处形成氢的局部高浓度偏聚。

有关氢脆断裂的机制分别有氢气压力假设、位错假设、氢吸附假设和晶格脆化假设等,但至今尚没有一种完善的理论。

4.5.4 氢脆的断口特征

1. 金属氢脆的断口宏观形貌特征

严格地讲,氢脆不是一种独立的断裂机制,氢的加入只是有助于某种断裂机制,如解理断裂或沿晶断裂的作用。其断裂的方式可能是沿晶的,也可能是穿晶的,或是两者的混合。

氢脆断口宏观形貌主要特征是:断口附近无宏观塑性变形,断口平齐,结构粗糙,氢脆断裂区呈结晶颗粒状,色泽为亮灰色,断面干净,无腐蚀产物。非氢脆断裂区呈暗灰色纤维状,并伴有剪切唇边。

高强度钢氢脆断裂新鲜断口宏观形貌,往往在灰色的基体上显示出银白色的亮区;在大截面锻件的断口上可观察到白点;在小型零件或丝材断口边沿上可观察到白色亮环。放大观察时可看到细小的裂缝(即发裂)。

氢脆断裂源可在表面,也可在次表层,与拉伸应力水平、加载速率及缺口半径、氢浓度的分布等因素有关。但大多在零件表皮下三向应力最大处。只有当表面存在尖角或截面突变等应力集中时,氢脆断裂源才有可能产生于表面。

在氢脆断裂宏观断口上,粗大棱线收敛方向即氢脆裂缝萌生区(氢脆断裂起始区)。

氢脆断裂源大多在零件表皮下与氢在表面容易逸出及表面为二维应力有关,氢脆断裂对三向应力非常敏感。

图 4-15 示出了由 50CrVA 制成的钢丝发生氢脆断裂的宏观断口形貌。

2. 金属氢脆断口微观形貌

金属氢脆断口微观形貌一般显示沿晶分离,也可能是穿晶的,沿晶分离系沿晶界发生的沿晶脆性断裂,呈冰糖块状。断口的晶

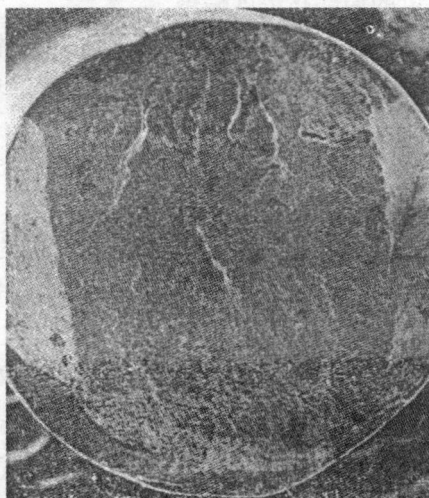

图 4-15 氢脆断裂宏观断口形貌

面平坦,没有附着物,有时可见白亮的、不规则的细亮条,这种线条是晶界最后断裂位置的反映,并存在大量的鸡爪形的撕裂棱。

氢脆破断类型不同,其断口形貌特征也各不相同,因此,在进行金属氢脆破断断口微观形貌特征分析时应综合考虑材料成分、强度级别、组织形态、晶粒大小、加工方式、使用环境、受力条件、工作时间及氢含量等。在实际金属氢脆失效件分析中,也发现同属氢脆破断,但断口微观形貌特征不尽相同,这是零件裂纹尖端的应力强度因子不同的结果。有人研究确定,当应力强度因子 K 较大时,是穿晶韧窝型断口;中等 K 值时,是准解理或解理断口、或准解理与韧窝混合断口;当 K 值较小时才会出现沿晶断口。有时还能观察到一种与樱穗相似的花样。在断口上这种樱穗状区域是局部的,用电子显微镜观察,这些区域是一些平滑面,面与面之间有台阶,这些台阶有时吸附有气泡。

金属氢脆沿晶断口形貌示于图 4-16。图 4-17 示出了氢脆断口与撕裂的分界面两侧的形貌。

图 4-16　金属氢脆的沿晶断口

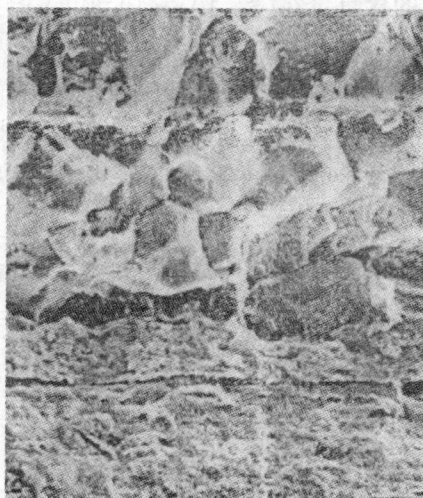

图 4-17　沿晶(上)与韧窝(下)

4.5.5　金属零件氢脆断裂失效性质判别

根据上述金属氢脆断裂失效定义及断口特征,判断金属零件氢脆断裂失效的依据是:

① 宏观断口表面洁净,无腐蚀产物,断口平齐,有放射花样。氢脆断裂区呈结晶颗粒状亮灰色;

② 显微裂缝呈断续而曲折的锯齿状,裂纹一般不分叉;

③ 微观断口沿晶分离,晶粒轮廓鲜明,晶界面上伴有变形线(发纹线或鸡爪痕),二次裂纹较少,撕裂棱或韧窝较多;

④ 失效部位应力集中严重,氢脆断裂源位于表面;应力集中小,氢脆断裂源位于次表面;

⑤ 失效件存在工作应力主要是静拉应力,特别是三向静拉应力;

⑥ 氢脆断裂的临界应力极限 σ_H 随着材料强度的升高而急剧下降;一般硬度低于 HRC = 22 时不发生氢脆断裂而产生鼓泡;

⑦一般钢中的含氢量在 $(5 \sim 10) \times 10^{-6}$ 以上时就会产生氢致裂纹,但对高强度钢,即使钢中含氢量小于 1×10^{-6},由于应力的作用,处在点阵间隙中的氢原子会通过扩散集中于缺口所产生的应力集中处,氢原子与位错的交互作用,使位错线被钉扎住,不能再自由活动,从而使基体变脆。在酸性介质中氢的扩散所需 pH 小于 4,但是碳酸溶液在室温下 pH = 6 就会扩氢,特别对于在裂缝尖端处由于电位比其他部位更负,溶液的酸性大,对氢的扩散更有利。

由于实际工作条件下的复杂性和多种因素对零件失效行为的影响,所以,一般具有以上①、③、⑤条件即可判别为金属零件属氢脆断裂失效。

4.5.6　氢脆与应力腐蚀断裂的比较

氢脆与应力腐蚀断裂是很难分开的,尤其是高强度钢及某些高强度铝合金、钛合金,要严格区别则更加困难。但这两种破断机

制还是有区别的,表现在断口形貌特征上的区别主要有:

①应力腐蚀断裂起源于表面,而氢脆可起源于表面,但大多情况下起源于亚表面;

②应力腐蚀断裂沿晶区有较多、较深的二次裂缝或蚀坑;而氢脆没有或很少;

③应力腐蚀断裂的晶粒界面常有蚀坑、腐蚀沟痕,晶粒轮廓外形亦显得圆滑;而氢脆的晶界面上常有变形线(发纹或鸡爪痕),晶粒轮廓鲜明;

④应力腐蚀断裂区没有宏观放射花样,也无韧窝花样,而氢脆断裂区常伴有撕裂韧窝,并有宏观放射花样;

⑤应力腐蚀断裂源区及其附近常有腐蚀产物(失去金属光泽),多有泥纹花样;而氢脆断裂则不应有。

应力腐蚀损伤与氢脆损伤表现在裂纹特征的区别主要有:应力腐蚀裂纹易分叉,因而常呈多条裂纹或是树枝状;而氢致裂纹则几乎不分叉。表 4-2 示出了应力腐蚀开裂与氢脆开裂在产生条件及外观形貌特征上的比较。

表 4-2　应力腐蚀与氢脆开裂条件及特征比较

		应力腐蚀开裂	氢 脆 开 裂
产生条件	1	临界值以上的拉应力或低速度动应力	临界值以上的拉应力(三轴应力)
	2	合金发生,而纯金属不发生	合金与某些纯金属都能发生
	3	一种合金对少数特定化学介质是敏感的,其数量和深度不一定大	只要含氢或能产生氢(酸洗和电镀)的情况都能发生
	4	发生温度从室温到 300℃	从 $-100℃$ 到 $100℃$
	5	阳极反应	阴极反应
	6	采用阴极防护能明显改善	阴极极化反而促进氢脆
	7	受应力作用时间支配	不明显
	8	对金属组织敏感	对金属组织敏感
	9	不同 σ_s 有不同的门槛值	不同 σ_s 有不同的含氢量

（续）

		应力腐蚀开裂	氢脆开裂
外观形貌特征	1	裂纹从表面开始，断口不平整	裂纹从亚表面开始，断口较平整
	2	裂纹分叉，二次裂纹多	几乎不分叉，有二次裂纹
	3	张开度（裂纹开口宽度/裂纹深度）小	不张开
	4	萌生处可能有腐蚀产物，但不一定有点蚀	萌生易于在亚表面，与腐蚀无关
	5	萌生点可能是一个或多个	萌生点可能是一个或多个
	6	不一定在应力集中处萌生	多在三轴应力区萌生
	7	多数为沿晶，奥氏体不锈钢为穿晶断口	多数为沿晶
	8	晶界面上有腐蚀产物、失去金属光泽	断口晶界面上没有腐蚀
	9	与轧向有一定关系	对轧制方向敏感
	10	裂纹走向与正应力垂直	同左

然而，氢脆与应力腐蚀往往同时发生，这时判别二者就非常困难，尤其是在应力腐蚀过程中，阳极过程中形成的氢有可能进入金属内部，当进入的量较大时，就发生氢脆和应力腐蚀的共同作用。一般说来，由于冶炼及加工过程中渗入金属中的氢而导致的氢脆是较为典型的氢脆，而在使用过程中受到环境中氢的污染或由于应力腐蚀过程的阴极反应导致的氢脆则可看作是广义上的应力腐蚀破坏。由应力腐蚀过程中的阴极反应而导致的氢脆在源区附近则呈现典型的应力腐蚀特征。

4.6　液态金属致脆

液态金属致脆（LMIE）指的是延性金属或合金与液态金属接触后导致塑性降低而发生脆断的过程。延性金属材料遭受液态金属环境致脆的方式主要有如下四种[6]：

①与液态金属接触时，在外加应力或残余应力作用下突然失

效；

②在低于构件强度下的延迟破坏；

③液态金属导致材料晶界的破坏；

④导致金属构件的高温腐蚀。

在上述四种方式中，①是最有破坏性的，因此我们常讲的液态金属致脆是指的这一种，它是一种严重的损伤现象，有时是在应力强度因子仅为正常断裂的 20％的情况下产生的，引发的亚临界裂纹生长速率可达 100mm/s。

4.6.1　液态金属致脆的特点

液态金属致脆引起塑性降低一般表现为失效时延伸率及断面收缩率的下降，真实的断裂应力大大下降，甚至低于材料的屈服强度。而材料本身的许多性能，如杨氏模量、屈服强度、加工硬化等维持不变。

液态金属致脆开裂一般发生在固—液态金属界面，在某些情况下也可在内部开裂（如含有低熔点夹杂的深加工合金）。因此导致液态金属致脆的金属元素为低熔点金属，且具有相应的温度范围。实际上，低熔点金属有时在固态下也导致合金发生脆断，这是由于在一定温度下（接近低熔点金属元素的熔点），低熔点金属处于一定的热激活状态，与基体元素相互扩散发生界面的化学吸附而导致的脆断。

液态金属脆断的裂纹扩展速率极高，裂纹一般沿晶扩展，仅在少数情况下发生穿晶扩展。虽然有时也发生裂纹分叉，但最终的断裂由单一裂纹引起，导致开裂的表面通常覆盖着一层液态金属，对该层表面膜进行化学分析是判断液态金属致脆的重要途径，但由于该覆盖层极薄，从几个原子到几微米厚，因而很难检测。

液态金属致脆断裂起始于构件表面，起始区平坦，在平坦区有发散状的棱线，呈河流状花样，且有与棱线方向一致的二次裂纹，其典型形貌示于图 4-18。

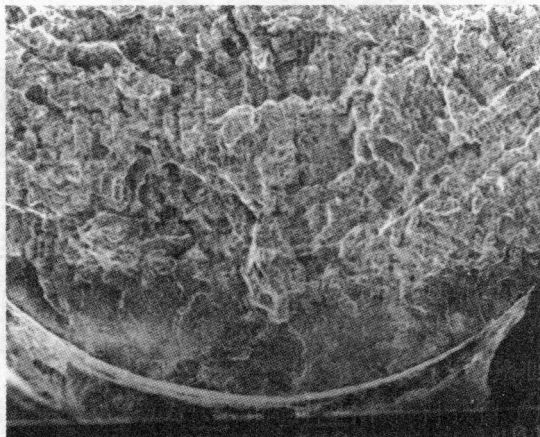

图 4-18　液态金属致脆断口的典型形貌

4.6.2　液态金属致脆机制

在通常情况下,大多数液态金属致脆是由于液态金属化学吸附作用造成的。Westwood 等人提出:如果裂纹尖端最大拉伸破坏应力 σ 与裂纹尖端交滑移面的最大剪应力 τ 之比,大于真实破断应力 σ_T 与真实剪应力 τ_T 之比,即 $\sigma/\tau > \sigma_T/\tau_T$ 时,则在裂纹尖端处的原子受拉而分离,裂纹以脆性方式扩展,由于深度大于 10nm 的表面层的吸附效应被屏蔽,吸附降低裂纹尖端原子间结合键的拉伸强度,而不影响相交于裂纹尖端平面上的滑移,因此,促进了脆性开裂而不是塑性开裂,图 4-19 示出了液态金属致脆机制。另外吸附抑制位错的形成,即局部地提高了 τ_T,这也促进了脆性开裂。

面心立方金属一般不会出现解理断裂,但在某些液态金属环境中,也观察到了类似解理断裂的特征。如在液态金属镓中,就观察到了铝的断裂具有解理断裂特征,见图 4-20。其断裂机制是:化学吸附促进裂纹尖端位错形核,导致 $\{111\}$ 面上的交滑移,而交滑移又促使裂纹与空洞的合并,解理面宏观上平行于 $\{100\}$ 面,裂纹生长出现在 $\langle 110 \rangle$ 方向。

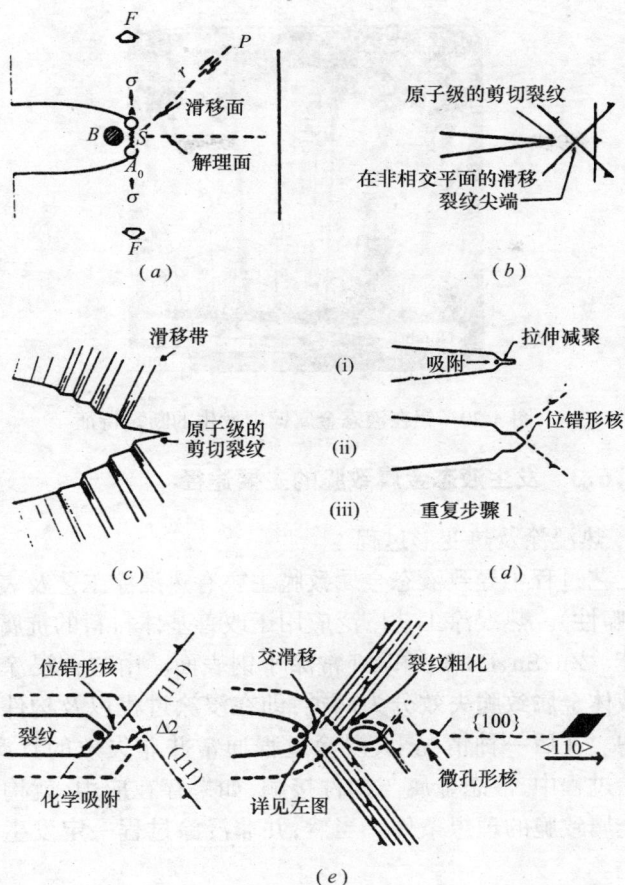

图 4-19　液态金属致脆机制示意

(a) 裂纹尖端原子间拉伸分离,吸附降低了 A—A 结合键间拉伸强度,但不影响
　　S—P 面上的滑移;

(b) 拉伸减聚力(decohesion)与裂纹尖端不相交处的位错环共同作用;

(c) 拉伸减聚力伴随滑移,这些滑移使很尖的裂纹(原子尺度)变宽为宏观尺度;

(d) 拉伸减聚力与位错发散交替作用;

(e) 在裂尖上的位错发散(促进吸附)与裂纹前的空洞形核生长,而产生宏观脆性断
　　裂。

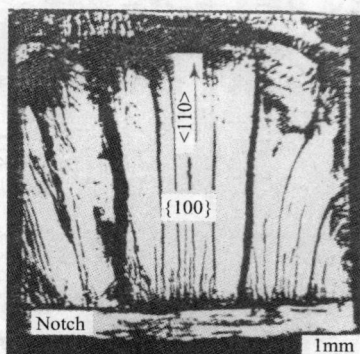

图 4-20 铝在液态金属镓中发生的断裂特征

4.6.3 发生液态金属致脆的主要途径

1. 热浸涂及热变形过程

工艺过程中导致液态金属致脆主要有热浸涂工艺及表面热变形(热脆性)。热浸涂工艺广泛应用于改善基体材料的抗腐蚀及耐磨性能。Zn、Sn、Cd、Pb 和 Al 常涂于钢表面。由这种浸涂过程引起的液体金属致脆失效分为两类:即在浸涂过程以及构件在服役过程中。在后一种情况下,浸涂过程通常并非失效的真实原因。在浸涂过程中,液态金属与构件接触,如果存在应力,就构成形成液态金属致脆的理想条件。当然,并非浸涂过程一定发生液态金属致脆。

表面热脆性指的是含低熔点金属构件在热变形过程中发生的表面开裂。熔化金属与变形应力提供了液态金属致脆的条件,如含铜的钢在热轧过程中的热脆性。

2. 焊接加工过程

制造加工过程中发生液态金属致脆主要指在焊接过程中为改善加工性而加入的低熔点金属。如在黑色或有色金属的钎焊料中加入 Pb－Bi 以改善可加工性,它对室温性能没有影响,但在高温下却易于发生液态金属致脆。

3．熔炼炉等的低熔点金属污染

如叶片在熔炼与铸造过程中来自液态金属冷却或机加工而造成的低熔点金属污染，如 Bi－Sn 定位模造成的表面污染而在一定温度下使用时导致液态金属致脆。

4．其他过程导致液态金属致脆

这类过程包括轴承卡滞、意外起火、过烧及电接触不良等造成局部的低熔点金属熔化，从而导致结构件发生液态金属致脆。

4.7　材料的环境行为

应当说，防止材料环境失效的最根本措施是深入研究材料的环境行为与失效机理，从而建立改善材料品质的创新技术的理论基础。使材料研制设计从追求基本性质和提高个别环境因素抗力到主动地适应多元环境。然而有关材料环境行为的研究远远不够，其原因主要在于材料的环境行为与失效机理研究具有相当的复杂性，其表现在于：

1．材料与环境的复杂性

材料的种类繁多，航空航天、船舶等大型装备上使用的材料更是复杂多样，其环境行为各不相同。而各国的自然环境条件差别更大，甚至同一国家不同地区的自然环境也大不相同，同一材料在不同自然环境中的腐蚀率可以相差数倍至几十倍，如我国青岛，材料的腐蚀速率远远超过海南典型湿热条件下的腐蚀速率。材料与环境行为与失效机理研究必须依据材料在本国自然环境条件下的基本行为数据和规律，而这只有通过长期的试验研究进行积累。因此对开发应用较晚的材料而言，这方面的试验数据积累更少。

2．多因素交互作用下的非线性耦合

现有的研究表明，材料与环境的交互作用具有非线性、开放性的特征，材料损伤的过程是一个开放系统与外界环境交换物质和能量而进行的自组织过程，这种能量和物质的交换方式可能是加力、加热、通电流、施加电磁场、射线辐照等，大多数情况下是上述几种单独方式的非线性累积。因此必须使用现代基础科学的新成就加以研究和描述,它的深入研究又可反过来促进相关基础学科的进一步发展。如材料在腐蚀性环境下工作时,金属的化学位在应力的作用下会发生变化,进而对电化学反应产生显著影响;金属变形不仅改变了离子放电过电位,也改变了电极表面的吸附过程;位错所致平均非线性膨胀的变形电位值对金属中电荷迁移的电磁现象和电子逸出功产生作用,电化学反应产物会扩散到材料内部,又反过来改变材料的性质。从介质成分来看,同种化学成分在不同的反应过程和步骤中的作用甚至可能相反。

3. 样本个性行为

具有相同初始损伤分数的样本,即使在完全相同的使用环境下,也很难会有相同甚至相近的损伤演化终态。显然这种复杂性源于宏观上虽相同的样本中损伤细节结构的无序性以及与环境的相互作用所导致的非线性演化。对于缺陷敏感性较强的材料,其样本个性行为差别更大。

4. 材料环境行为及损伤演化跨层次敏感性

材料环境行为表现为宏观层次的特征及差异,而引起这种差异的原因则通常是由于损伤细节结构无序性的微小差异而引起的,如钛合金零件在加工过程中的局部氧污染及其引起的脆性相 Ti_3Al 析出可能导致宏观力学行为的巨大变化。因此材料的形变局部化和腐蚀局部化与它们之间的交互作用过程(如材料裂纹尖端在原子尺度上的变化、裂纹尖端周围局部环境条件的变化过程以及位错、原子、分子水平上材料与环境的交互作用等)、腐蚀电化学的反应动力学步骤、极薄膜液下材料腐蚀损伤过程的动力学。双电层周围材料/溶液界面的动态变化过程、微裂纹的形成、连接和长大动力学过程等微观层次的研究异常重要。

对材料环境行为与失效机理所表现出的非线性多因素耦合的复杂现象,已经引起国际学术界的高度重视,其原因在于该研究对国民经济的发展具有重要的作用,同时且具有了现实的研究条件,即现代基础科学与理论的新进展、微观分析手段的进步和计算机

·科学技术的发展以及在工程应用领域已取得一些重大进展。相信在不远的将来会取得更大的进展。

鉴于上述原因，目前对材料环境失效的预防还基本上是通过设计选材，防止氢、液态金属、应力腐蚀敏感介质等与材料接触，提高构件表面完整性，材料表面改性来解决。

1．设计选材

根据构件使用的具体工作条件和具体环境，选择有较好环境抗力的材料。

2．防止氢、液态金属、应力腐蚀敏感介质等与材料接触

防止材料发生氢脆、应力腐蚀开裂、液态金属致脆的有效手段除选材时选用对上述破坏模式不敏感的材料外，主要应尽量避免金属材料与应力腐蚀敏感介质、氢及使材料发生液态金属致脆的元素接触。

3．提高构件表面完整性

所有环境失效均是从表面或亚表面起始，因此构件良好的表面完整性对防止材料环境失效有着重要的作用。表面完整性不仅包含构件表面的粗糙度、过渡圆角等加工因素，还包括消除表面残余拉应力。表面残余拉应力的消除可通过消除应力退火进行，但其更加有效的方式是喷丸强化。

4．材料表面改性

防止材料环境失效的有效办法之一是表面改性，如预防由于镀镉导致的钛合金液态金属致脆，可在镀镉前在钛合金表面镀一致密的镍层，以防止镉与钛直接接触。再如喷丸强化对预防材料应力腐蚀就非常有效。

参 考 文 献

1 《金属机械性能》编写组．金属机械性能．北京：机械工业出版社，1982

2 胡世炎等．机械失效分析手册．成都：四川科学出版社，1987

3 Brown B F. A new stress – corrosion cracking test for high – strength alloys. Mater. Res. Stand, 1966:6:129 – 133

4 Brown B F and Beachem C D. A study of the stress factor in corrosion cracking by use of the pre-cracked cantilever beam specimen. Corrosion Science, 1965,5:745 – 750

5 Brown B F. Titanium eliminates corrosion in nitric acid storage tanks. Met. Rev., 1968,13:17 – 19

6 Fernandes P J L. Clegg R E and Jones D R H. Engineering Failure Analysis, Vol.1, No.1,1994,P51

第五章　磨损失效分析

人类对于摩擦现象和控制摩擦,改善摩擦磨损条件已经研究了几十个世纪[1]。世界上较早对摩擦现象做宏观研究的当属欧洲意大利文艺复兴时期的达·芬奇(Leoardo da Vinci),他于 1470 年首次提出:摩擦力与载荷成正比而与名义接触面积大小无关。到 1699 年,法国学者阿蒙当(Amonton)发表了两条摩擦定律。1785 年,库仑(Coul omb)提出了第三条摩擦定律。这三条摩擦定律一直沿用到今天,后人称为阿蒙当—库仑摩擦定律,即[2]:

①摩擦力与法向载荷成正比;

②摩擦力与名义接触面积无关;

③摩擦力与滑动速度无关。

同时,库仑还运用机械啮合概念解释干摩擦,并提出了摩擦理论。1886 年,Reynolds 建立了流体动力润滑基本方程式。1939 年,克拉盖尔斯提出了摩擦的分子—机械学说。1956 年,英国科学家鲍登(Bowden)和泰博(Tabor)提出摩擦是由于微峰间接触点上的粘附作用造成的,并提出了粘着摩擦理论。1965 年 11 月,英国的乔斯特(H.P.Jost)提出了著名的摩擦学报告(乔斯特报告)。报告中建议用摩擦学来统一摩擦、磨损、润滑三方面的科学和技术。1973 年 9 月,在伦敦举行了第一届欧洲摩擦、磨损、润滑会议,并正式成立了国际摩擦、磨损、润滑学会。

20 世纪 60 年代,工业的发展和表面科学的迅速崛起,推动了润滑及材料磨损的研究,极大地促进了摩擦化学的发展。80 年代以后,摩擦学已经从传统的机械学和力学转向新型润滑与防护材料、磨损及摩擦化学与物理的研究。1997 年伦敦第一届世界摩擦学大会上,Dowson 全面总结了 19 世纪和 20 世纪摩擦、磨损、润滑领域所取得的重要成就[3]。对摩擦的研究始于 19 世纪初,19 世纪中叶对矿物油的提炼,19 世纪下半叶关于止推轴承、滚动摩擦、Hertz 接触应力、Reynolds 润滑方程和倾瓦止推轴承的研制。20 世纪初,铁路、公路交通工具的发展大大促进了以 Babbitt 合金及 Cu—Pb 合金为主的轴承的发展。20 世纪中叶,弹性流体润滑开始为人们所认识,并在 60 年代到 80 年代达到了近乎完善的程度。润滑防护材料在 20 世纪获得了飞速发展,非金属尤其是聚合物材料在民用工业及航空领域获得了成功应用。航空、航天、核工业的发展也促进了固体润滑的研究,以 MoS_2、石墨、聚四氟乙烯(PTFE)、聚合物、氧化物为代表的固体润滑材料获得了广泛的应用。80 年代及 90 年代,摩擦化学、陶瓷摩擦学、摩擦学表面工程等领域取得重大进展,而计算机工业、微型机械的发展及纳米技术的出现,则大大地推动了微观摩擦学(纳米摩擦学)的研究。

5.1 机械的表面特征

材料的表面状态,对其表面性能影响甚大。因为它与外界的相互作用完全是通过表面来实现的。机械表面的状态对其功能的影响也很可观。因为任何机械都避免不了相互之间以及与环境间的相互作用,而首当其冲的又是表面。因此了解材料(固体)表面的特征和属性,无论从基础理论还是从技术应用的角度来看,都至关重要。尤其对磨损失效,接触表面始终是磨损的温床。近十几年来,由于超高真空技术和探测表面结构及时能谱的实验方法的发展。比较确切地掌握了有关洁净表面起突出作用的新型材料,如薄膜、超晶格、超微粒等受到广泛的重视,发现了一些新的物理现象和效应,并在应用上富有广阔的发展前景。

1. 表面加工纹理

任何机械产品的表面,都是加工的产物,不同的加工方法和工艺特征参数,会留下相应的表面形态特征,亦称作表面纹理,其中加工方法等因素形成的表面微观结构的主要方向,即表面加工纹理,俗称加工痕迹。

所以说,表面纹理过去是、将来也是加工制造中的"指纹"[4]。它也可以作为一种重要的质量检验方法,通过检查加工零件表面留下的纹理,常可发现工具或机床在使用和操作中的缺点。如刀具没有经过正确的调整和安装,操作时进给量过大或切削速度太大等等,至于产品表面留下的各种缺陷,更是产品判废的重要标志之一。

2.表面不平度

机械表面的不平度包括宏观形状误差、粗糙度和波度(波纹度)(见图 5-1)。

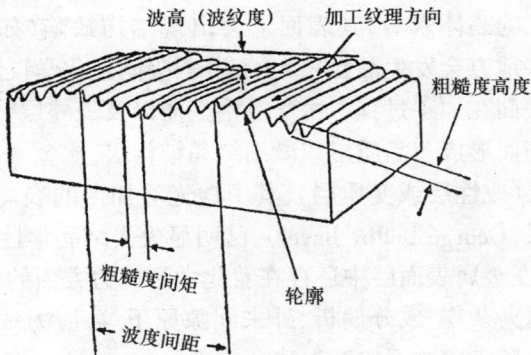

图 5-1 机械表面的不平度

3.表面的结构

机械的加工表面不仅表现出一定的几何特征(即形貌),而且在物理、机械、以及化学性能等方面也区别于内部基体组织,这是由表面的特殊结构和所处环境决定的。特别是若干原子层的极薄表面,在组成及物化状态上与内部是不同的。表面是材料世界的一个缩影。在材料内部发生的各种变化,在表面都可能发生,在材料内部存在的各种缺陷在表面都可能存在,而有许多现象却是表面独有的。

摩擦副表面的磨损与机械表面层结构有关。一般说来,最表层(外表层)应视为从固体上有机地生长出来的一层,并有相当重要的作用。金属的最表层由厚度约 3nm 的污染层、厚度为 0.3nm 的气体吸附层和 10nm 左右的金属氧化层组成(图 5-2)。

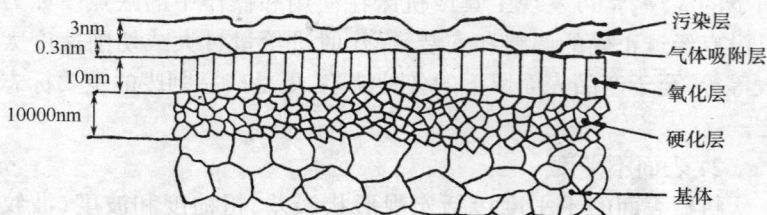

图 5-2　固体表层结构模型

就单一的晶体来看,其表面上会出现结构缺陷(如台阶或空位),在这些地方会发生晶粒长大的溶解、吸附或化学反应等现象。

金属表面在加工过程中由于晶格歪曲以及最外层分子在熔化后骤然冷却而形成非晶质层或微细结晶结构层,比金属基体要硬,称为硬化层(改性层或变质层),其中抛光等加工的表面的顶层亦称贝耳俾层(George Beilby bayer),已明显失去结晶学性质。

此外,在金属表面层中还存在着化学和应力方面的缺陷,化学缺陷如金属夹杂物,成分偏析、外来间隙原子等,应力缺陷主要指加工后在金属表面留下的有害残余应力。

5.2　机械的表面接触

5.2.1　机械表面之间的实际接触情况

这里所指的接触,仅仅指垂直于接触面的法向载荷作用下的行为,并无平行于接触面的相对机械运动。

理想的光滑表面可以采用解理方法来产生,而实际的机械表面是工艺表面,有一定的粗糙度。当使两个有波度的凹凸不平的机械表面接触时,它们之间不可能形成完全的面接触,而只是在许多凸起的微峰之间(互嵌)形成一些面积很小的接触点。起初是波顶上的轮廓峰参与接触,而首先接触的又是最高峰顶并且是相对着的轮廓峰。随着载荷增大,新的轮廓峰对便参与接触。波峰发生接触的面积称为轮廓接触面积,各个成对的表面轮廓接触面积内的所有微峰接触斑点的面积总和,就是表面的实际接触面。接触斑点沿表面分布不均匀,它们集中在波峰上。

当接触点以外的区域达到 10nm 以上的间隙时,表面间的原子作用力几乎不复存在,可以认为在这些区域内两个表面已被完全隔开。作用在摩擦面(名义接触面 A_d)上的载荷全部由表面间的实际接触点承受。当法向载荷增加时,相互对着的而高度较小的轮廓峰也逐渐参与接触。实验表明[5],对于金属来说,轮廓接触面积 A_c 一般只占名义面积的 5% ~ 10%,而表面间的实际接触面积 A_r 只有名义接触面积 A_d 的千分之几至万分之几(对聚合物来说,轮廓接触面积和实际接触面积所占百分比要大得多)。因此,即使用在名义接触面的法向载荷很小,但在实际接触点上的应力却很大。随着法向载荷的增加,实际接触点上的应力逐步增加,当某些接触点上的应力达到材料的屈服极限时便产生塑性变形(不可逆的界面过程),直至实际接触面积与屈服极限的乘积等于法向载荷时,接触点上塑性变形才停下来,由此可以得出下式:

$$F = A_r \sigma_s \tag{5-1}$$

或

$$A_r = \frac{F}{\sigma_s}$$

式中　　F——法向载荷;

　　　　A_r——实际接触面积;

　　　　σ_s——材料屈服极限。

这就是鲍登和泰博在 1939 年利用测量接触面的导电率,对实际接触面进行研究而提出的计算实际接触面积的公式。

当时他们认为表面微峰顶部的曲率半径 r 很小,以为接触应

力很容易达到 σ_s 而产生塑性变形。但后来的许多实验证明:实际接触面积和表面粗糙度有关,即与微峰顶部曲率半径和峰的高度分布情况有关,同时表面间的接触变形还有弹性变形部分,当载荷 F 增加时,表面的接触变形 y 将经历弹性变形,弹塑性变形和完全塑性变形三个阶段。

1940 年,茹拉夫达夫研究指出,在作弹性接触时,实际接触面积与载荷几乎成正比。

由于峰的分布具有统计性质,所以接触点变形也具有统计性质。在机械服役过程中,接触面上施加的载荷往往是重复加载的,微峰的曲率半径 r 经过摩擦和磨损后会显著增大,而且表层的显微硬度在第一次加载后会提高 5% ~ 15%(多次重复加载后可能增加 20% ~ 80%)。因此,即使在初次加载时出现了塑性变形,但在重复加载(载荷大小不超过首次加载值)时,塑性变形越来越困难(由于加工硬化效应)直至不再产生新的塑性变形而仅仅产生弹性变形。

图 5-3 中为载荷 F 与接触变形的关系曲线[1]。图中 Δy_i 为永久性变形量,它随着施加载荷的重复次数的增加而减少(图示为 4 次重复加载)。

从有关实际接触面积的大量实验资料中,总结出其形成过程的以下特点:

①由于表面粗糙度具有离散性,所以它们的接触也具有离散性。

②实际的接触点不仅是由于塑性变形而且还由于弹性变形所产生,所以卸载时,实际接触点的数目和实际接触面积一般要减少。

③实际接触面积随载荷增大(图 5-4)。开始时接触点的数目增大;接触点的平均面积也增大,随后几乎保持平均面积不变(由于加工硬化,已接触变形过的斑点难以进一步塑性变形,但它下面相邻的区域还可以塑性变形,只不过变形率要减小,并且对该接触点增加实际接触面积没有贡献)。

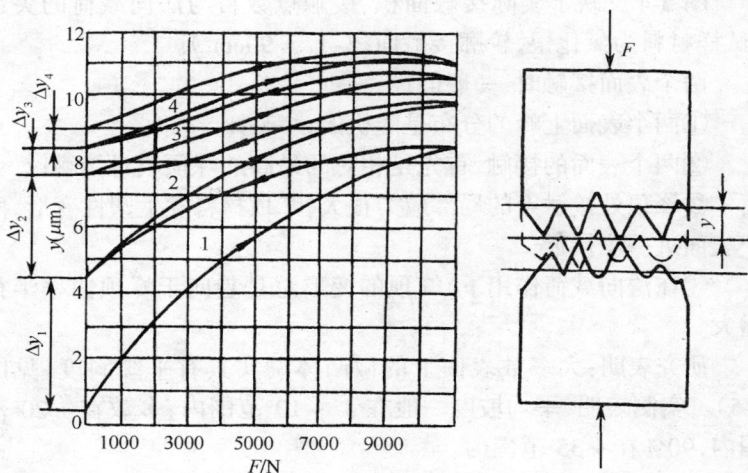

图 5-3　多次加卸载中永久变形 $\triangle y_i$ 的变化情况

④实际接触面积的增加,主要是由于接触点数目的增加(图 5-4),尤其是表面粗糙度很小的时候。

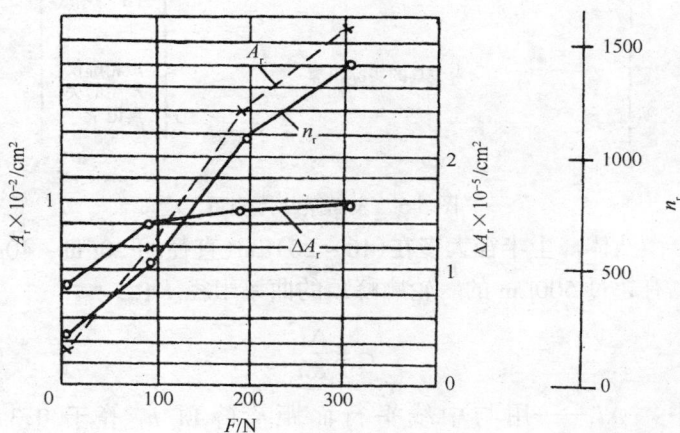

图 5-4　实际接触面积 A_r、接触斑点数 n_r 和平均接触斑点
面积 $\triangle A_r$ 与载荷 F 的关系

图 5-4 反映了实际接触面积、接触点数目与法向载荷的关系（试样材料为氯化银，轮廓接触面积 $A_C = 90cm^2$）。

两个表面接触时，一般假设：

①两个表面上峰的分布是随机的；

②两个表面的接触，首先是相对的最高的峰顶成对接触；

③峰顶处接触点的局部应力很大，峰顶材料发生塑性变形，两个表面进一步接近；

④在法向载荷作用下，峰顶的变形总是趋向于峰顶曲率半径增大。

研究表明：大多数表面上的微凸体确实具有平缓斜度（见图 5-5）。实测表明，平均坡度一般在 3°～ 10°范围内，多数在 ± 20°范围内，90％在 ± 35°范围内。

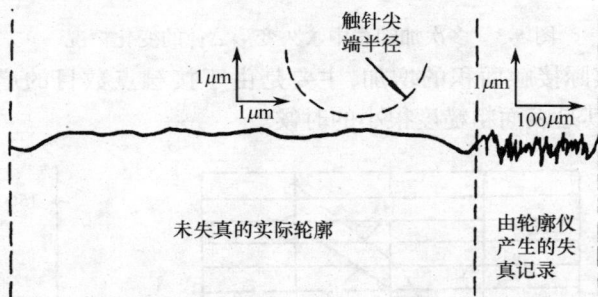

图 5-5　表面微凸体测量

微凸体峰尘半径大多在 $(10 \sim 20)\mu m$（直径约 $20\mu m \sim 40\mu m$），但也有超过 $500\mu m$ 的。轮廓峰顶的曲率半径 r_i：

$$r_i = \frac{\Delta l_i^2}{8h_i} \tag{5-2}$$

式中　　Δl_i——用与中线平行而距离峰顶 h_i 等于 $0.3R_a \approx 0.05R_{max}$（轮廓最大高度）的线上所截取的轮廓峰截面长度。

峰顶的曲率半径一般大于高度方向的微观不平度，并且比峰距大得多。

法向载荷加大时,主要是接触斑点数目增加,从而使实际接触面积也增加,然而接触斑点的平均面积增加甚微,见图 5-4。

实际接触斑点直径的分布曲线,接近于正态分布,见图5-6[5]。

文献中提到接触斑点的平均直径常在$(0.1 \sim 40) \mu m$ 数量级范围之内,接触斑点沿表面分布不均匀,它们集中在波峰上。

重复加载时,实际接触面积和接近量都增加,但是净增量随法载荷的加大而减小,见图 5-7[5]。

随着重复次数的增加,永久变形(或接近量)Δy_i 减小(见图 5-3)。

接近量随着法向载荷的增加而增加(见图 5-7),但是即便是两个粗糙的表面($R_z = 30 \mu m$),接近量一般也不超过 $15 \mu m$。

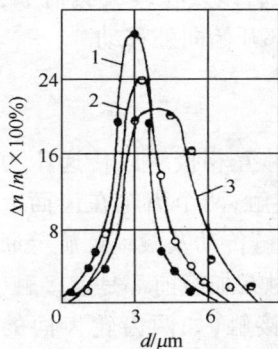

图 5-6 钢表面的相对接触
斑点数按不同尺寸的分布曲线
($q_C = 0.6$kPa)

1——抛光,$R_a = 0.12 \mu m$;

2——磨削,$R_z = 60 \mu m$;

3——铣削,$R_a = \mu m$。

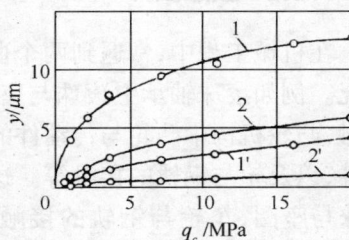

图 5-7 第一次加载(曲线 1,2)和
再次加载(曲线 1′,2′)时的接近值
(铜件表面,$R_z = 30 \mu m$)

1——两个粗糙面接触;

2——粗糙面和光滑面接触。

当法向载荷很小时,接触斑点的平均直径就可能达到$(25 \sim 40) \mu m$;由图 5-4 可以估算出,一开始接触斑点的平均直径约 $32 \mu m$。

当表面受重载时,例如迁移金属的流动、加工硬化或者微凸体相粘结这些因素,就会发生一系列与简单原理不符之处。1971年,托马斯·厄普·阿尔和普罗伯特用再定位表面轮廓仪及光学显微镜来观察底直径约为 0.2mm 的变形锥体。他们以"变形比"d/D 的形式来引述研究结果,其中 d 为由变形产生的平台直径,D 为原来的底部直径。试验中,在小的变形比时底部直径不变。迁移的材料容纳在截头微凸体的肩部,但在较大的变形比时,每个锥体的底部开始扩大,以致 d 可变得大于 D。在一个由高斯分布的峰组成的表面上,那些变形比小的峰在初始阶段可能会占多数。另一个观察结果是,在高载荷下,远离微凸体的地方出现表面材料的横向位移。这个位移在大约原始底面半径的 2 倍处达到最大值,波及之处约为这半径的 3.5 倍。在研究中对锡、铝、银、钢逐步加载,试验证实了材料由锥顶迁移到肩部,以及在较大载荷下,按锥顶角大小的不同,材料由微凸体的底部开始向外移动。

5.2.2 接触应力

在机械工程中,常遇到两个曲面物体互相接触以传递压力的情况。例如滚珠轴承中滚珠与座圈的接触,两个齿轮在齿面上的接触,凸轮机构中凸轮与传动件的接触,链传动及滚动螺旋等通用零件,以及轮与钢轨的接触等。这种接触在加载前都是点接触(如滚珠与座圈、车轮与钢轨的接触)或线接触(如两齿轮齿面的接触)。而在加载后,由于材料的弹性变形,接触点或线就发展为接触面。

机械产品都是由许多零部件组装而成,零件之间的接触面一般都较小。因此在接触面上及其附近的压力很大。以半径为 1mm 的钢球静置于同径的钢球上为例,由自重引起的最大应力竟达 $150N/mm^2$。但是由于接触点附近的材料处于三向受压的压力很大,材料往往仍处于弹性状态。同时,接触应力存在于非常小的局部区域,即使它的计算应力值达到材料的屈服极限,也只不过在这局部区域内发生塑性变形。

5.2.2.1 圆球的赫兹接触

1881 年,赫兹首先用数学弹性力学方法导出接触问题的计算公式,其假设条件为:材料是均匀、各向同性、完全弹性的,接触表面的摩擦阻力可略而不计,并将其看成是理想的光滑表面;接触面与接触物体间无润滑剂,不考虑流体的动力效应。

设两圆球的半径分别为 R_1, R_2。开始时在公切平面上的 O 点互相接触(图 5-8(a))。这时在两球的子午面截线上,与轴 Z_1 和 Z_2 相距很近距离 r 处的两点 M 和 N 的坐标 Z_1 和 Z_2 可以近似地表示为:

$$Z_1 = \frac{r^2}{2R_1}, \quad Z_2 = \frac{r^2}{2R_2}$$

而 M 和 N 两点间的距离为:

$$Z_1 + Z_2 = \frac{r^2}{2}\left(\frac{1}{R_1} + \frac{1}{R_2}\right) = \frac{r_2(R_1 + R_2)}{2R_1R_2} \tag{5-3}$$

当两球体受到力 P 的作用而沿着 O 点的法向互相压紧时,在接触处发生局部变形,而形成一个小的圆形接触面。假设两球的半径为 R_1 和 R_2,远比接触面的半径为大,则在研究这部分的局部变形时,可以把球看作是半空间,而应用弹性半空间轴对称问题的结果。

设 ω_1 表示球体(1)面上点 M 由于局部变形所产生的沿 Z_1 轴方向的向下位移,ω_2 表示球体(2)面上的点 N 由于局部变形所产生的沿 Z_2 轴方向的向上位移,两球的中心 O_1O_2 彼此接近的距离为 δ。如果由于局部变形使 M 和 N 点落到接触面的内部,则得:

$$\delta = Z_1 + Z_2 + \omega_1 + \omega_2 \tag{5-4}$$

或

$$\omega_1 + \omega_2 = \delta - (Z_1 + Z_2) = \delta + \beta r^2 \tag{5-5}$$

式中

$$\beta = \frac{R_1 + R_2}{2R_1R_2}$$

系由两表面的相对曲率所确定的系数。

由于对称性,由接触产生的压应力 q 和位移 ω 对于接触中心 O 都是轴对称的。接触应力按半球形分布。

设 q_0 为接触面中心 O 处的压应力(具有最大值),根据变形连续条件和静力平衡,可以求得:

$$q_0 = \frac{3P}{2\pi a^2} \tag{5-6}$$

$$a = \sqrt[3]{\frac{3}{4} \cdot \frac{P(K_1 + K_2)R_1 R_2}{(R_1 + R_2)}} \tag{5-7}$$

$$\delta = \sqrt[3]{\frac{9}{16} \cdot \frac{P^2(K_1 + K_2)^2(R_1 + R_2)}{R_1 R_2}} \tag{5-8}$$

式中 $\quad K_1 = \dfrac{1 - \mu_1^2}{E_1}, \quad K_2 = \dfrac{1 - \mu_2^2}{E_2},$

当弹性模量 $E_1 = E_2 = E$,泊松比 $\mu_1 = \mu_2 = 0.3$ 时(即材料相同),得:

$$a = 1.109\sqrt[3]{\frac{P(R_1 R_2)}{E(R_1 + R_2)}}, \quad \delta = 1.231\sqrt[3]{\frac{P^2(R_1 + R_2)}{E^2 R_1 R_2}} \tag{5-9}$$

$$q_0 = 0.388\sqrt[3]{PE^2\left(\frac{R_1 + R_2}{R_1 R_2}\right)^2} \tag{5-10}$$

当圆球与平面接触时(见图 5-8(b)),则以上结果中的 $R_1 = R_0, R_2 = \infty$ 可得:

$$a = 1.109\sqrt[3]{\frac{PR_0}{E}}, \quad \delta = 1.231\sqrt[3]{\frac{P^2}{E^2 R_0}},$$

$$q_0 = 0.388\sqrt[3]{\frac{PE^2}{R_0^2}} \tag{5-11}$$

又当圆球与凹球面接触时(见图 5-8(c)),以 $-R_2$ 代替两圆球接触公式中的 R_2,则可得:

$$a = 1.109\sqrt[3]{\frac{P}{E}\frac{R_1 R_2}{(R_2 - R_1)}} \tag{5-12}$$

$$\delta = 1.231 \sqrt[3]{\frac{P^2}{E^2} \frac{(R_2 + R_1)}{R_1 R_2}} \qquad (5\text{-}13)$$

$$q_0 = 0.388 \sqrt[3]{PE^2 \left(\frac{R_2 - R_1}{R_1 R_2}\right)^2} \qquad (5\text{-}14)$$

由以上公式可见,最大接触压应力与载荷不是成线性关系,而是与载荷的立方根成正比,这是因为随着载荷的增加,接触面积也在增大,其结果使接触面上的最大压应力的增长较载荷增长为慢。应力与载荷成非线性关系是接触应力的重要特征之一。接触应力的另一特征是应力与材料的弹性模量 E 及泊桑比 μ 有关,这是因为接触面积的大小与接触物体的弹性变形有关的缘故。

以上三种情况下的最大接触压应力:

在接触面的中心,即 $r = z = 0$ 处

$$(\sigma_z)_{\max} = -q_0 \qquad (5\text{-}15)$$

最大拉应力为: $(\sigma_r)_{\max} = \dfrac{1 - 2\mu}{3} \times q_0 \qquad (5\text{-}16)$

当 $\mu = 0.3$ 时, $(\sigma_r)_{\max} = 0.133 q_0$ (在 $r = a, z = 0$ 处,发生在接触面的圆周边界,沿半径方向作用)。

最大剪应力为

$$\tau_{\max} = 0.31 q_0$$

在 $r = a, z = 0.47a$ 处,发生在材料内部,深约等于接触圆半径一半,其值为最大压应力的 0.31 倍。

5.2.2.2 圆柱的接触应力

圆柱与平面的接触见图 5-8(d)。

设圆柱的半径为 r_0,

$$b^2 = \frac{4}{\pi} r_0 \left(\frac{1 - \mu_2^1}{E_1} + \frac{1 - \mu_2^2}{E_2}\right) p \qquad (5\text{-}17)$$

$$q = \frac{p}{\pi r_0} \cdot \frac{1}{\dfrac{1 - \mu_1^2}{E_1} + \dfrac{1 - \mu_2^2}{E_2}} \qquad (5\text{-}18)$$

式中 q 为单位长度上的载荷。

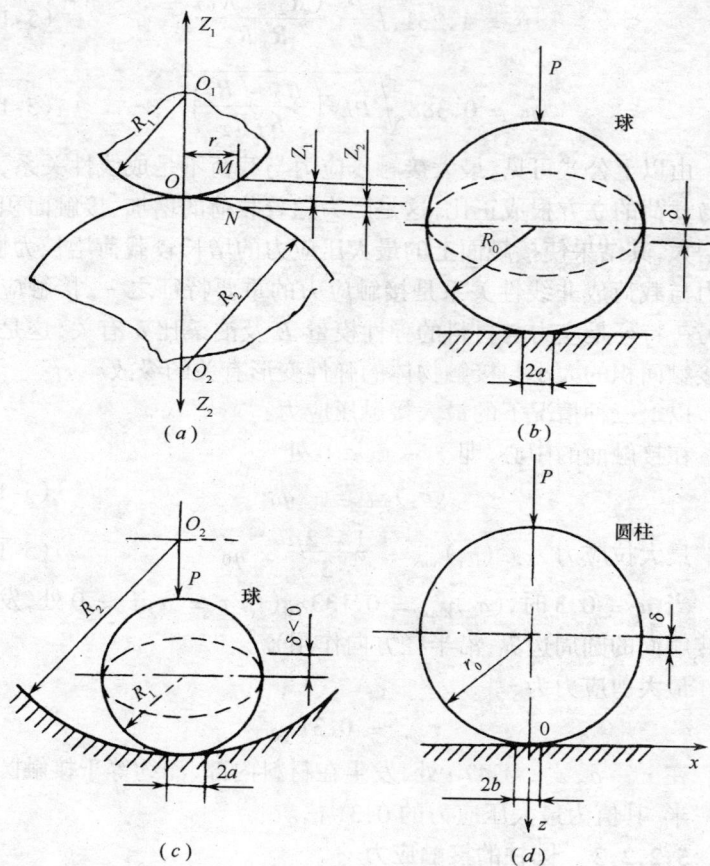

图 5-8　圆球的赫兹接触

当 $E_1 = E_2 = E, \mu_1 = \mu_2 = 0.3$ 时

$$b = 1.522\sqrt{\frac{pr_0}{E}} \qquad (5\text{-}19)$$

$$q_0 = 0.418\sqrt{\frac{pE}{r_0}} \qquad (5\text{-}20)$$

最大剪应力　　$\tau_{max} = 0.301 q_0$（在 $Z = 0.786b, X = 0$ 处）

5.2.3　影响接触应力的主要因素[6]

对接触区应力的大小和分布状况有影响的因素很多,其中主要有:

①残余应力——往往在不太大的法向载荷下,接触区中某些点上的应力就已达到材料的屈服极限,因而发生局部塑性变形,引起残余应力。

②热应力——两接触面相对滑动时要产生摩擦,使接触区局部温度瞬时升高,其数值可达数百度。接触应力影响区体积是很小的,例如接触面半宽度 b 的尺寸,通常均为十分之几到百分之几毫米,因此即使是不太大的摩擦热,就足以使此微小体积的局部温度升高,从而引起热应力。

③润滑——在相对滑动的两接触面间通常是有润滑的,润滑状况首先影响摩擦系数的大小因而也影响了热应力及切向载荷。此外,在接触面间还可能产生动压油膜,油膜的存在使接触区的大小、形状及压力的分布也要发生变化。

④接触面的几何形状——接触表面的微观不平度使得接触表面几何图形复杂。接触应力、热应力与油膜压力也要使接触表面的形状与理想状态发生偏差。

以上几种因素的单独或综合作用,使得实际零件的接触区的应力大小和分布与接触应力公式计算出的结果不同。

5.3　磨　损　过　程

在一般的机械零件摩 擦副中,正常的零件磨损过程大致可分成三个阶段。见图 5-9。

1. 磨合阶段(Ⅰ区,$O \sim A$)

当外部参数(载荷、速度、介质)不变时,在这个阶段中,由于新的摩擦副表面具有一定的粗糙度,两个接触面之间的真实接触面积很小。开始摩擦(试动转)时,在载荷作用下会产生比较快的

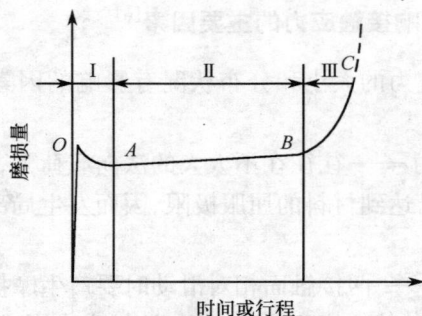

图 5-9　摩擦副正常磨损过程示意图
Ⅰ—磨合阶段；Ⅱ—正常磨损阶段；Ⅲ—严重磨损阶段。

磨损，经过一定时间的磨合阶段，表面逐渐磨平，真实接触面积逐渐增大，压力随微凸体曲率半径的增大而降低，磨损速度减慢，逐渐过渡到正常稳定的磨损阶段。它通常使摩擦、磨损、温度达到最小值而形成再生的粗糙度。这符合于热力学上所述的熵最小原则，磨合阶段的磨粒相对较大。

磨合阶段的磨损过程适用于精密配合的摩擦副零件，如齿轮、轴－轴承、缸套－活塞环等。但对产生磨料磨损的零件均不适用。

2.正常磨损阶段（Ⅱ区，$A \sim B$）

这一阶段属于机器正常的稳定磨损过程，这时的磨损率比较稳定（因为粗糙度降低，并形成表面改性层）。为了保证获得较高的零件使用寿命，应当采取各种措施，尽可能使这个阶段零件的磨损量最小，并延长其正常的运转周期。

3.正常磨损阶段（Ⅲ区，$B \sim C$）

正常磨损达到一定时期，或者由于偶然的外来因素（磨料进入，载荷突然变化，咬死等）影响，零件尺寸发生较大变化，产生严重塑性变形以及材料表面品质发生恶化等，使在短时期内摩擦系数和磨损率大大增高，或有噪声发热等，造成零件很快失效或破坏。

相互接触的一对金属表面相对运动时（摩擦副），表面金属不断发生损耗或产生残余塑性变形,使金属表面状态和尺寸改变的现象称为磨损。

磨损是机械零部件的三种主要破坏形式(磨损、腐蚀和断裂)之一。机器运转时,任何机件在接触状态下相对运动(滑动、滚动、或滑动 + 滚动),都会产生摩擦,而磨损是摩擦的结果。如果零件表面受到了损伤,轻者使受损零件部分失去了其应有的功能,重者会完全丧失其使用性。如齿轮表面、轴承表面、机床导轨等,无不如此。可见,磨损是降低机器和工具效率、准确度甚至使其报废的一个重要原因。因此,分析磨损及其表面损伤的规律和原因,对提高机件耐磨性、延长机件寿命具有重要的意义。

零件在使用过程中磨损是难免的,在整部机器使用寿命期间,如果零件表面磨损量没有超过允许值,则零件的表面设计(受力状态、表层组织、表面粗糙度、润滑等)是正确的。超量的磨损应努力防止,特别是不均匀磨损。

本书前几章叙述了材料及构件断裂、腐蚀失效的机制和特征。有关的概念、理论和方法也可用来分析磨损及表面损伤过程。但磨损过程具有动态特征,机件表面的磨损不是简单的力学过程,而是物理、力学和化学过程极为复杂的综合。按照磨损的破坏机理,磨损可分为:①粘着磨损;②磨粒磨损;③表面疲劳磨损;④腐蚀磨损。按机件表面磨损状态,又可分为:①连续磨损;②粘着磨损;③疲劳磨损;④磨粒磨损;⑤腐蚀磨损;⑥微动磨损;⑦表面塑性流动。

本章主要采用第一种分类方法。

5.4 粘着磨损

相对运动的物体接触表面发生了固相粘着,使材料从一个表面转移到另一表面的现象,称为粘着磨损。

粘着磨损是一种严重的磨损方式,有时可使摩擦副咬死。如某型机柱塞泵在一个多月内发生四次摩擦副被咬死,导致发动机供油中断,而造成起飞阶段停车,直接危及飞行安全。

5.4.1 粘着磨损机理

摩擦副的表面即使经过极仔细的抛光,实际上还是高低不平的,所以当两物体接触时,总是只有局部的接触(图 5-10)。因此真实接触面积比名义接触面积(接触面的几何面积)要小得多,甚至在载荷不大时,真实接触面积上也承受着很大压力。在这种很大的压力下,即使是硬而韧的金属在微凸峰接触处也将发生塑性变形,结果使这部分表面上的润滑油膜、氧化膜等被挤破,从而使两物体的金属面直接接触而发生粘着,随后在相对滑动时粘着点又被剪切而断掉,粘着点的形成和破坏就造成了粘着磨损。由于粘着点与两边材料机械性能有差别,当粘着部分分离时,可以出现两种情况:若粘着点的强度低于摩擦副两边的强度时,粘着从接触面分开,这时基体内部变形小,摩擦面也显得较光滑,只有轻微的擦伤,这种情况称为外部粘着磨损;与此相反,若粘着点的强度比两边材料中一方的强度高时,这时分离面发生在较弱的金属内部,摩擦面较为粗糙,有明显的撕裂痕迹(微观形貌可以见到韧窝特征),称为内部粘着磨损。相对而言,内部粘着磨损出现得更为普遍,危害也更严重。

图 5-10 为粘着磨损简化模型示意图[2]。据此模型,人们得出比磨损量 W_s(单位接触压力、单位面积及单位摩擦距离之磨损量)与材料的压缩屈服极限 σ_{sb}(或硬度)及韧性 δ_0 成反比,即:

$$W_s = K/(3\sigma_{sb}\delta_0) \tag{5-21}$$

式中,K 为微凸体接触点上产生磨屑的概率。

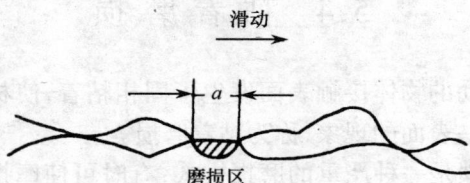

图 5-10　粘着磨损简化模型

5.4.2 粘着磨损的特点与分类

粘着习惯上称为冷焊,而实际上,磨损热的影响是不容忽视的。从磨损试验中得知,当线速度为 0.2m/s,名义接触应力为 2MPa 时,磨损表面温度可达(600~700)℃。对转速为 2000r/min 的旋转件,即使是 10mm 的钢轮,其线速度可达 1.0m/s,在一般情况下,设计名义接触应力也远大于 2MPa,则其磨损表面温度更高。粘着点被剪切的部分实际上受到局部高温和应变强化的作用,产生的粘着块的强度一般高于摩擦副的强度。

因此,粘着磨损的典型特征是接触点局部的高温使摩擦副材料发生相互转移,因此对整个摩擦副来说,它在一定程度上能够保持摩擦副材料的质量总和不变这一点已被许多实验证实。钢轴相对黄铜轴瓦转动,一定时间后发现黄铜沉积在钢轴表面上,继续转动,则转移量增多,转移的铜层增厚到一定程度以鳞片状磨屑分离出来,沉积和分离连续不断地交替进行而造成轴承的磨损。图 5-11 示出了黄铜的转移和磨损与时间的关系[10]。

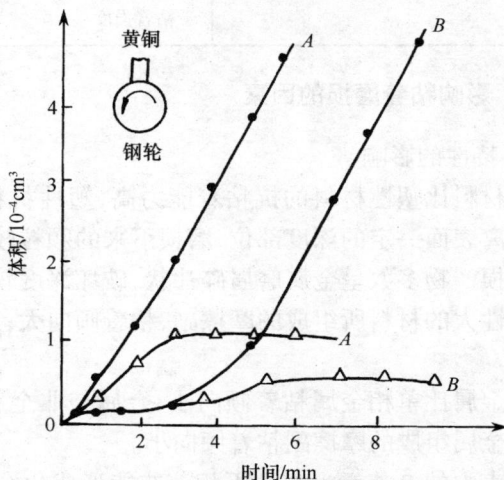

图 5-11　黄铜在钢轮上滑动时磨损和转移与时间的关系
●磨损;△转移;A—无润滑;B—润滑。

按照机械零件表面的损坏程度,人们通常把粘着磨损分为五类,见表 5-1。

表 5-1 粘着磨损的分类

类型	破 坏 现 象	破 坏 原 因
轻微磨损	剪切破坏发生在粘着结合面上,表面转移的材料极轻微	粘着结合强度比摩擦副的基体金属都弱
涂抹	剪切破坏发生在离粘着结合面不远的软金属层内,软金属涂抹在硬金属表面	粘着结合强度大于较软金属的剪切强度
擦伤	剪切发生在较软金属的亚表层内,有时硬金属表面也有划痕	粘着结合强度比两基体金属都高,转移到硬面上的粘着物又拉削软金属表面
撕脱	剪切破坏发生在摩擦副一方或两方金属较深处	粘着结合强度比两基体金属都高,剪切应力高于粘着结合强度
咬死	摩擦副之间咬死,不能相对运动	粘着强度高于任一基体金属的剪切强度,粘着区域大,剪切应力低于粘着强度

5.4.3 影响粘着磨损的因素

1. 材料特性的影响

①脆性材料比塑性材料的抗粘着能力高,塑性材料粘着破坏常常发生在离表面一定的深度部位,磨损下来的颗粒较大,脆性材料的粘着磨损产物多数呈金属磨屑碎片状,破坏深度较浅。

②互溶性大的材料所组成的摩擦副,粘着倾向大;反之粘着倾向小。

③多相金属比单相金属粘着倾向小;金属与非金属材料组成的摩擦副比金属组成的摩擦副粘着倾向小。

④周期表中的 B 族元素与铁不相溶或能形成化合物,它们的粘着倾向小;而铁与 A 族元素组成的摩擦副偶件粘着倾向大。

2. 接触压力与滑动速度的影响

粘着磨损量的大小随接触压力、摩擦速度的变化而变化。在摩擦速度不太高的范围内,钢铁材料的磨损量随摩擦速度、接触压力的变化规律如图 5-12 所示。

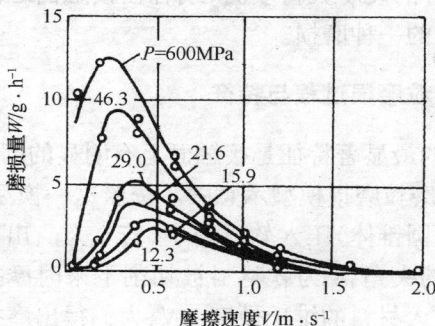

图 5-12 磨损量与摩擦速度、接触压力的关系

由图可见,在摩擦速度一定时,粘着磨损量随接触压力的增大而增大。已有的研究结果表明,当接触压力超过材料硬度的 1/3 时,粘着磨损量急剧增加,严重时会产生咬死。而在接触压力一定的情况下,粘着磨损量也随滑动速度的增加而增加,但达到某一极大值后,又随摩擦速度的增加而减小。

随着滑动速度的变化,磨损类型会由一种形式变为另一种形式,如由粘着磨损变为氧化磨损。

除上述因素外,摩擦偶件的表面粗糙度、摩擦表面的温度以及润滑状态也对粘着磨损有着较大的影响。降低粗糙度,将提高抗粘着磨损能力。但粗糙度太低,反因润滑剂不能储存于摩擦面内而促进粘着。温度的影响和滑动速度的影响是一致的。在摩擦面内维持良好的润滑状态能显著降低粘着磨损量。

按照粘着磨损理论,整个摩擦副材料只发生材料的相互转移。而在实际上,摩擦副总是有磨粒产生。因而单纯的粘着磨损是不存在的,它总是伴随着氧化磨损及其他形式的磨损。

5.5 磨粒磨损

磨粒磨损也称为磨料磨损或研磨磨损。它是当摩擦偶件一方的硬度比另一方的硬度大得多时,或者在接触面之间存在着硬质粒子时,所产生的一种磨损。

5.5.1 磨粒磨损过程与特征

磨粒磨损的最显著特征是接触面上有明显的磨削痕迹。

图 5-13 为磨粒磨损模型示意图。按照这一模型,硬材料的凸出部分(假定为圆锥体)压入软材料中,若 θ 为凸出部分的圆锥面与软材料平面的夹角,l 为软材料被切削下来时摩擦偶件相对滑动的距离,并引入材料的维氏硬度 HV,人们得出磨损量 W 为:

$$W \propto Pl\tan\theta/HV \tag{5-22}$$

可见,磨损量与接触压力、摩擦距离成正比,与材料的硬度成反比,同时与硬材料凸出部分尖端形状有关。

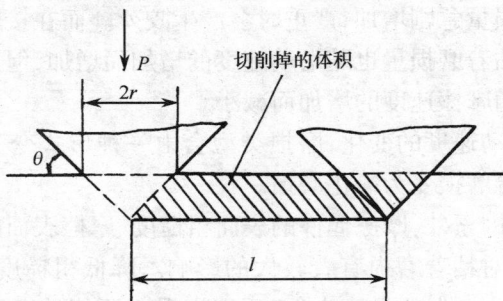

图 5-13 磨粒磨损模型示意图

由于磨粒的棱面相对于摩擦表面的取向不同,磨粒承受的法向分力使磨粒的棱角刺入金属表面,因此带有锐利棱角并适合切削的磨粒切削材料而形成切屑。当磨粒棱角不够锐利或切削角度不合适,不能对材料表面进行切削,这种磨粒将对材料表面产生犁沟变形。

硬磨料滑动磨损的磨削主要机理是显微切削。包括硬质合金那样硬的材料也产生卷曲状的磨屑。硬磨料滑动磨损的磨屑的形状与磨损系统中的各种主要参数有关,滑动磨损的主要机理是:切削、变形和断裂剥落。磨粒磨损失效的模型如图 5-14 所示,即:①切削;②堆挤;③辗压、抹平;④断裂、剥落。

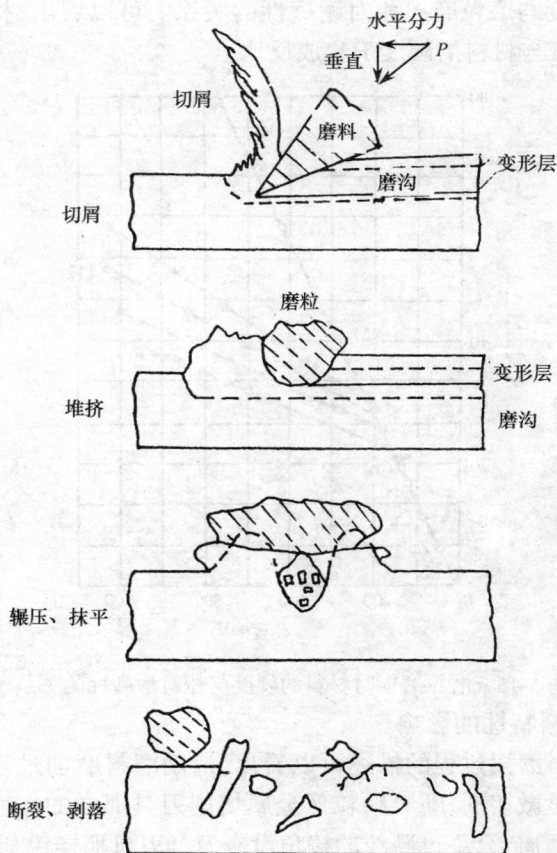

图 5-14　滑动磨粒磨损产生磨屑的主要方式

5.5.2 影响磨粒磨损失效的主要因素

影响磨粒磨损失效的因素非常复杂,且各因素之间相互作用。下面仅给出最基本的影响因素。

1. 材料硬度的影响

前已述及,磨损量与材料的硬度成反比。图 5-15 给出了一些材料的硬度与磨粒磨损相对耐磨性的关系。可以看出,材料的相对耐磨性 ε 与材料的硬度 HV 成反比。

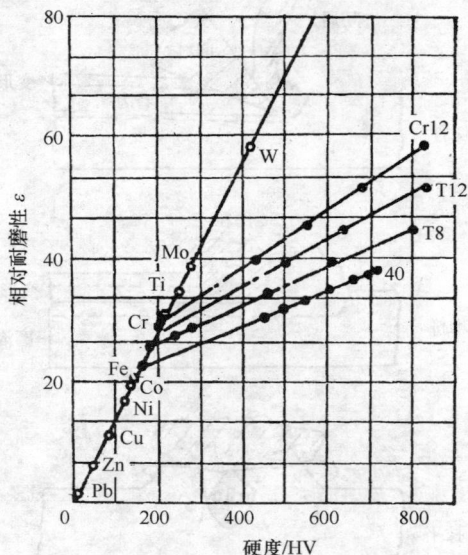

图 5-15　磨粒磨损时材料的硬度与相对耐磨性的关系

2. 磨料特性的影响

从磨料磨损过程的描述可以看出,滑动磨料磨削过程中的主要机理是显微切削,磨料颗粒像金属切削刀具那样的切削金属材料而产生磨屑,只不过磨粒的棱角没有刀具刃口那样锐利。因此,磨料的形状、磨料的硬度及磨料的粒度均对磨损过程有重要的影响。

除上述影响因素外,载荷大小、润滑条件、材料的显微组织、滑动速度、加工硬化等均影响磨损过程。

5.6 疲劳磨损[2][8]

两接触面作滚动或滑动,或是滑动与滚动复合的摩擦状态,在交变接触应力的作用下,使材料表面疲劳而产生物质流失的过程,称为表面疲劳磨损,也称为接触疲劳磨损。易产生表面疲劳磨损的零件如齿轮表面、轴承表面、凸轮等。

5.6.1 表面疲劳磨损的特点和形貌特征

金属表面接触疲劳多发生在表面缺陷处或浅层表面缺陷处,如冷加工表面划伤处、刀痕、冶金缺陷(气孔、夹杂)、热加工缺陷、组织局部不均匀(软化、硬化)、流线不均匀(表面断头)等,也可以发生在表面晶界处或界面处。

金属表面接触疲劳过程也是疲劳裂纹萌生、长大和最后断裂的过程。表面疲劳萌生的直接原因是金属表面的凹凸不平(粗糙度)及表面油膜破坏,这造成了两个物体的表面接触的不连续性,每次循环中都相互接触的某些表面处,在接触表面正压力和摩擦力的作用下,产生局部塑性变形,并使表面塑性区及其周围的温度升高。当表面塑性流动达到产生裂纹时,裂纹逐渐扩大,当达到临界值时,表面与裂纹之间的材料被剪断,产生薄片状磨屑。这种表面损伤过程,称为脱层过程。磨屑微粒的大小和厚薄与材料的性质及承受的应力状态有关。

由于脱层过程是受塑性变形、空洞形成和裂纹扩展所控制,所以材料的显微组织参量,如材料的硬度、第二相硬质点的大小和形状、杂质的数量等都影响脱层的形成,这样受这些参量控制的材料力学性能也与这种脱层的形成有着密切的关系。

表面疲劳引起表面金属小片脱落后,在金属表面形成一个麻坑,麻坑的深度多在几微米到几百微米之间。当麻坑比较小时,在以后的多次应力循环时可以被磨平;但当尺寸较大时,麻坑成为凹下的舌状,并成椭圆形。麻坑附近有明显的塑性变形痕迹,塑性变形中金属流动的方向与摩擦力的方向一致。在麻坑的前沿和坑的根部有多处微裂纹,这是没有明显发展的表面疲劳裂纹和二次裂纹。

表面疲劳磨损是介于疲劳与磨损之间的破坏方式。它相当于周期脉动压缩加载情况,它有疲劳裂纹萌生和逐渐扩展,最后形成剥落的过程,也有疲劳极限等,这些都相似于一般疲劳;但是还存在表面摩擦现象,表面发生塑性变形、存在氧化磨损以及受润滑介质的作用等情况,这些又不同于疲劳而相似于磨损。

表面疲劳磨损失效的另一个重要特征是疲劳裂缝在相互接触表层下面一定深度,例如在圆柱与平面接触时最大剪应力处 $0.786b$ 的部位(b 为接触带宽的一半)起源,产生表层破碎,最后引起剥落。

5.6.2　影响疲劳磨损的因素

由于表面疲劳磨损与裂纹萌生及裂纹扩展均有关,因此能够阻止磨损、裂纹萌生和裂纹扩展的方法均能减少表面疲劳磨损。

1. 材质的影响

钢中的非金属夹杂物,特别是脆性的带有棱角的氧化物、硅酸盐及其他各种复杂成分的点状和球状夹杂物,它们破坏了基体的连续性,对疲劳磨损有严重的影响。

材料的组织状态也是重要的影响因素,在轴承钢中未溶碳化物含量应该控制在 6.5% 以下,否则容易形成粗大晶粒及带状组织等缺陷,造成钢中基体碳含量不均匀,使钢中马氏体基体在强度上产生差异,加之碳化物带状组织中往往混有非金属夹杂物,都会降低抗疲劳磨损的能力。对于未溶碳化物,要通过适当的热处理,使其弥散分布,即趋于小、匀、少、圆为好。

渗碳钢的渗碳层对疲劳磨损有重要的影响。表面层脱碳或贫碳使奥氏体稳定性差,寿命降低。

2．表面硬度的影响

轴承钢的硬度为 HRC62 时，抗疲劳磨损能力最大，随着硬度的增加或降低，寿命均有较大的下降。对齿轮来说，齿轮硬度 HRC58～62 的范围内为最佳，一般要求小齿轮的硬度大于大齿轮。

3．表面粗糙度的影响

降低表面粗糙度，可以有效地提高抗疲劳磨损的能力。

4．残余内应力的影响

当表面层在一定深度范围内存在有利的残余压应力时，可减少疲劳磨损。

5．其他因素

对装配要有严格的要求，保证装配精度。润滑油的粘度愈高，接触部分的压力愈接近平均分布，对防止疲劳磨损越有利。同时要严格控制润滑油中的含水量。在润滑油中，适当地加入某些添加剂，如二硫化钼、三乙醇胺等，可减缓疲劳磨损的过程。

5.7　腐蚀磨损

在腐蚀环境（包括腐蚀性气体、液体介质）下，由于摩擦面材料起化学反应或电化学反应（生成腐蚀产物）而引起的腐蚀和磨损称为腐蚀磨损。

腐蚀磨损是在腐蚀作用和机械作用共同参与下完成的，这两种作用有先有后，可以交替进行，也可以同时起作用并相互促进。摩擦时表面会发生化学反应，出现化学反应产物，但它通常与表面粘附得不牢，因而继续摩擦时会从表面上剥离下来或破碎，然后新的表面又继续与介质发生反应。这一过程随着摩擦过程可重复进行下去。总之，这是一种更为复杂的交互作用过程。

当摩擦面上腐蚀产物是坚硬的、磨粒性的，则裹在接触面之间的腐蚀微粒将加速磨粒磨损过程，而磨损过程又反过来磨掉腐蚀产物这个表面"保护"层，使新的金属裸露在腐蚀环境中，从而加速了腐蚀过程。接触应力高也局部地增加了腐蚀作用。因此,腐蚀过程是自加速的,从而可能引起很高的磨损速率。

另一方面,某些腐蚀产物,例如金属的磷酸盐、硫化物、氯化物,则能形成软的润滑膜,实际上大大降低了磨损速率,尤其在粘附磨损占主要地位的情况下更是如此。

腐蚀磨损包括各类机械中普遍存在的氧化磨损、在机件嵌合部位出现的微动磨损。

5.7.1 氧化磨损

氧化磨损是最广泛的一种磨损状态,它不管在何种摩擦过程中及何种摩擦速度下,也不管接触压力大小和是否存在润滑的情况下都会发生。当摩擦偶件一方的突出部分与另一方作相对滑动时,在产生塑性变形的同时,有氧气扩散到变形层内形成氧化膜,而这种氧化膜在遇到第二个突起部分时有可能剥落,使新露出的金属表面重新又被氧化,这种氧化膜不断被除去,又反复形成的过程就是氧化磨损。

氧化磨损是各类磨损中磨损速率最小的一种,也是生产中允许存在的一种磨损形态,所以在与磨损作斗争中,总是首先创造条件使其他可能出现的磨损状态转化为氧化磨损,其次再设法减少氧化磨损速率,从而延长机件的寿命。氧化磨损速率决定于所形成氧化膜的性质和氧化膜与基体的结合能力,同时也决定于金属表层的塑性变形抗力。氧化膜的性质主要是指它们的脆性程度。致密而非脆性的氧化膜能显著地提高磨损抗力。如在生产中广泛采用的发蓝、磷化、蒸汽处理、渗硫以及有色金属的氧化处理等,对于降低磨损速率都有良好的效果。氧化膜与基体金属的结合能力主要取决于它们之间的硬度差,硬度差愈小,结合能力愈强。提高基体表层硬度,可以增加表层塑性变形抗力,从而减轻氧化磨损。

5.7.2 微动磨损[8][9]

微动磨损是指两个名义上静配合表面由于一微小振幅的不断

往复滑动所引起的一种磨损形式。微动和普通的往复滑动的区别仅仅在于每次往复的距离不同。

1. 微动磨损的特点

微动磨损有如下特点：

①由于振幅小，滑动的相对速度低；微动磨损时，构件处在高频、小振幅的振动环境中，微动时运动速度和方向不断地改变，始终在零与某一最大速度之间反复。但其最大速度也相当有限，基本上属于慢速运动。例如一个振幅为 $20\mu m$，频率为 $50Hz$ 的微动磨损平均速度仅为 $2mm/s$，因此外观上很难发现有往复式滑动，所以其磨损过程是缓慢进行的。

②由于振幅小（一般不大于 $300\mu m$），又是反复性的相对摩擦运动，所以微动表面接触状态的重复概率相对很高，因此磨屑逸出的机会很少；摩擦面多为三体磨损，磨粒与金属表面产生极高的接触应力，且往往超过磨粒的压溃强度，使韧性金属的摩擦表面产生塑性变形或疲劳，使脆性金属的摩擦表面产生脆裂或剥落。

③微动磨损引起的损伤是一种表面损伤，这不仅是指损伤由表面接触引起，而且是指损伤涉及的范围（一般是指深度）基本上与微动的幅度处于同一量级。

④磨损产物，钢上磨损产物是红棕色粉末，而铝或铝合金为黑色粉末。

实验证明，在较大振幅试验的中碳钢试样上，微动后期因疲劳产生的片状磨屑，有的宽度可达 $50\mu m$ 以上，局部有金属光泽，铁基金属磨屑的红棕色主要成分是 $\alpha\text{-}Fe_2O_3$，其次为 FeO，较软的有色金属磨屑较大，未被氧化的成分较高。

铝腐蚀通常产物多为白色，而铝与铝合金微动磨屑是黑色的，含有约 23％的金属铝，其余为氧化铝。

其他金属如铜、镁、镍等的磨屑多以氧化物形态出现，多为黑色。

2. 微动疲劳特征

微动疲劳是指工程中某一构件与其他构件接触面间发生微动

磨损的条件下受交变载荷作用而发生的疲劳损伤过程。因此微动疲劳的过程是微动磨损、氧化及腐蚀、交变应力三者综合作用的过程。微动疲劳的寿命由疲劳裂纹萌生寿命和裂纹扩展寿命之和组成。微动疲劳萌生于微动磨损所造成的表面损伤的边界处。如皿状浅坑的边缘处或萌生于微动磨损形成的深坑边缘。如果没有微动磨损存在，此时零件所承受的交变载荷根本不足以使疲劳裂纹萌生。

微动磨损的初期可萌生多个疲劳微裂纹，这些微裂纹同时扩展，其中某些裂纹在扩展过程中合并为一主裂纹并垂直于外加交变正应力。进入疲劳裂纹扩展阶段，在此阶段影响裂纹扩展速率的不仅是外加应力强度因子幅（ΔK），微动磨损过程中形成的腐蚀产物及腐蚀性介质（空气、水、润滑剂）也可以在微动磨损过程中逐渐渗入裂纹内部，像一个楔子一样嵌入微裂纹内部，使裂纹尖端的应力强度因子幅加大，并伴有化学作用（即同时存在腐蚀和腐蚀疲劳的作用），这些都促使疲劳裂纹扩展速率增加，使微动磨损疲劳寿命下降。

影响微动疲劳寿命的主要因素是微动磨损过程中配合表面之间的法向夹紧压应力、相对运动幅度、摩擦力、内应力、周围介质、相匹配面的材料。

微动疲劳寿命一般随夹紧压应力的增加而降低，当夹紧压应力达到一定值后，再增加夹紧压应力已对微动疲劳寿命影响不大。

3. 微动疲劳的断口特征

微动疲劳断口的宏观和微观形貌与纯机械疲劳断口完全一致。即整个断口宏观上可以分为疲劳源区、裂纹稳定扩展区和瞬断区，瞬断区的面积相对较小。在微观上可见疲劳条带，图 5-16。

腐蚀产物往往进入并附着在断口的源区及扩展的初期，分析断口上这些腐蚀产物的成分和结构有利于判断微动疲劳损伤失效。

微动疲劳最为明显的特征是在断口的侧表面，即微动磨损面上有大量的微裂纹、表面金属掉块、不均匀的磨损擦伤（图 5-17），

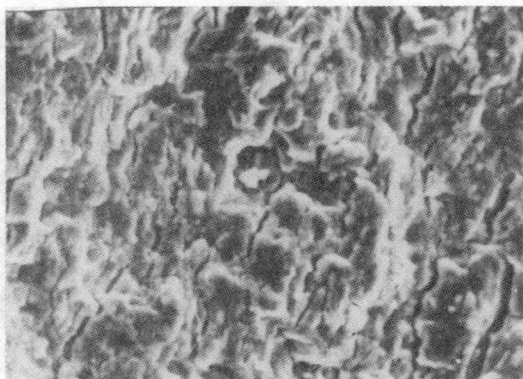

图 5-16　电机软轴微动损伤断口上的疲劳条带

其色泽发生明显改变且出现腐蚀坑(或称为斑疤状),见图 5-18。微动产生的微裂纹大多集中位于微动区的边缘,大多与表面呈45°角,因而断口常呈杯锥状(图 5-19)。

图 5-17　50CrVA 起动电机软轴表面

微动损伤也常常看到层状及山丘状的塑性变形,见图 5-20,同时也常常可看到由于碾压形成的微裂纹(图 5-21)。

4. 微动磨损造成零件失效的判断

①了解零件的工况条件,是否存在能引起紧密配合的表面间滑动的振动源或交变应力;

②分析接触表面的形貌,产生微动磨损表面都有麻点坑或小

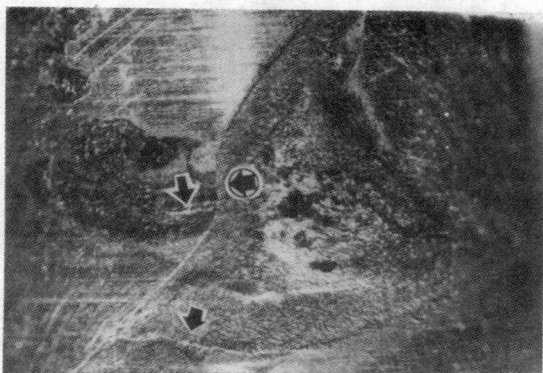

图 5-18　50CrVA 起动电机软轴不均匀的磨损
擦伤表面的腐蚀坑

图 5-19　50CrVA 起动电机软轴杯锥状断口

划痕,还有残留的磨屑;

③分析与接触表面垂直面的亚表层特征,可观察到微小裂纹,裂纹或平行表面或与表面呈一定角度;

④磨屑是判断是否发生微动磨损的重要依据,钢的磨屑要比普通铁锈红得多,极易团聚,铝的磨屑是黑色的,而氧化铝通常是白色的。

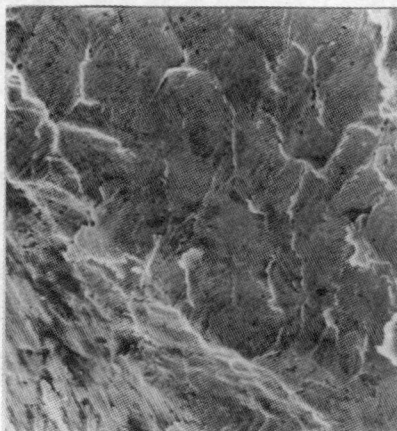

(a)

(b)

图 5-20　层状(a)及山丘状的塑性变形(b)

图 5-21　由于碾压形成的微裂纹

从微动磨损的发展过程可知,磨损初期是粘着并形成粘着磨屑、磨屑的研磨及磨屑的氧化;在稳定阶段是以疲劳磨损为主的磨损。在具有循环应力的一类零件中,微动磨损除造成零件的松动外,还造成微动疲劳而引起断裂。所以造成材料流失为主的微动磨损和造成零件疲劳强度降低的微动疲劳往往同时存在,而控制这种损伤的措施也大体相同。零件的断口形貌分析也是必不可少的,要注意观察疲劳裂纹源的位置和分析裂纹产生的原因,再结合以上几方面的分析,可以基本判定是否发生微动磨损。

5. 微动磨损的防止措施

引起微动磨损的因素很多,解决的方法也是多种的,有的方法看来甚至是相互矛盾的。例如,从微动磨损的实验结果知道,垂直负荷愈大,则磨损率愈大,但有时增加垂直负荷能减少振幅,甚至消除微动,增加接触面间的摩擦系数也有类似的影响,因此具体问题要具体分析,分别对待。

①改变设计或加工工艺:其主要目的是避免产生微动,增加接触面间的比压是常用的方法,如减小接触面积或增加螺栓数目,甚至改铆接为焊接。加工时注意提高加工精度,保证同心度等。在

微动无法阻止的部分,尽量避免应力集中在微动面上,图 5-22 为防止压配合轴在微动处应力集中的改进设计:(a)是普通压配合,配合面转接部位受到微动磨损,而且该处因应力集中易造成疲劳断裂;(b)是将配合段加粗提高强度,改变应力集中部位,但加粗轴的设计在某些设备中受到限制;(c)是仅在微动磨损敏感部位加工一环形槽,改变应力集中部位,也可达到同样的目的。

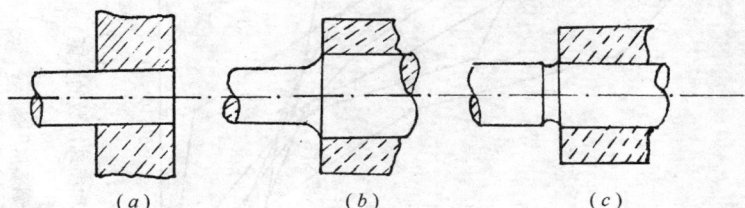

图 5-22　压配合轴防微动磨损的改进设计方案

②材料的选择:由于微动磨损初期的主要方式是粘着磨损,所以抗粘着磨损措施中的各种措施可以采用,但要考虑该零件的环境条件和工作状态。

③加润滑剂或插入物:由于微动磨损接触面常常处于高比压状态,液体润滑剂难以进入或保持。因此广泛使用固体润滑剂。它们兼有润滑剂和插入物的作用,常用的有二硫化钼、二碘化锡、聚四氟乙烯、石墨等,可以单独做成衬垫,也可以用环氧树脂或其他胶凝剂粘在上面。

金属和非金属插入物能够:(a)改变接触面的性质;(b)改变摩擦系数;(c)由插入物变形吸收部分微动。常用的插入物有银、铜、铝和非金属如橡皮、塑料、毛绒甚至纸张。

④渗层、镀层或涂层:由于这些表面处理措施不需要改变原设计和材料,较为经济易行,因此是防止微动磨损中最切实可行的,正在迅速发展。常用的有扩散渗层、离子镀膜、离子注入及离子氮化等。试验证明,离子注入、离子氮化对 TC4 合金的微动磨损起到良好的保护作用,磨损量可减少 39% ~ 80%,如图 5-23 所示。

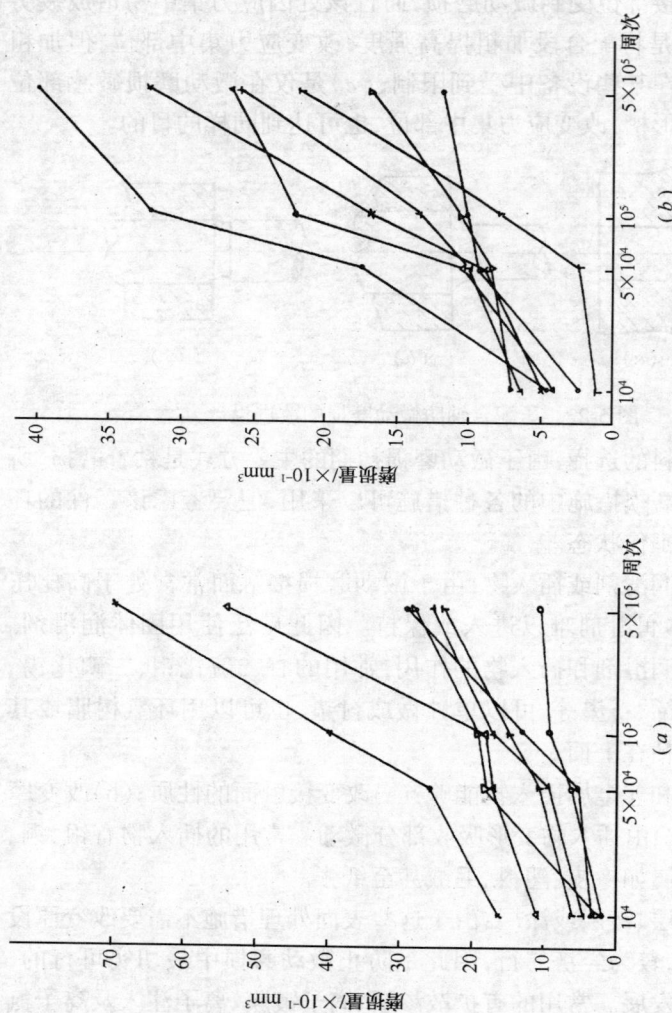

图 5-23 不同表面处理工艺与 TC4 钛合金磨损量和循环次数的关系

(a)100℃；(b)250℃。

△渗氮 6h；▽渗氮 13h；⊥离子镀一次 TiN ⊤离子镀二次 TiN；
●离子注入 N⁺ 180keV；○离子注入 N⁺350keV；× 离子注入 Si 180keV。

5.7.3 氢致磨损

还有一种腐蚀磨损称为氢致磨损。氢在摩擦表层内的浓度会上升,并在磨损过程中起破坏作用。例如聚合物与钢摩擦时析出的氢会使钢发脆而破坏,因而钢会转移到聚合物上。

氢致磨损时,在摩擦面的整个变形层内出现大量裂纹源,随后表面发生突然的整片剥落,或者缓慢地形成非常细小而分散的粉末状磨粒。尤其是钛合金材料,氢致磨损倾向比较严重。

5.8 磨损失效分析方法

摩擦与磨损现象极为复杂,影响因素众多,稍微改变其中某一参数都可能改变摩擦和磨损特性。材料的摩擦和磨损特性与材料的强度和其他物理特性不同,它是各种外界条件与材料的机械、物理和化学等特性的综合表现。因此它是摩擦系统的特性,应该用系统分析的方法来分析和处理摩擦学问题。

我们可根据运转条件、环境条件、磨损表面及磨损碎屑,通过调查、检验、研究来分析磨损失效的原因,寻求防止及减少磨损的措施。

运转条件包括负荷、速度、运动方式(旋转、往复、摆动)、摩擦形式(滑动、滚动)、润滑剂种类、润滑剂供给方式、运转周期(连续、间断)等。

环境条件是指周围是否潮湿,或是否有腐蚀性气体、粉尘、高温、低温、辐照或真空等。水分及腐蚀性气体会促使零件腐蚀、润滑剂变质,从而加剧磨损。高温及辐照会促进润滑剂老化分解而具有酸性或使材料的性能改变。真空条件影响到表面膜的形成等。

磨损表面的情况可提供许多信息。例如磨去材料的数量、损坏的形式(划伤、啃伤、犁沟、咬伤、点蚀、腐蚀、剥落、压痕等)、表面膜的性质、表面哪些组织容易受到磨损以及表面是否有异物嵌入等。

磨损碎屑(磨屑)是磨损的产物,是分析磨损形式的一个重要依据。磨屑颗粒小说明磨损缓和,颗粒大则说明磨损严重,可能发生严重的粘着磨损或磨料磨损。如出现卷曲状磨屑,说明有磨料磨损(韧性材料)。磨损产物如果主要是氧化铁等腐蚀产物则可能受到严重的腐蚀。钢铁零件如出现棕红色的磨屑,或铝(铝合金)零件出现黑色的磨屑,说明是微动磨损所引起的。

磨损碎屑可以从润滑剂中或磁性塞上取得,然后可通过铁谱仪,将其分类,用立体显微镜或扫描电子显微镜观察,或通过化学元素分析、X 射线结构分析等确定磨损碎屑的组成。

检查磨损量的方法可用千分尺、测长尺、比较仪等,对微小的磨损也可用表面轮廓仪记录后测出。小的零件或磨损量大的也可用称重法。

磨损失效分析的基本步骤:

①了解失效零件在机器或机构中的功能;

②了解零部件相对运动的方式及速度;

③了解耦合表面所受的力或应力;

④了解润滑剂品种、润滑方式及换油周期;

⑤了解零件的工作环境是否含磨料颗粒、水分、腐蚀性气体以及温度等;

⑥了解该零件及其耦合件的材料及工艺条件(包括热处理、冷加工、粘度、粗糙度等)。尤其是实际执行的情况。必要时到生产单位调查其生产过程;

⑦了解零件的寿命、磨损量(或磨损率);

⑧在宏观及微观范围检查磨损表面及摩擦表面下的组织情况;

⑨根据以上所获得的信息可判断磨损形式及磨损失效的原因;

⑩提出防止或减少磨损的措施。

防止及减少磨损的途径基本可归纳为两条:

①改进设计,改变摩擦条件来减少或防止磨损;
②选用更耐磨的材料来延长寿命。

参 考 文 献

1 材料耐磨抗蚀及其表面技术编委会.材料耐磨抗蚀其表面技术概论.北京:机械工业出版社,1986

2 齐毓霖.摩擦与磨损.北京:高等教育出版社,1986

3 Hutchings I M. New Direction in Tribologr; Dowson. D. progress in Trubologr—a Historrical perspctive, 1997

4 (英)达格纳尔 H.表面纹理探索.李冰静译.北京:机械工业出版社,1987

5 (苏)捷姆金 ИБ,雷若夫 ЭВ.机械零件的表面质量和接触.金同熹译.北京:机械工业出版社,1986

6 张栋.机械失效的痕迹分析.北京:国防工业出版社,1996

7 高彩桥,刘家浚.材料的粘着磨损与疲劳磨损.北京:机械工业出版社,1989

8 李诗卓,董祥林.材料的冲蚀磨损与微动磨损.北京:机械工业出版社,1987

9 李东紫等.微动损伤与防护技术.西安:陕西科学技术出版社,1992

10 刘英杰,成强.磨损失效分析.北京:机械工业出版社,1991

第六章　非金属构件的失效分析

由金属材料及其构件失效所造成的严重后果已引起人们对失效研究的高度重视,而对非金属材料及构件失效的研究相对较少。然而,随着非金属构件的广泛应用,由此而产生的失效逐渐增多。如 1986 年美国航天飞机"挑战者"号发生升空爆炸的灾难性事故,就是因密封胶圈失效引起燃油泄漏而造成的。近年来我国航空装备中也多次发生座舱盖玻璃及高压橡胶软管的失效,均造成重大损失。因此,对非金属材料及构件的失效的研究,受到人们的普遍关注。

航空非金属材料品种多、数量大,制件体积小、重量也轻,有些是要求具有特殊功能的关键件,只能用非金属材料制造。如飞机座舱盖、飞机轮胎、雷达天线罩、橡胶软管、密封胶圈等。非金属材料的性质各异,用途广泛。有的非金属在常温下呈脆性(如有机玻璃),有的是高弹性材料(如橡胶),有的比强度特别高(如复合材料)等。同时,非金属材料由于其本身的物理性能和化学性能与金属材料有很大差别,如橡胶不透明、不反光、不导电,有机玻璃透明、不导电、反光性差,对温度、有机溶剂敏感等。因此非金属材料及构件的失效类型、特征以及分析技术等方面与金属材料有所不同。本章仅简要介绍非金属材料失效的基本特点及分析技术。

非金属材料按照用途分为结构材料和功能材料。由于断裂与疲劳主要与结构材料有关,且工程结构陶瓷用得很少,故本章主要讨论高分子材料(塑料、橡胶、纤维)的失效及分析技术。

6.1 高分子材料的基本特性

聚合物材料由高分子链组成,因此也称高分子材料。与金属材料相比,高分子材料除具有一般不导电、反光性差、对有机溶剂敏感和易于老化等特点外,还具有结构上的不均匀性、高的弹性及突出的粘弹性。

6.1.1 材料与制件在结构上的不均匀性[1]

航空非金属构件所用的高分子材料,有些是化学均匀的单相材料,有些是非均质的多相材料。就构件而言,有些是由一种材料制成的,有些是多种性能差异较大的材料(包括非高分子材料)宏观复合而成的复合材料。因此,航空非金属材料本身及构件上存在着种种不均匀性。

就化学均匀的单相材料如有机玻璃来说,其不均匀性包括以下几个方面:分子量大小不均匀;分子链间的物理交联点不同,分子链末端的结构往往与分子链的重复结构单元不同,而且其周围的自由体积也较大;分子链段在材料表面的堆砌密度低于材料内部。

对于非均质多相材料如纤维增强复合材料、金属与非金属层板复合材料等,其不均匀性表现为:各相的物理化学性质差别很大,分散相的形状和尺寸不均匀,它们在基体中的分布和取向不均匀。

对于由两种或两种以上性质不同的材料组合而成的复合材料,材料的不均匀性则表现得更为突出。层板之间的差异以及开孔切断部分纤维,从而使开孔处的应力集中现象比金属材料要严重。

在构件的制备过程中,由于受热和力学等因素的影响,构件内结构的不均匀性可能会进一步增加。如构件各部分的结晶度、取向度、球晶尺寸不同;分散相的形状和尺寸、在基体中的分布和取向等方面的不均匀。

6.1.2 非金属材料的粘弹性

理想弹性材料的应力应变关系服从虎克定律：

$$\sigma = E\varepsilon \tag{6-1}$$

式中，σ 为应力；ε 为应变；比例系数 E 为材料的弹性模量。而理想粘性材料的应力-应变关系服从牛顿定律：

$$\sigma = \eta d\varepsilon/dt \tag{6-2}$$

式中，$d\varepsilon/dt$ 为应变速率；比例系数 η 为材料的粘度。大多数高分子材料的力学行为则既不服从虎克定律又不服从牛顿定律，而是弹性与粘性的线性或非线性组合。具体地说，粘弹性材料的应变明显落后于应力，因此使材料产生一定的应变所需的应力，与应变速率的关系极大。

高分子材料所具有的突出粘弹性，其根本原因在于长而柔软的高分子链具有多重热运动组元：键长键角、侧基、链节、链段和整个高分子链。其中除键长键角的变化不需要克服分子间的内摩擦力外，其他各重单元的运动均或多或少地需要克服分子间的内摩擦力。克服分子间的内摩擦力就是粘性的本质。

蠕变、应力松弛以及应力应变行为强烈地依赖于应变速率和温度是高分子材料粘弹性的多种表现形式之一。正是由于高分子材料具有突出的粘弹性，其破坏机理也必然与温度及应变速率密切相关。

6.2 非金属断口的成像显示技术

前已述及，非金属材料的物理性能和化学性能与金属材料有很大差别，因此在进行断口的宏观分析时，需要对诸如采用的光源及照明方法等加以选择，在微观分析时，要在不破坏样品真实信息的情况下，对样品作一些特殊处理。

1. 对试样的要求

非金属材料的硬度较低,易划伤、擦伤,断口表面易吸附灰尘,且对有机溶剂敏感,所以对断口要加倍小心,防止撞碰和环境污染。

在一般情况下,应采用微温(<50℃的中性肥皂水溶液浸洗断口,并可用软毛刷刷拭断面,然后用清水冲洗,压缩空气吹干,最后将其保存在干燥器中。对可疑失效件的残骸要进行现场观察、记录和初步分析,不得遗漏造成事故的任何证据。

2. 低倍观察

低倍观察主要是观察断口表面结构的粗糙度,裂纹起始、扩展及最终断裂区的宏观特征,如有机玻璃断口表面的镜面区、雾状区、肋状区的结构特征、区域大小、相对位置等,以获得一个整体概念。

有机玻璃等透明材料的断口较为平整,便于目视或用体视显微镜及一般光学金相显微镜进行观察和分析,但由于它透明和反光能力甚弱,不宜采用偏振光进行观察。低倍断口显示常用透射光照明,由于结构部分对透光量的多少不同而形成明暗对比,显示种种特征图像。

对透明材料和非透明材料断口表面结构显示,一般均采用斜光照明(分半斜光照明和全斜光照明)。当光线以一定的倾角(而不是垂直)投射到具有一定粗糙度的断口表面上时,粗糙的断口特征会将投射光线以漫射的方式进入物镜成像,使影像清晰。

3. 光学显微镜观察

观察时多采用暗场成像。为提高成像对比度,可用棱镜照明,或加辅助棱镜照明,对有机玻璃断口选用黄绿色滤片可获得最佳的成像效果。对不透明材料断口可采用全斜光照明,利用漫射成像显示。

对于尺寸较大的外场失效件,或不能将构件拿回试验室观察时,可用复型(方法见透射电镜复型)法将其复型下来,放在透射光下观察,或将复型表面喷铝或喷铬后在反射光下观察、照相。

4. 扫描电镜观察分析

像有机玻璃一类非导体物质,当它与外来电子束作用时,电荷不能通过试样座接地,而会堆积在试样表面,影响二次电子发射,并且由于同号电荷相斥,每隔一定时间就会充、放电,影响成像质量;同时这类材料的导热性亦较差,在高压作用下会产生热畸变,从而破坏原有的破断形貌。因此应用扫描电镜观察分析非金属断口时,必须在断口上喷涂一定厚度的导电材料,通常是采用喷金。喷涂金的参数及观察电压可参照表 6-1 数据。

表 6-1 断口表面喷金参数和观察电压

喷涂材料	真空度/Pa	投影角/(°)	喷涂时间/s	镀层厚度/μm	观察电压/kV
Au	1.3×10^{-6}	30 ~ 40	5 ~ 10	0.5 ~ 0.8	5 ~ 15

非金属断口表面结构细节显示不需要在太高的分辨率下进行,同时为了防止断口表面烧伤,应当适当控制观察电压,在观察某一部位时也不宜于停留时间过长。

前已述及,非金属材料易于受到污染,因此在应用能谱仪作微区成分分析时,对所获结果应认真加以分析。

5. 透射电镜观察

透射电镜观察采用复型薄膜。因非金属材料溶于有机溶剂,因而不能沿用金属材料及构件复型的方法。

非金属材料断口复型制备方法及基本程序为[2]:

①用 1%的丙烯酸水溶液软化乙酸纤维薄片;

②将软化的薄片紧压在断口表面上,自然干燥后揭下;

③用金属 Cr 对复型投影,并喷碳;

④用(50 ~ 70)℃水溶液溶解复型;

⑤取留下的碳复型进行观察。

6.3 非金属构件失效的基本类型

非金属材料及构件种类繁多,使用环境各异,因而失效形式也复杂多样。根据所受的载荷和环境条件,非金属构件失效的主要类型可分为两种。一类是因制件材料在加工、储存和使用过程中受各种环境因素的作用而性能逐渐下降导致最终失效,这一类称之为老化;另一类是制件在使用中长期受机械力和环境的作用而丧失规定的功能,这一类习惯上称为机械失效。

根据非金属构件所受的载荷环境条件的不同,发生机械失效的模式可分为以下五类:

①直接加载下的断裂——试样或构件在拉伸、压缩、剪切或冲击等载荷作用下发生变形直至断裂,断裂时对应的应力叫做断裂强度。

②疲劳断裂——试样或构件在远低于其断裂强度的交变应力作用下发生损伤直至断裂。

③蠕变断裂——试样或构件在远低于其断裂强度的恒定应力作用下发生变形直至断裂。

④环境应力开裂——试样或构件在腐蚀性环境(包括溶剂)和应力的共同作用下发生开裂。

⑤磨损磨耗——两种不同材料在摩擦过程中,其表面材料以小颗粒的形式断裂下来。

上面述及的是非金属材料制件基本的老化失效和各种机械失效方式,而实际上这些失效形式往往不是单一出现的,而常常是两种或两种以上的失效模式交织出现,呈错综复杂的模式。

6.4 直接加载下的瞬时断裂

在正常情况下,构件在使用中不会在直接载荷下发生断裂破坏,因为构件承受的设计应力水平远远低于材料在使用温度和应变速率范围内的断裂强度或屈服强度。但是,研究非金属构件在直接加载条件下典型的断裂形貌及其特征,有助于分析非金属构件在实际工作状态下发生的破坏。

非金属构件在直接加载下的断裂分为脆性断裂和韧性断裂两

大类,为方便起见,我们仅以拉伸断裂为例。

6.4.1 脆性断裂

聚苯乙烯塑料、非定向有机玻璃、热固性塑料等刚性高分子材料在室温下的断裂都属脆性断裂。其基本特征为断裂前应力与应变之间呈良好的线性关系,即基本服从理想弹性体的虎克定律(图6-1);断裂应变小(< 5%),断裂能低,即应力应变曲线与应变坐标轴之间包围的面积小,断裂后,试样几乎无残余应变,断口表面与拉伸方向基本垂直。

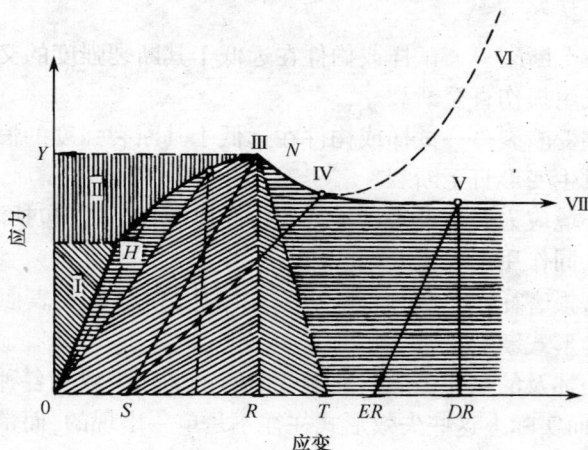

图 6-1 高分子材料的应力—应变曲线

Ⅰ—线性粘弹性;Ⅱ—非线性粘弹性;Ⅲ—屈服点;
Y—屈服应力;*H*—滞后恢复线;*N*—缩颈区;Ⅳ—应变硬化点;
S—永久变形,初始失效;*R*—屈服失效应变;*T*—撕裂应变;
Ⅴ—塑性流动;*ER*—局部弹性、粘弹性或塑性回复;
Ⅵ—应变硬化和破坏;*DR*—延性破坏;Ⅶ—延性失效。

脆性断裂过程基本上可分为三个阶段,即断裂源首先在材料的最薄弱处形成,一般是主裂纹通过单个银纹扩展;随着裂纹扩展和应力水平的提高,主裂纹不再是通过单个银纹扩展,而是通过多个银纹扩展,因而断面转入雾状区,即裂纹扩展的第二阶段。当裂纹扩展到临界长度时,断裂突然发生,即进入裂纹快速扩展的第三阶段。这三个阶段在断口上留下不同的形貌:第一阶段断口为光滑的镜面区,第二阶段断口为雾状区或平坦区;第三阶段断口为粗糙区。关于这类断口的形貌细节将在下面作进一步描述和讨论。

6.4.2 韧性断裂

各种橡胶材料和某些工程塑料如尼龙和双轴拉伸定向有机玻璃等在室温下的拉伸断裂属韧性断裂。韧性断裂的主要特征是断裂应变很大(达百分之几十至百分之几百),断裂能很高。但在橡胶的韧性断裂和塑料的韧性断裂之间又有形式和本质上的差别。

橡胶材料的拉伸应力—应变行为表现为软而韧的特点,即弹性模量很低($0.1\text{MPa} \sim 1\text{MPa}$),弹性应变很大(最高达 1000%),卸载后试样几乎无残余应变。这类材料的断裂称为高弹性断裂。高弹性断裂过程虽然也分为裂纹的慢速扩展和快速扩展两个阶段,但与脆性断裂的断口形貌相反,高弹性断裂过程中裂纹的慢速扩展阶段在断口上留下的是粗糙区,而裂纹的快速扩展阶段在断口上留下的却是光滑区。这是由于橡胶的高弹形变本质上是卷曲的高分子链(或交联橡胶中的网链)通过链段运动沿拉伸方向的伸展取向。在橡胶拉伸时,高弹形变中分子链的伸展取向能使那些垂直于拉伸方向的缺陷的尖端钝化,从而在一定程度下抑制其扩展。当橡胶的高弹应变足够大时,应力在取向分子链上分布的不均匀性愈来愈大。那些受拉伸应力特别大的分子链将首先被拉断或滑移,形成断裂源。在裂纹的慢速扩展阶段,取向的分子链被一个一个或一束一束地相继拉断。由于分子链或链束中的薄弱点是随机分布的,未必都位于与应力方向垂直的某个平面附近,因而断口上的形貌比较粗糙。而在裂纹的快速扩展阶段,则因为是许多分子链同时被拉断,因此断口上的形貌反而比较光滑。

与橡胶材料不同,一些工程塑料在拉伸断裂过程中则表现出硬而韧的特点。它们典型的应力—应变曲线如图 6-1 所示。

在这种形变断裂过程中,最重要的特征是初始弹性模量高、能出现屈服点并在屈服后能继续产生很大的形变,断裂应变大、断裂能高。与一些金属材料的应力－应变曲线相似。在初始阶段(范围Ⅰ),键被拉伸并且能量以完全可逆的形式储存起来。当卸去载荷后,形变恢复,符合虎克弹性(亦称线性粘弹性)。测试材料的弹性模量和泊松比等在此范围内进行。在应力进一步增加,特性曲线范围Ⅱ呈非线性,除去应力后,形变仍然恢复,但是很缓慢(非线性粘弹性)。在范围Ⅲ产生屈服,伴随不可逆形变的产生。在这种情况下,能量以形变粘滞的形式消耗。在范围Ⅳ,通常正应力稍微有些下降,并且伸长很容易发展。在连续经受拉伸载荷下,逐渐形成缩颈区,断裂失效(Ⅴ)可能发生。在缩颈开始以后,分子取向,推迟断裂(发生应变硬化),并且实际应力增加(范围Ⅵ)。拉伸时,缩颈和非缩颈的截面积都基本保持不变,但缩颈段长度不断扩展,非缩颈段长度不断减小。当整个工作段全部转变为缩颈后被均匀拉伸至断裂,这一点与金属材料不同。如果试样在拉断前卸载,或试样因拉断而自动卸载,则拉伸中产生的大形变除少量可恢复之外,大部分形变都将残留下来。这种拉伸形变过程称为冷拉。

冷拉试样的断口形状是多样的:如果试样在拉伸前是各向同性的,则在冷拉中单轴取向的缩颈区便变为各向异性材料,其纵向强度大于横向强度;如果试样的断裂应变较小,缩颈段的单轴取向程度不是非常高,缩颈段的横向强度不太低,那么在试样缩颈段断裂时,断口则比较平整,断口表面与拉伸方向基本垂直,断口表面也有明显的镜面区和粗糙区;如果缩颈段的单轴取向程度非常高以致其横向强度变得很低,则缩颈段断裂时可能形成无数纵向分裂的纤维股,由参差不齐的纤维股构成的断口十分粗糙;如果试样在拉伸前为各向异性,例如双轴拉伸定向有机玻璃,则冷拉断口的形状一般不规则,而且呈分层云母片状。这是因为在双轴拉伸定向有机玻璃中分子链倾向于沿玻璃平面平行分层排列,而在平面内的排列又是无序的。因此双轴定向有机玻璃各向异性的特征是平面内的强度大于厚度方向的强度,裂纹最容易沿分子层之间扩展。双轴拉伸定向玻璃在冷拉中虽然又叠加了单轴取向,但并没有改变厚度方向上强度最弱的特点,所以其断口仍是分层的。

塑料除了能出现上述宏观屈服和塑性形变之外,还可能在微小区域内出现局部屈服和塑性形变,这在高分子材料中称之为银纹现象。银纹不同于裂纹:裂纹内部是空的,而银纹内部却只有约40%的体积是空穴。银纹的两个银纹面之间有银纹质。银纹质实际上是银纹面之间高度取向的分子链构成的微纤束。产生银纹的机理是材料在拉伸应力作用下局部薄弱区域发生屈服冷拉,但由于其周围的材料并未屈服,局部冷拉中所需要的横向收缩受到限制,因此在微束之间留下大量的空穴。

尽管银纹的形成是材料局部韧性的表现,但它又是高分子材料脆性断裂的先决条件。在高分子材料的脆性断裂过程中,裂纹是通过银纹扩展的。这是由于在一定的应力作用下,高分子材料首先在薄弱区产生局部的塑性形变,形成银纹。随着应力水平的提高,银纹尖端的应力集中区进一步通过局部塑性形变将本体高聚物转化为银纹质,从而使银纹向前扩展。同时,在应力作用下,银纹底部进一步张开,其中的微纤束进一步被拉伸。当应力水平增加到足以将银纹底部高度取向的微纤束拉断时,部分银纹便转化为裂纹,但裂纹前缘仍保留有一个银纹区(见图6-2)。正是由于裂纹扩展中其前缘始终有一个或多个通过局部塑性形变而扩展的银纹,断裂过程中需吸收较多的能量。因此,即使高分子材料发生脆性断裂,其断裂韧性也比无机玻璃高得多。

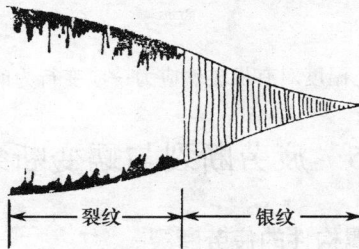

图6-2 裂纹通过银纹扩展示意图

6.4.3 韧—脆转变

以上讨论了塑料和橡胶在室温条件下的脆性与韧性断裂。然而，由于高分子材料具有突出的粘弹性，它们的应力—应变行为严重地受温度和应变速率的影响。图 6-3 给出了有机玻璃在室温附近几十度温度范围内的一组应力—应变曲线。由图可见，随着温度的升高，有机玻璃的模量和强度下降，断裂伸长率增加。在 4℃时，有机玻璃是典型的刚而脆的材料，而到 66℃时，已变成典型的刚而韧的材料。韧—脆转变温度约在 (20～30)℃。习惯上把这个转变温度称为脆化温度，以 T_b 表示。应变速率对高分子材料应力—应变行为的影响可概括为，应变速率的升高相当于温度的下降。

此外，一些高分子材料呈现很强的缺口敏感性，缺口之所以对有些高分子材料有脆化作用，根本的原因在于三向应力的作用使缺口尖端的屈服强度提高。

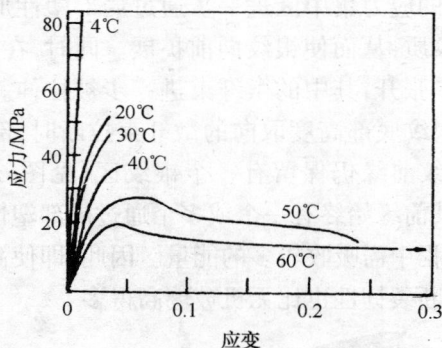

图 6-3　温度对有机玻璃应力—应变行为的影响

6.5　疲劳断裂与蠕变断裂

6.5.1　非金属构件的疲劳断裂

当受交变载荷作用时，高分子材料构件在应力作用下首先在最薄弱或应力集中较大的区域产生银纹。在每一循环应力的应力上升期间,银纹中的微纤束被进一步拉伸,银纹/本体界面由于本体材料的微纤化而变宽,同时随银纹前缘本体材料的微纤化而增长;在循环应力的应力下降期间,由于微纤的弹性回缩和屈曲,银纹闭合。在循环应力的反复作用下,银纹底部的微纤变得愈来愈细长。当在某个循环的应力上升期间,银纹中的应力足以使微纤断裂或使微纤/本体界面分离时,银纹便转化为裂纹。

疲劳裂纹一旦形成,便开始进入裂纹的扩展阶段。在裂纹的慢速扩展阶段,裂纹在每一循环应力的作用下扩展一个微小的量。

各种高分子材料疲劳裂纹的扩展速率与它所受的应力强度因子范围之间的关系不像金属材料那样具有规律。但对于像有机玻璃、聚苯乙烯和聚氯乙烯等非晶态塑料,一般可也用 Paris 公式表达。

在疲劳裂纹的初始阶段,裂纹是通过单一的一个银纹扩展的,但当应力强度因子范围超过临界值后,裂纹尖端有更多的能量用来引发银纹,因此在裂纹前缘便会出现由多个银纹组成的银纹束。此后,疲劳裂纹便不再是通过单个银纹,而是通过银纹束扩展了。

疲劳裂纹通过单个银纹扩展时,在断口表面留下光滑的镜面区,当疲劳裂纹通过银纹束扩展时,在断口表面留下粗糙区。与静载断口相似。疲劳断口也存在三个区域,只不过是疲劳断口形貌最大的特征是在镜面区中有许多以主裂纹源为中心的环状平行条带,条带间距反映出裂纹每次向前扩展的距离。不过在像炭黑增强橡胶之类的多相体系中,疲劳条带有时不易分辨。

许多航空非金属构件在实际使用中常受交变载荷或脉冲载荷的作用。这类构件,特别是当它们在加工或装配过程中已存在缺陷时,比较容易出现疲劳损伤甚至疲劳断裂的现象。

6.5.2 蠕变断裂

材料在恒定应力(应力水平低于材料的断裂强度)作用下应变随时间逐渐增加,最后发生宏观断裂,这种现象称做蠕变断裂,也可称做静态疲劳。蠕变是高分子材料粘弹性的典型表现之一，也是该类材料制件机械失效的重要模式之一。

与金属材料类似，高分子材料从蠕变开始(即从受到恒定应力作用的时刻开始)直到断裂所需的时间一般符合下式所示的规律：

$$t_f = A\,e^{-B\sigma} \tag{6-3}$$

即

$$\ln t_f = \ln A - B\sigma \tag{6-4}$$

式中，t_f 为材料从蠕变开始直至断裂所经过的时间；σ 为应力；A 和 B 在一定的应力水平范围内是常数。图 6-4 给出了高分子材料典型的蠕变断裂性能。

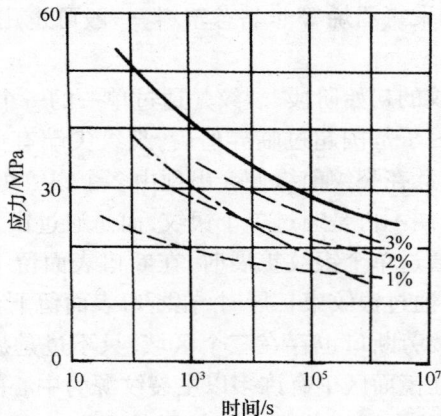

图 6-4　高分子材料典型的蠕变断裂曲线

——失效；–·–银纹或变白；– – –双轴拉伸。

研究表明，高分子材料的蠕变断裂有以下几个特征：(1)材料在高应力水平下发生的蠕变断裂为韧性断裂，断裂应变大；而在低应力水平下则相反。在一定的应力水平范围内，蠕变断裂发生韧—脆转变。(2)在韧性蠕变断裂过程中，材料会出现"发白"现象。"发白"的原因是材料内部出现了许多空穴。在像聚苯乙烯和有机玻璃之类的脆性蠕变断裂过程中，材料内部必定会产生许多应力银纹。应力水平愈高,材料内的银纹密度愈高。银纹中绝大多数不会发展为宏观裂纹,因为相邻银纹尖端的应力场相互干扰,使银纹的扩展受到抑制。只有少数银纹能通过扩展和彼此合并,形成贯穿试样或构件的宏观裂纹。可见,制件在长期使用中出现"发白"或应力银纹是蠕变断裂的先兆。

6.6 环境应力开裂

环境应力开裂是非金属构件在使用中因特殊介质(腐蚀性介质、溶剂和某种气氛)和应力的共同作用产生许多小裂纹,甚至发生断裂的现象。这类失效模式的基本特点如下:(1)裂纹始于制件表面,裂纹长度方向与拉伸应力方向垂直。(2)使材料产生环境应力开裂的应力水平比该种材料的断裂强度低得多,产生环境应力开裂所需要的最低应力值,称为临界应力。当材料所受的应力水平低于这个临界值时,不可能发生环境应力开裂。使材料或构件产生环境应力开裂的应力可以是外力,也可以是内部存在的残余应力。(3)材料在环境应力开裂中产生的许多小裂纹,大多因邻近裂纹的抑制作用而不易扩展,只有少数裂纹互相贯穿导致材料的断裂。(4)对于一定的材料,通常只对某些环境介质敏感。

表征材料抗环境应力开裂能力的指标是该材料在单轴拉伸和接触某种介质的条件下直至断裂所需的时间。它与介质的性质、应力水平、温度和材料本身的结构因素等有关。

引起高分子材料或构件发生环境应力开裂的介质包括有机溶剂、水、某些表面活性剂和臭氧等。有机溶剂容易促进塑料,特别是非晶态塑料的环境应力开裂,例如有机玻璃在苯、丙酮、乙酸乙酯和石油醚中,聚碳酸酯在四氯化碳中。水和表面活性剂容易引起聚乙烯发生环境应力开裂。臭氧容易使不饱和碳链高聚物,尤其是不饱和碳链橡胶发生环境应力开裂,例如天然橡胶只要在微量臭氧和5%的应变条件下就能开裂。

各种高分子材料抗环境应力开裂的能力是不同的。例如,线形聚乙烯在水和表面活性剂环境中很容易开裂,但辐照交联聚乙烯的抗开裂能力大大提高,聚丙烯塑料则几乎不出现环境应力开裂现象。就有机玻璃和聚碳酸酯塑料而言,材料中低分子量成分愈多,愈容易发生环境应力开裂。例如,有机玻璃老化后出现溶剂—应力银纹的临界应力比新玻璃的要低得多。老化严重时,临界应力值甚至可降到零。国产聚碳酸酯塑料之所以容易开裂,就是因为分子量分布宽,且包含较多的低分子量成分的缘故。

高分子材料的环境应力开裂既不同于高分子材料的老化失效,又与之密切相关。老化会降低材料的抗环境应力开裂能力,环境应力的共同作用又会促进材料的老化,因此在分析高分子材料制件失效原因时,不能把两者完全割裂开来。

6.7 磨损磨耗

有些高分子材料制件,例如橡胶轮胎和塑料传动零件(齿轮、齿条、轴承等)是在摩擦条件下使用的。制件受摩擦时,表面的材料以小颗粒的形式断裂下来,称为磨损磨耗。很难说磨损磨耗的机理纯粹是材料的断裂过程,因为制件在摩擦中产生的热使材料升温。温度过高时,会引起制件材料的局部熔化、降解和氧化反应等。不过,制件在摩擦中表面材料以碎屑形式掉落下来毕竟意味着断裂是磨损磨耗的主要机理。

在像喷砂或用泵吸送悬浊液等冲击摩擦条件下,高分子材料的耐磨性远远超过金属材料。但在滑动摩擦条件下,除一些摩擦系数很小的自润滑塑料如聚四氟乙烯、尼龙、聚甲醛等之外,高分子材料的耐磨性一般不如金属材料。因为高分子材料是热的不良导体,摩擦中产生的热量容易积聚起来,从而引起材料发生除机械断裂之外的其他破坏过程,如熔化、降解甚至热爆破等。

在目前所用的各种航空非金属件中,橡胶轮胎是在摩擦条件下使用的最重要的制件,此外,一些输油软管的内壁也不断受到液体介质的摩擦和冲刷作用。

　　橡胶制件在粗糙表面上滑动时,在磨损磨耗中材料的断裂主要是拉伸断裂,而在光滑表面滑动时,则主要是疲劳断裂。橡胶制件在磨损磨耗中表面常常形成粗糙不平的花样,其结果使橡胶的摩擦系数提高,而摩擦系数的提高又会进一步加速其磨损磨耗的速率,除非经常更换摩擦方向才能有效地降低橡胶的磨损磨耗速率。对于橡胶轮胎或输油软管来说,要经常更换摩擦方向似乎是做不到的。另外,橡胶的耐磨性与温度有关,温度愈高,耐磨性愈差。

6.8　非金属断口形貌

　　由于高分子材料品种繁多,结构与性能差异很大,又有多种断裂模式。因此,它们的断口特征是各式各样的,在这里难以对各种形貌特征的形成机理一一详述。下面仅以高分子材料及构件的脆性断裂为主,阐明几种典型形貌特征。

6.8.1　表面粗糙度

　　几乎所有的固体高分子材料在脆性断裂时都能在断面上形成镜面区、雾状区和粗糙区这三个特征区域(如图 6-5 所示)。镜面区与雾状区之间有明显的界线。

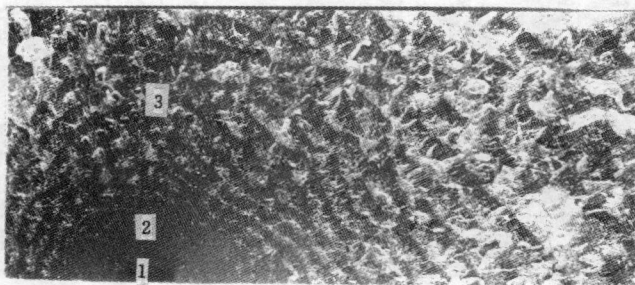

图 6-5　脆性断裂断口表面的断裂源、镜面区(1)、
雾状区(2)和粗糙区(3)

镜面区(裂纹源区)——宏观上呈平坦光滑的半圆形镜面状,一般出现在制件边缘或棱角处,在某些条件下也能出现在试样内部呈近似圆形。在低倍放大下,在镜面区看不到特征花样。在高倍下,直接加载断口的镜面区内可观察到许多从裂纹源出发沿裂纹扩展方向延伸的线状条纹。有机玻璃静拉伸断口微观形貌,源区显示为无特征的层片状并不平滑光洁,呈放射状的细密条纹,其形成原因是材料在低应力水平下主裂纹通过单个银纹缓慢扩展而形成的。在疲劳断口的镜面区可观察到许多以裂纹源为中心的同心弧状疲劳条带,离裂纹源距离愈远,条带间距愈宽(见图6-6)。仔细观察可以发现疲劳断口的镜面区并不完全平整,而可能由多个高度略为不同的平面组成。疲劳条带在高度不同的平面的交界处发生变形但仍保持同步(图6-7)。镜面区的大小与加载条件和材料的性质有关。一般来说,镜面区大小与应力水平、应变速率及温度成反比,与材料的分子量及交变应力比成正比。

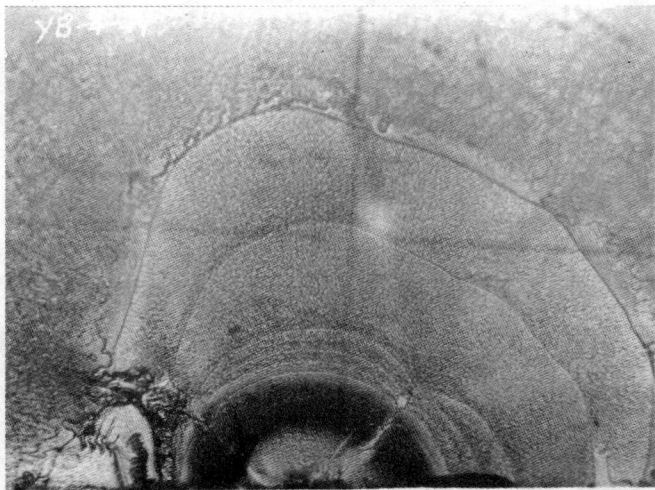

图6-6　疲劳断口镜面区的同心圆弧状疲劳条带

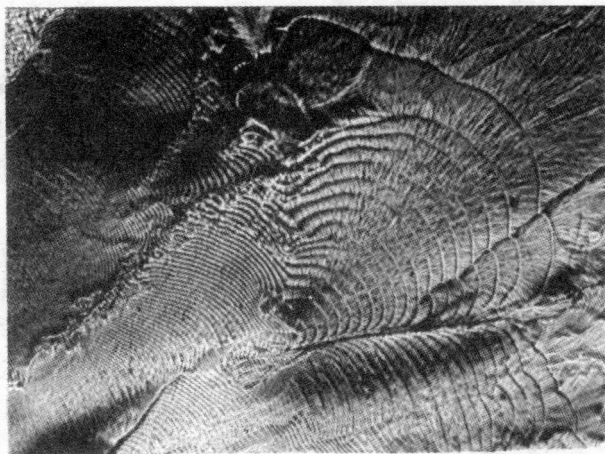

图 6-7　疲劳条带变形特征

　　雾状区——宏观上平整但不反光,因此也称为平坦区。在高倍下,可以看到许多抛物线花样,抛物线的轴线指向裂纹源。距离裂纹源愈远,抛物线密集程度愈高。雾状区的形成是由于随着裂纹的扩展,应力水平逐渐提高,材料中原先不危险的次薄弱点逐渐变为可能形成银纹和裂纹的危险点了。这时主裂纹不再是通过单个银纹而是通过多个银纹扩展,因而断面上转入雾状区。换句话说,雾状区的开始意味着次裂纹源的出现与扩展。雾状区开始时,次裂纹源的数目不多,随裂纹的继续扩展,材料上所受的应力水平愈来愈高,次裂纹源愈来愈密集。由于次裂纹和主裂纹往往不在同一平面上扩展,断面不再平整如镜。

　　粗糙区——宏观上呈一定的粗糙度。有时可见与裂纹源同心的弧状肋带,离裂纹愈远,肋带愈粗,肋带之间间距愈宽。肋带区以外,有时呈粗糙的块状或台阶状,称为“河流”花样,或“羽毛状”花样。在高倍下,可以发现粗糙区内的主要特征是“礼花状”花样。断口上粗糙区的形成是因为在裂纹快速扩展阶段,由于众多的次裂纹在高低不平的平面上同时扩展。

6.8.2 疲劳断口镜面区的疲劳条带

断口镜面区中存在以裂纹源为中心的同心弧状疲劳条带是疲劳失效断口最主要的特征。根据产生一条疲劳条带所需的循环应力次数,高分子材料的疲劳裂纹扩展可分为两种类型:一种是连续性疲劳裂纹扩展,循环应力作用一次,疲劳裂纹向前扩展一个微小的量,在断面上留下一条疲劳条带;另一种是非连续性疲劳裂纹扩展,裂纹要在多次循环应力作用后才在某一应力周期中向前跃迁一个量,在断面上留下一条疲劳条带,因此镜面区中的疲劳条带远远少于应力循环次数。严格地说,即使在连续性疲劳裂纹扩展中,裂纹的扩展也是不连续的,因为裂纹的增长主要出现在最大应力附近。

不论是连续性还是非连续性疲劳扩展,裂纹扩展总意味着裂尖银纹中部分银纹质被拉断。靠近银纹底的微纤被高度拉伸,变得细长而且不均匀,且微纤中的薄弱点随机分布,拉断时,断纤长而参差不齐;离银纹底较远处,银纹质尚未被高度拉伸,微纤粗短且比较均匀,拉断时,一般在微纤中央附近断裂,断纤短而均匀。裂纹面上断纤结构的这种起伏正是疲劳条带界限分明的原因之一。造成疲劳条带界限分明的另一个原因是疲劳裂纹前缘周期性地偏离断裂主平面,使断面高度发生周期性的起伏。

腐蚀无疑是客观存在,非金属材料的腐蚀介质通常是有机溶剂。在制备非金属材料和应用非金属材料的过程中,一般都要使用有机溶剂。有些成品的非金属构件中仍有很少量的能挥发的有机物。在腐蚀介质作用下的腐蚀疲劳条纹特征有所变化,随着腐蚀裂纹方向而扩展,但仍有弧形特征,并有明显的腐蚀印痕,如图6-8所示。

应当强调指出,非金属构件中的疲劳条带与金属中的疲劳条带特征基本相同。疲劳条带的存在是判断构件发生疲劳破坏的有力证据,但像金属材料一样,并非所有的疲劳破坏都一定能观察到疲劳条带。

图 6-8　腐蚀疲劳条纹特征

6.8.3　粗糙区"河流状"花样

在裂纹快速扩展阶段,会在断口表面形成"河流状"或如图6-9所示的"菱形"和"羽毛状"之类的花样。这是因为裂纹快速扩展时,裂纹尖端的应力场分布有利于反复分叉而造成的。从能量的观点来说,裂纹快速扩展时,裂尖能量已超过裂纹扩展所需的能量。多个平面上的同时开裂和分叉是吸收过剩能量的有效途径。

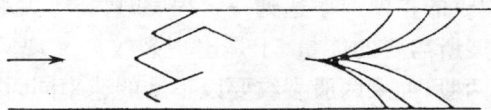

图 6-9　断面上菱形和羽毛状花样示意图

6.8.4　断口表面粗糙度的周期性变化

虽然总的看来在脆性断裂断口表面上的粗糙度是沿裂纹扩展方向逐渐增加的,但也常常可以在断面上的某些区域中观察到因粗糙度的起伏波动而形成的带状花样。有机玻璃断口表面出现的以裂纹源为中心的肋带便是一个例子。此外,在有些材料的断口表面还可以看到不止一组的波纹状花样。每一组波纹状花样由平行的弧状条带组成,但组与组之间的条带方向不同。

波纹状花样是由于裂纹扩展中受应力波干扰的结果。材料在断裂过程中受应力波作用时,裂纹尖端的应力场发生周期性的变化,从而使裂纹前缘周期性地偏离裂纹主平面,在断口表面留下波纹状花样。应力波是材料受到一个冲击力或发生能量突然释放时产生的,它在材料中的传播速度比裂纹扩展速率快得多。与裂纹前缘相遇的应力波都是从构件的这个或那个表面上一次或多次反射回来的应力波。由于从不同表面上反射回来的应力波传播方向不同,与裂纹前缘相互作用而形成的波纹方向也就不同。在均质的材料中,波纹并不一定意味着断口表面粗糙度的周期性起伏,但在高分子材料断口表面的波纹常常是粗糙度周期起伏的表现。因在高分子材料中,当应力波与裂纹前缘相遇时,在裂尖应力场得到加强的半周期内,不仅能够造成裂纹扩展方向的偏离,还会激发出较多的次裂纹源,因而使粗糙度增加。业已在冷却到玻璃态的橡胶断口中发现,波纹状花样其实是镜面区与雾状区交替出现组成的花样。

造成断口表面粗糙度起伏的另一个原因是裂纹不是以持续加速的方式扩展,而是以快—慢—快—慢相互交替的方式扩展。如前所述,当裂纹的扩展速率达到一定程度时,裂纹尖端的能量可能超过裂纹扩展所需要的能量,于是出现裂纹分叉现象。最常见的是裂纹分成两股,如果两股裂纹要以正常的速率同时加速扩展,则至少需要两倍于原来的能量。实际上,能量往往不足以维持两股裂纹同时加速扩展,其结果,裂纹的扩展速率减慢下来,或其中的一股停止扩展,另一股继续扩展。当这一股裂纹在扩展中又加速到一定程度时,又会出现分叉现象。由于裂纹快速扩展和慢速扩展中在断口表面形成的粗糙度是不同的,因此随裂纹扩展速率快与慢的交替变化,在断口表面留下粗糙度的周期性起伏,形成界限分明的条带。

6.9　高分子材料及构件的老化

与金属材料不同,高分子材料本身在加工、储存和使用过程中由于对一些环境因素较为敏感而导致性能逐渐下降,即发生高分子材料或构件的老化。

引起高分子材料老化的环境因素有物理因素(包括热、光、高能辐射和机械应力的作用)、化学因素(如氧、臭氧、水和酸、碱、油等的作用)和生物因素(如微生物和昆虫的作用)。在这些环境因素作用下,高分子材料性能下降。例如有机玻璃发黄、发雾、出现银纹甚至龟裂;汽车轮胎和橡胶软管出现龟裂、变硬、变脆;油漆涂层失去光泽甚至粉化、龟裂、起泡和剥落;玻璃钢制品起毛、变色、强度下降。高分子材料在老化过程中性能下降的主要原因是分子链发生降解和交联反应。降解反应导致分子链断裂,即分子量下降,从而使材料变软、发粘甚至丧失机械强度;交联则往往使高分子材料变脆或失去弹性。

各种高分子材料老化的难易程度与高分子链的结构直接相关。一般来说,杂链高分子容易受化学的侵蚀,而碳链高分子往往对化学试剂比较稳定,但容易在物理因素和氧的作用下老化。

6.9.1　老化的基本类型

按引起老化的外界条件分类,老化主要可归结为以下五类:由热、光、高能辐射、氧化及生物降解引起的老化。

1. 热老化

高分子材料在热的作用下发生的老化称为热老化。

高分子材料是否发生老化,除了热的作用,还取决于材料的热稳定性,而热稳定性与高分子链上化学键的键能有关。化学键能愈高,热稳定性愈好。高分子材料的热稳定性通常用半分解温度 $T_{1/2}$ 来表征,即为高分子材料在真空中加热 30min 后损失一半重量所需要的温度。高分子材料的热稳定性和高分子链结构之间的关系有下述基本规律:(1)高分子链中靠近叔碳原子和季碳原子的键较易断裂;(2)高分子主链中有—O—O—,—N＝N—键时,热稳定性低;(3)高分子链中存在氯原子之类的取代基将形成弱键而降低热稳定性;(4)C—H键中的氢完全被氟原子所取代而形成C—F键时,可大大提高热稳定性;(5)当高分子主链中含有较大比例的环状结构时,一般热稳定性都较高;(6)主链由—Si—O—键组成的有机硅塑料和硅橡胶具有很高的热稳定性。

大多数航空非金属件都是在远低于其热分解温度的环境中使用,因此纯粹由于热引起的老化速率并不高,但某些安装在发动机附近的部件和一些在工作条件下容易发生摩擦而生热的部件(如轮胎),则因工作温度较高,热老化不容忽视。

2.光老化

高分子材料在光的作用下发生的老化叫光老化。光是一种电磁波,当阳光通过大气层到达地面时,波长范围为$(3 \times 10^2 \sim 10^4)$nm,不同波长的光具有不同的能量。其中波长为$(300 \sim 400)$nm的近紫外光的能量为$(300 \sim 400)$kJ/mol,一般共价键断裂所需的能量为$(160 \sim 420)$kJ/mol,因此太阳光中的近紫外光可能引起共价键为主的高分子物质的化学键断裂。不过,光要在高分子材料中引发反应,首先必须被高分子物质吸收。一些只含单键的高分子物质,如饱和聚烯烃及其衍生物,一般不吸收波长大于300nm的光。按理,地球表面的紫外光不应引起这类物质的光老化,但由于这类高分子材料在合成、加工和贮存中往往与氧发生反应形成羰基、过氧化氢基或双键,加上某些添加剂和催化剂残留物也可能吸收紫外光,因此实际上这类高分子材料也会发生光老化。

高分子材料在光老化过程中,既可能发生降解反应,也可能发生交联反应。

3.高能辐射老化

α、β、γ、X射线,快中子、慢中子和离子辐照等均为高能辐照,高能辐照引起的高分子物质的化学变化,有的以辐照降解为主,有的以辐照交联为主,如表6-2所示。

4. 氧化老化

高分子材料与空气中的氧和臭氧发生反应而引起高分子的降解或交联称为氧化老化。高分子物质的氧化反应在室温和避光条件下进行得十分缓慢,但在受到热或光的照射时,氧化老化速率则大大提高,从而导致材料迅速老化。高分子材料在热和氧的共同作用下发生的老化称作热氧老化,同样在光和氧的共同作用下发生的老化称做光氧老化。光氧老化是引起高分子材料大气老化的主要原因,某些在高温条件下使用的材料则容易发生热氧老化。

表 6-2　高能辐照对高聚物反应的影响

降 解 型	交 联 型
聚甲基丙烯酸甲酯	聚乙烯
聚四氟乙烯	聚丙烯
聚异丁烯	聚苯乙烯
丁基橡胶	聚丙烯酸酯
聚硫橡胶	聚氯乙烯
	天然橡胶
	合成橡胶(除丁基橡胶外)
	酚醛树脂
	聚酯(涤纶)
	聚酰胺
	聚二甲基硅氧烷

热氧老化和光氧老化是自动加速过程,具有自由基型链锁反应的特点,一般可以用下列方程描述热氧老化和光氧老化的反应过程:

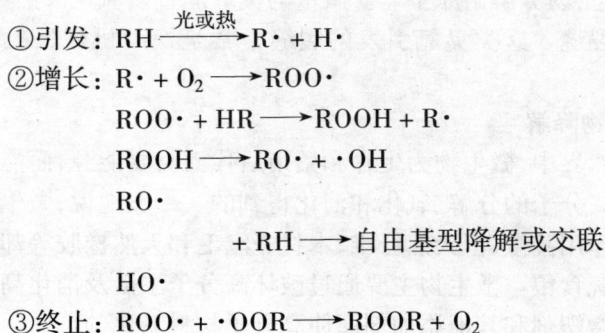

①引发: $RH \xrightarrow{\text{光或热}} R\cdot + H\cdot$

②增长: $R\cdot + O_2 \longrightarrow ROO\cdot$

　　　　$ROO\cdot + HR \longrightarrow ROOH + R\cdot$

　　　　$ROOH \longrightarrow RO\cdot + \cdot OH$

　　　　$RO\cdot$

　　　　　　　　　　$+ RH \longrightarrow$ 自由基型降解或交联

　　　　$HO\cdot$

③终止: $ROO\cdot + \cdot OOR \longrightarrow ROOR + O_2$

$$R\cdot + \cdot R \longrightarrow R\text{-}R$$
$$ROO\cdot + \cdot R \longrightarrow ROOR$$

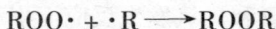

此外,某些微量过渡金属(如 Fe, Cu, Mn 或 Ni)的离子会加速氧化反应。

高分子材料与氧反应时有一个吸氧诱导期,诱导期一过就转入自动加速氧化阶段。高分子材料是否容易发生氧化,首先取决于它是否容易吸氧。一般地说,氧化老化是碳链高聚物的特征,杂链高聚物一般对氧比较稳定。在碳链高聚物中,不饱和双烯类高聚物如天然橡胶、顺丁橡胶等比较容易氧化老化,因为它们主链上的双键和 α 碳原子容易吸氧。这类橡胶氧化时往往同时发生氧化降解和氧化交联。氧化降解的结果使其分子量下降,从而使之发粘并丧失原有的强度;氧化交联的结果使其分子量和交联度增加,从而失去弹性、变脆并出现龟裂。比较起来,饱和碳链高聚物的氧化速率低得多,例如聚苯乙烯在 100℃时长期曝露在空气中变化很小,但在紫外光存在下,于 60℃时就会氧化,形成羰基和羟基,表面发黄。除化学结构之外,高分子的聚集态结构对高分子材料的氧化速率有影响。例如,对于像聚乙烯、聚丙烯之类的结晶高聚物来说,结晶程度愈高,则氧化速率愈低,因为氧在分子链密集堆砌的晶相中的扩散速率低于在分子链无规排列的非晶相中的扩散速率。

最后要指出的是,臭氧对高聚物的氧化能力比氧更强,因为臭氧极不稳定,易分解出原子氧。微量的臭氧能直接氧化天然橡胶,使之产生裂缝。这类臭氧引发的裂缝常常是橡胶机械失效的起源。

5. 生物降解

在自然界中,微生物为生存和繁衍后代而需要能源,而能源正是通过对高分子的分解、氧化和消化得到的。一般地说,微生物对聚烯烃的作用甚微,但天然纤维、木材、丝、毛和天然橡胶等却是微生物的传统食粮。微生物主要通过破坏高分子主链及消化高分子材料中的增塑剂和其他添加剂而使高分子材料老化的。

6.9.2 水在老化中的作用

水对高分子材料的老化作用包括化学作用和物理作用两方面。化学作用通常是指水引起高分子的水解。例如尼龙中的酰胺基可被水解为羧基和胺基;聚酯中的酯基可被水解为羧基和羟基。如果容易水解的基团分布在高分子链的主链上,则由于水解引起高分子链的断裂,对材料的性能影响很大。反之,如果容易水解的基团位于高分子链的侧链(基)中,则由于水解对高分子的平均分子量影响不大,所以对材料性能的影响比较小。水对高分子材料的物理作用包括以下几方面:(1)溶胀增塑作用,使材料刚度和强度下降。(2)脆化作用,使材料刚度和脆性提高。研究表明,当有些极性高分子材料的含水量超过某个临界值后,水分子在材料中的分布是不均匀的。在某些高分子链间的空穴中或极性基团周围密集的缔结水分子,可以像刚性填料一样使高分子材料的刚度和脆性增加。(3)在材料表面引入张应力,当高分子材料吸水后干燥时,失水过程中表面处于受张应力作用的状态。

以上对引起高分子材料老化的各种因素分别作了讨论。对于一个具体的高分子材料制件来说,其老化失效不一定是某个单一因素造成的,而往往是多个因素,如热与氧、光与氧、湿与热或热光氧湿等共同作用的结果。具体作用因素取决于制件的工作环境。高分子材料老化的结果,主要不是在制件中形成局部缺陷,而是引起整个制件材料的性能下降,以致丧失使用价值。一般地说,材料因老化而引起的性能下降速率比较缓慢,而且在很多情况下都是可观察得到的。因此,只要掌握构件老化的规律,及时更换老化失效制件,一般不至于造成飞行中的灾难性事故。目前尚没有一项灾难性事故可仅仅直接归咎于构件材料的老化。然而,与金属和陶瓷材料相比,高分子材料的老化又是一个突出的问题。航空非金属件的老化现象是普遍存在的,座舱盖有机玻璃的强度下降,防弹玻璃的脱胶,低温滑石封严层的掉块,各种橡胶制品的变硬、变脆等都是由于制件老化引起的部分或完全失效。

6.10 树脂基复合材料及其构件的失效分析

复合材料具有很好的力学性能,已成为应用广泛的工程结构材料。随着这种应用的增多,特别是在航空工程领域,复合材料结构的损伤与失效将不可避免。然而,复合材料的断裂不像金属材料那样,金属在静态和循环载荷下的断裂大多是由单个裂纹或几个裂纹的形核和扩展,其失效模式较为单一,而复合材料的断裂取决于多种失效(如基体开裂、界面脱粘、纤维断裂及分层)的起始以及它们之间的相互作用,并且依赖于很多参数,如纤维、树脂的性能、叠层顺序、固化过程、环境、温度以及使用条件等。

美国空军(US Air Force)[3]和英国皇家航空研究院(UK Royal Aircraft Establishment)[4]就曾列专题研究复合材料的失效机制和断口特征,以便于复合材料构件的失效分析,并取得了一些进展。除了特定为断口分析而做的研究外,在复合材料文献中还包含了大量的为研究失效机制而得到的关于断口结果的信息。尽管它不是基于断口分析目的,但这个信息极大地丰富了失效分析数据库。借助于一些成功的失效分析方法,通过分析损伤特征可以获得一些有价值的信息,如材料缺陷,断裂特点及相关失效因素等。目前,有关复合材料断裂图像的知识仍是有限的,一些断裂花样的解释也不明确,也还没有形成复合材料失效分析的成熟方法。

由于复合材料具有多种形式,且金属基复合材料可借鉴金属材料的失效分析方法,因此本章主要探讨纤维增强树脂基复合材料的损伤特征及失效分析方法。

6.10.1 缺陷及损伤的检查与成像显示技术

树脂基复合材料是多相材料的混合物,在制造过程中会产生一些缺陷。因此,检查失效件的制造质量是失效分析的一项重要内容。复合材料常见的制造缺陷有以下两种:

①气孔。气孔在复合材料中较为普遍,当气孔较大时,会成为

宏观上可见的裂源。

②混杂不均匀。混杂若搅拌不均匀,在某些区形成树脂或纤维过分集中,当这些薄弱区出现在零件的表面高应力区时,会成为裂源,在断口上能观察到这种不均匀性特征。

采用截面金相的观察方法,可以检查树脂基复合材料的气孔数量和大小,还可以检查纤维含量及混杂的均匀性。截面金相法就是通过对截取的复合材料截面进行镶嵌,磨制成金相试样,依据树脂、纤维对有机溶剂的溶解程度不同,从而在金相显微镜上观察分析的方法。

复合材料中的损伤主要是指分层。

有两种重要的方法可用来检测损伤,即剖面法和揭层法。剖面法通过切下围绕损伤的周围区域,然后剖开并抛光切片作金相来观察损伤情况。初始切割的区域选择由超声波确定。进行切片之前,切下的区域罐封在透明环氧树脂中切割截面以减少切片和抛光过程中可能的二次损伤。

另一个评估损伤的方法是使用揭层技术。揭层技术有很多种形式。对于用目视方法即可以检查到损伤的层合板,可采用氯化金或氯化铜溶液渗透的方法,使溶液完全渗入内部的损伤区域后,将其烘干。这时,分层损伤区即留下明显的标记,然后用酸蚀法或加热聚合物基体使之分解的方法去除基体,再用镊子或薄刀片小心地分离各单层。有些研究人员则认为没必要热分解基体,只需简单地用剃须刀片剥离各层即可。这种方法对脆性基体复合材料来说是很有效的,但是有证据表明它并不适用于韧性基体材料。

揭层技术的优点之一是可用 SEM 观察分离的各层,从而了解损伤特征细节如梳排状花样、断裂纤维等。当然,必须把原始损伤与揭层产生的二次损伤区分开来。

一般情况下,纤维增强树脂基复合材料的损伤与断裂面极为粗糙和纷杂,只能进行低倍的宏观观察分析。然而,在失效过程中常需了解局部的纤维及树脂的断裂特征,这就要借助扫描电镜(SEM)和透射电镜(TEM)。

1. SEM 显示技术

试样制备:(1)试样大小应符合一定尺寸,保证能放入扫描电镜的样品室以及合适的低倍数;(2)导电性,在试样的观察表面镀上一层均匀的导电膜。镀膜的方法有两种:一是利用透射电镜制备复型的真空喷涂仪,二是利用离子溅射仪。真空镀膜的材料常用的是金,因为金具有很多优点:熔点低、易蒸发;与真空喷涂仪中的钨丝加热器不发生任何作用;金的二次电子发射系数大;金的化学稳定性好,镀膜后的试样可长期保存。另一种镀膜材料是 Au-Pd 合金,当观察试样细微结构时,其图像质量优于 Au 膜,因为 Au 的镀膜厚度超过 10nm 时,会形成数十纳米尺寸的粒状结构,这种粒状结构会影响图像的质量,而 Au-Pd 合金的粒状结构尺寸很小,约 0.3nm,因此可提高图像的分辨率。

镀膜的厚度,从图像真实性出发,应尽量薄一些,但对于非金属材料,镀膜太薄了会造成观察时因电荷积累而产生放电现象。对于导电性差的碳纤维材料一般控制在 40~80nm。对于玻璃纤维、树脂等绝缘材料则一般厚度为 80nm 左右。利用离子溅射仪镀膜时,可根据仪器给出的等离子流强度、电压等条件,计算出镀膜时间来控制膜的厚度。利用透射电镜制备碳复型的喷涂仪镀膜时,可在喷镀时放入一白纸,若白纸颜色呈兰紫色,则膜太薄,当白纸颜色刚呈金黄色时膜厚度适中。

观察注意事项:采用扫描电镜观察复合材料断口常用二次电子图像。一般情况下,在几百至几千倍范围内,普通扫描电镜已能满足,若需观察断口上的细微特征,为了提高图像的分辨率,一方面对试样镀膜薄一些,另一方面采用低束流下观察,但普通扫描电镜在低束流下会产生信噪比下降,出现背底干扰图像。为克服这一缺点,可用带有 LaB_6 电子枪的扫描电镜来观察。目前有一种适合于非金属试样观察用的低压扫描电镜,它采用场发射电子枪来提高亮度,当它的电压降到 1kV 时,具有如下优点:对一些未经镀膜的非导体样品有很少的充电效应,且此条件下有较高的二次电子产额,对表面敏感,边缘效应明显。另外有一种由计算机控制的扫描电镜,可对低电压低束流下的图像由计算机通过对数十幅图像的积分处理,提高信噪比,得到清晰的图像。

扫描电镜的附件 X 射线能谱仪在复合材料分析中也很有用。利用 EDS 可分析复合材料断口上一些感兴趣部位的化学成分。

2. TEM 显示技术

试样制备与观察:透射电镜断口分析必须制备复型,在金属材料断口分析应用较多,而对于纤维增强复合材料断口由于其断口极粗糙,制备复型极为困难。对于某些较平坦的断口则可制取复型,制备的方法也有一次复型和二次复型。常用的为二次复型,特别注意的是这种方法只适用于基体不溶于丙酮的复合材料断口,如基体材料溶于丙酮,则可采用一次复型法。

复合材料断口的复型法虽然很麻烦,且成功率低,但由于TEM 的分辨率高,可得到高倍下清晰的图像。

6.10.2 树脂基复合材料失效的基本类型

复合材料的失效机理,要比各向同性材料复杂得多。复合材料的失效分类,很难套用金属的方法。微观上,可分为四类:基体开裂、界面脱粘、纤维断裂、分层。尽管如此,在实际中,基体开裂、界面脱粘、分层和纤维断裂是相互关联的。哪种基本类型的失效首先发生,这与层合板的铺层结构和方向、初始缺陷的状况以及加载方式有关。

1. 基体开裂

基体开裂是指复合材料铺层中的基体材料,即树脂材料发生开裂,主要是基体中局部应力过大的结果。复合材料层合板在受载时的最初损伤形式大都为基体开裂,并造成横向裂纹群。一定密度的横向裂纹会引起复合材料刚度退化。

2. 界面脱粘

界面脱粘是指发生在纤维/树脂交界面处的分离。复合材料界面是整体中最薄弱环节,其性能的变化对材料整体有至关重要的影响。

3. 纤维断裂

纤维断裂即指复合材料中的纤维出现的分断现象,往往是由于沿纤维方向的拉伸应力集中所致。

4. 分层

分层是指复合材料层合板在层与层之间界面上发生的平面裂纹,有内部分层(起始于层内自由边界)和边缘分层(起始于层合板的自由边)之分。分层不仅使层合板丧失层合板的整体作用,还会严重影响它的强度和刚度,是复合材料结构总体破坏的先导。分层常发生在存在自由边界效应的区域,如层合板的自由边界、孔边、缺口边、铺层剪断处、内部缺陷和冲击损伤分层区的边界。

复合材料分层破坏产生的外因是层间应力的存在,复合材料层间强度很低是分层破坏的内因。

6.10.3 单向层合板的失效

通常认为纤维主要承受载荷而基体则起支撑纤维的作用。失效分析工作者所遇到的损伤特征一般是最终失效导致的,因此,这里强调纤维增强复合材料的失效模式。

大多数工程上使用的复合材料都是多向铺层结构。然而,要想彻底了解断口特征,首先应对单向板有系统的研究。

1. 纵向拉伸

在纵向拉伸下,随着载荷的增加,单向板首先在最薄弱的横截面内出现少量纤维断裂。每个纤维的断裂,都将引起载荷的转移,即载荷通过基体传递到临近纤维。尔后,由于载荷的持续增加,引起更多的纤维断裂。当某个静截面承载能力减少到低于施加载荷时,发生最终失效。尽管失效会出现一些孤立的在树脂或界面且平行于纤维的剪切破坏,失效模式还是可以归结为三种模式[5],如图 6-10 所示,即脆性破坏、带纤维拔出的脆性破坏和无规则破坏。

由纤维断裂引起的裂纹在随后的加载过程中会扩展到基体中去,其路径主要依赖于基体和界面的性能。如果基体与纤维之间的粘接强度高,那么裂纹沿垂直于载荷的方向在基体中扩展,表现为相当光滑的断面,如图 6-10(a)所示。相反,裂纹则主要沿界面扩展,表现为在一些薄弱界面纤维与基体界面剥离和断裂纤维从基体中拔出,如图 6-10(b)所示。中间状态则为无规则破坏,如图 6-10(c)所示。

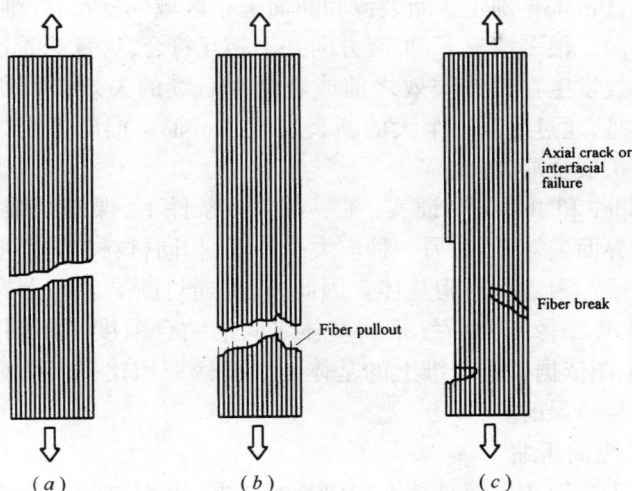

图 6-10 纵向拉伸失效模式

(a) 脆性;(b) 带纤维拔出的脆性断裂;(c) 不规则。

单向层合板的拉伸失效表面具有两个主要特点:大量的纤维拔出和断裂纤维末端的断裂痕迹。在相同应力下,随着试验温度和/或湿度的增加,基体剪切强度降低,"拔出"长度增加,纤维变得异常干净且不粘带树脂。

在高倍扫描电镜(SEM)下进行检查,常常会发现纤维末端一个断裂起始位置和由此处发射出的棱线,这些棱线指示出了那个特定纤维的失效方向。但是,Miller 和 Wingert[6]得出的结论为:不能依据单个纤维的失效方向来推测全局的裂纹扩展方向。他们指出:"试样断裂是一系列几乎独立的微结构断裂事件的积累总和。因而在以孤立的微结构细节来对全局断裂过程进行外推时必须极其谨慎。"

Purslow[7]、Smith 和 Grove[8~10] 则得出了相反的结论。Purslow 绘出了单个纤维丝的依次失效,并且注意到对一定的纤维,通常是相互接触的纤维,裂纹扩展的方向可由纤维到纤维之间的扩展来确定。结合这个纤维断裂的顺序图和相邻树脂基体的断裂痕迹,Purslow 确定了断裂源和断面上小区域(一般为纤维束)的扩展方向。很多情况下,扩展方向并不相互符合,这意味着这些区域的失效发生在最终失效之前或者是由后续的失效损伤所导致的。但是,通过绘制一个大的断裂区域,Purslow 推出了最终失效的裂纹扩展全局方向。

Bailey 和 Bader[11]证实:在一种应力条件下,裸露纤维干净,表明为界面失效;但在另一种应力条件下,相同材料相同环境下的裸露纤维却覆盖着树脂基体。因此,仅仅通过断裂表面上裸露纤维的 SEM 图像来判断纤维和基体之间的结合强度是不明智的。同样,企图依据裸露纤维上的基体与干净区面积比率来估算结合强度也是错误的。

2. 纵向压缩

由于基体和界面与纤维相比相对较弱,因而单向层合板在压缩载荷作用下可沿纤维方向在基体内或界面上产生断裂,如图 6-11(a)[12]。这是因为基体和纤维的泊松比存在差异导致横向拉伸应力的结果。如果纤维产生屈曲,界面可剪切破坏并导致最终失效。但是,如果基体韧性较好且界面强度较高,则纤维可以弯曲而不发生基体破坏,最终的失效形式是弯曲。

宏观上,纵向压缩载荷下的主要失效模式是剪切屈曲,见图 6-11(b),它就象是面内的与载荷成一定角度的剪切破坏。微观上,可观察到纤维柱特征(图 6-12)。除了纤维柱和纤维末端的屈曲特征外,压缩失效还会导致分层和磨损损伤(图 6-13)。后者是匹配断裂表面之间相互挤压而形成的后续损伤。Grove 和 Smith[9]认为这种磨损的、无特征的损伤是压缩失效的证据,因为它在其他形式的失效(拉伸、分层)中,匹配的断裂表面是相互分开的,因而并不出现这种特征。但是,层间剪切失效也可能产生类似的磨损损伤。没有断口特征能指示出压缩断裂的方向。

压缩载荷下的第三类失效模式是纤维的压缩破坏,如图6-11(c)所示。在这种情况下,断面与加载方向约成45°角。

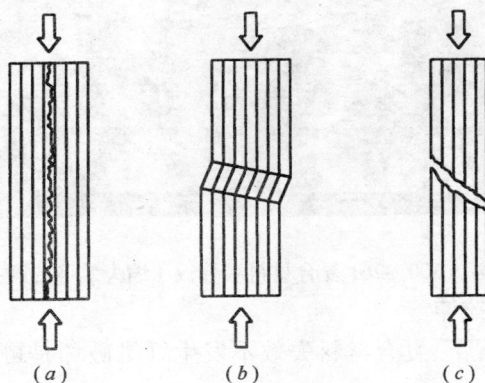

图 6-11　压缩失效模式
(a) 纵向劈裂;(b) 剪切;(c) 纯压缩。

图 6-12　T300/3261 复合材料层合板压缩失效下的纤维柱特征

图 6-13　T300/3261 复合材料层合板压缩失效下的磨损特征

3. 横向拉伸

这种情况下,复合材料失效不发生纤维破坏是可能的,即"基体模式"失效。

当横向拉伸载荷作用于单向板,在基体内和界面上产生高的应力集中。因此,主要失效模式为基体内和/或界面上的拉伸开裂。有时,极少数纤维由于局部横向强度低而发生断裂。图 6-14 示出了横向拉伸下的失效模式。

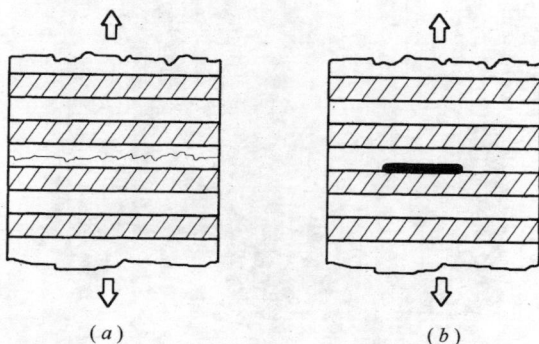

图 6-14　横向拉伸失效模式

(a) 基体开裂;(b) 脱粘。

4．横向压缩

失效可能沿着平行于纤维轴的基体界面出现剪切破坏，就有点类似于均质材料的压缩破坏，如图 6-15 所示。

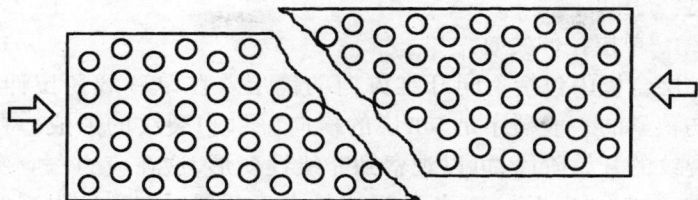

图 6-15　横向压缩下的失效模式

5．剪切

单向板的剪切破坏一般发生在平行于纤维的树脂和纤维/树脂界面，而且，界面的完整性对剪切强度是一个重要因素。图6-16示出了面内剪切失效模式。

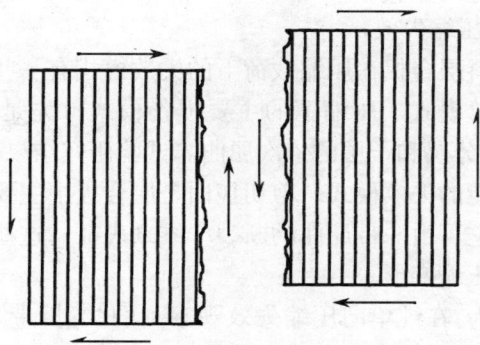

图 6-16　剪切载荷下的失效模式

6.10.4　多向层合板的失效

纤维增强复合材料层合板的失效是由于损伤积累而导致的。与材料、层合板叠合顺序以及环境相关，是一个复杂和相互作用的分离损伤模式的集合。前面介绍了不少损伤模式，主要的有横向、纵向裂纹的形成,还有倾向于在试样自由边缘起始的分层。但是,最终的复合材料层合板失效在本质上是与纤维断裂有关。因此,多向层合板的最终失效可以归结为单层失效和/或层与层之间的分离(分层)[13]。

1. 单层拉伸失效

层合板中包括不同纤维方向的铺层。在单一载荷拉伸下,损伤积累的一般顺序是90°层的横向(层内)裂纹的形成。在横向裂纹的开始阶段,可以观察到非线性变形,这在应力—应变曲线中已知为"弯折"。弯折的形成是由于开裂层在裂纹附近经历了应力松弛,而在那个区域受限制的铺层承担增加的应力。当使用韧性树脂系时,横向裂纹的发展将会延迟。但是,不仅基体的延性,而且基体与纤维的结合质量也会影响横向裂纹的形成。横向裂纹的形成具有以下特点:当承受的载荷增大时,横向裂纹在与之垂直方向上的密度逐渐增加,并最终达到饱和裂纹密度状态(CDS)。

2. 单层压缩失效

复合材料层合板在压缩载荷下的失效模式有一些不同于拉伸载荷下的失效模式。压缩下的主要损伤模式首先是0°层纤维的屈曲,然后是分层和子层的依次屈曲。试验研究结果表明,剪切挠曲是一种可能的失效模式。剪切挠曲是层合板中主要承力纤维的弯折失效。它可由一带屈曲的断裂纤维来表征。这些纤维同时经历了剪切和压缩变形。

一般认为,在纯单向压缩失效观察到的"弯折带"失效机制仍然可用。但是,纯单向试验中包含较少的约束,而在一个多向层合板中由于其他层的支撑,压缩失效程度将有所限制。

3. 层的剪切失效

这种失效模式可以在±45°层合板的纯纵向拉伸中很好地观察到。作用于每层的载荷几乎为纯剪切,等于施加应力的一半。检查表明,平行于和相交于纤维的剪切失效均存在。失效试样表现出一定程度的分层。

4. 分层失效

分层会引起层合板强度和刚度的变化,通常这种变化呈下降趋势。当分层达到一定程度时,将导致实际使用性能的丧失。作为分析,需要知道在什么载荷水平下会发生分层。

层间的裂纹扩展(即:分层)是复合材料损伤中最常见的。层间富含树脂,因而其开裂的断裂能比穿过纤维的层外开裂的断裂能要低几个数量级。

已经出版了大量有关复合材料层间断裂的研究报告,其中很多包含有断口特征。分层表面的"梳排状花样"(hackle markings)是层间断裂的主要断裂特征之一。这种梳排状花样,有人称之为"堆积片层"(stacked lamellae)或"撕裂痕"(lacerations),见于纤维之间的基体中,就有点像层片的规则堆积。

关于梳排状花样的形成,一种观点[14]认为在纤维之间基体中形成并垂直于最大主应力方向的脆性基体微裂纹是造成这种特征的原因,如图 6-17 所示。梳排状花样的细节依赖于失效时局部和全局的应力状态,但梳排状层片的倾斜方向可指示裂纹扩展方向。

另一种观点[15]认为,根据观察到的起源于纤维/基体边界的河流花样证据,梳排的形成起源于纤维/基体界面,而且,层片本身就象是经历了某种塑性剪切变形和脆性断裂,梳排状花样并不一定在纤维之间基体的脆性断裂中出现,而是起始于纤维/基体边界上剪切屈服的次效应。

这种对片层的(梳排状)特征的解释最根本差别是,微裂纹起始于纤维—基体边界而不是纤维之间区域,以及梳排的形成更基本的是基体剪切失效而不是脆性断裂。

一般认为,除非在特殊情况下,不能通过梳排状花样的排列来确定裂纹扩展方向。但是,Hibbs 和 Bradley[16]建议,那些层片上的河流花样细节可以提示局部裂纹扩展方向。

根据断裂力学理论,层间裂纹的形成可归结为如图 6-18 所示的三种受载形式的组合。其中,Ⅰ型被称为张开型、Ⅱ型称为滑

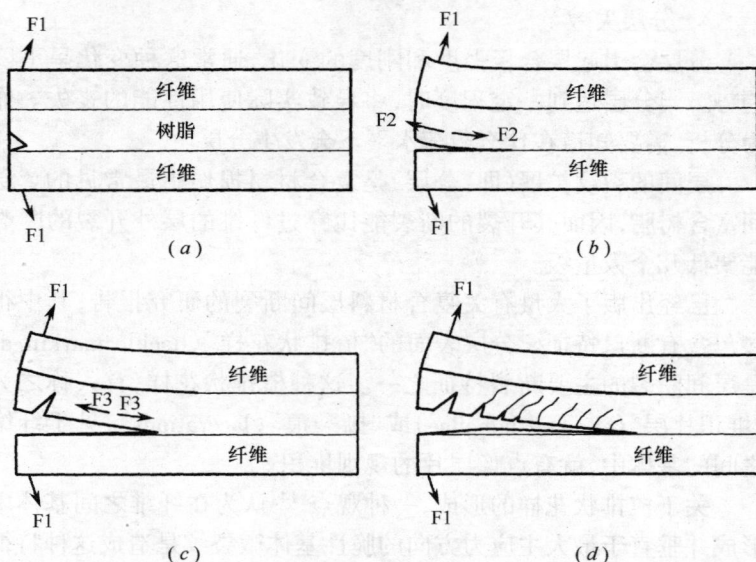

图 6-17 梳排状花样形成机制示意图

剪型、Ⅲ型称为扭剪型。对层合板这三种断口进行的大量扫描电镜分析工作表明,单一扩展型式的分层断口具有明显的特征图像(图 6-18)。Ⅰ型分层扩展断口表现为树脂断裂或树脂与纤维界面的破坏,基本上没有梳排状花样的基体层片出现;Ⅱ型分层断口呈现典型的极具有规律的基体梳排状花样特征,梳排状花样的层片倾斜方向与层间裂纹的扩展方向相一致,表明层间为剪切破坏;Ⅲ型分层断口与Ⅱ型分层断口有些相似,也具有规律性的基体梳排状花样特征,但其梳排状花样的层片的结构形状与Ⅱ型分层断口不同,梳排状花样的层片沿层间裂纹扩展的方向前倾后其尖角部分向后扭曲,指示了典型的扭剪特征。

6.10.5 静态与循环载荷下的异同点

由于复合材料强度和刚度的各向异性,复合材料在静态和循环载荷下表现出复杂的失效机制。四种基本的失效机制是基体开

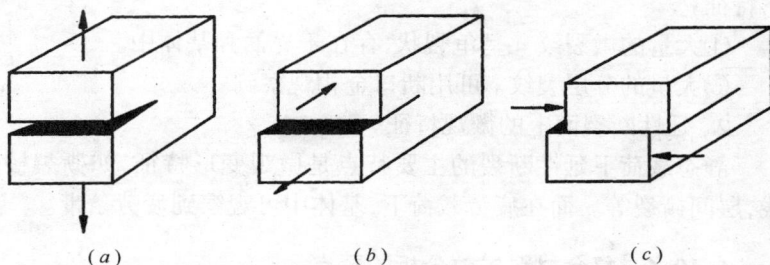

图 6-18　层合板分层裂纹的三种基本受载模型

(a)Ⅰ型；(b)Ⅱ型；(c)Ⅲ型。

裂、分层、纤维断裂和界面脱粘。这其中的任何一种组合，都可能促使疲劳损伤并导致疲劳强度和刚度的下降。损伤的形式和程度很大地依赖于材料性能、铺层顺序、疲劳载荷类型等。观察表明，疲劳和静态载荷下的损伤发展是类似的，只是在疲劳载荷下，损伤随循环次数的增加而增加。这种相似性，可能是由于复合材料具有高疲劳强度，即通常可达到拉伸强度的 70%。

在承载面内载荷的多向层合板中，失效总是依次发生，从最薄弱层到最强层。

一般地，失效特征在微观上可分为两种形式，即脆性和延性。

1. 脆性断裂面的微观特征

共同的断面特征为：

①一组平行的纤维束。这是因为在纤维—基体界面上发生脱粘[17]。根据粘接在纤维上的碎基体的多少，结合应力分析，可以推断界面的质量情况。在应力相同下，碎基体越多，界面强度越高。

②二次裂纹。很多二次裂纹位于基体中或纤维—基体界面上。如果界面上存在较多的二次裂纹，则表明界面强度较弱。

③断裂的纤维。当一根纤维断裂时，纤维有可能从基体中拔出并在基体中留下一个孔洞。如果界面较弱，那么拔出的纤维留在基体上的孔洞都比较光滑。

但是，在循环载荷下，除能观察到上述特点外，还可观察到如下特征：

④大量的微裂纹。呈龟裂状,存在于界面和基体中。

⑤大量的分层裂纹。可用断口金相观察到。

2. 延性断裂面上的微观特征

静态载荷下延性断裂的主要特点是微观变形特征,如撕裂棱线,层间撕裂等。而在疲劳载荷下,基体中可观察到疲劳条带。

6.10.6 复合材料失效分析的要点

尽管损伤机制和损伤累积是近年来研究的主题,但在文献中很难发现为失效分析而做的研究,特别是案例分析。前面的讨论证明通过分析损伤特征来确定失效原因和失效模式是非常复杂的,也许这是一个棘手的问题。但是,尽管层合板的失效是复杂的,通过分析损伤特征和断裂表面,失效分析还是可以揭示断裂特征和相关的影响因素,显示材料缺陷,并且帮助判断失效原因。

由于在微观上来说,不同载荷下的失效模式相对来说是类似的,因此,复合材料的失效分析更应着重于宏观的分析。

1. 表面保护

复合材料的表面保护,主要是防止机械的和化学的损伤。一般地,聚合物基体复合材料都相对较软并且倾向于溶解于有机溶剂中,因此在发生断裂的复合材料层合板的运输过程和试样切割中必须小心移动,并且防止与有机溶剂接触。

通过罐封损伤区以防止二次损伤,然后剖开进行金相观察,整个损伤可以得到保存和检查。

2. 损伤特征分析

已经证实,多向层合板中各层的断面特征与相同方向的单向层合板中的断面特征是极其相似的。

(1)损伤起始区和扩展方向

尽管在微观上微裂纹起始于多处,但在宏观上,通常只有几个宏观裂纹。通过对接匹配的两个断面,可以用来确定裂纹起始区和扩展方向。也就是,裂纹起始区裂纹张开较大,而从宽到窄就是裂纹扩展方向,如图 6-19 所示。

当载荷施加于复合材料,裂纹起始和扩展将会受到纤维的阻止,并且裂纹倾向于沿纤维—基体界面发展,因而形成了很多分叉的微裂纹。因此,损伤起始区存在于裂纹起始区并体现出不同的颜色。图 6-20 给出了玻璃/环氧树脂试样在拉伸载荷下的损伤起始和扩展方向。

微观上,局部的裂纹起始位置和扩展方向可由放射棱线来确定。图 6-21 给出了通过纤维断裂面上的特征确定的局部源区和局部扩展方向。

（2）材料缺陷与制造质量检查

复合材料层合板是由具有高度各向异性的材料层组成。因此,缺陷最可能发生在平行于或者垂直于纤维的方向上。严重的缺陷会成为断裂源,SEM 观察可以提供有关缺陷对裂纹起始影响的信息,采用截面金相观察也可了解缺陷的分布情况。

图 6-19　在准各向同性玻璃纤维/环氧树脂层合板拉伸过程中,张开的裂纹显示出了起始区和扩展方向

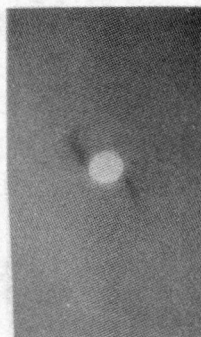

图 6-20　在[0/30/90]$_{2s}$铺层玻璃纤维/环氧树脂层合板拉伸过程中,30°层中的损伤起始区

（3）主要失效模式

通过宏微观分析,依据前面讨论的基本失效模式,可以确定出

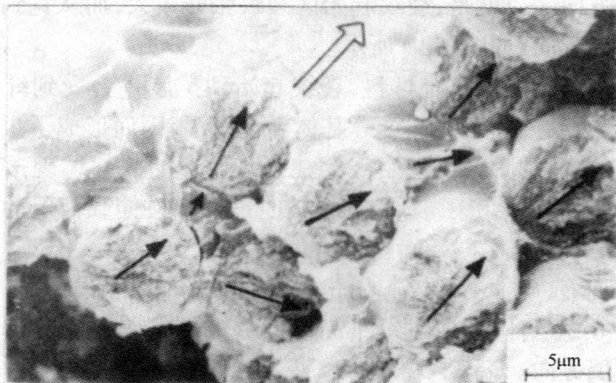

图 6-21　碳纤维/环氧树脂单向板在拉伸下断裂
纤维中的局部裂纹源和方向

复合材料层合板的主要失效模式。

3．理论分析

利用理论来分析层合板中层的失效并预测层合板的最终失效是非常吸引人的。尽管经典的层合板理论存在着一些不足，但它简单易行，而且能给出一个定量的了解。理论分析可提供另外一种确定失效原因和失效模式的方法。

4．分析思路与方法

复合材料的失效分析应采取宏微观相结合的方法，进行综合的分析。

宏观分析方法是用肉眼和体视显微镜来确定损伤的大小和分布，以及失效模式。

微观分析方法是利用电子显微镜，特别是扫描电镜来观察分析断裂表面，从而印证宏观的初步判断。

由于失效和相关因素的复杂性，综合分析是必需的。

断口分析人员应该依赖于破坏性方法，来观察分层的范围以及其他有关损伤。尽管 NDE 方法如超声、X 射线拓谱仪能用来确定损伤位置，但这些技术目前尚不能揭示损伤的细节特征。

参 考 文 献

1 许风和等. 航空非金属件失效分析. 北京:科学出版社,1993

2 胡世炎等. 机械失效分析手册. 成都:四川科学出版社,1993

3 Failure Analysis for Composite Structural Materials, Contract F33614-84-C-5010, Air Force Systems Command, Aeronautical Systems Diversion/PMR RC, Wright Patterson Air Force Base, 1984

4 Purslow D. Structures Department, The Royal Aircraft Establishment, Farnborough, Hampshire, GU146TD, UK

5 Stephen W Tsai. Composites Design, 4th edition. Think Composite: Dayton, Paris, and Tokyo, 1988

6 Miller A G and Wingert A L, . Fracture surface characterization of commercial graphite/epoxy systems, in Fractography of Modern Engineering Materials, edited by J. E. Masters and J. J. Au, STP 948 (ASTM, PA, 1987), p.154.

7 Purslow D. "Some fundamental aspects of composites Fractography", Composites (October 1981) 241.

8 Smith B W, Grove R A and Munns T. Failure Analysis of Composite Structure Materials, AFWAL-TR-86-4033 (Boeing Military Aircraft Co., Seattle, WA, 1986).

9 Grove R A and Smith B W. Compendium of Post-Failure Analysis Techniques for Composite Materials, AFWAL-TR-86-4137 (Boeing Military Aircraft Co., Seattle, WA, 1986).

10 Smith B W and Grove R A. Failure Analysis of Composite Structure Materials, AFWAL-TR-87-4001 (Boeing Military Aircraft Co., Seattle, WA, 1987).

11 Bailey R S and Bader M G. Fiber pull-out phenomena in reinforced polyamides, J. Mater. Sci. Letters 4 (1985) 843

12 Hahn H T and Williams J G. Compression Failure Mechanisms in Unidirectional Composites, Composite Materials: Testing and Design (Seventh Conference), ASTM STP 893, J. M. Whitney, Ed., American Society for Testing and Materials, Philadelphia, 1986, 115~139.

13 Sanders R C, Edge E C and Grant P. Basic Failure Mechanisms of Laminated Composites and Related Aircraft Design Implications, Composite Structures, Ed. by I.H. Marshall, Applied Science Publishers, London and New York, 1983.

14 Johannesson T, Sjoblom P and Selden R. The detailed structure of delamination frac-

ture surfaces in graphite/epoxy laminates, J. Mater. Sci. 19 (1984) 1171.

15 Bascom W D and Gweon S Y. Fractography and failure mechanisms of carbon fiber – reinforced composite materials, in Fractography and Failure Mechanisms of Polymers and Composites, edited by A. C. Roulin – Moloney, Elsevier Applied Science, London and New York, 1988.

16 Hibbs M F and Bradley W L. Correlations between micromechanical failure processes and the delamination toughness of graphite/epoxy systems, edited by J. E. Masters and J. J. Au, STP 948 (ASTM, PA 1987) p.41.

17 Shikhmanter L, Cina B and Eldror I. Fractography of multidirectional CFRP Composites Tested Statically, Composites, Vol.22, No.6, Nov. 1991, pp.437 – 444.

第七章 电子元器件失效分析

电子元器件广泛应用在工业和民用产品中。通信、信息、遥感、微电子、光机电一体化、纳米等新材料新工艺新技术的迅猛发展,电子元器件也在不断创新和发展。现已出现纳米电子器件(又称原子晶体管),纳米材料将会成为替代硅和其他半导体材料的最佳候选者,由纳米电子器件集成组合的纳米电子设备,有望在不久的将来会出现新的突破。

当今电子设备与装备日趋复杂化、综合化、微型化和特殊专用化。它既具有高新技术特点,也具有高投入和高风险特点。在工程产品中,任何一个电子元器件的失效,都会带来巨大的损失,甚至危及人类的生命和安全。

电子元器件失效分析与电子元器件产品研制和应用基本是同步发展的,也是相互促进的。早期主要针对电子管、阻容件等进行失效分析和研究。随着半导体工业和微电子工业出现和发展,失效分析对象重点转向半导体器件,如晶体管和集成电路,当今又转向大规模、超大规模和专用集成电路、混合集成电路以及新型电子元器件。失效分析研究对象、分析内容、分析方法和分析手段也随着高新技术发展而不断深化和提高。

7.1 电子元器件失效分析技术与方法

电子元器件失效分析技术与方法是要求把工具、设备、仪器等检查测试分析手段,与分析思路及分析方案综合在一起的技术。一般根据元器件类型确定检查、测试、分析项目和方法,如常规检查测试法、验证试验法、无损检测法、半破坏性检测法和破坏性检测分析法等。由于电子元器件的门类、品种繁多,结构性能差异性很大,它们经历的环境条件、环境应力亦不同,失效件的来源、可靠性等级以及要求分析目的也不相同。诸多因素影响,具体对一个分析案例,使用哪一种分析技术,还应根据实际情况来决定。

失效分析技术基本可分为:宏观光学观测分析技术、电性能测试分析技术、试验应力分析技术、金相分析技术、微观形貌分析技术、微区痕量分析技术、其他分析技术等。

7.1.1 宏观光学观测分析技术

宏观光学观测手段,一般应用放大镜和各类显微镜,通过放大(4～600)倍对失效件的外部结构形貌特征进行全面观测检查。基本目的是确认失效件的"身份"——器件型号、生产厂家、质量等级、生产批号、日期等。同时,仔细重点查找可能与失效有关或相关的信息、证据。如物理损伤、人为破损,在外观上所出现的或留下的缺陷和异常现象,例如沾污、污染、腐蚀、微裂纹……等,并初步判断失效性质及原因。检查重点一般是器件封装结构的质量状态,如管壳、管脚或外引线有无污染、氧化、锈蚀、变形的缺陷和异常,镀层颜色和完整性状况,密封缝的质量状况及完好性,标记是否差错,热、电和机械应力损伤异常现象等。

电子元器件的封装结构形式与方法,不仅要经受外部环境应力的影响,同时当它直接与外电路实现电连接时,电效应和热效应作用还会对封装结构和材料产生影响。因此,检查封装材料、封装工艺的质量十分重要。所以外观检查技术,重点就是寻找封装材料与工艺方面的质量缺陷,以及和外电路连接界面的质量状态,验证或补充分析方案相关材料。

7.1.2 电性能测试分析技术

电性能测试是确定待测器件的电性能,证实所出现的失效现象,试图确定失效与器件结构之间的相互关系。

电性能测试分析技术是使用各种电学测试仪器及专用测试工

具,对所有元器件进行电功能、电参数、输入、输出特性曲线——结构特性和电特性等测量与分析。检查待测器件能否完成其基本的功能及其参数优劣状况以及待测器件失效与其自身物理性能的关系是否正常,有无异常现象出现(发生)。测试中除按有关标准、规范、方法进行测试外,还可以根据失效分析需要,进行必要专项或专门测试。例如,改变测试条件——电源电压、输入信号、负载轻重、环境温度和机械、冲击应力等。在测试中查寻、发现与失效相关信息或验证失效现象,初步判断失效模式及失效部位。不管是在正常条件、标准方法下测试失效件还是在非正常条件、非标准方法下测试失效件,都要注意遵守规范、操作规则,不允许误操作或引入新的失效机理,发生二次失效现象,严格遵守相关器件使用的注意事项。

测试方法基本分为标准和非标准电性能测试。标准电性能测试是器件的基本功能测试和电参数测试。例如,数字电路按照器件真值表测试,按器件规定参数测试静态电流、输出电压、驱动电流、开关时间等。线性电路按规定测试增益、输入失调电压和电流、偏置电流、共模抑制比、电源抑制比及最大输出等。晶体管在基极激励下,观察电压—电流特性曲线、增益、击穿电压、漏电流、饱和压降、开关时间等。二极管观察正反偏电压—电流曲线,正向电压、击穿电压、漏电流、反向恢复时间等。阻容元件测量阻值、容值和损耗因子、电噪声、介质耐压和漏电流。继电器在线圈上加适当电压观察检查基本开关接触情况,吸合和释放电压、接触电阻、线圈电阻、绝缘电阻、介质耐压、开关特性等。非标准电性能测试有引线间电性能测试,又称逐脚测试和机械探针测试。

一般测试电子元器件使用的基本仪器有:晶体管特性图示仪;晶体管测试仪;场效应管半导体参数测试仪;集成电路测试仪,例如数字集成电路、线性集成电路、集成稳压器测试仪等;分立器件测试仪;在线测试仪;图示仪;数字实验台;继电器参数测试仪;LRC 自动电桥;通用示波器;记忆示波器;低阻表;高阻表;噪声测试仪;万用表;信号发生器;稳压电源等等。

这里所述失效件,包括单个分立元器件、集成电路、混合集成电路、混合电路分系统和整机系统电路等。在失效整机系统中往往需要通过在线测试仪等工具判断失效部位及器件,待正确取下失效件后再进行正常电性能测试。

引线间电性能测试技术,即逐脚电测试技术,是一种简易的非破坏性电测试技术,对分析和确定半导体器件失效部位十分方便有效。这种测试技术操作简单,测试时通过使用晶体管特性曲线图示仪,观察外引线之间所显示出芯片内部各单元电路或各元件之间的关系,即物理结构关系是否异常,发生不正常时则该测试的两个外引线就是失效部位。它可以通过列表法进行分析,也可用正常器件进行对比分析,达到准确找出其失效区域和失效部位的目的。

总之,集成电路参数测试项目很多。现已有各种集成电路测试设备,包括大规模、超大规模集成电路测试设备。种类有数字电路、模拟电路、微处理器……等等测试设备。用它们进行器件功能及电参数测试十分方便。同时,对失效件的测试能够验证器件的状态和失效模式,甚至还可能判断失效区域和部位。

有关数字、模拟、接口电路测试标准方法可查阅相关标准。

7.1.3 试验应力分析技术

通常为了确定器件内部某种状态与温度应力、电应力、机械应力的相关性及其变化情况,往往通过试验应力分析技术来检查、观测分析器件失效现象。例如,器件时好时坏的间歇失效或在一般环境条件下不出现失效现象以及性能参数不稳定、有退化现象等。

1.温度—偏压测试技术

温度—偏压试验技术,是使用烘箱类炉子外接合适电测设备仪器或仪表,在施加温度和电应力下,检查观测器件功能和特性参数变化情况并加以分析。一般对器件漏电流大或不稳定,阻值下降或者不稳定,电流放大系数降低,接触电阻高等失效现象都可以采用温度—偏压试验分析技术。

基本步骤是一般先测器件的电性能参数,后加温再测试。在检查观测中判断器件内部可能的失效区域部位以及单元元件。然后再给器件加上偏置电压(不超过器件额定击穿电压值),再重测器件性能,分析出现失效现象的相关因素。

2.机械应力试验技术

机械应力试验技术是应用冲击试验装置、振动试验设备,或用手指敲击器件外壳,或用小型橡皮锤工具轻击器件,并且同时用电测试设备仪器相结合。这对检查观测时好时坏,呈间歇失效现象的器件是一种有效的试验技术。选择振动、冲击条件——频率、加速度,或人工敲击力度,可以通过器件的相关规定指标来选择,或通过整个试验过程中监测元器件的电性能逐步改变试验条件,直到出现失效为止。注意由于器件内部有导电多余物存在或内引线不规范键合等引起瞬时碰接出现内部单元电路瞬间短路现象,一般出现概率有高有低。因此,应注意监测。

3.X射线无损检测试验技术

X射线无损检测试验技术是检查封装内的缺陷和多余金属杂质的有效试验技术。如引线开路、短路、芯片粘接不良、键合位置不好、腔体内有多余物等不正常情况。检测时可参照国军标有关规定来进行。采用分辨率高(达 $5\mu m$)、射透厚度能力强的方法,可进行多方位、多角度透视,达到实时成像显示或对图像进行图像处理,达到对器件内部进行随机的动态观测分析(如形貌观察和尺寸测量)。使用微焦点X射线实时成像检测系统来检测器件封装密封工艺缺陷和内部结构缺陷简捷方便可靠。例如,检测多余物可测量其尺寸大小,通过多角度、多方位观测,准确检查出内引线连接差错程度、芯片粘接材料、焊接材料的不完整性、空洞大小等缺陷,有效避免漏检或错判现象发生。检测重点一般检查多余物,判定它是可动的还是固定的。内引线交叉连接和尾丝过长不合规范标准情况以及器件封装内部缺陷的严重性分析。

4.颗粒碰撞噪声检测分析技术——PIND技术

颗粒碰撞噪声检测分析技术(PIND技术)是使用颗粒碰撞噪

声测试仪,检测器件管壳内的自由颗粒。其原理是器件腔内的自由颗粒在受冲击振动时与外壳发生碰撞,激励传感器而被探测出来,并通过三种方式表示自由颗粒存在。即声(音频指示)、光(指示灯闪亮)、电(示波器屏显示的"噪声"高频尖峰信号)。试验步骤:在器件有效检测面涂敷粘附耦合剂,放置在 PIND 传感器上,按预定编制好的试验循环程序,启动 PIND 设备进行试验监视即可。探测研究元器件内部自由粒子(多余物),PIND 技术是很有效的,现已写进破坏性物理分析(DPA)程序中去了(参照国军标相关规定)。在失效分析中,研究器件间歇失效、瞬间短路、性能参数退化现象是一种十分有用的技术。

5.封装漏泄试验(检漏试验)和残余气体分析技术

器件气密封装的密封完整性及其封装后泄漏程度可以使用检漏试验或残余气体分析技术来检查和确定。检漏试验分粗检漏和细检漏两种。试验程序应是先进行细检漏,然后进行粗检漏。因为先进行粗检漏,微小漏孔很可能被所用检漏试剂堵住,给后来细检带来假象。同样,细检漏后,即使确认是漏气元件,也应进行粗检漏,避免失去可重复的有用信息。粗检漏方法很多,如汽泡试验法、氟油(含碳氟化物)试验法、加压检漏法、染料渗透法、放射性同位素(干、湿)检漏法。细检漏方法有氦质谱仪(UL200,Zhp—30 或 Alcate 型)检漏法,光学细检漏法,放射性同位素细检漏法等等,详参见国军标有关规定。试验程序、步骤、失效判据及注意事项,更要查阅有关国军标(GJB128A—97)中详细规范。

器件腔体内残余气体分析技术,如使用气体质谱仪测量壳体内水汽含量或露点测试法,详可参阅有关国军标相关规定。

6.残余应力分析技术

测定内应力方法很多。如用电阻应变片测量变形来计算残余应力,或利用应力敏感性方法,如超声、磁性、中子衍射、X 射线衍射等。其中 X 射线衍射法具有快速、准确可靠、能测量小区域应力等优点,对元器件失效分析很方便和实用。

测量残余应力基本原理,如用 X 射线衍射法是通过测量弹性应变求得应力值。残余应力的衍射效应是使衍射线位移,引起线形变化以及衍射强度降低。为准确测定残余应力,必须选择尽可能高的衍射角,所以在测量中衍射面和光源阳极靶的选用原则是在高角区有强的衍射线。同时,测试元器件的待测表面应无油污、氧化皮和粗糙加工痕迹。当测试部位是油面时,应考虑到油面对衍射强度的影响。为减小测量表面曲率影响,应选用尽量狭窄的光束。

7.1.4 金相分析技术

电子元器件失效件基本的金相分析方法如下。

1.管壳开封技术

为了对电子元器件内部进行检查和测试,必须打开管壳封装材料。启封前,根据其封装材料、型式结构及其类型、功率大小等选择合适的开封方法,细致操作,避免损伤破坏内部单元电路,损失相关信息源。

对金属型管壳封装,使用金相磨削法(研磨法)或切割法,逐步减薄金属壳的厚度,最后用手术刀划割断金属壳薄层,剥离部分或全部封装顶盖。也可用加热板熔化法熔化金属封装处的焊料,取下金属管壳(应少用此法,因它容易造成熔化焊料流入腔体内,污染芯片)。一般对圆形标准型金属封装管壳,使用旋转式开封器进行启封,效果很好。

对陶瓷或玻璃封装,如扁平陶瓷封装、双列直插式封装等,使用方法较多。如剪切法、冲击劈开法、研磨法、喷砂处理法、微火加热法等。使用冲击劈开法快速简便,效果好。所用工具是手术刀和小铁锤,利用冲击力通过刀片劈开封接缝隙,使封盖脱开。对个别重要失效件,使用研磨法较好。

对塑料封装元器件启封,可用机械研磨法和化学腐蚀法。化学腐蚀法:利用发烟浓硝酸或浓硫酸加热到沸腾,把塑封器件投入,待塑料腐蚀完后,取出芯片,并立即用无水乙醇脱水,再用蒸馏水清洗干净。也可用局部腐蚀达到能检查芯片区域位置即可。腐蚀操作中应注意掌握腐蚀液的浓度,不允许破坏芯片铝金属化层,同时应注意安全,在通风良好的操作间进行操作。

2.芯片表面内涂料或钝化层去除法

去除方法有:(1) 用发烟硝酸炭化内涂料后必要时可用超声波清洗干净。(2) 溶解法。如内涂料是 1152 胶可用二甲基甲酰胺溶液浸泡(12~24)h,若是 6235 胶可用三氯甲烷甲酚、石蜡油混合液或乙二铵浸泡(8~16)h。对于 GN521 胶可用甲苯、环己酮、香蕉水、醋酸乙酯混合液浸泡(10~20)h。把胶泡胀再细心揭除。(3) 表面钝化层的去除方法有,采用氟等离子体刻蚀法;用稀释氢氟酸(HF)腐蚀 SiO_2 钝化层;若是 Si_3N_4 钝化层采用氟化铵:醋酸:去离子水 = 1:1:1(体积比)混合液在室温下腐蚀约 2min。对于聚酰亚铵(浅黄色)钝化层,可用加热发烟硝酸去除。

3.摘取芯片法

通常芯片与底座连接多用粘结或烧结工艺。连接材料有银浆、锡铅合金、金基焊料、银基焊料和环氧树脂等。一般是采用加热方法取下芯片的。操作时,应注意加热温度和时间,不应温度过高,时间过长。注意摘取芯片的工具镊子不要划伤芯片。

4.去除铝金属化层法

一般用稀释硫酸溶液或采用氢氧化钠溶液进行腐蚀去除铝金属化层。操作时间应监察下进行,避免过腐蚀发生。有经验的可通过颜色变化来判断,或边腐蚀边检查。

5.去除 SiO_2 层法

一般采用"光刻液"氢氟酸 + 氟化铵浸泡来去除。此操作更要细心。

6.金相剖面磨削技术

制作金相剖面试样,是为了检查、观测分析元器件结构材料和半导体器件内部结构的组织、成分、结构缺陷等异常现象而专用制样磨削的剖面。剖面制作选择视分析需要与要求来进行,如芯片键合区、焊接区、烧结粘结区、扩散结区、半导体——单晶硅、锗、砷化镓……等材料、壳体封接处、电极引线、焊料等缺陷区、材料损伤破裂处等进行取样,制成金相分析剖面。

基本步骤是,确认取样区域和部位后,按照金相制样方法进行制样。如切割,嵌样,磨削,抛光,研磨,化学浸蚀,最后制成金相样品。最终目标是通过多次重复研磨、抛光、浸蚀等工序逐步将需要的金相剖面外露,达到能清晰观察、分析目的。

7.1.5 微观形貌观察检测分析技术

电子元器件随着高科技的发展,日趋于微型化、复杂化、系统化。功能越来越大,而体积愈来愈小,集成度越来越高。大规模集成电路已达到亚微米级尺度。观察分析必须使用现代先进分析设备。电子元器件常规观察已制订了相关标准,如半导体分立元器件国军标 GJB128A—97,微电子器件国军标准 GJB548A—96 等等。所以,微观形貌观察——镜检,原则上必须按有关规范或规定要求进行。检查电路图、版路图和内部工艺结构是否符合相关规定,有无异常现象。不同的可靠性质量等级,对相关规定差异性很大,等级越高,要求越严格。除常规的检查外,对失效件的检测更细更严。

对半导体器件检测中,一般重点要求如下:检测应注重观察芯片表面钝化层,金属化层有明显不符合规范要求地方。例如,金属化层对准性差;金属化层工艺缺陷——划伤、划痕、空隙,孔洞,起泡浮起,浸蚀或腐蚀等;在有源区处和键合、焊接区处的金属化层缺陷——剥离、起泡、中测探针划伤、沾污、腐蚀等应特别关注;芯片钝化层与扩散缺陷——针孔,花斑;芯片边缘处缺陷——裂纹、裂缝、不完整,芯片键合区缺陷——键合位置偏、歪、斜等不规范,内引线受损伤,内引线交叉键合,内引线过长或太短;键合界面有腐蚀产物(俗称长白毛);键合尾丝过长等等。

在芯片内部安装结构处,芯片与底座焊接烧结、粘接材料是否过多,局部堆积隆起材料延伸到芯片顶部表面,芯片出现歪斜等不正常现象。

在底座,引线柱镀层出现气泡,起皮,龟裂,导电物、多余物粘附,密封绝缘子有裂纹、裂缝、气泡、粘污等不符规范要求的。

总之,通过使用有关微观观察设备,发现或验证与失效相关的缺陷信息。

1.电子显微镜观察分析技术

(1)电压衬度像技术

在 SEM 设备中,选择配置一些附件,能够在样品室内对半导体器件通上电(电源),影响二次电子像的电压反差——负电位区发射二次电子多,正电位区发射二次电子量少,形成二次电子像电压反差获得新的图像,称电压衬度像。即应用明显黑白差异检测样品表面的电位差。应用方法有二种,一种是静态偏置法,一种是动态偏置法。图 7-1 为电压衬度像图例。

静态偏置法:一般有(0.3~0.5)V 的电位差在图像上可以显示和区分出来。利用它去分析诊断半导体器件功能及失效部位是有效的。它属于定性分析法。对复杂电路亦可用合格品和失效件进行图像对比分析,便于确认失效位置。如判断电路开路(断开),短路(粘连),微裂纹,PN 结形状、特征等。

动态偏置法又称闪频观察法。它是对器件表面电位分布进行定量测定的方法。同时,对带钝化膜器件可以进行分析,而静态法受此限制。

(2)束感生电流像——EBIC 技术

束感生电流像又称感应电动势图像。它是应用 SEM 聚焦电子束向被分析样品(器件)注入可变电平。注入的电流电平可以用调节扫描透镜电流方法来进行控制。被分析器件产生的载流子——电子、空穴,从器件一端引入电流放大器,被放大的电流信号在扫描电子束 X-Y 轴同步在阴极射线管上显示出来。其原理是:当电子束照射 PN 结时,例如,电子照射 N 型区,则在照射区上受电离而产生电子——空穴对。因空穴周围存在大量电子,新产生的大部分空穴立即和电子复合而消失。假若在全部空穴立即被复

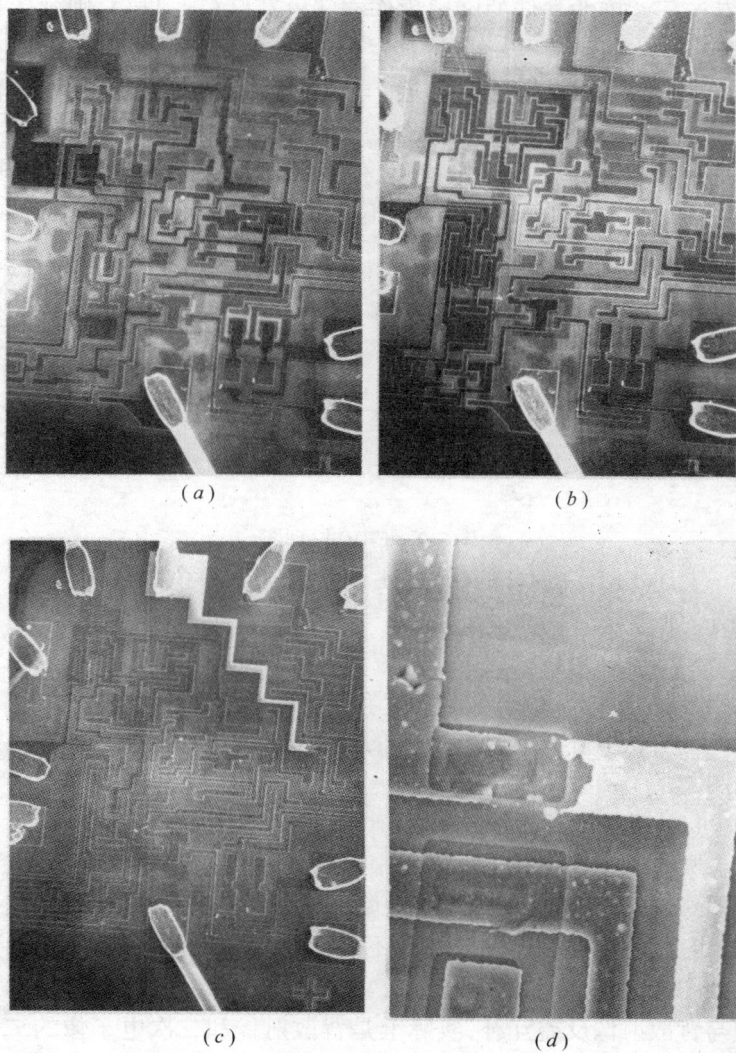

图 7-1　电压衬度像图例（TC—54D 电路）

合掉的扩散距离(1/e 的距离)内存在耗尽层——即在 PN 结中产生载流子浓度非常低的区域称作空间电荷区(耗尽层),则到达耗尽层的空穴不被复合而通过耗尽层流入 P 型区形成电流。即在 PN 结处产生与费米能级相应的电动力,并以电位差形式向外输出。如果将 PN 结如图 7-2 所示用导线连接形成回路,通过放大器把信号放大,调制显像管亮度,便可得到电动力像。如果电子束照射的是 P 型区时,情况类同,不同的是通过耗尽层载流子是电子,而不是空穴。

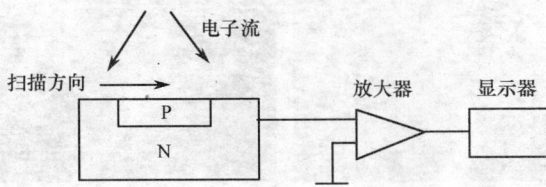

图 7-2　EBIC 原理图

上述 EBIC 技术,是在 SEM 设备上加上一个附件即可,应用十分简便。

EBIC 法,可以确定 PN 结位置、形状、耗尽层状态、反型层情况、PN 结结深以及 PN 结区缺陷——PN 结击穿等。可用 EBIC 法检测 COSIC 门锁效应,及它的门锁灵敏度等等。EBIC 像照片见图 7-3。

(3) 吸收电子图像技术

吸收电子图像技术可以用来确认器件表面结构,表面深坑、针孔图像,探测和观察器件内部缺陷——如结晶硅位错、层错缺陷。

它是利用样品(器件)厚薄不同,对注入电子束吸收率不同而得到图像。分辨能力一般为 $(0.1 \sim 1)\mu m$。通常吸收电流像的反差与背散射像反差互补,实际上是背散射像和二次电子像的二种图像反差互补。在检测半导体时,存在 PN 结中耗尽层与其他部分因对电子束的吸收率不同而产生对比度,利用这一现象可作与 EBIC 像一样的分析。

(a)

(b)

(c)

图 7-3　EBIC 照片

(a)小束流;(b)中束流;(c)大束流。

(4) 利用表面电荷贮存效应技术

众所周知,当电子束照射到一般物质时,受照射物质一部分原子受到照射后电离而生成电子—空穴对,经验也说明,对绝缘体物质,因在表面积累电荷,电子得不到复合而消失。图像对比度随时间变化而变化,往往影响观察效果。这种现象对 EBIC 像分析、特别对寿命测定和陷阱能级密度计算都产生有害影响。但是可利用这种现象,将电子束照射到半导体表面,利用在其表面的电荷贮存效应,能够分辨出因杂质浓度不同而形成 N^- 和 N^+ 的二个区边界来。其条件就是电子束照射半导体后使 N^- 反型。

在薄氧化膜层和硅的界面上能形成空间电荷区,因而能在 N^- 型硅表面形成反型层。

2. 激光扫描显微镜技术

由于 SEM 设备电子束加速电压很高,能量大,容易灼伤样品的缺点,近代研究出一种激光扫描显微镜,如 LSM—21IR 型,它具有 SEM 基本特点,又能避免 SEM 灼伤效应,因此它在生物、医学、材料科学和微电子工业中获得广泛应用。

对于激光扫描显微镜,可以进行多种选择和配置满足应用需求。例如,激光光源、成像方式、图像处理分析等等。激光扫描显微镜对检测半导体器件,具有操作简捷、迅速、真实感强、效果好的优点。特别是它具有层析功能,可非破坏性剖析 PN 结、半导体材料体内缺陷。

例如,应用 LSM—21IR 激光扫描显微镜,激光光源有三种——488、633 和 1152。穿透深度(硅)达 $(1 \sim 2.5)\mu m$,最大可达到几个微米。应用测试范围广,它可应用 OBIC 和层析技术以及图像分析处理技术观察分析半导体器件内部结构、缺陷,确认它的位置、形状十分有效,它不仅能观察表面微观结构和缺陷,也能对微观体内的缺陷进行立体观察和分析。此外,激光显微镜还可以对光电器件进行分析和研究。

3. 红外显微镜分析技术

红外显微镜用来研究分析物体微小区域内的红外辐射特性。

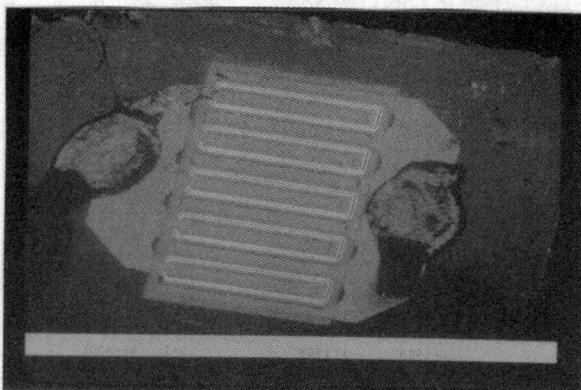

(a)

(b)

图 7-4　OBIC 像图例照片
(a)EB 结；(b)CB 结。

现应用有二种类型,一种以波长(0.75～3)μm 的红外辐射源作照明源,使用透视或光学系统和红外显像管直接进行观察。另一种是红外扫描显微镜,称红外热像仪。它是一种最有效的热测量方法,对测量芯片温度分布十分理想。如测试功率器件的结温、热阻、热点和它们的分布。

对塑封器件应从芯片反面进行观察分析。由于 Si、Ge、GaAs

等半导体材料对波长(900～1200)nm 光谱域红外光几乎是透明的,并且红外光可以透过塑封材料,所以应将塑封器件背面的塑料和金属垫片磨削掉,直到露出芯片为止,然后抛光,目的是避免红外光反射,使图像不清晰。最后用红外光从芯片背面透过硅衬底,即可观察芯片表面的铝金属化层缺陷——铝腐蚀、断铝等。若铝层很薄,对红外光也是透明的,则还能观察到 Au—Al 键合界面缺陷情况和键合点下硅衬底中裂缝。

美国的 F 型红外显微镜,最近推出了扫描热显微镜——STHM,它是微区域热现象研究有力工具,现已用于纳米器件观测分析。

4. 扫描隧道显微镜技术

扫描隧道显微镜(STM)1981 年才诞生。STM 基本原理是基于量子隧道效应。它是在压电材料棒制成的支架上装有极细的金属探针,电压控制探针作高精度移动,当探针靠近待观察材料表面时,双方原子外层的电子边界有重叠。这时在针尖和材料之间施加一小电压便会引起隧道效应,即电子在针和材料之间流动。由于隧道电流(nA 级)随距离而剧烈变化——成指数关系变化。如果使针尖在同一高度扫描材料表面,材料表面那些"凹凸不平"的原子所造成的电流变化通过计算机处理便能在显示屏上看到材料面三维的原子结构图像。STM 具有空前高分辨率(横向可达0.1nm,纵向可达 0.01nm)。STM 能够直接观察到物质表面的原子结构,现已用于测量薄膜厚度和对其表面质量进行检测。例如,STM 可测量芯片图形及电位分布,硅氧化和硅氮化的微观机理,研究肖特基势垒性质——界面电子态分布及其结构关系等。

1986年又在 STM 基本原理上发明了原子力显微镜——AFM,弹道电子发射显微镜——BEEM,现统称扫描探针显微镜。

近年来新型显微镜不断出现,如扫描超声显微镜、热波电子显微镜等。

5. 微区痕量分析技术

电子元器件日益微型化,使用材料多样化,结构性能特殊化,这给材料分析带来新的要求,同时由于材料在环境应力综合作用影响下发生变化和产生新物质等,在失效分析中需要进行材料鉴定和评价,需要进行定性或定量的成分和组织结构分析。这就是微区痕量分析技术。利用微区痕量分析技术,能够达到深化认识、了解失效机理,提高分析结论的准确性、科学性和可靠性的目的。

微区痕量分析方法很多,例如电子探针显微分析法(EDX 或 WDX),电子能谱化学分析法(XPS 和 UPS),离子探针质谱分析法(IMA),二次离子质谱法(SIMS),核磁共振法(NMR),俄歇电子能谱法(AES),低(高)能电子衍射法(LEED)等。一般都选择能利用光子、电子、离子作为入射束流的显微分析设备装置,以便能在一台仪器设备上进行材料成分和结构分析。如材料表面与界面分析,晶体结构分析,微区成分分析,形貌分析等多种微观组织结构信息的同位有机结合。

7.1.6 其他分析技术

电子元器件新材料、新器件随高科技发展不断出现。如超大规模集成电路、敏感元件、片状元件、光电器件和纳米元件等。新材料、新器件的出现也促进新技术的发展。如超细微检测与分析技术,局部测试技术,体视(三维)检测技术,无损检测技术,模拟验证分析技术等,它们是互补的。新的现代分析试验方法很多。例如,分析半导体缺陷、析出物、杂质偏析、发光元件退化的方法,有声发射监视法(AEM),阴极发光法(CL),电致发光法(EL),光致发光法(PL);深化能级瞬态能谱法(DLTS),场离子显微镜法(FIM),原子探针—场离子显微镜法(AP—FIM),原子力显微镜法(AFM),热激电流法(TSC),热激电容法(TSCAP),热激表面电位法(TSSP)等等。

总之,应根据分析目的与客观需求去选择合适的分析技术和方法,达到从宏观到微观,由表面到体内,由非破坏到破坏,由定性到定量,取得信息由模拟到数字,从单维到多维,达到迅速准确可靠。

7.2 电子元器件失效分析的几种主要方法

在具体失效分析工作中,所遇到情况是多种多样的,对待不同门类品种的电子元器件,情况也不会相同。即使对同一品种元器件,由于客观环境情况不同,分析思维方式方法不尽相同。因此,失效分析必须遵守具体问题具体分析,在分析中切忌复杂的问题简单化,简单问题复杂化,要做到实事求是。根据失效分析目的和要求,结合具体客观情况和分析人员专业知识和经验,选择可行的分析技术,制订失效分析方案。

下面简单介绍制订分析方案的三种方法。

7.2.1 排除法

失效分析的任务之一就是对失效的因果关系进行分析。弄清发生失效的原因和结果之间的逻辑关系。在分析原因时,尽可能找出与失效状态相关的全部原因。何是引发失效的直接原因,什么是导致失效的间接原因。诱发因素是什么?是单一因素还是多种因素。这是分析第一步。第二步是按照因果关系,排列出因果图。第三步是根据现场调查的原始数据、材料和有关的分析要求——如环境条件,运行工作应力和时间,失效基本特征和有关数据,允许使用分析设备仪器能力等,并与相关资料、历史经验和安全等知识相结合,进行推理分析,逐一排除可能性不大或可能性很小的相关因素,变多因素为少因素、单因素来分析。一般相关因素很多,历史背景复杂和不清楚、数据又不充分条件下使用此方法。

例如半导体器件的开路失效现象是经常遇到的一种失效模式。习惯上有时把开路和断路视为一种现象,实际开路细分有低阻开路和高阻开路和断路两种。断路是回路电阻无穷大。开路失效又可分为瞬间(时)开路(间歇开路)和永久性开路失效。因此,不同开路失效模式中,可以列出的因果图是不同的。如瞬间(时)

开路失效,主要和接触状态有关,接触状态又与环境应力——电应力、温度应力、机械应力有关;与材料界面状态有关,材料界面状态又和焊接工艺(或压焊、键合工艺)缺陷有关,和异质材料结合界面变化有关。总之,进一步分析这种多因素,是可以逐一排除的。最后瞬时开路基本原因可能集中在某一材料连接处。

7.2.2 综合分析法

综合分析法是通过充分调查研究,掌握了解失效相关的背景——材料、现象和数据后,综合分析研究失效现象和失效原因之间的逻辑关系的方法。

基本思路是,首先调研失效现场,察看了解失效环境,如失效应力、失效时间、失效见证人。了解要细致,例如失效时间是运行期间发生的还是开机、关机瞬间发生的,或是停机贮存期间内发生的等。失效见证人包括操作者和判断失效人员。通过现场调研获取有关操作试验记录及相关存档材料。特别是整机系统或失效件的测试、例试、联试等有关材料。

其次是调查了解失效件的工位及其失效现象和特征形貌。在调查中,必须询问、听取与失效件(产品)有关人员对失效事件的意见和想法。注意,不同人员对失效事件的看法是会有不同的意见的,但他们提供信息是十分可贵的。特别要关注失效产品失效前的先兆症状,有关疑点、线索、证据等信息。若需要可进行必要的核实或验证试验。

第三,在制订失效分析方案前,对来自不同的方面和不同渠道获得信息数据材料进行初步整理分析,然后再进行综合系统研究和分析。通过综合归纳和分析推理后,提出对失效原因的基本设想。对每一种设想,再与失效分析技术相结合,进行可行性分析与比较,提出一种可行的合理的分析方案,或者设计出一个试验分析方案,进一步去揭示失效过程的实质。

在实际事例中,往往情况是比较复杂的,例如,失效因素很多,原因较难确定。对提出试验方案需要修改或补充,这都是允许发生的。但是必须注意,不管做何种试验,不允许产生新的二次失效现象,产生从属失效或继发性失效。改变原失效特征形貌,破坏或毁灭失效件都是错误的。

对于结构复杂、多功能、系统性强的器件,或失效现象不稳定、多变化现象的器件,综合系统性分析更重要。特别是影响器件性能因素较多或多种因素共同影响时,器件失效特征、失效位置、失效区域出现多样性,即这个"果"(现象)是另一个"因",这个"因"又是另一个的"果"。失效部位有多处时,更要详细查寻最原始的失效位置,即失效源处。例如,某器件是开路失效,开路原因是由于 PN 结短路引起过电流熔断内引线造成的。而 PN 结发生短路原因是由于铝—硅互熔使结特性退化引起的。因此,在实际案例分析中,要善于利用综合分析方法使分析结果(结论)正确、可信和可靠。综合分析法是通用方法。

7.2.3 模拟验证法

在实际失效分析中,会出现下列两种情况。第一种情况是现场被破坏,失效件完整性、真实性已丧失,失效分析对象失去了分析利用价值。第二种情况是重大特殊案例,现象特殊和复杂,虽然经过深入细致的试验和分析,结论是可信的,但为了充分说服责任方,对失效现象进行模拟验证。但失效件已被解剖分析,需采用同品种、规格、等级的新器件作为试验件,通过一系列的模拟试验,使失效现象再现。

某点火程配器第四、五对触点烧损,引起电火花造成电爆管瞬间短路,导致发动机提前关机熄火事故。这一重大案例,经失效分析认为,是铝屑多余物导致发生铝燃爆,银触点熔化、汽化、电离形成 Ag^+ 离子流,造成电回路通路后果。为了验证这一失效机理,进行理论分析和计算,结果是理论计算需要 Ag^+ 离子数量与沉积在簧片触点的 Ag 分析结果大致相近。发生时间推算,故障发生时间等于材料吸热、熔化、蒸发孕育时间和电子跃迁时间加上 Ag^+ 迁移所需时间,这和触点接通后约 0.1s 左右发生

Ag^+迁移相接近。最后再通过模拟实验,失效现象得到了复现。

再如某火箭指令变换器,在两次总检查时,模飞到45s后,八个指令信号输出波道信号突然同时为零。后来,又重复二次发生。

经分析测试,第一,故障能复现;第二,失效位置是一只电容引线断裂开路;第三,失效原因是环氧固封材料在温度升高(工作期间)时引起电容引线非接触状态形成断路。经分析引线断裂性质是疲劳断裂。

为了验证分析正确性,进行故障现象模拟试验。失效印制板上在路同步信号一侧有一支同型号电容器,承受同样环境条件,不同之处是固封环氧量比码同步电容器少些。为了模拟固封环氧的不对称性产生影响的效果,对该电容器补加一些环氧树脂,使电容处在一个不对称位置,然后进行温循试验(+70℃ ~ -50℃),经过10次温循后,对其引线进行金相剖析观察,发现在与失效电容引线相对应的位置,引线已产生了三条裂纹。试验证明,电容引线在机械应力和热应力综合作用下,会发生电容引线断裂的故障模式,其中热应力是导致引线断裂的主要因素。

7.3 电子元器件失效分析基本程序与注意事项

电子元器件失效件或电子系统失效产品的主要来源是:可靠性试验,可靠性增长试验,元器件交货与验收,整机生产与制造,整机测试与试验,环境试验,现场使用等过程。由于不能将"失效件"恢复原状,所以必须采取适当失效分析方法和手段。同时,在进行分析前,应该注意以下两点:

①元器件失效后,由于仍然存在着改变失效状态的应力,所以在分析前千万不要将机械应力、电应力、热应力冲击加到失效件上。对"失效件"要妥善保管、存放、运输或传递。

②初步了解"失效件"原工作环境、工作应力状况，保护好"失效件"。如防污染、防变形位移、防静电损伤要求。

7.3.1　电子元器件失效分析基本程序

1.失效件的基本情况调查和分析

①对失效件的外型进行目检，从器件外壳封装标志中(代号、代码、商标)鉴证失效件的"身份"——型号名称、生产日期、批次号、产量质量等级、器件序号、生产厂家、外壳封装形式等等，并一一记录(或照相)在案。

②通过对"失效件"应用试验情况的历史记录，询问"失效件"使用者及相关人员，详细了解失效情况。如了解"失效件"在系统、整机的作用及功能以及所在区域及部位。运行工作时间发生失效时的环境和应力状况等，并逐项登记记录下来。

③了解"失效件"在系统、整机的表观现象以及失效现象发生时的现场情况。例如，"失效件"的输入、输出状态，有无功能、性能参数发生退化劣化情况，是开路或是短路等。

2.对"失效件"的失效现象进行鉴定和核实

① 对"失效件"进行电特性测试：通过功能及参数测试技术或逐脚测试技术判断或证实失效现象，并初步判断与失效相关的部位、区域或位置。

② 利用目检、镜检、照相或录相等手段与正常产品比较，找出典型的失效特征。

3.非破坏性内部视检

进行气密性检测时，检查顺序是先精检漏后粗检漏。

进行 X 射线检查时，应注意内部腔体有无污染杂质和多余物，在焊接、键合和粘接处的接触状况是否异常，内部结构缺陷和不正常状态等。

进行噪声微粒测试时，要判别体内微粒存在情况。

4.正常电特性测试

正常电特性测试目的是验证失效数据。电特性测试包括功能、参数和特性曲线等。测试时,除从外部准确获取失效件的不正常信息外,还应在测试中关注是否出现暂态或瞬态现象。参数、特性曲线有无异常峰值、有无温度效应、应力效应、时间效应等现象出现。除观察外,还要做记录。在电测试中,严禁因操作不当,操作错误造成二次损伤失效发生。若有必要或有可能的话,可进行逐脚特性测试,进一步了解和初判失效区域和位置。

5.内部检查

（1）解剖分析

开壳启封失效件,可采用机械方法开帽启封金属、陶瓷和玻璃封装型的器件;用化学方法解剖塑料封装型器件。剖解后立即进行镜检。镜检的基本原则是:应先低倍后高倍检查;从外电路到内电路、内线路。可参照失效件的电原理图、结构示意图、版路图来进行检查。查出可疑区域或位置。对后工序部分检查要注意工艺状况是否正常,有异常现象(如痕迹、颜色、形状、位置)应及时实时照相或摄录下来。

（2）微探针测试

微探针(机械探针)测试是检查器件内部单元电路、元件、器件的电特性。目的是通过机械探针及图示仪,观测器件内部电路某些局部电性能参数、电特性曲线的情况,继续进一步查寻、发现、确定失效部位。

（3）物理分析

利用微观观察分析设备仪器,如 SEM、LSM、TEM、STEM等,对一些特殊现象进行微观物理分析、科学判断和鉴证失效区域或失效位置。

（4）局部解剖分析

对一些特殊区域、特殊位置可采用物理或化学的断层分析技术或剥层分析技术,获取更有效的分析数据和信息。

6.综合分析

对上述各种失效现象观察分析结果,进行系统性、综合性分析整理,最后判断(或初步判断)失效原因和失效机理。

7.验证失效现象

有时还需要进行失效现象的验证或模拟试验,以达到重复失效现象或再现失效现象,以说明失效分析结论的正确性。

8.编写失效分析报告

7.3.2 电子元器件失效分析注意事项

在失效分析过程中,由于不可能将"失效件"恢复原状。所以在失效分析开始前,应对分析件(器件或样品)有充分了解。首先了解它的工作原理、基本结构、线路图和版路图以及它的功能和电性能参数等。其次具体了解分析件的制造工艺和方法以及测试方法等。第三注意保护失效件,不容许随意施加任何机、电、热等冲击应力给失效件。确保进行分析前,维持或保持"失效件"的原始状态,保持原失效状态的应力水平。防止失效件污染、位移变形和静电损伤等。

在分析时,由于许多分析程序、步骤是破坏性的,或者是一次性的,不可以重复的,所以分析时应严格按基本程序进行分析。在进行试验或测试时,不允许引入二次失效现象发生。对误操作或因考虑不周全时发生意外情况,应如实记录在案。出现新的失效现象或器件表现有多处失效位置时,更不能将原始真正失效位置丢失。

最后,切忌在不了解失效件的结构、性能、工作原理、制造工艺情况下去测试和分析器件。不管任务如何急迫,分析人和操作者必须是专业专职人员。

7.4 电子元器件基本失效模式及其机理

失效模式一般是能被观察或测量出来的一种失效现象。失效机理是导致元器件或产品失效的物理或化学过程。在此过程中,元器件或产品形状、状态、功能和参数发生变化,由此导致元器件或产品失效。

7.4.1 半导体器件基本失效模式及机理

1. 分立元器件主要失效模式和机理

① 晶体管最主要失效模式是参数退化。引起参数退化的主要失效机理是：沾污、腐蚀、内部缺陷、氧化层缺陷、金属化层缺陷、芯片焊接(粘接)缺陷等。即主要是由于器件生产制造过程中的工艺缺陷造成的。在使用中由于过电应力(过电压、过电流、超功率)也能引起参数退化。所以，即使优质元器件，若使用不当也能损伤器件。虽然绝大多数晶体管在超功率、过电压、过电流条件下会导致开路或短路。但如果在中等的超功率、过电流条件下使用，可能引起漏电流增加、增益下降或击穿。其机理是在 PN 结内形成了小沟道或局部穿通所致。为了避免过电应力引起晶体管参数退化，应作必要的应力分析和热分析。关注它的应用环境和试验条件。

晶体管短路失效模式也经常发生。大多数短路是由于其制造工艺不良引起的。短路失效可分为永久性短路和间歇性短路。短路主要失效机理有：装配缺陷、沾污、芯片缺陷，以及过电压、过电流、超功率的过电应力机理。例如过电应力会使金属铝从氧化层向硅表面形成金属通道。由于局部热雪崩、穿通现象或二次击穿造成体内穿通的机理，这种短路现象通常是由于在加偏置的情况下超温所致。高频振荡机理多在老炼期间或没有负反馈的电路工作期间发生的。金属化熔融短路、沾污物短路、芯片粘接焊接材料粘连短路等，通常是由于偏置和信号施加不正确，或散热片不合适引起的。

晶体管开路失效模式的产生多与时间因素有关。开路的主要失效机理有：内引线断裂、芯片脱落、金属化层断裂等。另外，过电应力的使用也会使晶体管发生开路失效。如熔断互连导线、薄膜金属化层蒸发熔融熔裂，由于芯片中 PN 结短路也会造成内引线或铝互连导线熔断而开路失效。

晶体管另一种失效模式是机械缺陷。例如封装材料、管壳、管脚材料氧化、锈蚀、腐蚀开裂、裂纹、结合性能差、不能焊接或熔接引线、密封性能退化等。

②二极管主要失效模式和机理,如参数变化、短路、开路等失效模式。其失效机理可归结为(a)表面缺陷;(b)内部缺陷;(c)外来沾污;(d)引线键合缺陷;(e)封装密封的机械缺陷等等。

总之,半导体分立元器件主要失效模式及其机理是比较类同的。在此不再述说。

2. 集成电路主要失效模式和机理

集成电路在材料和工艺制造上差异性较少,失效机理大致相同。但不同种类集成电路,其失效机理仍然有差异。失效敏感度不一样,灵敏度不同。

集成电路包括单片式、多片式和混合型式集成电路。从结构上分析,都是由芯片—表面体内和金属化层等,电极系统(焊接、粘接和键合式),封装系统(底座、外壳、管脚)三大部分构成的。它们制造工艺方法和使用材料很类似。根据主要失效因素、失效部位及诱发失效原因来描述集成电路的失效模式和机理,列于表7-1。

表 7-1　半导体器件主要失效因素和失效模式机理

	失效因素	失效机理	失效模式
芯片体内表面钝化层	晶体缺陷、表面氧化膜布线间绝缘层	二次击穿、可控硅效应,辐射损伤,瞬间功率过载,介质击穿,表面反型、沟道漏电,沾污物、针孔、裂纹、开裂、厚度不均	耐压退化,漏电流增大,短路,电流增益退化,噪声退化,阈值电压变化
金属化系统	芯片布线接点、针孔	金铝合金,铝电迁移,铝再结构,电过应力,铝腐蚀,沾污、铝划伤、空隙、缺损,台阶断铝,非欧姆接触,接触不良,厚度不均	开路、短路、电阻增大,漏电断路
电连接部分	引线焊接	焊点脱落,金属间化合物,焊点移位,焊接损伤	开路,短路,电阻增大

（续）

	失效因素	失效机理	失效模式
引线	内引线	断线，引线松弛，引线碰接	开路，短路
键合系统	芯片键合，管壳键合	沾污、金属间化合物，键合不良，接触面积不够，脱键，裂纹、破裂	断开、短路，工作点不稳定，退化，热阻增大
封装系统	封装、密封、引线镀层、封入气体、混入多余物（有机物、无机物、金属）	密封不良，受潮、沾污，引线生锈、腐蚀、断裂，多余物、表面退化、封入气体不纯	短路、漏电流增大，断裂、腐蚀断线、焊接性差、瞬时工作不良，绝缘电阻下降
输入输出端	静电、过压、浪涌电压	电击穿、烧毁、栅穿、栅损坏	短路，开路，熔断，烧毁

3.混合集成电路主要失效模式和机理

混合集成电路中集成的元器件很多，工艺过程复杂，随广泛应用发展，它的结构更加复杂和精细。混合集成电路是在一个无源网络的绝缘基片上，组装上很多个半导体集成电路芯片。混合集成电路(厚、薄膜)的失效不仅有单片集成芯片失效，还有厚、薄膜元件、互连导带、组装封装结构的失效。

(1) 薄膜集成电路的失效模式和机理

薄膜集成电路失效，主要是芯片的失效，其他元件、互连导带、组装封接不良失效也较多。芯片失效模式机理与单片式集成电路相同。

1)薄膜电阻失效

主要原因是薄膜电阻材料(如 Ni—Cr 合金，氧化铝)因温度和湿度效应影响电阻值，使其增大。其机理是电阻薄膜氧化和发生电化学腐蚀。其次是电阻膜的工艺缺陷，如针孔、划伤、宽度不均匀而减少了电阻薄膜有效截面积。后果是电流密度局部增大、温度升高，严重时发生烧毁现象。第三是基片受污染结果。基片材料存在碱性离子(Na^+，K^+离子)在电场作用下就会在负极附近析出，使电阻薄膜受腐蚀，引起阻值变化或开路失效。

2)薄膜电容器失效

薄膜电容器的电介质材料有 SiO, Ta_2O_5 和 SiO_2 等。例如 SiO 薄膜电容器基本失效机理:首先是电介质电击穿失效。原因是电介质膜有缺陷(如针孔、杂质、污染、气泡、灰尘等),造成局部电场畸变和电场集中而发生电击穿烧毁。其次是电介质绝缘性能下降。原因是 Ai—SiO—Al 电容器在外电场作用下,SiO 电介质发生电化学固相反应:$Si—O—Si \xrightarrow{\text{局部击穿电场}} Si—Si^+ + O + e$。结果,使 Si—O—Si 基团游离出一个硅离子并释放出一个电子和一个自由氧原子,注入到周围电介质中,由于电子注入到电介质的导带上,在电场作用下参加导电,从而破坏了介质绝缘性能,最后导致电介质击穿。同时出现游离硅(Si^+),也使 SiO 电介质绝缘性能下降,导致电容器失效。第三,电容器吸潮效应(吸附水分、气体)。如果电容器上电极金属薄膜与电介质薄膜之间附着不良,会使电介质吸潮引起绝缘电阻下降,击穿电压下降,电容量发生变化等电性能恶化现象发生。第四,在薄膜电容器下电极边缘"台阶"处,电场发生畸变—边缘效应引起电介质击穿,造成上下电极短路。因铝电极膜极薄(亚微米级),发生短路后可使上电极膜层在击穿区烧熔蒸发而断开,造成电容器断路失效。第五,由于膜层中内应力和膜与基片之间的热不匹配,产生热应力而使膜起皱、开裂、脱落等,造成电容器性能恶化。

3)薄膜导带失效

薄膜导带失效主要是导带开路、短路(即寄生串联电阻效应)二类。导带失效都能导致整块电路功能失效。其失效机理为:

①金属薄膜电化学腐蚀和化学腐蚀。

②金属薄膜电迁徙。

③工艺缺陷。如互连导带图形不完整,线条过细,边缘不整齐缺损,针孔,钻蚀,划伤等会影响导带负载能力,造成局部过热而烧毁。互连导带膜层存在内应力或基片表面污染造成薄膜起皱、开裂断带等。

4)键合系统失效

键合方式主要有合金键合,固相键合(超声键合、热压键合),熔焊,导电胶粘合等等。基本失效模式是开路。主要失效机理有:

①表面污染。表面污染层有:金属氧化物层,硫化物层,氢化物层,吸附气体等。表面污染是引起金属之间互相连接不良的重要原因。在合金键合中,助熔剂浸润不良也会影响互连效果。

②界面接触不良。界面接触状态影响到金属之间是否达到紧密接触,互相连接是否可靠。所谓紧密接触是指能够达到原子间距离程度。这样,二种金属固体表面产生强大的金属键力,达到界面牢固地接合。实际上,钎焊、熔焊和电阻焊界面接触是紧密的,其次是热压超声焊。

③连接的稳定性差。在金属互连联接后,由于残余应力存在(或不消除),都可能导致互连界面产生裂纹,成为互连失效隐患。另外,金属之间还可生成某些金属间化合物。如 Au_2Al 化合物,因质脆易破裂,影响联接强度。腐蚀因素(化学、电化学腐蚀)也影响金属间结合强度。机械损伤也是一种互连失效隐患。

(2)厚膜集成电路失效模式和机理

厚膜集成电路最常见的失效模式是参数漂移、键合失效和密封失效。

1)厚膜电阻失效

厚膜电阻的失效是参数漂移和参数不稳定。失效原因是下列因素造成的。

①由于组成电阻器的金属化学组分受环境物理和化学影响,发生组分变化。例如,银钯电阻,因银和钯元素的氧化使阻值增加。此外,银离子迁移也会造成金属化学组分变化。

②由于焊剂、吸附气体、粘合剂、溶剂、包封材料引起的与厚膜电阻材料的化学反应结果。

③各种应力,如电阻器内应力、界面应力、机械应力等引起电阻器断裂。

④由于工艺控制不良,产生工艺缺陷,如工艺沾污、调阻过度、

电阻膜与导带端头未对准、导带扩散进电阻膜等而影响电阻的稳定性。

⑤高压脉冲引起厚膜电阻阻值变化。

⑥钯—银电阻器在有氢气氛中参数不稳定。

2)厚膜电容器失效

厚膜电容器主要失效模式有:电介质破裂发生开路失效;电介质针孔、击穿或电极材料表面有毛刺发生短路或绝缘电阻下降;电介质氧化,电介质与电极材料反应,电介质开裂而造成电容量过度漂移。

外贴无封叠层独石电容器主要失效模式有:独石电容器端头失去附着力和键合强度,在锡焊连接生成金属间化合物;层间脱层或电极间短路失去电容量;内电极外露造成绝缘电阻下降和极间短路;因焊料过多,在温度变化环境中独石电容脱层或碎裂。

3)厚膜导带失效

厚膜导带主要失效模式是开路和短路(间断断路)。主要失效原因:

①导带氧化,烧结不当引起导带可焊性不良,形成不良键合。

②组装不合理,使用不当造成键合失效。

③基片污染造成厚膜导带附着不良。

④锡焊时因形成金—铅—锡金属间化合物,严重降低键合强度。

⑤覆盖有焊料的厚膜导带于150℃高温下出现附着力、电导率、负载电流能力随时间增长而下降失效。

⑥含银厚膜导带在环境潮湿和外加电场时,银离子通过潮气层迁移,造成瞬间短路。

4)基片失效

基片失效是基片断裂、开裂、裂纹。失效原因是基片与封装之间的键合不正常;基片与封装材料和粘合剂或包封之间,热膨胀系数失配;锡焊的热冲击;组装、安装应力等等。

5)半导体器件失效(见图7-5)

(a)

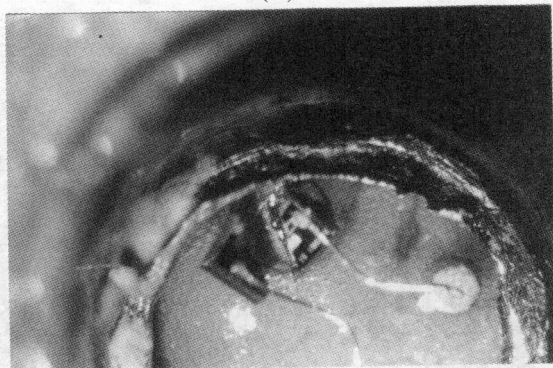

(b)

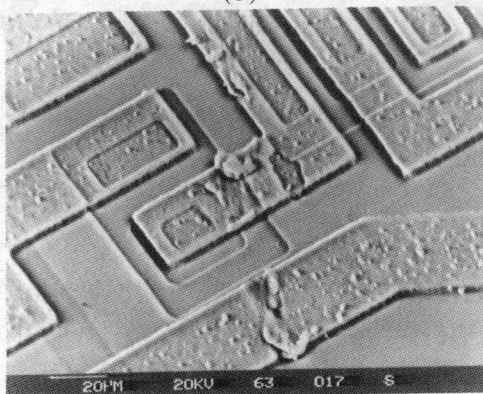

(c)

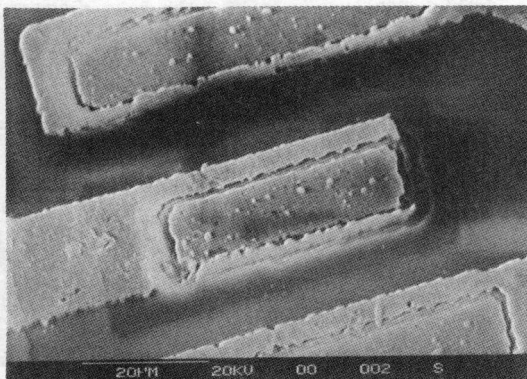

(*d*)

(*e*)

图 7-5　半导体器件失效图例照片

(*a*)熔断内引线——开路；(*b*)芯片断裂；

(*c*)划伤、擦伤 Al 条；(*d*)缺 Al；(*e*)金属丝——多余物。

　　混合集成电路中,外贴装很多半导体芯片。往往在键合芯片时,因固定键合条件与芯片多样性、变化性等特点,引起键合质量差而造成失效机会增多。例如发生脱键失效、断引线失效、内引线碰线失效等。当然,芯片本身固有失效因素仍然存在。出现失效模式和机理与单片集成电路相同。

7.4.2 半导体器件几种典型失效模式及其机理

1.二次击穿失效现象和机理

半导体晶体管,如功率管、高频管,特别是高频大功率晶体管,最主要失效模式是二次击穿。

(1)二次击穿现象

二次击穿是相对于一次击穿而言的。一次击穿是晶体管的雪崩击穿现象。当器件发生雪崩击穿时,通过结区的反向电流急剧增加,器件内阻趋近于零。如果利用外接电阻限制流过结区的反向电流,则结的反向耐压特性仍将保持不变。此时器件起着恒压源作用,即稳压管原理。如果继续增大外加反向电压或外串接电阻——限流电阻阻值减少,则器件反向电流继续增大,当反向电流达到一定值和一定时间后,器件两端的反向电压将急剧降低并过渡到低压大电流状态,出现电流上升和电压降低的负阻区域。

这时器件已失去了恒定电压变换源功能。这种现象称二次击穿现象。(见图7-6)。

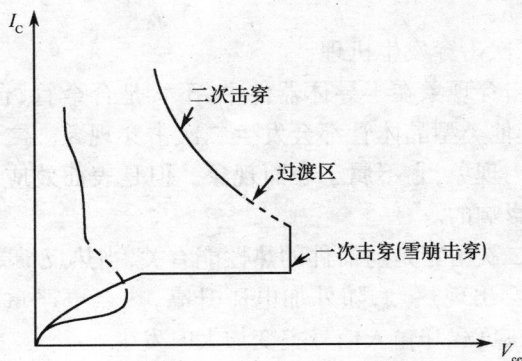

图7-6 一次击穿过渡到二次击穿示意图

如果二次击穿持续一段时间,器件可能发生特性恶化,性能退化损坏。持续时间一般很短,是微秒或毫秒数量级的。如果器件结构、状态优良,使用正确合理,则需要经历较长时间的二次击穿后才能出现破坏现象。

二次击穿并不局限于晶体管内发生。在二极管、整流器、场效应器件等各种类型晶体管中皆有可能发生二次击穿现象。

二次击穿现象还有电流型的二次击穿现象。在具有薄外延层的平面管中,在足够宽的电流范围内,可见到电压的不稳定跳变现象,并伴随着频率为数百兆赫的张弛振荡。击穿过程约为 ns 级。

二次击穿现象是发生大电流集中现象。它使得器件发射区局部区域的温度迅猛增高。由于电流和热流在结面上的不均匀分布,容易产生过热点,俗称热斑。特别是当晶体管内存有结构缺陷、材料缺陷、工艺缺陷时,情况更加严重和恶化。一般发生二次击穿位置(部位),伴随有材料熔化现象,严重的可见到发射极—集电极之间局部处熔融而发生电极连通短路,俗称铝钉。即在发射极区内有局部熔孔、熔洞。剖开可见熔孔直通集电极。二次击穿现象见图 7-7。

必须指出,出现二次击穿状态,不等于器件已经破坏。但是如果多次使器件进入二次击穿状态,则降低器件的可靠性,并加速器件烧毁损坏。

(2)二次击穿发生机理

二次击穿现象在半导体器件中,不管是合金管、台面管、平面管,还是其他类型晶体管都会发生二次击穿现象。二次击穿现象是一种体内现象,它不属于表面现象。但是表面效应对器件二次击穿是有影响的。

正偏二次击穿是与器件的热性能有关,当热反馈效应大时,在 eb 结上就会出现热点,随外加电压升高,热点更严重。正向二次击穿往往在负载和输入信号突变加大时发生。

反偏二次击穿多半与集电结附近载流子雪崩倍增现象有关。与电压、电流和脉冲作用时间有关。反偏二次击穿常发生在有感性负载开关电路中,eb 结瞬时反偏电压越高,反偏二次击穿耐量越低。此外,负载电感 L 越大,则在晶体管器件关闭时,电感贮能越大,器件更容易进入雪崩击穿,反偏二次击穿耐量越低。

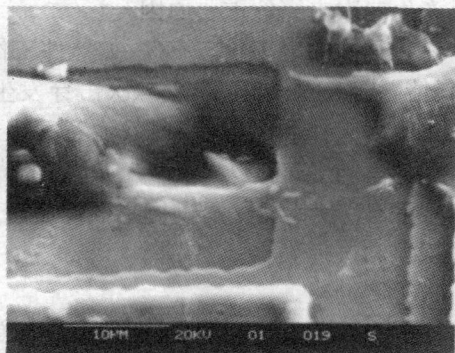

(a)

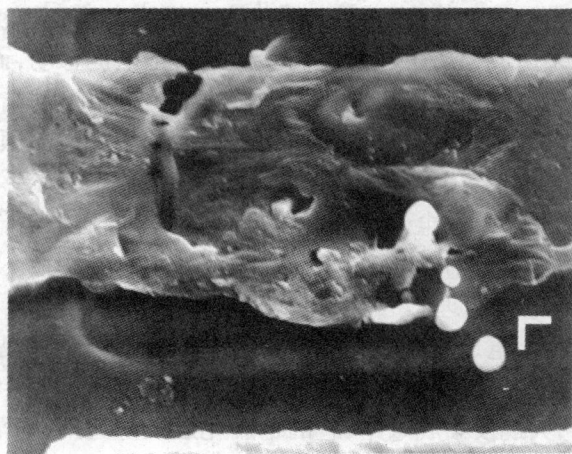

(b)

图 7-7　二次击穿照片

(a)结区熔洞；(b)结区熔孔。

　　总之,二次击穿是与器件内部电流集中过程密切联系着的。即与器件内部电流分布不均匀相关。因此,有人认为,即使器件结构内部不存在缺陷,但是在足够高的电压下,在集电极结上发生一次击穿—雪崩效应的倍增效应,亦可能诱发二次击穿现象,烧毁器件。然而,人们认为不管是什么类型器件,结构缺陷、表面缺陷和体内缺陷均是产生二次击穿的重要原因。

二次击穿还和器件的应用状态有关,如器件工作温度、运行参数、负载和功耗情况等。要防止、减少二次击穿发生,必须使器件在安全可靠工作区内工作和运行。例如,注意关注器件集电极最大允许电流 I_{cm}、最大允许耗散功率 P_{cm}、最大耐压值 BV_{cem} 和二次击穿耐量 P_{SB} 等等。使用时还要进行降额使用。

2.电迁徙现象和机理

(1)电迁徙现象

半导体器件的金属化层,多是铝金属薄膜,厚度约 $1\mu m$,宽度约 $(0.18 \sim 1)\mu m$。当器件工作时,铝金属薄条内通过一定电流,铝金属薄条中的铝离子沿着电子流动方向传输,即由负电极指向正电极。结果造成铝离子与电子流一样朝向正电极移动,而相应产生的铝离子空穴位则向负电极移动。这些铝离子移动结果,顺电子流动方向的末端将会形成铝原子堆积产生小丘或晶须,另一端则由于空穴位聚集而形成空洞。这种现象称电迁徙现象。如果在高温($T \geqslant 200\,^\circ\!\text{C}$)和电流密度 $j \geqslant 10^6 \text{A/cm}^2$ 时,通电工作时间又长,电迁徙现象更明显。

(2)电迁徙原理

一般当与电迁徙原子反向流动的空位,首尾连结沿晶界聚集而产生小条的连续性时,就发生开路失效。在集成电路中,特别是大规模、超大规模集成电路,它的金属化层又薄又细,局部质量耗尽造成金属化条更加细微,结果金属小条电阻增加,电流密度增大。如电流密度 $j \geqslant 10^6 \text{A/cm}^2$,局部受热更加引起质量流散。金属铝离子都将通过所有各种可能途径,如晶格、晶界和表面向正电极运动。当然在较低温度和较小电流密度下,其传输迁徙程度可能减弱些,但不能排除发生表面回流情况存在。

电迁徙产生局部流散,结果引起金属薄膜横截面积减少,当金属薄膜厚度变得较小或者沿晶界出现垂直空洞时,实际就是降低了金属小条的有效高度,也就可能发生断路失效。

一般空洞出现位置有:晶界的三叉点处,大小晶粒相遇处,电流聚集的区域中,金属化层台阶跃变点地方,工艺缺陷和晶瘤隆起处等导致局部热斑的地方。

金属铝条表面的氧化膜(Al_2O_3)会因为发生电迁徙而造成局部应力,结果 Al_2O_3 和铝条绷开而出现小丘现象。

(3) 纵向电迁徙现象

在大功率、高功率或小功率浅结器件中,容易发生铝金属化膜电迁徙,造成 eb、ec 结短路。短路现象发生,一般与高功率、强电流冲击有关。例如,器件在超功率下,工作运行受静电放电、电磁干扰、电磁脉冲冲击和器件存在工艺缺陷等,都会使器件发生 Al-Si 反应。其结果引起 eb 结退化、短路,严重者 ec 结短路。

Al-Si 组成的共晶系统,共晶点是 577℃。铝硅反应,即硅向铝中溶解,分为三个阶段:

①铝穿通原生 SiO_2(约 2×10^{-9}m)阶段:

硅表面自然生长一极薄的氧化层,铝首先逐渐穿透 SiO_2。其反应式为

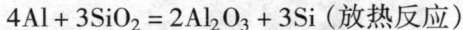

$$4Al + 3SiO_2 = 2Al_2O_3 + 3Si \text{(放热反应)}$$

②硅在铝中饱和溶解阶段:

当溶解的硅量达到饱和时,溶解停止。

③渗透坑变粗、变深阶段:

硅向铝中溶解是不均匀的,而且硅不断向铝中扩散而远离 Al-Si 界面,并向铝表面迁移,同时,在硅中留下大量空穴位,从而加剧接触孔处硅向铝中溶解和铝在硅中的电热迁徙,电迁徙现象见图 7-8。结果使硅上的渗透坑变粗、变深。在接触窗口,如发射极窗口周边渗透坑最多、最深,最深可穿透 PN 结造成短路(见图 7-9)。

3. COMS 电路寄生可控硅效应现象和机理

COMS 电路是互补金属—氧化物半导体电路。由于它具有低功耗、延时短、速度快、噪声容限大、高抗扰性和抗辐照性能等许多优点,所以从简单电子装置直到高可靠的航空航天系统装备都得到了广泛应用。但是它却存在着一种重要特殊潜在的现象,即寄

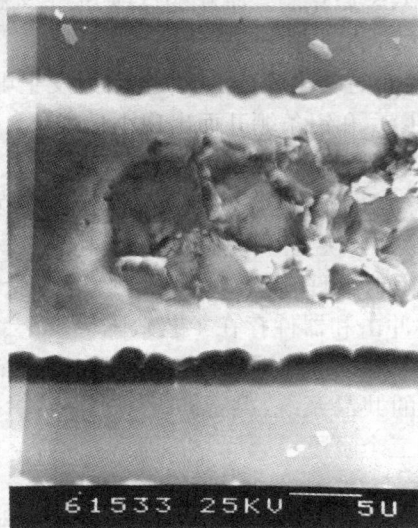

(a)

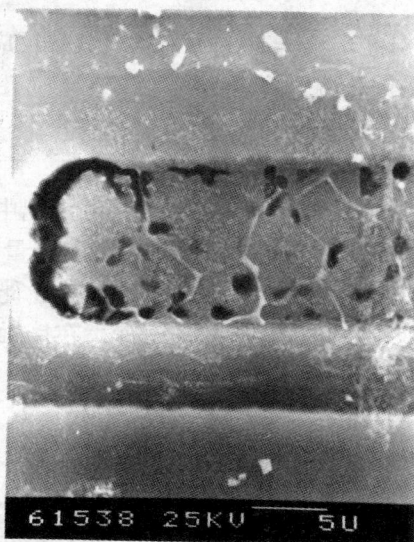

(b)

图 7-8 电迁徙现象照片

(a)去 Al 前铝迁移形貌；(b)去 Al 后硅片上空洞。

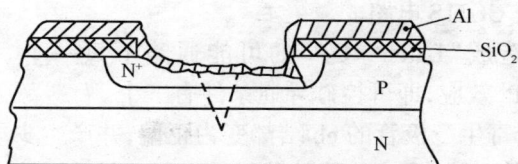

图 7-9　Ai-Si 渗透坑引起 PN 结短路示意图

生的 PNPN 效应。这种现象也被称为 Latch—UP（译为闪锁效应、闭锁效应、自锁效应、闸流效应等），也称为寄生可控硅效应（SCR）。它不仅能造成电路功能混乱，而且往往会引起永久性破坏。产生低压大电流特性就是 COMS 电路内部（体内）的寄生（固有）PNPN 效应所致。

假如，由于某种原因在 V_{DD} 和 V_{SS} 之间的衬底内有一横向电流 I_{RS} 流动。从而使 PMOSFET 源区 P^+ 周围的 N 区电位低于源区电位；当此电位差达到某一程度后，有可能使源区的 P^+—N 结，即横向 P—N—P 管的 eb 结，产生少子（载流子）注入。同样，阱内的横向电流 I_{RW} 会引起垂直 N—P—N 管 eb 结，（NMOS 源区的 N^+—P^- 结）的少子（载流子）注入。其基极电流就是 P—N—P 管子的收集结的电流 I_{CP}。这和 PNPN 可控硅器件一样，如果满足条件 $\beta_{npn}\beta_{pnp} > 1$，此寄生 PNPN 器件将导通，见图 7-10 所示负阻特性。如果此时外电路没有足够的限流电阻，则会因流过过大的电

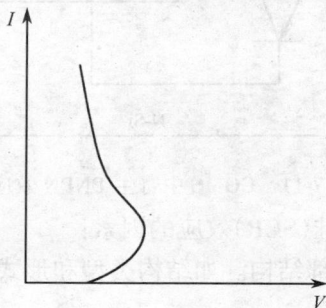

图 7-10　COMS 负阻电流特性

流烧毁这块 COMS 电路。

注意,造成"Latch—UP"的可能通路不只一个。若要产生"Latch—UP"效应,即可控硅导通条件有三个。

①二个寄生三极管的 eb 结都变为正偏,并产生少子注入。即纵向 NPN 管和横向 PNP 管的基极—发射极结为正向偏置。

②$\beta_{npn}\beta_{pnp} > 1$。即二个寄生三极管的 β 值乘积大于 1。

③外电路能流过与 PNPN 通路相关的维持电流。

在实用电路中,从结构和等效电路来判断,CMOS 电路内部的寄生可控硅(SCR)结构不会触发门锁的。但是,当存在干扰信号时,可能被触发闩锁。例如,从输入端使 SCR 触发;从输出端使 SCR 触发;从电源端使 SCR 触发等。实践经验证明,如电源出现跳动、瞬变,就给予寄生可控硅触发电压,即使以后触发电压消失,仍然会产生可控硅效应的。

寄生 PNPN 效应见图 7-11。

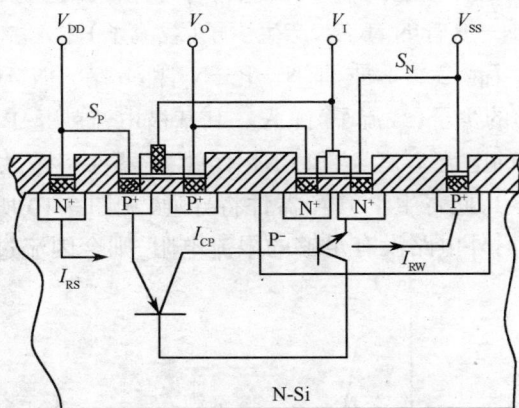

图 7-11　COMS 中寄生 PNPN 效应

影响寄生可控硅(SCR)效应的因素:

一是 COMS 内部结构。如结构类型和形式,寄生电阻和管子增益大小。

二是使用环境温度,因为反向漏电流是随温度升高增大的。

所以高温下使用更应注意。

检查 COMS 电路寄生可控硅效应的方法一般有电路检测法。如用晶体管图示仪进行检查,也有用束感生电流法(EBIC 法)和激光扫描 OBIC 法等。

4.静电损伤(ESD)失效和机理

半导体器件在制造、贮存、运输和使用过程中,因某些原因产生静电电压现象。这是在实际生活中经常遇到的一种自然现象。但如果这些带电体与器件接触,就可能通过器件的金属导体(如管壳和管腿)放电而引起器件损伤或失效。这称静电放电(ESD)损伤。

静电(ESD)对半导体器件损伤是不可忽视的,特别是对 MOS 电路更应注意预防。由于静电损伤十分随机,损伤程度可轻可重,具有潜在性和隐蔽性特点,往往不易被人们发现。所以说,静电损伤是一种与时间无关的随机性、偶然性事件。产生后果可能是严重的,甚至是灾难性的。

静电损伤失效模式和机理:

(1) 突发性完全失效

器件开路、短路、参数严重突然劣化等完全丧失规定功能的一种失效。

失效表现形式:

①与电压相关的失效。如介质击穿,PN 结反向漏电流增大,铝条损伤等。

②与功率有关的失效。如熔断铝条,熔断多晶硅电阻,局部熔化硅片。对浅结器件,静电损伤多发生在势垒区边缘的 $Si—SiO_2$ 界面处,该处电场集中、过电流形成热斑而失效。对于 COMS 器件,多是输入端处介质击穿短路,保护二极管结击穿,保护电阻的寄生结损伤。严重者烧毁输入端金属化层互连线,铝穿透 SiO_2 造成栅极漏电,甚至短路。

因此,使用时必须严格遵守 COMS 电路应用注意事项。静电效应亦可能触发寄生可控硅效应。对结型器件,通常是与功率有关的热效应损伤的器件。例如,出现电流增益严重下降,PN 结漏电流增大等现象。

（2）潜在性失效

由于静电损伤是积累性的损伤,随着损伤的次数增多而加重,例如,阈值电压、电参数等逐渐下降和劣化,从而降低了器件使用可靠性。

（3）静电损伤机理

静电损伤机理有二种,即电流型和电压型。

1)电流型机理

器件因静电损伤引起 PN 结短路时,产生焦耳热导致局部温度超过铝硅共晶温度(577℃),铝向硅扩散渗透形成合金钉,若穿透扩散区底部称纵向合金钉,若从 PN 结侧面边角处开始穿透形成合金钉称横向合金钉。PN 结烧毁,多因为接触窗口处(即与接触孔的形状、大小、位置、结面积等因素有关)是强场的高温热区,温度已超过了铝熔化温度而出现的。因此,不要忽视因工艺因素产生的工艺缺陷存在,它容易诱发静电损伤失效。例如,如果铝互连线抗电过应力能力低,或在铝条跨越陡峭氧化台阶处,氧化层有针孔、铝条晶粒有变化、多晶电阻出现负阻效应、铝和多晶硅接触不良、接触电阻增大等等不正常情况存在,那么,由于器件需要承受过大电流而发生损伤。

2)电压型机理

COMS 器件的栅氧化层是氧化硅介质(绝缘)层,当栅氧化层有缺陷(针孔)时,抗静电能力就会降低。栅穿首先在缺陷(针孔)处发生。其他区域的氧化层质量差也可能因静电放电效应而造成器件失效。

总之,为了防止半导体器件静电损伤,必须在器件设计、制造、测试、试验、运输和使用等各个环节中,采取有效措施给予防止。例如器件输入要保护,对输入阻抗高、电容小的器件,它对 ESD 更敏感,更应注意保护。由于静电产生的随机性,更不要麻痹大意。特别是栅极要注意保护,做到使静电高压在输入栅极前,通过保护网络(如 RC 网络)泄放掉。采用何种泄放形式,视具体情况而定。保护网络现有的器件已设计在其内部芯片上,但有时还需要在器件外电路进行保护,包括防电浪涌保护。在应用器件过程中,首先要避免静电源产生,产生了要尽快消除,使静电消失。

5.辐射效应和机理

（1）辐射效应

辐射效应有位移效应,电离效应,瞬间辐射效应,单粒子效应等。中子在半导体内产生位移效应直接影响半导体特性,引起半导体器件永久性损伤。γ 射线在半导体器件的表面钝化层内产生电离效应,结果引起表面复合电流和沟道电流。这是一种半永久性损伤。瞬间 γ 辐射在反偏的半导体 PN 结中产生瞬时光电流,也可能触发寄生可控硅效应,损坏器件。核电磁脉冲会在电子系统内部、外部产生极强的感应电流,而引起电子系统瞬间干扰和永久性损伤。空间辐射中,高能电子能引起电离效应;质子能引起位移效应。高能质子和中子或粒子,还能引起单粒子效应,造成存储器瞬时损伤。

（2）辐射对半导体器件损伤退化机理

不同的半导体,损伤退化机理是不同的。因为器件的结构、类型差异很大,辐射来源和效应也不一样,所以其退化机理也就不相同。

例如,双极型器件,辐射瞬时损伤是 PN 结光电流。永久性损伤则是电流增益下降、饱和压降增加和漏电流增大。在结型器件中,可控硅整流器、单结晶体管、太阳能电池等最容易受到损伤,其次是功率管和低频管。在 MOS 场效应器件中,γ 射线引起二氧化硅的电离缺陷及 Si —SiO$_2$ 界面态增加,结果使阈值电压 V_T 改变,减少沟道迁移率,降低跨导,增大噪声等。其中最敏感的参数是阈值电压 V_T。CMOS 电路在电离辐射后,因 N 沟和 P 沟 MOS 管阈值电压发生漂移,引起输出低电平上升;抗干扰能力下降;灵敏度提高,速度下降;漏电流增加等。瞬时辐射产生的光电流会引起 COMS 电路的寄生可控硅效应(PNPN)触发发生。对双性线性电路,它抗瞬时辐射能力较差,因为它除了有较多有源器件和寄生元件外,其晶体管是工作在放大区。所以线性电路的抗中子辐射能力和抗电离辐射能力具有很大的分散性。对双极逻辑电路,它抗中子辐射能力强,但抗瞬时辐射能力差。电离辐射对双极逻辑电路损伤主要表现为内部晶体管的电流增益下降,漏电流增大。

(3) 核电磁脉冲对半导体器件损伤机理

1) PN 结反偏时损伤机理

① 在 PN 结周围,结的表面形成很大漏电通路,但 PN 结本身并未损伤。如果刻蚀掉表面钝化层,即可使 PN 结恢复正常。

② 因电流集中产生高温(局部),且电流密度足够大时,PN 结发生二次击穿,在结内出现热点,引起重新合金化和杂质离子扩散,导致 PN 结穿通。

③ 介质击穿引起 PN 结短路。当介质击穿时,较大的雪崩电流可以形成一条电磁脉冲放电通路,在介质上产生针孔。

2) PN 结正偏时损伤机理

因电磁脉冲产生很大感应电流,引起 PN 结出现高温升,引起结内部出现击穿,但它比反偏 PN 结内部击穿所需能量要大得多。

6. 内引线键合失效机理

(1) 金铝化合物失效机理

金和铝两种金属,在长期贮存和使用后,因它们的化学势不同,它们之间能产生金属间化合物。如生成 $AuAl$, $AuAl_2$, Au_2Al, Au_5Al_2, Au_4Al 等金属间化合物。这几种金属间化合物,其颜色和物理性质是不同的。$AuAl_2$ 呈紫色,俗称紫斑,Au_2Al 呈白色,称白斑,是一种脆性的金属间化合物,导电率低。所以在键合点处生成了 Au—Al 金属间化合物后,严重影响和恶化键合界面状态。如键合强度降低,变脆开裂,接触电阻增大等,因而使器件出现时好时坏不稳定现象,最后表现为性能退化或内引线从键合界面处脱开导致开路无功能失效。

在 AuAl 系统键合中,若采用 Au 丝热压焊工艺,由于在高温

(300℃以上)下,金向铝中迅速扩散,金的扩散速度大于铝扩散速度,结果出现了在金层一侧留下部分原子空隙,这些原子空隙自发聚集,在金属间化合物与金属交界面上形成了空洞。这就是"柯肯德尔"效应(Kirkendall),简称柯氏效应。当柯氏效应——空洞增大到一定程度后,将使键合界面强度急剧下降,接触电阻增大,最终开路失效。柯氏空洞形成条件首先是 AuAl 系统,其次是温度和时间。温度高于300℃,时间又长,很容易诱发这种脱键失效模式发生。要注意,如果器件曾经在175℃～200℃高温下存放较长时间,金铝键合器件在测试中又发生过时好时坏现象,又被认为重测合格器件,要注意这种金属间化合物的失效机理存在的可能性。

(2) 键合点处产生腐蚀失效机理

键合采用的铝丝,常在键合点处出现腐蚀产物,颜色形状多是白色絮状物——Al(OH)$_3$,俗称长白毛,最终使器件开路失效。

铝是比较活泼的金属,很容易发生腐蚀,引起腐蚀原因主要是沾污。如水汽、潮气、酸碱类污染物。沾污物来源,如管壳漏气、封接焊剂、键合 Al 丝时引入的沾污等。当器件工作时,在电应力作用下铝丝将会发生电解腐蚀,电解生成物就是白色絮状物Al(OH)$_3$,有 Cl 离子存在时,更加速铝的腐蚀。

(3) 内引线疲劳断裂失效机理

功率器件的键合,采用铝丝或铝金属带。功率器件在功率循环试验时,容易发生铝丝或铝金属带在键合颈部处断裂。原因是功率器件处于脉冲工作状态时,通导瞬间芯片温度升高,铝丝或铝带因膨胀而伸长;器件关断时,芯片温度降低引起器件引线收缩。由于不断经受热胀冷缩循环作用,因此,在键合丝的颈部处——截面积最小处,因承受最大的热疲劳应力而断裂(见图 7-12)。

7. 外引线(管腿)断裂失效机理

外引线(管腿)断裂失效机理主要是应力腐蚀断裂,疲劳断裂,过应力断裂和焊接不良断裂。外引线材料使用最多是可伐合金丝,即铁钴镍合金丝。器件应用过程中,由于管腿经历环境条件较复杂,发生"断腿"现象很多。

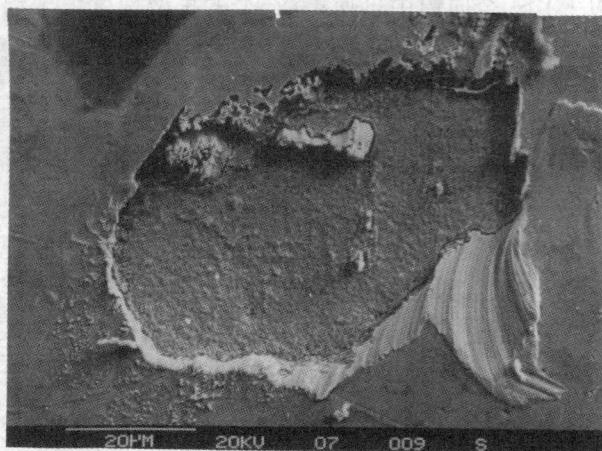

(a)

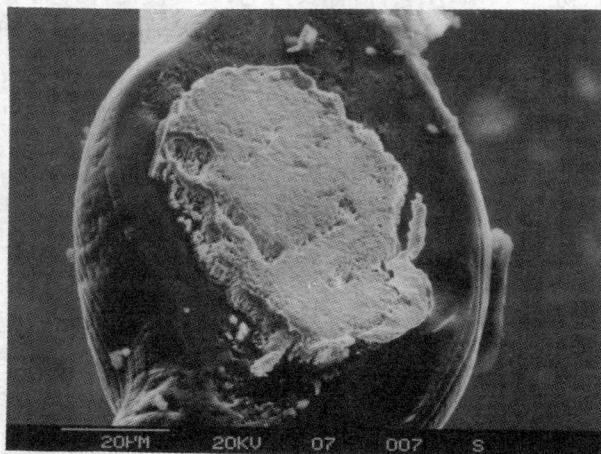

(b)

图 7-12　脱键形貌照片

(a)键合点处；(b)内引线侧键合点处。

（1）外引线应力腐蚀机理

应力腐蚀裂纹萌生和扩展是一个复杂的过程,其机理是与合金成分、结构、介质种类、应力大小等的变化有关。应力腐蚀是一种脆性断裂现象。通常晶体管管腿或半导体器件外引线,多是镀金的可伐合金丝材。一般丝径为 $\phi0.45mm$,在贮存、存放一段时间后,个别管腿即自行开裂,随着存放时间延长,管腿开裂数量会增加。它属延迟性断裂,这是一种潜在隐患,严重危及电子产品使用可靠性。

应力腐蚀断裂的微观形貌特征:断口为解理断裂,断口内有腐蚀产物,断裂是穿晶和沿晶断裂,断裂源区发生在镀层与基体接合处,往往始于点腐蚀,断裂终断区是韧性断裂(见图7-13)。

(2)外引线疲劳断裂机理

外引线(管腿)受到交变应力作用,如振动应力、循环交变负荷时,发生的断裂是疲劳断裂。疲劳断裂基本特征是,宏观看有三个断裂区,即裂纹萌生区,裂纹扩展区,断裂终断区。微观看有疲劳条带,见图7-14。

根据疲劳断裂承受交变应力的不同,存在拉压疲劳,拉拉疲劳,扭转疲劳,弯曲疲劳等等情况。对于 TO 型或双列直插型管腿,承受的应力多数是双向弯曲应力。所以断裂以双向弯曲疲劳断裂出现最多。

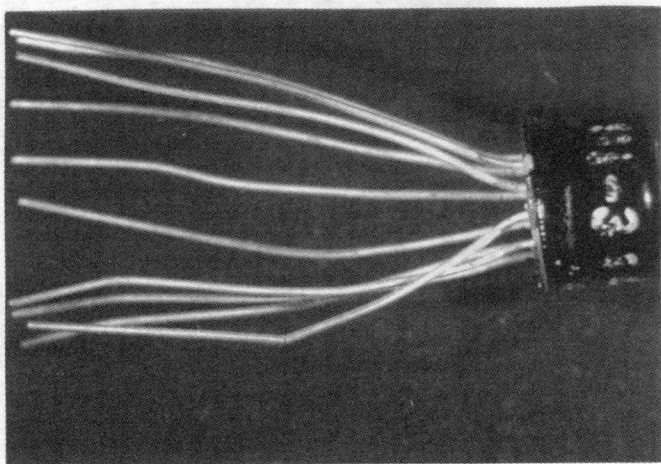

(*a*)

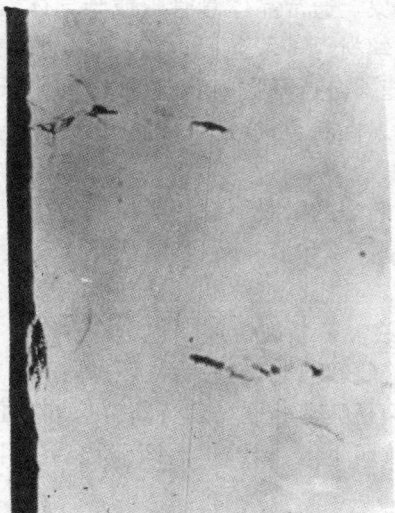

(b)

(c)

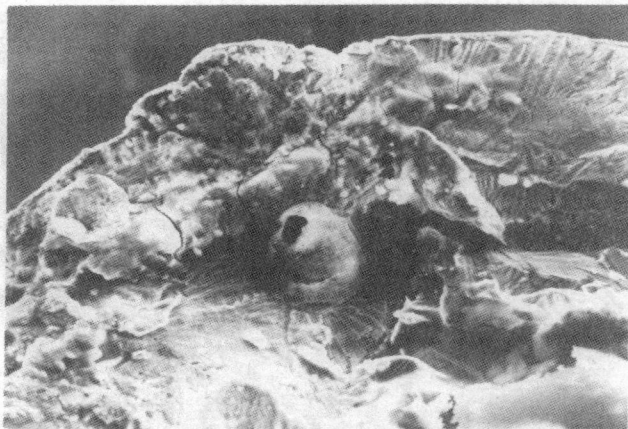

(*d*)

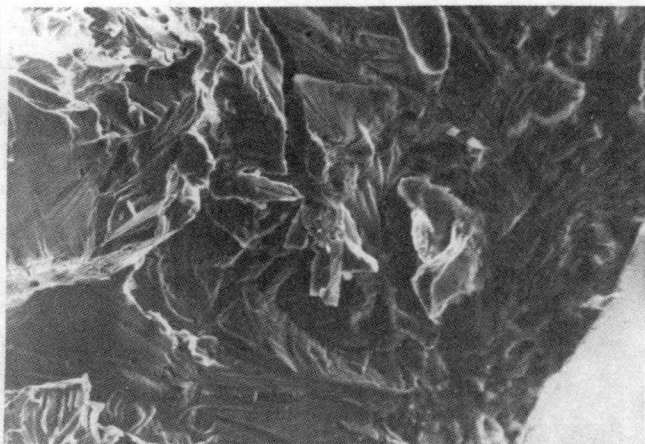

(*e*)

图 7-13　外引线应力腐蚀照片

(*a*) 外引线断裂；(*b*) 未浸蚀外引线断裂金相照片；

(*c*) 浸蚀后；(*d*) 腐蚀产物；(*e*) 扇形花样。

(3) 外引线过应力断裂机理

当外引线(管腿)承受的应力超过或大大超过管腿材料的屈服

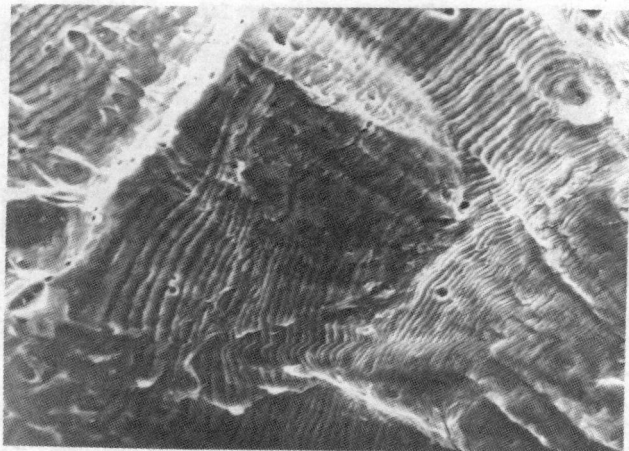

图 7-14　外引线疲劳条带

强度时,管腿发生塑性变形,最终发生断裂。塑性断裂主要特征形
貌是缩颈和韧窝形貌。管腿承受过应力有:双向弯曲应力,扭转应
力,插拔应力(拉压应力)。应力来源多数是人为使用不当引起的。
如果管腿有刀伤压伤挤伤等硬伤时,在使用中更容易拉断管腿、弯
断管腿、扭转断管腿。图 7-15 是它们的断裂例证。

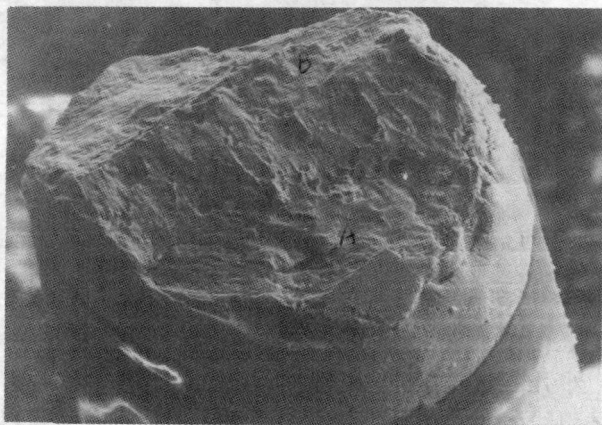

(*a*)

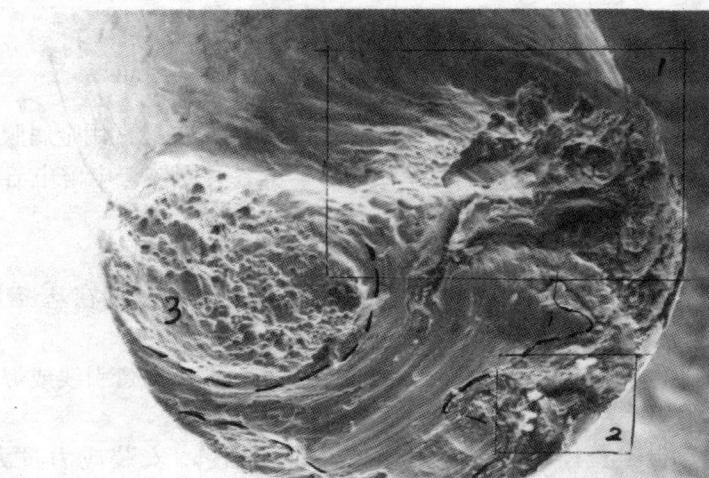

(b)

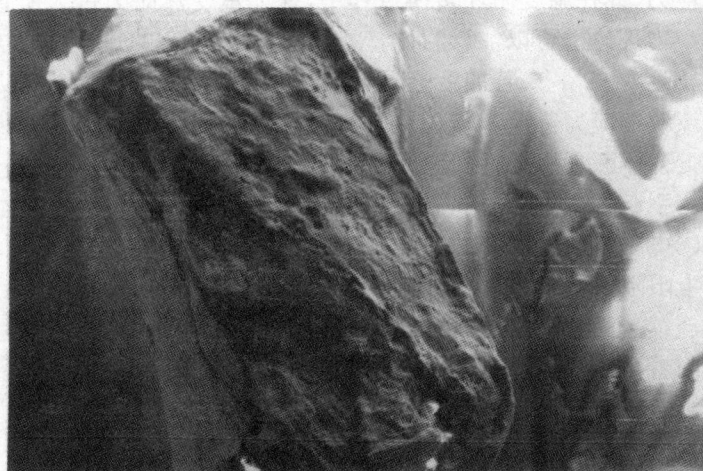

(c)

图 7-15 过应力断裂图例

(a)外引线(管脚)受双向弯曲过应力断裂形貌;

(b)管脚受旋转扭转应力断裂形貌;(c)管脚受插拨应力断裂形貌。

7.4.3　元件基本失效模式及机理

1.阻容元件失效模式和机理

电阻器和电容器合称阻容元件。电阻类中选择常用金属膜电阻和少用绕线电阻;电容类中选择陶瓷电容和固体钽电解电容作代表简单介绍如下。

(1)金属膜电阻主要失效模式和机理

①电阻引线疲劳断裂。主要原因是电阻安装焊接在基板上,安装高度过高导致引线承受交变应力过大而断裂。

②电阻电极帽与引线连接处断裂。主要原因是弯引线或焊接时,因弯引线力过大或焊区焊接面积小引起断裂。

③电阻瓷体断裂。电阻瓷体断裂原因:a. 安装应力过大;b. 在温度循环试验中因三防漆的热膨胀应力过大使电阻承受大弯曲应力,或在温度循环转换过程中,瓷体承受热应力过大所致。对热应力理论上可以估算的,估算结果($\sigma \geq 45.6\mathrm{MPa}$)和瓷体抗拉强度相近。实际上,若加上电阻体刻槽处的应力集中和安装应力,三防漆收缩应力等综合作用结果则已超过瓷体强度了。另外,电极帽处瓷体断裂原因,则是由于在装配工艺中其过盈配合公差选择不当引起的。

④电阻阻值变化。

电阻阻值变化的原因是金属膜从陶瓷基体上剥落引起金属膜不连续、不完整。金属膜剥落的原因主要是基体被沾污影响金属膜附着力,在热应力作用下离开基体粘附在三防漆上。二是电极帽接触不良,造成接触电阻增大而引起阻值变大甚至开路失效。

一般可采用静拉力方法来检查瓷体与电极帽之间结合强度。

(2)线绕电阻失效模式和机理

①线绕电阻开路失效原因

在用线绕制电阻时,因绕制不当,电阻丝有打死结现象,电阻丝受到了损伤,最终在死结损伤处断丝开路。电阻引线或导线断裂示例见图 7-16。

②阻值变化原因:电阻丝与引出线相焊接处,发生虚焊、假焊等不良焊接现象,在使用过程中,在焊接处出现松动现象,造成接触电阻增大,或接触电阻不稳定。发生虚、假焊接原因:焊接区沾污、焊接温度过高、时间过长等因素引起的。

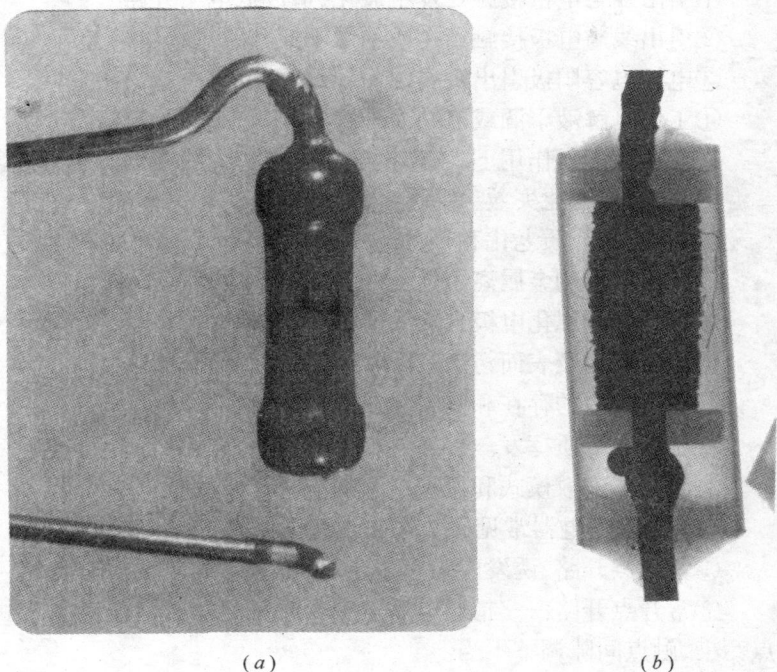

(a)　　　　　　　　　　　　　　　(b)

图 7-16　电阻引线和电阻导线断裂

2.电容器失效模式和机理

电容器常见的失效模式主要有:短路、开路、电参数退化、电解液泄漏和机械损坏等。

电容器的失效机理有:

(1)击穿短路失效机理

①电容介质中存在疵点、缺陷、杂质或导电粒子。

②电容介质材料老化或改变了分子结构。

③电容介质材料内部气蚀击穿或介质电击穿。

④金属离子迁徙形成导电沟导或边缘飞弧放电。

⑤电容介质材料有机械损伤。

(2)开路失效机理

①引出线与电极接触处发生氧化,造成低电平开路。

②引出线与电极接触不良或绝缘不通开路。

③电解电容阳极引出箔腐蚀而导致开路。

④工作电解液干涸或冻结而开路。

⑤在机械应力作用下,工作电解液和电解介质之间瞬时开路。

(3)电参数变化失效

①潮湿、电介质老化和热分解。

②电极材料的金属离子迁徙。

③材料的金属化电极自愈效应。

④电极腐蚀及表面污染。

⑤残余应力的存在和有害杂质的影响。

⑥工作电解质挥发。

3.继电器失效模式和机理

(1)电磁继电器常见失效现象和有关因素

①常闭点开路,诱发因素有多余物、触点污染或结构缺陷等。

②常开点开路——指通电后应吸合时,诱发因素有多余物、触点污染、触点间隙调整不当。

③常开点短路——指断电后常开点不释放断开,诱发因素有触点粘连、多余物限位等。

④通电、断电继电器不动作。诱发因素有线圈开路,如断线、焊点虚焊、引出线断裂。

⑤触点间绝缘电阻下降。诱发因素有壳体绝缘子表面沾污、破裂、银离子迁徙等。

⑥触点接触电阻增大。诱发因素有:触点损伤、触点表面氧化或污染、接触压力不足、触点变形。

(2) 电磁继电器主要失效机理

1)可动性多余物引起失效

可动性多余物可分为金属类和非金属类。金属类如金属屑、导线头、锡焊渣、铁锈等。非金属类如松香焊剂、胶带、纤维、毛发、绝缘漆皮以及一些无机物类——含 SiO, CaO 等灰尘粒子等等。当可动性多余物存在于继电器腔体内时,因继电器吸合、释放动作或外来机械振动冲击应力作用,能改变多余物存在部位、位置,随机性散落、运动到继电器运动间隙中而阻碍、限位继电器的动作距离。导致触点不能正常开启和闭合,甚至使触点无法动作,卡死现象。多余物可使继电器开路、短路、断路等失效现象发生,多余物引起继电器失效具有随机性、复杂、难于复现的特点。

2)因工作结构方面原因引起失效

①衔铁推动杆不到位。在调整继电器各组触点推动杆与簧片之间间隙不一致,或接触压力很小而使常开点不吸合或吸合不到位。

②簧片压力不足或断裂。在簧片调整过程中,中间簧片与常闭簧片之间应有一定预压力。若预压力不足,当继电器工作一段时间后,因触点磨损变形,不能自动通过预压力保持触点正常接触而开路失效。或者焊接固定簧片时,因焊接裂纹而使簧片断裂失效。

③焊接安装不当。如簧片推动杆等活动构件与壳体间隙距离不足,当壳体受外应力作用产生变形,碰接腔体内构件而失效。

④线圈固定不牢引起引出线断裂。

继电器一般采用与安装轴之间的轻微过盈配合固定线圈。若配合不当,继电器在振动应力作用下,导致线圈与固定轴之间产生转动或轴向运动,造成线圈引出线疲劳断裂。

3)触点表面污染引起失效

触点表面沾污主要有两类:一类是无机物如 Al、Si、Ca 等氧化物。它来自封装前的工艺环境。而另一类是有机物,多是含碳和氧的有机物。这些有机物质主要来自封装物逐渐形成的。如用绝缘胶带包封线圈体,线圈引出线用绝缘胶布带包封,封装焊接用有机焊剂、清洗液等有机物质,这些有机物经一定温度和时间后,蒸发、汽化出有机分子,并向电场强度最大的触点位置吸附、凝固、聚集,逐渐在触点表面生成一薄层的有机薄膜,引起触点接触电阻增大,严重时可导致开路失效。

4)绝缘性能下降引起失效

①玻璃绝缘子表面存在外来沾污物。即在绝缘子体内侧表面和体外侧表面有沾污物,如含有碳、氯、硫、钾、钙、氧等元素。

②玻璃绝缘子受应力破裂后吸附潮气。

③玻璃绝缘子处有银离子迁移现象。银离子迁移机理:继电器外壳采用镀银的外壳,在使用过程中,镀银的壳体吸附潮气、含卤元素的腐蚀介质、镀银工艺清洗不干净而在引线根部处残留沉积(在里侧或外侧绝缘子处)的腐蚀性介质,逐渐形成了银的硫化物或氯化物。这些银的化合物,因玻璃绝缘子吸潮后分解出银离子。引线柱与壳体间存在电位差形成电场,结果银离子在电场作用下,发生迁徙,生成技状结晶体,破坏引线柱与壳体之间绝缘性能,导致绝缘电阻下降。

电磁继电器失效示例见图 7-17。

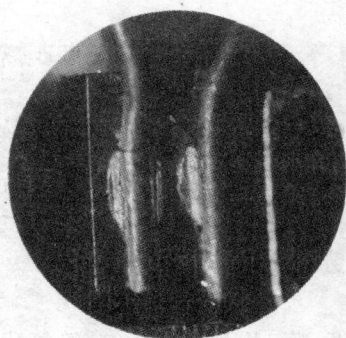 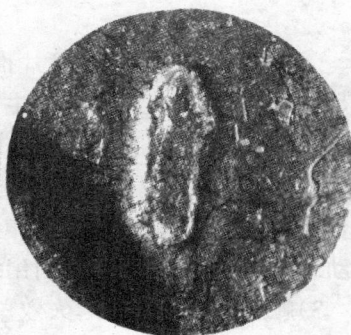

(a)　　　　　　　　　　　　(b)

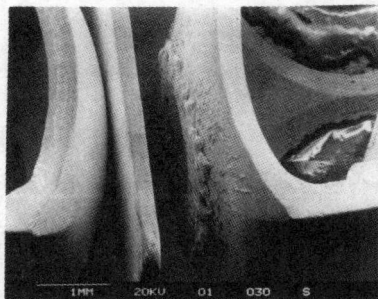 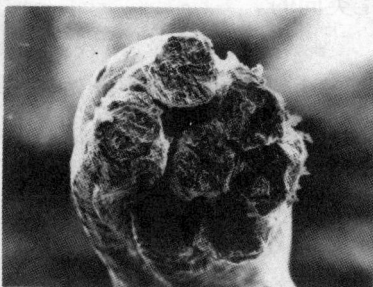

(c)　　　　　　　　　　(d)

(e)

图 7-17　电磁继电器失效示例
(a)推动杆断裂;(b)焊点脱焊;(c)触点熔化;
(d)引出导线疲劳断裂;(e)触点沾污。

(3) 固体继电器失效模式和机理

固体继电器失效模式有开路失效和无功能失效——无输出失效。由于它采用了半导体工艺技术,从结构和工艺上看是属于厚膜集成电路的半导体工艺技术,因此,其失效机理与厚膜集成电路是类同的。

4.其他机电元件失效模式和机理

(1)电感器失效模式和机理

电感器件有二种,一种是有磁心的,另一种是无磁心的。有磁心的电感器如变压器、传感器等。无磁心的电感器如滤波器、扼流圈、调谐器、退耦器、补偿器、延迟线圈等。

变压器、传感器主要失效模式是绝缘电阻下降,击穿烧毁——电压击穿或热击穿。

绝缘电阻下降与变压器受潮、沾污和绝缘材料有疵点和缺陷存在相关。

电压击穿与导线匝间短路有关。

热击穿机理是变压器长时间过载工作,初级绕组电流过大,铜耗增加,温度升高,磁感下降,导磁率减少,电感量降低。电感量降低结果又促使初级绕组电流进一步增大,如此恶性循环,磁感量降至为零时,变压器变成一只空心线圈,能量损耗全部降到铜阻上,使温度继续升高,绝缘材料炭化、烧毁,绝缘性能丧失,导致匝间、层间相通,形成短路状态。

无磁心电感元件主要失效模式是开路、断路。失效机理是外引出线的焊接处开裂。开裂原因:焊接不良,在焊点处、外引出线和线圈体导线没有良好接合,或者受机械应力过大,拉断引出线或线圈体导线。

(2)导线、电缆失效模式和机理

导线和电缆主要失效模式是断裂。断裂位置多发生于导线的活动部分与不可动部分的交界附近。其次是导线表面发黑造成接触不良。还有导线及电缆本身的工艺缺陷,在环境贮存时受腐蚀而失效。

导线、电缆断裂机理:疲劳断裂。

导线、电缆变色原因是受腐蚀引起的。

(3)印制电路板失效模式和机理

印制电路板是电子、电气装置的元件之一。它根据整机电路基本设计要求,把元器件、组件集合组装在一起,完成电路系统电特性功能。它类似于混合集成电路的基板。其功能形式上很相似。不同的是一个是宏观的,一个是微观的。

印制电路板失效模式和机理:

①信号传送终止。又称开路失效或短路失效。由于导电通路的物理性中断引起信号终止与下列因素有关。

a. 化学效应。如腐蚀作用所致。

b. 机械效应。当镀层、焊料、引线材料的机械性能因污染作用削弱时而发生的这种效应。

c. 光学效应。当凝聚或沉积的颗粒污染引起光的传输量大量减少、损坏或妨碍信号在光学电路中发生时,就会产生这种效应。

开路原因:由于二个配合导体间接触面腐蚀氧化作用使其接触电阻增加,接触电阻增加导致发热,由于热效应结果,接触部位氧化,接触电阻再增大直至导致电路开路。如果接触面上有污染物存在也是导致电路开路的原因。

短路原因:由于电导性污染物或金属多余物搭桥重要的焊接区、焊片或引线造成短路。绝缘材料性能劣化,产生严重漏电通道造成短路等。

②信号中断。又称瞬间开(断)路或瞬间短路。

对滑动或插、拔型的接触部位的导体结构,很容易发生中断信号传递。例如,旋转式开关、插拔式印制板。由于接触不良而中断信号,多与污染、腐蚀、氧化有关。此外,非活动接触部位污染也会发生中断信号传输。如镀层、焊点里因污染引起开裂也能中断信号传输。

③信号改变。如信号波形、频率等发生变化而改变了传输信号的特征参数。

信号改变主要原因:漏电流,接触阻抗增加,内阻增大,电容性效应,功率耗损等引起的。

漏电流是因信号通过导体传输时,邻近导体的绝缘体性能下降引起的。漏电流可分为体内漏电和表面漏电二类,即信号传输出现了分路或旁路传输途径。在高压情况下,漏电流是造成飞弧现象的主要原因(弧即瞬间短路)。

绝缘体性能下降原因很多,主要还是污染效应最大。特别是电导性污染物——金属毛刺、金属粉末、碳微粒等包藏在绝缘体内产生电效应导致介质特性下降,漏电流增加。

引起信号改变的另一原因是二个接触部位间因污染造成电接触不良——接触电阻增加。各种插头座的失配,引起接触压力的改变,更加促使污染效应扩大。接触力低往往也是发生信号变坏的原因。污染还能改变电绝缘体的介电常数和耗散系数。因此,造成电容效应、电晕现象和功率损耗等而引起其他方式的信号改变。如高频电路,电容效应很重要,它可能引起高频信号旁路的发生。

总之,印制电路板的污染效应是引起整机电路出现故障或发生电路失效的重要原因。因此,印制板基板上都要镀上各种金属保护层。如在铜箔上镀锡—铅焊料;在铜箔上镀锡,镀镍,镀银,镀金,镀铑等等。其中镀银的印制电路板,容易发生银迁徙现象。银具有良好导电性、传热性和可焊性,接触电阻低等特性。在电气、电子装置和开关、继电器等器件上得到广泛应用。但是,在适合条件下,如在高湿度、持续加电压(电动势)等恶劣环境中,当具有吸收、吸附湿气特性的绝缘体与银接触时,银就会从它的最始位置进行离子移动,在其相邻区域再沉积。银可以在绝缘体内部进行迁徙,称贯穿迁徙。银迁徙沉积物是呈树枝状的。银迁移也可以在绝缘体表面迁移沉积,称表面迁移或叫横向迁徙。这也是属于金属(Ag、Cu、Sn、Au)的迁徙现象。在长期工作、可靠性要求高的印制电路板——包括有镀银保护层的元器件,应用时必须相当小心,尽可能减少银离子迁徙的可能性,防止信号改变、中断、飞弧损坏现象发生。

(4) 接插件失效模式和机理

1)玻璃绝缘子的烧结缺陷引起失效

如气泡、孔洞,可因贮存潮湿的沾污物而使绝缘子绝缘电阻下降,发生短路失效。

玻璃绝缘子破裂、裂纹、崩裂等外露引出线基体金属产生腐蚀,而发生引线断裂失效。

玻璃绝缘子中存有金属夹杂物,可导致绝缘电阻下降或发生短路失效。

绝缘子外凸、影响接插质量。

2)镀层质量差引起失效

接插件的插针、插孔,多采用镀金层。如果金镀层质量差,直接影响接插件的抗腐蚀性能和接触电阻值。如金镀层过薄、不致密、有针孔时,由于底层铜暴露于空气中,潮气与它形成 Au—Cu 原电池,导致过渡层腐蚀,腐蚀产物存在使插针与插孔之间接触状态变化,接触电阻增大,严重造成开路失效。

3)接插件表面沾污

接插件表面沾污是造成孔间或芯壳之间绝缘电阻下降的主要原因。沾污物多是环境污染造成的。如果绝缘电阻严重下降时,即由兆欧级降至千欧或更低时,会产生漏电通路而失效。

7.4.4 其他电子元器件失效模式及机理

1.光电器件失效模式和机理

光电器件是一种光电转换器件。如半导体发光管、半导体光敏管、光电管和光电耦合器。

(1) 半导体发光管失效模式和机理

发光管主要失效模式是性能特性退化,键合引线失效。

性能特性退化表现有阈值电流变化、功率输出逐渐降低、热阻劣化等。性能特性退化和下面因素有关。①电离辐射引起退化。②晶体缺陷——位错、暗线形成。③金属纵向电迁徙出现合金尖峰渗透,形成局部丝状电流。④芯片与热沉焊接造成器件热阻不稳定等。

键合引线失效原因,如由于塑料封装压制成一个整体的透镜,在环境状态条件下,因为材料热收缩不同引起键合引线开裂或断裂失效。

(2) 半导体光电耦合器失效模式和机理

光电耦合器是由半导体发光二极管和半导体光敏管组装而成的器件。它主要失效模式是输入开路、输出开路、传输比变化。输入开路、输出开路主要原因是键合引线断裂所致。键合引线断裂原因是过电应力熔断内引线或者键合点脱键造成的。传输比变化与发光管暗电流变化、光敏管窗口沾污、光传输透镜污染等因素有关。

2.微波器件失效模式和机理

微波器件,如微波管和微波集成电路。由于工作频率大于1GHz 微波范围,使用时,微波的传播和传输过程中,可能发生相移、微波衰减和色散。发生原因与很多因素相关。例如,微波集成电路产生参数分散性,多与平面传输线(微带线)的几何形状、厚薄膜工艺与材料精确性、稳定性的要求有着极大关系。金属电迁移和热击穿效应、过热点等现象发生比普通晶体管更加严重和剧烈,特别是微波功率管,由于寄生电容、寄生电感等寄生参数对其性能影响外,热效应、热击穿现象发生是主要的。

3.晶体振荡器失效模式和机理

如石英晶体振荡器是将切割成型的晶片二个晶面涂上银层作为电极,焊上引线,装在支架上密封而成的。常见的失效模式有:

① 内引线断裂引起振荡器不振动;

② 晶片断裂引起振荡器失效;

③ 制造工艺缺陷,如安装位置、尺寸不精细造成失效。

内引线断裂的原因是振动应力引起的疲劳断裂。

晶片断裂原因多是由于承受较大应力所致。如冲击振动应力、高激励电平—高电压,而引起大的机械应力导致晶片解理脆性断裂。

晶体振荡器如果安装不当,造成潜在隐患,如晶体端面固定倾斜、内引线打弯、端头过长,很容易使引线端头与壳体接触碰撞,发生壳体与引线短路现象。如果晶体与内引线焊接有缺陷——焊缝接合不良,如污染、焊缝开裂、脱焊等,都是潜在性质的隐患。

4.探测器失效模式和机理

探测器失效模式是噪声变化。失效原因多数是受潮和沾污造成的,同时还与敏感片微观结构、导线焊点、绝缘电阻等因素相关。

热噪声机理是电流载流子的热骚动,温度噪声机理是温度涨落,接触噪声机理是接触电阻涨落,散粒噪声机理是热发射电子随机发射,辐照噪声机理是辐照光子涨落。

地球探头噪声变化大,主要来源于电流噪声和接触噪声。噪声变化和地球探头材料、结构、工艺等因素密切相关。噪声变大主要原因是地球探头工艺沾污、吸潮和敏感片、介质层的微观结构缺陷造成的。例如,介质层不完整有针孔、气孔等缺陷存在,再加上受污染,电极接触状态差等原因,最终它将以噪声变大来表现出来。噪声变化是一个复杂的物量过程变化。

5.片式元件和组件失效模式和机理

表面贴装技术发展,促使片式元件品种在扩大,如片状电感器是继片状电阻、片状电容之后发展起来的,随后有 LC、LRC、LR 各类网络产品。

片状电感器结构特点为无引线型,引出端是金属膜型或金属片形。膜层薄、受热集中、极易损伤,造成焊接不良。若引出端采用金属浆料,又容易发生金属离子(Ag^+)扩散迁徙造成电性能劣化。电感器导电体和磁介质——磁心,是采用金属浆印刷制成的(如用 Cu、Ag、Au 等金属材料配制而成)。因此,用浆料烧结而成的导电体——磁心,若出现制造工艺方面缺陷就会使电感量 L 和 Q 值退化。最后,片装电感器封装——如树脂灌封或外壳封装,若封装质量差,也是造成其性能恶化的原因。

6.变换器失效模式和机理

电源模块主要失效模式和机理：

① 无输出电压,输出端近似短路现象。失效原因是整流二极管击穿所致,整流二极管击穿失效机理是线路中扼流圈——电感器 L 的反电动势反复叠加在整流管上,使整流管反向击穿,导致模块无电压输出。

② 无电压输出。输入端电压正常，而输出端电压为零电压。无电压输出失效原因是输入级振荡回路无功能。配对振荡管失效机理是 eb 结过压击穿，过高瞬间电压可能来自二个方面原因，一是级间变压器上电源极性接反，二是电路中钽电容瞬时击穿将高压加到 eb 结上使之击穿。注意钽电容有击穿自愈特性。

7.5　电子元器件失效分析的几个基本特点

电子元器件失效分析工作,从失效分析内容、失效分析技术和方法来看,或者从元件、组件、部件、整机、分系统、系统直至一项工程的原理、结构层次来看,以及从一个产品设计、研制、试验、生产、使用的每一个环节来看,电子元器件失效分析都具有自身一些基本特点。

7.5.1　分析失效原因的多样性

电子元器件发生失效,其现象是多种多样的,即使失效现象相同,但它的失效原因、失效机理也是多种多样的,所以失效模式多、失效机理多也是一个特点。电子元器件失效分析所需分析技术和手段也是很多的。

7.5.2　失效机理的复杂性

电子元器件失效发生,随着器件集成度提高,工艺技术精细化,新型器件出现,情况更为复杂和多变。不断发生新的失效机理也是很自然的。产品失效是各种内部和外部因素综合作用的结果。失效发生过程是十分短暂的,是一种瞬时行为。要弄清失效的诱发因素(应力、环境和时间)及其综合作用,要分析研究其物理或化学变化过程,有时候,即使研究同一种失效机理,如金属电迁徙、静电效应、二次击穿等等,而它表现出的现象、形貌特征等都是不尽相同的。同样,失效现象相同,它的失效机理不一定相同,分析时切忌定势思维,避免不按科学方法分析问题。

众所周知,物质相互作用后,发生的反应、效应很多。不论固态、液态、气态物质,声子、光子、电子物质,或是离子、粒子、原子、分子物质。它们之间发生相互作用,出现效应很多,而且其机制和机理也很复杂,涉及到化学、物理学、材料学、电子学、力学、光学、声学、热学、磁学、原子分子学等等学科。例如,材料伸长压缩效应,接触效应,腐蚀效应,光电或电光效应,电磁或磁电效应,电热或热电效应,辐射效应,静电效应,噪声效应;体内效应,表面效应,界面效应,隧道效应,量子效应等等。这些效应及其机理,有待进行深入的分析和研究。

7.5.3 失效模式的隐蔽性

电子元器件失效现象和失效位置,往往具有极大的隐蔽性。这种隐蔽性给观察分析带来了很大困难。有些失效是随机性失效、软失效、不稳定性失效,要捕捉这些失效现象、判断失效部位、分析失效位置,需要使用或借助高新的科学技术和手段。如,应用层析技术,剖析技术,断层技术,透视技术,图像分析处理技术,非破坏性的各种分析检测和试验技术等。在观察分析中,如果不加注意,考虑不周全,就有可能丧失重要信息和判据,出现错误判断或造成无法挽回的损失。这也是失效分析工作难点之一,当然,正是由于它具有隐蔽性的难点,更激励和促进新的观察分析技术和手段的不断涌现和发展。

7.5.4　失效分析手段的微观性

众所周知,电子元器件是一种体积小、重量轻、结构复杂的产品。它的结构特点之一就是用超细微性加工技术来制造的。例如,从单元尺寸来看,结深度是亚微米数量级;氧化层、钝化层的厚度是从几十纳米至一百多纳米;金属化层厚度和宽度达到 $30.18\mu m \sim 1\mu m$;集成度对存储器达到了几百/mm^2 ~ 几千门/mm^2;所以对每一个单元结构(元件)都是微区性的。再有,产品发生失效后,只是产品整体结构中某一个单元,某一个元件或某一微小区域范围内出现失效。所以失效位置也是微区性的。最后要研究分析微小单元、微区的失效位置,还必须应用微区观察分析设备来进行分析研究。

7.6　电子元器件失效分析
发展动向和展望

微电子领域高科技迅猛发展,必然促进失效分析技术的发展。新型微电子产品不断应用新材料、新工艺和新结构。例如应用氮化镓等新型半导体材料,亿钡铜氧超导薄膜材料,多层金属化系统材料;应用新型封装,焊接工艺,片式贴装工艺,表面微加工工艺;应用微组装结构及微结构等。微电子器件功能越来越多,结构更超精细化,更复杂化,集成度更高、体积更微型化等特点,也必然使失效分析应用和发展一些新的分析技术和方法,反过来也促进微电子技术发展。它们之间是相辅相成,相互促进的。简单说来,电子元器件失效分析发展动向就是,由对失效件的分析向良品、好品、合格品进行分析,分析面扩大了;取样制样从手工粗加工向自动精细加工方向发展,加工取样达到了精确化;从平面二维观察分析向体视多维观察分析,实时直观有效性更强;从宏观观察分析向微观、超微观观察分析,由平面到点分析,由表及里分析,不断向纵深方向进行观察和分析,当今直至深入到原子、分子、电子的微观结构里去,分析观察更深化了;由定性分析到定量分析,使失效判据更有效。

总之,失效分析正在向广度和深度方向发展,向可靠性和高可靠性研究方向发展,向工程有效性方向发展。

国际上对失效机理研究重点已开始转向微电子器件和新型电子元器件。我国十分关注这一动态。由于工艺技术发展带来了质量控制和可靠性保证要求。对各种失效机理研究逐步地从定性失效分析转向定量建模和计算模拟分析。例如,出现了热电子模拟程序软件;研究探索主要失效机理相应的激活能及其寿命之间关系。在研究电迁徙失效机理中已有所应用;研究失效机理与各种关键工艺输入参数之间相互关系;评估产品可靠性水平,使用计算机辅助可靠性与相应统计工艺方法;控制工艺参数输入及其影响仿真研究;因新型器件不断出现,以及采用新封装结构材料发生变化,促使对封装技术环节可能出现什么新的失效机理研究等。

另外,计算机技术渗透到各个领域,实时智能技术应用十分广泛。专家系统技术已开始应用到医疗诊断和故障分析的领域中。电子元器件失效分析工作,在国外和国内都是十分重视和关注的。因此,如何充分利用和发挥以往的数据信息作用,充分发挥这个领域各方面专家知识和经验,达到提高失效分析工作速度和有效性、可靠性。这就需要将计算机智能技术应用到电子元器件失效分析工作上来。

专家诊断技术内容包括硬件系统,选择与配置和软件系统的选择、设计和开发。开发出专家诊断系统,主要和关键的难点是在软件系统方面,即包括标准软件和应用软件二大类。开发过程必须考虑到,第一能预测未来,第二能辅助决策,第三能控制行为,第四能实现规划和目标。要建立的数据库、信息库、知识库、分析库、中心库,必须明确建库目标和结构确定职能。实施编程时,采用什么语言编程,系统程序,管理程序,运行维护程序,分析模拟程序和图形、数据处理程序,是采用、借助其他合适软件工具,或自选进行系统开发适用的软件系统。不管选用、开发什么硬件系统和软件系统,最终都通过对各种知识、经验和数据进行汇集、整理、分析等,通过知识获取,成功进行逻辑推理分析,回答用户提出各种问题。这就是实现专家诊断技术基本想法。

专家诊断技术,不仅达到信息查询、人机对话交流,甚至可进行异地远程分析诊断作用。同时,也能充分发挥专家知识、信息交流和利用价值,扩大诊断区域和范围。

参 考 文 献

1 (英)豪斯 M J,摩根 D V 主编 . 半导体器件及电路的可靠性与退化 . 北京:科学出版社,1989

2 中国科学院半导体研究所理化分析中心研究室 . 半导体检测与分析 . 北京:科学出版社,1984

3 赵英 . 电子组件表面组装技术 . 北京:机械工业出版社,1991

4 霍恩 W E. 辐射对电子元件器件的影响 . 微观译 . 北京:国防工业出版社,1974

5 里基茨 L W. 电子器件核加固基础 . 北京:国防工业出版社,1978

6 曹健中 . 半导体材料辐射效应 . 北京:科学出版社(1993)

7 汤洪高主编 . 电子显微学新进展 . 合肥:中国科学技术大学出版社,1996

8 张铬诚等 . 电子束扫描成像及微区分析 . 北京:原子能出版社,1987

9 白春礼等 . 扫描力显微术 . 北京:科学出版社,2000

10 徐延林等 . 电子工业静电防护技术 . 西安:陕西科学技术出版社,1994

11 中国电子学会、电子产品可靠性与质量管理学会 . 电子元器件失效分析实验室方法 . 孔学东等译校 . 1986

12 监见弘等 . 失效分析及其应用 . 陈视同译 . 北京:机械工业出版社,1999

13 钟栋梁等 . 飞机电气事故(故障)的检查与分析方法 . 北京:蓝天出版社,1993

14 (美)陶希尔 C J. 印制电路板和组件污染分析及处理 . 曾士良、王道译 . 北京:北京科学技术出版社,1986)

15 (美)戈然 R. 金属表面上的相互作用 . 北京:科学出版社,1985

16 中国机械工程学会材料学会主编 . 机械产品失效分析与质量管理 . 北京:机械工业出版社,1986

17 孙沩等 . 微电子测试结构 . 上海:华东师范大学出版社,1983

18　张志焜、崔作林．纳米技术与纳米材料．北京:国防工业出版社,2000

19　刘静．微米/纳米尺度传热学．北京:科学出版社,2001

20　全国第三届航空航天装备失效分析会议论文集．宇航材料工艺编辑部,2000

21　第三届国际可靠性,R.M.S维修性、安全性会议论文集．北京:电子工业部出版社,1996

第八章　疲劳断口的定量分析

8.1　断口定量分析在失效分析中的作用

断口分析可分为定性分析和定量分析。定量分析是定性分析的深入和发展。定性分析一般限于确定失效模式和直接失效原因，即仅能给出失效因素的类型，如应力类型、腐蚀介质类型、缺陷类型等；定量分析则着重于估算失效因素的大小或量级，如失效应力的大小、疲劳区的面积、裂纹的长短、缺陷的尺寸、疲劳寿命的长短等，目的在于确定深层次失效原因和提出有针对性的改进和预防措施，如确定零部件的可靠寿命与检修周期。

断口的定量分析主要指对断口表面的成分、结构和形貌特征等方面进行定量参数的测试、描述和表征。断口表面的成分定量分析是指对断口表面平均化学成分、微区成分、元素的面分布以及线分布、元素沿深度的变化、夹杂物及其他缺陷的化学元素比等参数进行分析和表征；断口表面结构定量分析的对象是断口所在面的晶面指数、断口表面微区(夹杂、第二相、腐蚀产物等)的结构；断口形貌特征的定量分析的内涵是断口表面的各种"花样"，包括各种断口特征花样区域的相对大小以及与材料组织、结构、性能及导致发生断裂的力学条件、环境条件之间的相互关系。因此，断口定量分析研究涉及的领域非常广，内容十分丰富。本章所论述的仅仅涉及断口表面形貌特征定量分析中的一部分：即疲劳断口分析——通过疲劳裂纹尺寸及疲劳条带或弧线间距的测定来确定疲劳裂纹扩展寿命、原始疲劳质量以及疲劳应力大小、疲劳断裂顺序等。

疲劳断口定量分析一方面可以提供失效因素的大小和量级，从而有助于深入分析和找出深层次失效原因；另一方面可以充分利用实际失效件上的信息，避免其他试验过程的干扰，使分析更为接近实际情况；还可以节约经费、缩短分析周期。通过对疲劳断口定量分析可得出构件在实际工作中的疲劳裂纹扩展速率，从而能合理地对零部件进行疲劳寿命估算、可以确定构件形成裂纹的时间、评价其制造质量、估算疲劳应力等。这对于正确分析失效原因，解决工程实际问题，具有很强的工程应用性，尤其对验证检修周期的合理性，校验零件设计、制造、使用与维修的正确性以及保证构件安全可靠性等均具有十分重要的意义。

8.2 疲劳断口定量分析的主要技术和方法

随着机械设计和可靠性技术的发展和应用，机械构件越来越少出现静载破坏。即使发生静载破坏，也一般与环境介质有关。大量的工程实践表明，疲劳断裂是机械零部件断裂失效的主要模式。据统计，由于机械零部件断裂失效导致的重大事故中大多与疲劳断裂有关，因此，断口定量分析主要针对疲劳断口。

疲劳断裂过程分为疲劳裂纹的萌生、稳定扩展、失稳断裂三个阶段，图 8-1 示出了一条完整的疲劳裂纹扩展速率曲线。在疲劳裂纹萌生阶段，疲劳裂纹萌生及短裂纹扩展的影响因素极为复杂，尚未有公认的数学物理模型来定量表征，因此裂纹萌生寿命目前无法从断口形貌上反推出来。目前国内外学者将短裂纹萌生及扩展的数理模型定量表征视为疲劳断裂研究的重点领域。短裂纹随后的扩展是一个连续的与循环载荷有关的累积过程，在载荷的循环过程中，裂纹扩展形成一条疲劳条带，即当疲劳裂纹长度为 a 时，一次疲劳载荷循环 $\mathrm{d}N$ 使疲劳裂纹扩展 $\mathrm{d}a$ 的距离。对于大多数结构材料，在裂纹扩展阶段，通过扫描电镜、透射电镜可以看到清晰的疲劳条带，并且随裂纹长度的增加，疲劳条带间距呈逐渐加宽的趋势，图 8-2 为典型的疲劳扩展阶段的疲劳条带。断口

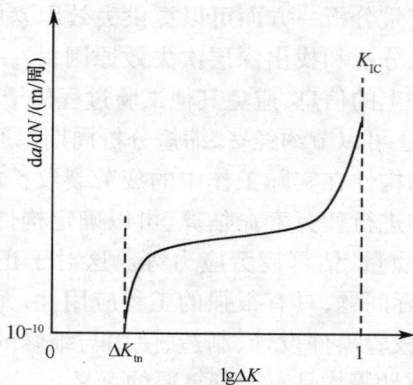

图 8-1　疲劳裂纹扩展速率曲线

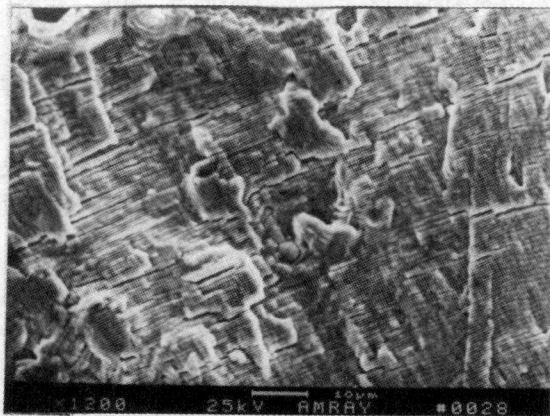

图 8-2　疲劳条带特征

的定量反推主要是针对疲劳裂纹扩展阶段进行量化测量与计算。

　　目前,疲劳断口的定量分析主要从两方面进行研究并形成工程方法,一是采用试验归纳的方法,二是采用理论指导下的试验分析方法。试验归纳的方法是指通过对一组确定的构件(试样)型式、受力类型、环境介质下的断口进行测量,统计归纳出应力大小、疲劳寿命、裂纹长度等参数之间的定量关系。理论和试验分析方法是指通过对单个或几个试验或实际构件断口进行测量,应用已成熟理论,拟合出应力大小、疲劳寿命、裂纹长度等参数之间的定量关系。

8.3 疲劳断口的几何特征及其物理意义

疲劳断口上有疲劳弧线、疲劳条带、疲劳沟线(疲劳台阶线)、临界裂纹长度、瞬断区大小等[1~4],其定量分析的基础就是对这些特征的位置、间隔和大小等进行研究,并建立与失效因素之间的联系。

8.3.1 疲劳弧线

疲劳弧线是疲劳裂纹扩展过程中不同瞬时前沿线的宏观塑性变形痕迹,其法线方向即为该点的疲劳裂纹扩展方向。疲劳弧线不仅是诊断疲劳断裂的主要依据,有时甚至是惟一的依据,同时也是疲劳断口定量分析的凭证。疲劳弧线的定量分析主要依据疲劳弧线的数量和间隔。

大量研究和试验表明:疲劳裂纹在稳定扩展阶段遵循 Paris 公式,在多数情况下后一个疲劳弧线间隔比前一个疲劳弧线间隔宽。因此,在应力循环次数 N、应力幅值 $\Delta\sigma$ 和裂纹深度 a 三者中,已知其中两者就可以推算出第三者。这是断裂参数定量反推的理论依据之一。

8.3.2 疲劳条带

疲劳条带与疲劳弧线性质类似,是疲劳裂纹局部瞬时前沿线的微观塑性变形痕迹,其法线方向大致指向疲劳裂纹扩展方向。疲劳条带是判断疲劳断裂的充分依据,其数量与间隔是进行定量分析的主要参数。

8.3.3 疲劳沟线

疲劳沟线是疲劳断口的重要特征之一。疲劳失效的很多情况，在断口上往往看不到明显的疲劳弧线或疲劳条带，但经常可发现疲劳沟线。疲劳沟线是由于高度不同的疲劳区扩展汇合时相交的结果，一般垂直于疲劳裂纹瞬时前沿线(疲劳弧线或疲劳条带)。

疲劳沟线的方向、疏密是确定疲劳源区(点)位置的特征参数。

8.3.4 临界裂纹长度

对于大多数工程疲劳断裂，疲劳扩展区的大小可以用疲劳扩展临界裂纹长度 a_c 来表征，代表着构件失稳破坏的开始。由于 a_c 与临界应力幅 $\Delta\sigma_c$ 和疲劳扩展寿命 N_f 有关，因此，可以建立 $\Delta\sigma_c$ 与 a_c、N_f 与 a_c 之间的定量关系。$\Delta\sigma_c$ 随 a_c 增加而减小，N_f 随 a_c 增加而增加；当几何形状因子 Y 相对于 a_c 的变化可忽略时，$\lg(\Delta\sigma_c)$ 与 $\lg a_c$ 成反比，$\lg N_f$ 与 $\lg a_c$ 成正比。

8.3.5 疲劳瞬断区大小

瞬断区是表征疲劳裂纹到达临界尺寸后发生快速破断的断口特征。瞬断区的面积一定程度上反映了材料临界应力 σ_c 的大小。

8.4 疲劳弧线/条带间距的测定方法

利用断口疲劳条带间距(微观)进行定量分析的理论依据是：每一疲劳条带相当于载荷或应变的一次循环；而每一条疲劳弧线(宏观)则相当于裂纹扩展过程中载荷或应变发生一次大的改变(如载荷谱的加载、环境条件等的改变)。利用疲劳条带或弧线间距进行断口定量反推的前提是能够对疲劳断口上的疲劳条带或弧线间距进行测定。目前一般采用实体光学显微镜、扫描电镜或透射电镜等仪器观察断口上的疲劳条带或疲劳弧线。

在实验室条件下，数据的采集是在对疲劳断口分析观察过程中进行的,一般沿着断口主裂纹方向均匀选取观测点进行拍照,当裂纹改变扩展方向时应分段进行观测、计算。测量的原则是:①测量与断口基本在同一平面上的多个并排的疲劳条带,尽量选择数量多、分布均匀、轮廓清晰的条带进行测量;②一般不测量倾斜于断口主裂纹方向的疲劳条带,以防止实测结果偏小;③在同一测量区内疲劳条带宽度变化不大,应测量多个并排的疲劳条带数据,取其平均值作为实测数据以便减小多种因素所造成的误差[1]。

8.4.1 实体光学显微镜

对于载荷谱加载的失效件或低周疲劳失效件,可在实体光学显微镜下直接数出在一定长度内的疲劳弧线或疲劳条带数目。该方法简便、直观、准确,利用实体显微镜观察时通常采用偏光照明,以增强衬度。然而由于实体显微镜分辨率及放大倍数的限制,细密的疲劳条带有时则难以分辨。

8.4.2 扫描电子显微镜

利用扫描电子显微镜对距疲劳源区不同距离的部位拍摄照片,从而可测得相应的疲劳条带间距的平均值。

扫描电子显微镜景深长、放大倍率高,分辨率较光学显微镜大大提高,加之电子显微镜近年来在样品台方面的改进,使得利用扫描电子显微镜来进行疲劳断口的定量分析更为方便。

然而利用扫描电镜测定的疲劳条带间距与实际间距之间存在差异。图 8-3 示出了疲劳条带间距与其投影图像的几何关系,图中 L'_T 为测量长度,N' 为条带数目,l_t 为真实条带间距,l'_{mean} 为在裂纹扩展方向上测量的条带间距。

在扫描电镜图片中的裂纹扩展方向上,疲劳条带的平均间距 l'_{mean} 可按下式计算:

$$l_{mean} = \frac{L'_T}{N'} = \frac{l}{N'_L} \tag{8-1}$$

式中 L'_T——测量的长度;

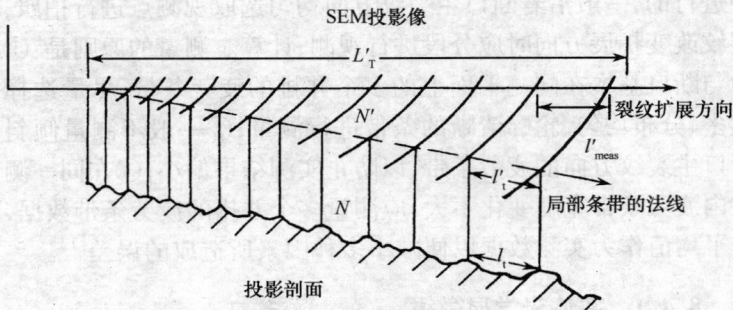

图 8-3　疲劳条带间距与其投影图像的几何关系[5]

N'——处于该长度内的条带数；

N'_L——单位测量线上的疲劳条带数目。

由于疲劳条带法线方向通常与裂纹扩展方向不同,因此必须进行角度校正。从体视学方程[5]可得到

$$\bar{l}_{mean} = \left(\frac{\pi}{2}\right)\bar{l}'_t \qquad (8-2)$$

式中　$\bar{l}_t$ 是条带法向的平均间距。同时也应考虑粗糙度因素。如果线性粗糙度参数 R_L 已知,就能够估计粗糙度因素的影响。假定整个剖面长度的 R_L 等于局部真实条带平均间距 l'_{mean} 与它的平均投影长度 $\bar{l}'_t$ 的比,即

$$R_L = \frac{l_{profile}}{l_{mean}} = \frac{\bar{l}_t}{\bar{l}'_t} \qquad (8-3)$$

将式(8-1)、式(8-2)代入式(8-3)可得:

$$\bar{l}_t = R_L \cdot \bar{l}'_t = R_L \cdot \frac{2}{\pi} \cdot l'_{mean} = \frac{2R_L}{\pi N'_L} \qquad (8-4)$$

上式考虑了位向和粗糙度两个修正因素的综合关系式,在测得 R_L 及 N'_L 后即可求出疲劳断口的真实疲劳条带平均间距。

8.4.3　透射电子显微镜复型

透射电子显微镜复型技术的优点在于分辨率高,测出的条带

间距与真实疲劳条带平均间距较为接近。但缺点是不能在断口上直接观察,需采用二次复型,程序较为复杂。

疲劳断口复型时通常采用二次复型,为了便于观察,喷镀碳及重金属铬的方向均垂直于疲劳条带,且与断面成45°。

如疲劳裂纹较长,则将喷镀后的膜分成若干个放在铜网上溶解,后在电镜下观察,测定 $a_i \sim a_j$ 处疲劳条带的平均间距。

如裂纹较短,难以分成较多的小膜进行宏观的统计计算,则可在裂纹源的一侧作一箭头,使条带垂直于箭头方向,且使箭头方向与裂纹扩展方向一致。由于铜网的每一网格均有确定的尺寸,利用铜网网格的位置可确定观察点距源区的距离。若观察点位置处于距 a_i 为 n 个网格的距离,则此观察点(所拍摄照片处)位置距疲劳裂纹源点的距离为:

$$a_k = a_i + (n - 0.5) \times 0.17(\text{mm})$$

式中 0.17mm 为每一标准铜网网格的直径。对该处观察到的疲劳条带照相并在照片上测出 da/dN。这样依次进行,可以作出一组 a_k—$(da/dN)_k$ 曲线,拟合后进行计算,即可求得 a_0 至 a_C 区间内的疲劳扩展寿命 N_p。

8.5　断口反推疲劳裂纹扩展寿命

若令每一载荷循环下的疲劳裂纹扩展量为 μ,则

$$\mu = da/dN \text{ 或 } dN = da/\mu \qquad (8\text{-}5)$$

式中　　a—— 裂纹长度;

　　　　N—— 循环次数。

只要在断口上若干离源区不同距离长度的裂纹 a_i 处测量疲劳条带间距,或沿一定长度的直线上测量疲劳条带数目,便可作出每一载荷循环下的裂纹扩展量(或单位裂纹长度上的疲劳条带数)与裂纹长度相互关系的试验曲线。进而可求得疲劳裂纹扩展寿命 N_p:

$$N_P = \int_{a_0}^{a_c} \mathrm{d}a/\mu \qquad (8\text{-}6)$$

式中　a_0——裂纹开始扩展时的尺寸；

　　　a_C——发生瞬断时的裂纹尺寸。

对于载荷谱加载,式(8-6)依然适用,只是此时 N 为载荷谱的数目,$\mathrm{d}a$ 为疲劳弧线间距。

当构件存在裂纹,在疲劳载荷作用下裂纹不发生扩展的条件是裂纹尖端的应力强度因子变程 ΔK_{σ_m} 小于对应应力比下的裂纹扩展门槛值 $\Delta K_{\mathrm{th},\sigma_m}$,即:

$$\Delta K_{\sigma_m} < \Delta K_{\mathrm{th},\sigma_m}$$

式中,σ_m 为疲劳应力均值,$\Delta K = \Delta K_{\max} - \Delta K_{\min}$。

当构件承受一稳定的交变载荷时,裂纹扩展速率可用下式表达:

$$\frac{\mathrm{d}a}{\mathrm{d}N} = \begin{cases} c_1 \Delta K^{m_1}, & 10^{-6} < \dfrac{\mathrm{d}a}{\mathrm{d}N} < 10^{-4}(\mathrm{mm/N}) \\[2mm] c_2(\Delta K - \Delta K_{\mathrm{th}})^{m_2}, & 0 < \dfrac{\mathrm{d}a}{\mathrm{d}N} < 10^{-6}(\mathrm{mm/N}) \\[2mm] 0, & \Delta K < \Delta K_{\mathrm{th}} \end{cases}$$

$$(8\text{-}7)$$

式中 $c_i, m_i (i = 1, 2)$ 均为材料常数。

在一些特殊条件下,构件中虽存在裂纹,但只有在某种特定条件下[3]才存在 $\Delta K_{\sigma_m} > \Delta K_{\mathrm{th},\sigma_m}$,且在一个振动周期内疲劳裂纹扩展速率变化的规律如图 8-4 所示。这时不能用断口定量测定疲劳条带间距来求得疲劳裂纹扩展寿命。如果在过渡转速下发生瞬间振动导致裂纹扩展,每一次振动扩展均会在断口上留下疲劳弧线。此时疲劳裂纹扩展寿命 N_P,即裂纹从 a_0 扩展到 a_c 所经历的载荷发生大的变化的次数,可通过下式计算:

$$N_P = \int_{a_0}^{a_c} \frac{\mathrm{d}H}{\mathrm{d}a \cdot P\{\Delta K_{\sigma_m} > \Delta K_{\mathrm{th},\sigma_m}\}} \mathrm{d}a \qquad (8\text{-}8)$$

$\mathrm{d}H$ 为疲劳弧线间距,P 为转动部件发生共振的概率。

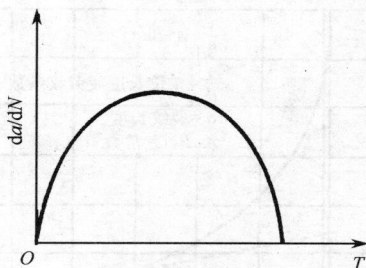

图 8-4　在一个振动周期内疲劳裂纹扩展规律示意图

还应强调指出,关于微观疲劳裂纹开始扩展的尺寸,没有一个统一严格的定义,同时该尺寸受载荷类型、构件形状等影响较大。微裂纹形成的过程实际上是一个缓慢的微缺陷的扩展过程,不过因受检测能力及实际构件形状等的影响,一般定量计算时工程上均人为定义一个裂纹长度作为裂纹开始扩展的尺寸 a_0。目前工程上 a_0 约取 $(0.3 \sim 0.5)$ mm。

就目前断口反推技术常用的检测仪器而言,在速率小于 10^{-5} mm/ 周次内分辨疲劳条带间距是异常困难的,因而工程上利用断口反推裂纹扩展寿命通常仅指疲劳裂纹扩展速率在 $10^{-5} <$ $\mathrm{d}a/\mathrm{d}N < 10^{-3}$ mm/ 周次的有限范畴内。

利用断口反推计算疲劳裂纹扩展寿命的依据是选用合适的疲劳裂纹扩展速率 $\mathrm{d}a/\mathrm{d}N$ 的数学表达式。有关描述疲劳裂纹扩展速率 $\mathrm{d}a/\mathrm{d}N$ 的数学表达式很多,但较为实用且应用最为广泛的仍是人们熟知的 Paris 公式。另一个较为广泛应用的表达式是根据图 8-5 建立的经验公式:

$$1/\mu = A + Be^{-a/C} \tag{8-9}$$

式中 A、B、C 为常数,其值可从图 8-5 求得,$1/\mu$ 为单位长度的疲劳条带数目。

由 $\mathrm{d}N = \mathrm{d}a/\mu$ 积分,得

$$N = \int \mathrm{d}N = \int \mathrm{d}a/\mu = C[Aa/C + B(1 - e^{-a/C})] \tag{8-10}$$

上式即可求出疲劳裂纹扩展寿命 N_p,该方法与构件的形状等

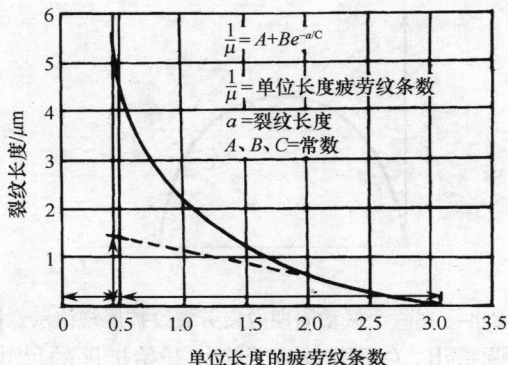

图 8-5　经验关系式[6]

无关,因而不能从失效件断口上获取多的定量信息。

从 Paris 公式也可推导出疲劳裂纹扩展速率与裂纹长度之间的关系:

$$da/dN = c(\Delta K)^m \tag{8-11}$$

式中, c, m 为材料常数; $\Delta K = \Delta\sigma(\pi a)^{1/2} Y$; Y 为与裂纹有关的构件几何形状因子; $\Delta\sigma$ 为最大应力 σ_{max} 和最小应力 σ_{min} 之差; a 为裂纹长度。

对给定构件及恒定交变载荷 $\Delta\sigma$,则有:

$$\Delta K = A\sqrt{a}$$

其中, $A = Y \cdot \pi\Delta\sigma =$ 常数。

$$
\begin{aligned}
\mu = da/dN &= \\
c(A\sqrt{a})^m &= \\
c_0 a^{m/2} &
\end{aligned}
\tag{8-12}
$$

其中, $c_0 = cA^m$

$$
N = \int_{a_0}^{a_c} \frac{da}{c_0 a^{m/2}} =
$$

$$
\frac{2}{(2-m)c_0} a^{1-\frac{m}{2}} \Big|_{a_0}^{ac} =
$$

$$\frac{2}{(2-m)c_0}[\,a_c^{1-\frac{m}{2}} - a_0^{1-\frac{m}{2}}\,]$$

$$(8\text{-}13)$$

常数 c_0 和 m 可由如下方法确定,即对式(8-12)取对数:

$$\lg(da/dN) = \lg c_0 + (m/2)\lg a \qquad (8\text{-}14)$$

则 $\lg(da/dN)$ 与 $\lg a$ 为直线,截距为 $\lg c_0$,斜率 $m/2$。

因此对于不同裂纹长度 a_i 所对应的 $(da/dN)_i$,则可按式(8-14)进行拟合或分段拟合,求出 c_0 及 $m/2$。随后可按式(8-13)求得 N_p。

拟合的相关系数 r 可求得,同时也可查得相应的置信系数 C。此时标准偏离差 μ 为:

$$\mu = \sqrt{\frac{(1-r)^2 \cdot DY}{N_0 \cdot (N_0 - 2)}} \qquad (8\text{-}15)$$

式中,$DY = N_0 \sum y^2 - (\sum Y)^2$;$N_0$ 为试验点数目;$\sum y^2 = \lg(da/dN)_i^2$;$\sum Y = \sum \lg(da/dN)_i$;$r$ 为相关系数;置信域为:$B = C\mu$,因此有:

$$\frac{m}{2}\bigg|_{\min}^{\max} = \frac{m}{2} \pm C\mu \qquad (8\text{-}16)$$

进而代入式(8-12)及式(8-6)可求出相应的 N_p 的的置信区间,即上限 $N_{p\max}$ 及下限 $N_{p\min}$。

对于随机载荷,目前尚未有描述裂纹扩展速率的数学表达式,应根据实际情况分析随机载荷的一般规律,进而建立相应的裂纹扩展速率的数学模型。

为了分析疲劳断口定量计算疲劳裂纹扩展寿命的可靠性,作者曾对涡轮盘材料 GH169 合金疲劳试验断口($T = 550℃$)进行了分析。

在所得到的距源区为 a_i 的疲劳断口的透射电镜(TEM)照片(图 8-6 给出了其中两张)上测出疲劳条带间距 da/dN:

$da/dN = $ 所测量的总宽度 $/$(该宽度内疲劳条带个数 $\times$ 照片放大倍数)

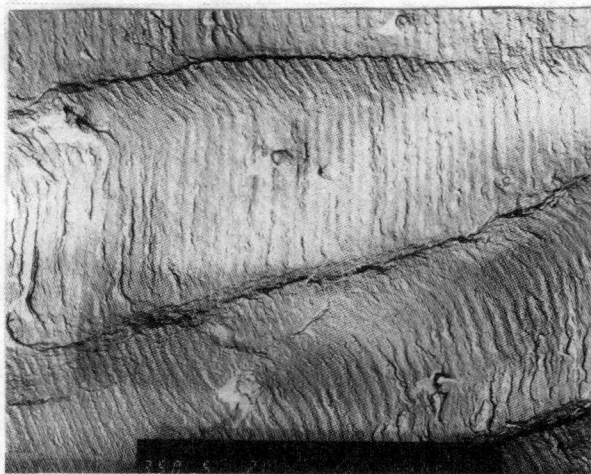

(*a*)

(*b*)

图 8-6　GH169 合金典型的疲劳条带(TEM)

即可确定 da/dN—a 的关系曲线(图 8-7,实测各点的平均数据见表 8-1)。然后按式(8-14)进行拟合(分段),即可计算出断裂失效

时的循环次数 N_p（该试样为紧凑拉伸试样,有一线切割预制裂纹,可近似为 N_f,）:

$$N_p(N_f) = 21417(循环次数)$$

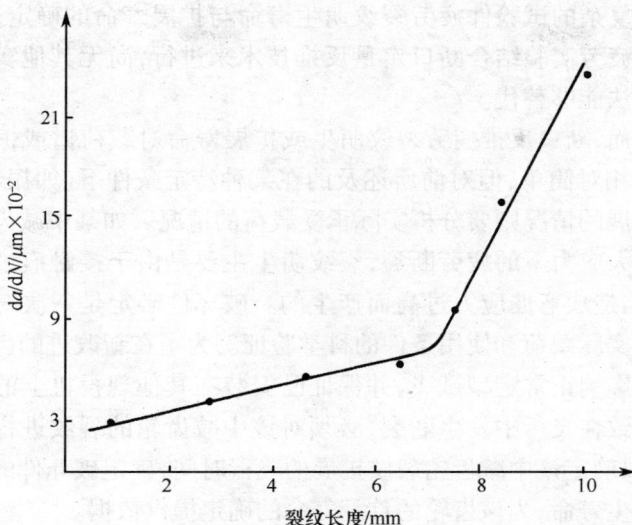

图 8-7　GH169 合金 $da/dN—a$ 关系曲线

该试样在疲劳实验中所测得的疲劳裂纹扩展寿命为 24115 循环。二者的相对误差为 11.2%。

表 8-1　GH169 合金不同裂纹长度下的 da/dN 平均值

a/mm	0.92	2.75	4.58	6.42	8.25	10.08
$da/dN/10^{-1}\mu m$	2.5	4.76	6.07	6.20	16.67	23.75

作者还对 TC6 钛合金及某型发动机喷油嘴用材料在试验条件下的疲劳断口以及服役条件下的地铁列车车箱构架等断口反推扩展寿命进行了大量的统计分析,疲劳断口定量反推出的疲劳寿命目前只限于构件已存在工程裂纹后的疲劳寿命或低周疲劳寿命（一般 $N_f < 10^5$ 周次）,相当于疲劳裂纹扩展寿命,其相对误差一般可控制在 15% 以内。

从 20 世纪 80 年代开始,利用断口定量反推技术相继对国内一些机种的全尺寸重要构件或复杂形状构件疲劳试验后的含裂纹构件进行了分析,给出了试验件的裂纹形成寿命与扩展寿命,为确定其可靠寿命与检修周期提供了依据。对大型乃至全尺寸以及一些形状复杂的试验件疲劳裂纹萌生寿命与扩展寿命的确定,目前均采用疲劳实验结合断口定量反推技术来进行,尚无其他实用技术和方法能够替代。

然而,断口反推疲劳裂纹萌生或扩展寿命对载荷谱或恒定载荷而言相对简单,但对前所述及的在某种特定条件下(如振动)裂纹才扩展的情况则要分析实际承受载荷的情况。如某中减齿轮确定为在大应力下的疲劳断裂,裂纹萌生主要是由于接触痕过分偏向大端,造成弯曲应力过高而产生的。破坏件必定是一次对齿轮承受的实际载荷和使用条件的科学验证。为了在新改进的齿轮试车前不影响正常定型试飞,并保证已安装在其他现役机上的中减齿轮不致在飞行中发生断裂,必须对该中减齿轮的裂纹进行定量分析,以确定该中减齿轮裂纹扩展的飞行时间,确定破坏件的疲劳裂纹萌生寿命,为该齿轮的首翻寿命的确定提供依据。

对疲劳断口疲劳弧线进行放大并测定间距,疲劳裂纹直线长约23mm。对源区附近进行 AC 纸复型,以清楚地显示源区的弧线。

测得不同裂纹长度对应的疲劳弧线数目及相应的疲劳弧线间距见表 8-2 及图 8-8。

表 8-2　不同裂纹长度对应的疲劳弧线数目
及相应的疲劳弧线间距

裂纹长度/mm	疲劳弧线数目	弧线间距/mm
1.3 ~ 1.93	8	0.08
4.19 ~ 4.61	5	0.084
5.24 ~ 5.97	4	0.184
7.13 ~ 8.07	9	0.105
8.38 ~ 9.43	7	0.151
9.54 ~ 10.00	4	0.115
10.06 ~ 11.84	13	0.137
13.40 ~ 13.84	8	0.080

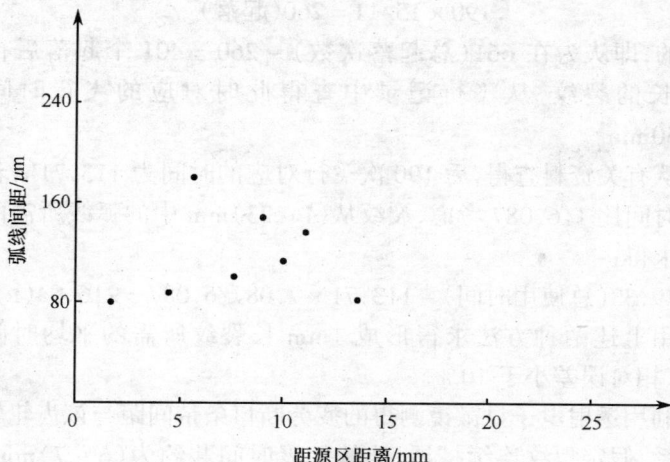

图 8-8 某直升机中间减速齿轮不同裂纹长度对应的弧线间距

从表 8-2 及图 8-8 可以看出弧线间距与裂纹长度之间无对应的数学关系。疲劳弧线可能是飞行起落或一次飞行状态等改变较大而出现的,考虑试飞续航为随机时间,同时考虑到裂纹长 14mm 后的断口上未测得疲劳弧线间距,为安全起见,可取平均弧线间距为 0.116mm,假定(14～23)mm 同(1～14)mm 时具有相同的弧线间距,可求得从裂纹长(1～23)mm 时的总弧线数目为:

$$N = 22/0.116 = 190(条)$$

根据试飞说明,尾桨转速有两挡,207r/min 和 212r/min,对应的飞行速度分别为 150km/h 以下及以上,尾桨转速由 207r/min 连续变化到 212r/min,以实现飞行速度从 150km/h 以下至以上的变化,因此对应 150km/h 以上的飞行,尾桨必然经过 210r/min,此时中减恰好处于谐振。根据查阅到齿轮开裂前两年度的飞行记录统计,在 150km/h 以下与以上飞行的时间比为 1:6.087,其飞行次数比为 4:11。

若按飞行次数比 4:11 考虑,每飞行 15 次中有 11 次经受共振,即发生裂纹扩展,并在这一过程中留下疲劳弧线,因此裂纹从(1～23)mm 中的 190 条弧线可认为是:

$$190 \times 15/11 = 260(起落)$$

造成的,即认为在 661(总起落次数) – 260 = 401 个起落后存在 1mm 长的裂纹,从飞行记录中查得此时对应的飞行时间为 184h50min。

从有关资料查得,后 190 次飞行对应的时间为 113.71h,若按飞行时间比 1:6.087 考虑,裂纹从(1~23)mm 中的弧线所需的时间可求得:

$$349.33(总使用时间) – 113.71 \times 7.087/6.087 = 216.94(h)$$

用上述两种方法求得形成 1mm 长裂纹所需的平均时间为 200h,相对误差小于 10%。

利用透射电子显微镜测得的疲劳断口条带间距与该齿轮转速的关系,假定裂纹连续扩展,连续扩展时间共约为(6~7)min,则此大应力持续总的时间在裂纹扩展飞行时间中的比例仅为万分之五[7]。

通过上述分析,可以得出:

①该中减齿轮形成 1mm 长裂纹的寿命(飞行时间)约为 200h。

②促使裂纹扩展的瞬间大应力持续总的时间在裂纹扩展飞行时间中的比例仅为万分之五。

8.6　断口反推原始疲劳质量

损伤容限设计的基本思想是:结构件在服役前带有初始裂纹或缺陷,由该裂纹或缺陷扩展达到临界裂纹的寿命即为结构的总寿命。损伤容限是指结构材料在正常工作载荷下,仍然保证工作安全可靠所容许的最大损伤程度或大小。

损伤容限设计思想中的初始裂纹,就是指把存在于构件中的初始缺陷群等效地归结为一个非实体的当量裂纹长度,称之为当量初始裂纹 a_0,并以此作为表征构件质量的参量,因此也称为当量初始质量。为了与前面所述的微裂纹开始扩展的尺寸相区别,

用 a_{0i} 表征这一当量裂纹长度。因此，a_{0i} 虽是一个假设的裂纹长度，却又综合反映了构件中的材质以及加工制造质量，所以又将 a_{0i} 称之为原始疲劳质量。

由 $a_{0i} = a_N - \sum \Delta a_i$ 不难看出，若能确定裂纹扩展增量 $\sum \Delta a_i$，就能求出当量初始裂纹长度 a_{0i}。

在恒幅加载时，Δa_i 为每次循环载荷的扩展量。而对一般承力构件而言，载荷总是随机变化的，载荷水平的变化甚至高低载荷顺序的变化，都可能导致裂纹扩展的延迟或休止，这就给计算 Δa_i 带来较大的困难。不过裂纹扩展的延迟效应会在断口表面留下痕迹，即过载延滞线(疲劳弧线)，这就为人们通过断口形貌分析求得变幅加载条件下的 Δa_i 提供了可能，并根据断口绘制裂纹扩展曲线，求得 a_{0i}。

利用断口形貌反推构件当量初始质量 a_{0i}。在飞机构件的损伤容限设计与评估中已得以应用，其基本原理、方法和步骤如下[5]：

①通过对模拟件试验断口或失效件的断口分析，找出断口形貌与载荷谱之间的对应关系，并从断口上实测出对应于每次载荷循环数 i 的裂纹长度 a_i，如图 8-9 所示。

图 8-9 某机翼主梁断口的疲劳弧线[7]

②根据①测得的一组数据绘制裂纹长度与谱循环数(或与循环次数)的关系曲线,即疲劳裂纹扩展曲线(图 8-10)。

③拟合实测曲线,反推 a_{0i}:由断口实测数据只能绘制疲劳裂纹扩展曲线的一部分。要得到 a_{0i},必须根据载荷谱的特点,选择合适的力学模型编程序拟合实测曲线。利用与实测曲线相吻合的裂纹扩展规律将曲线反推到时间为零,即 $N=0$,曲线与纵坐标的交点即为该构件的 a_{0i}。

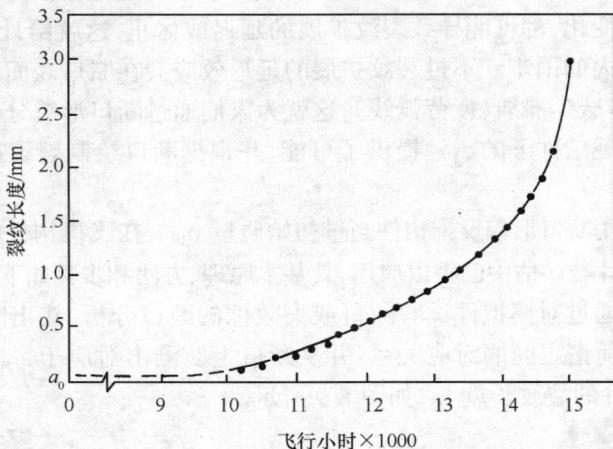

图 8-10 由断口实测的疲劳裂纹扩展曲线[7]

④根据 a_{0i} 的分布密度确定同类构件的 a_{0i}:对同类构件,在子样足够的情况下,可作出当量初始裂纹长度 a_{0i} 的分布密度曲线,并按规定的概率指标,可确定出代表该批构件的初始质量 a_{0i}。

用断口形貌反推当量初始裂纹长度 a_{0i} 的方法,实质上是对构件材质和制造质量的解析表示法,它既可用于新机设计时核实疲劳裂纹扩展速率及寿命的分析计算,核实构件是否符合损伤容限要求;也可用来评定厂家的制造质量;还可以确定某种工艺的可接受性,如内孔挤压强化后的 a_{0i} 为 $(0.05 \sim 0.1)$ mm,而铰孔未挤压的 a_{0ii} 为 $(0.15 \sim 0.2)$ mm,说明内孔挤压强化工艺提高了孔的原始疲劳质量,此工艺是可以接受的。

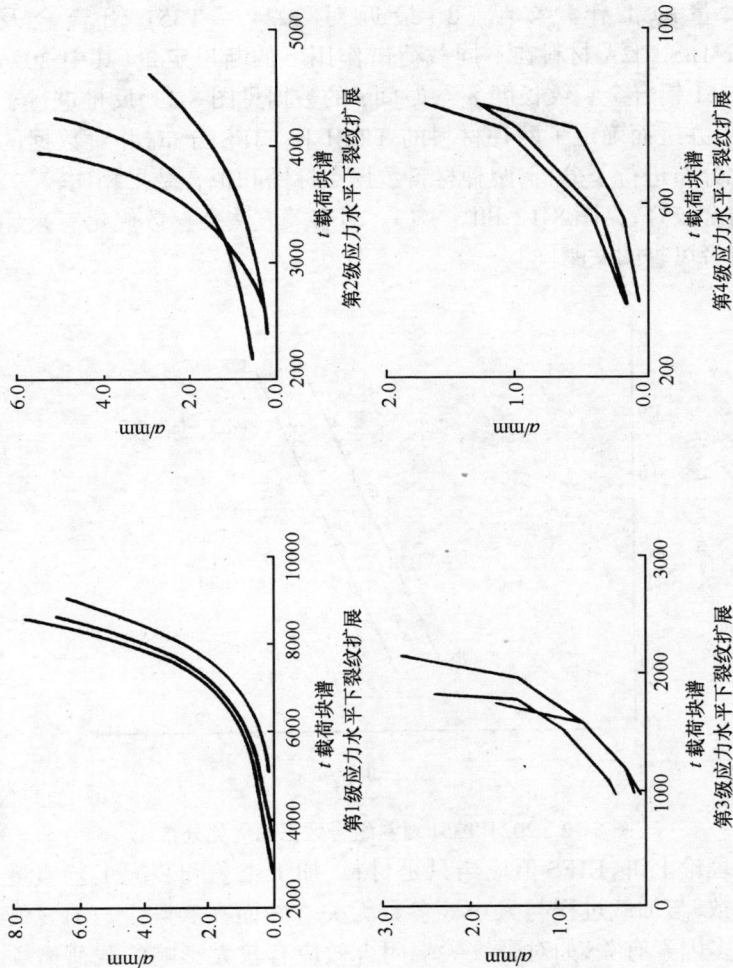

图 8-11 2024-T351 铝合金在不同应力水平下的 a,t 关系

然而,即使对于同一批构件,当量初始裂纹长度 a_{0i} 的分散性仍是较大的。因此目前对裂纹形成时间(TTCI)以及当量初始裂纹(EIFS)的分布参数及其优化的研究给予了足够的重视,并进行了大量的工作。文献[8]最近对 2024 – T351 铝合金及 30CrMnSiNi2A 材料在不同载荷谱作用下的断口定量(其中 2024 – T351 铝合金裂纹长度 a 与时间 t 的数据见图 8-11)反推进行了研究,并进而确定了两种材料的 TTCI 和 EIFS 分布,并对数据的优化分布进行了分析,两种材料数据点标图和拟合结果相比较,二者吻合较好,见图 8-12 和图 8-13。对有关方法及参数优化有兴趣的读者可查阅文献[8]。

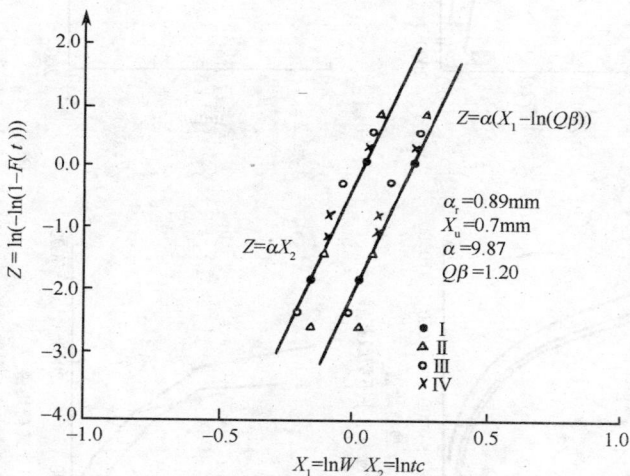

图 8-12　2024 T351 材料组合数据的优化分布

理论上讲,EIFS 值应当只是材料、加工工艺和装配工艺质量的函数,与加载过程与大小等参数无关。然而在实际上,EIFS 值与许多因素有关,如对裂纹尖端闭合效应有较大影响的载荷谱顺序以及载荷大小、断口金相尺寸的范围,反推使用的裂纹扩展曲线的形式以及拟合实测曲线的精度等。

应当强调指出:此处所阐述的原始疲劳质量则是将结构件在

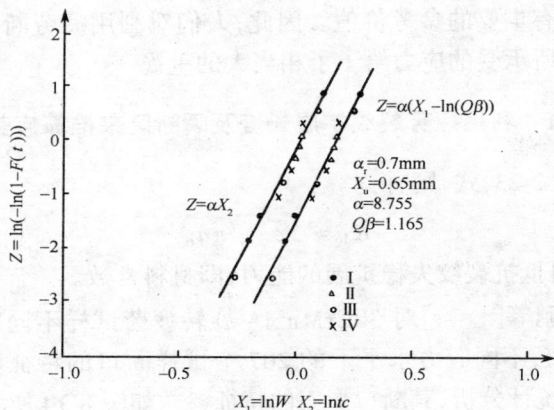

图 8-13　30CrMnSiNi2A 材料组合数据的优化

服役前的内部各种微观缺陷、表面加工缺陷及表面不完整性因素等等效为一个当量裂纹,即为一非实体裂纹,它仅仅是构件内部及表面各种缺陷的等效表征。与构件裂纹扩展的临界长度相反,原始疲劳质量 a_{0i} 越大,则表明该构件的材质或加工质量越差。

8.7　断口反推疲劳应力

疲劳裂纹多起源于构件的表面缺陷、内部夹杂或表面几何形状突变处等应力集中源。当应力较小时,疲劳断口的裂纹源即是疲劳源;但是应力较大时,断口所反映的裂纹源可能并不是疲劳破坏真正的“源”,真正的“源”乃是构件所受的超出正常工作应力的大应力。这个大应力或是由于构件的非正常工作状态而引起,或源于设计强度或材料强度的相对不足。这个大应力的值究竟有多大,对于疲劳破坏原因的判明,从而采取有效措施排除事故隐患,具有决定性的作用。由疲劳断口形貌推算失效件所承受的载荷,不仅对于正确地确定构件的失效模式和原因有极其重要的价值,而且将推算的载荷反馈给设计部门,对于关键与重要件的损伤容限设计具有重要的参考价值。因此,人们对利用疲劳断口形貌推算失效件所承受的应力给予了相当大的重视。

8.7.1 利用疲劳裂纹扩展长度及瞬断区来推算疲劳应力

根据(2-23)式,则有:

$$K_{Ic} = Y\sigma_c \sqrt{\pi a_c}$$

K_{Ic} 为材料抵抗裂纹失稳扩展的能力,即材料常数。

钟群鹏等[1~4]对 30CrMnSiA 旋转疲劳试样不同应力集中系数 K_t 值,不同应力水平下的 207 个试样断口的特征参数进行了测量与统计分析,其断口形态的特征参数如图 8-14 所示。σ_c 和 a_c 的关系见图 8-15,可分别用下述方程组表征:

$$\lg\sigma_c = 2.17 - 0.89\lg a_c \quad K_t = 2$$
$$\lg\sigma_c = 1.99 - 0.911\lg a_c \quad K_t = 3$$
$$\lg\sigma_c = 1.97 - 0.95\lg a_c \quad K_t = 4$$

对上述方程组就其系数对 K_t 值拟合,得到:

$$\lg\sigma_c = (1.74 + 0.84(1/K_t)) - (0.82 + 0.003K_t)\lg a_c \qquad (8\text{-}17)$$

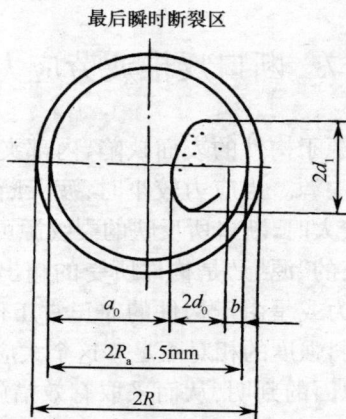

图 8-14 30CrMnSiA 旋转疲劳断口形态特征参数示意图

按方程式(8-17)计算的应力 σ_c(即 σ_{max}),相对误差仅为

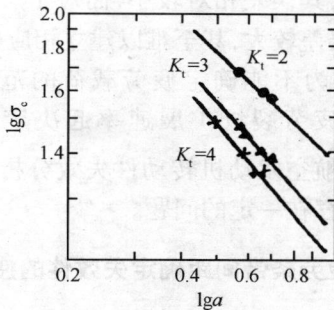

图 8-15　σ_c 和 a_c 的关系

4.6%。可见利用 σ_c 和 a_c 的关系来确定 σ_{max} 是可行的。

疲劳瞬断区是疲劳裂纹达到临界尺寸后发生的快速破断，其面积大小一般认为受材料的断裂韧性 K_{Ic} 控制，文献对 30CrMnSiA 旋转疲劳试样断口进行了 σ_c 与瞬断面积 A 之间的定量关系研究（图 8-16），得出 σ_c 与 A 具有如下关系：

$$\lg\sigma_c \propto (-1/4)\lg A \tag{8-18}$$

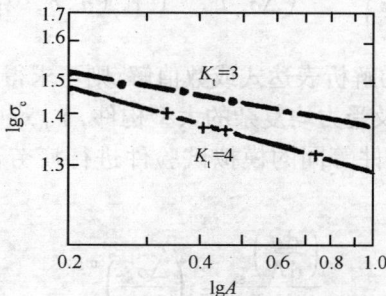

图 8-16　σ_c 与 A 之间的关系

利用 $\sigma_c \propto a_c$ 及 $\sigma_c \propto A$ 关系确定疲劳应力的方法已得到一定的应用，但对不同材料和不同形状的结构件，确定式(8-17)中的 σ_c—a_c 及式(8-18)中的 σ_c—A 关系的主要常数是困难的，必须有足够的子样。

同时还应强调指出，上述计算对于具有一定尺寸、韧性较低的高强度材料零部件,其误差相对较小,而对于尺寸较小、韧性较高的低强度材料,其误差较大,甚至难以建立相应的确定关系。该方法存在的另一问题为不能确定疲劳载荷的范围即 $\Delta\sigma = \sigma_{max} - \sigma_{min}$。由于对构件疲劳裂纹扩展速率起决定作用的是 $\Delta K_1 = Y\Delta\sigma\sqrt{\pi a}$,因此对航空发动机转动件失效分析而言,仅用上述方法显然是不够的且存在一定的问题。

8.7.2　利用疲劳条带间距确定失效件的疲劳应力

疲劳裂纹扩展第二阶段的速率可用 Paris 公式来表达:

$$da/dN = c(\Delta K)^m = c\left[\Delta\sigma\sqrt{\pi a}\,Y(a, b, \cdots)\right]^m$$

断口反推法可求得失效件疲劳裂纹扩展速率 $(da/dN)_{sx}$—a,若用试样模拟同种材料的疲劳裂纹扩展速率 $(da/dN)_{sy}$—ΔK,即可得出该材料在 Paris 公式中的材料常数 c、m,在裂纹稳定扩展阶段,则有:

$$\frac{\left(\dfrac{da}{dN}\right)_{sx}}{\left(\dfrac{da}{dN}\right)_{sy}} = \left(\frac{\Delta\sigma_{sx}}{\Delta\sigma_{sy}}\right)^m \cdot \left[\frac{Y_{sx}(a, b, \cdots)}{Y_{sy}(a, b, \cdots)}\right] \tag{8-19}$$

若已知 Y_{sx} 的解析表达式或数值解,则可求得 $\Delta\sigma_{sx}$。

对一些形状及受力均复杂的大型构件,Y_{sx} 难以用解析式来表达,则可用与失效件等同的模拟试验件进行疲劳试验,求出 $(da/dN)_{sy}$—a,则有:

$$\frac{\left(\dfrac{da}{dN}\right)_{sx}}{\left(\dfrac{da}{dN}\right)_{sy}} = \left(\frac{\Delta\sigma_{sx}}{\Delta\sigma_{sy}}\right)^m$$

$$\Delta\sigma_{sx} = \frac{\left(\dfrac{da}{dN}\right)_{sx}^{\frac{1}{m}}}{\left(\dfrac{da}{dN}\right)_{sy}^{\frac{1}{m}}} \cdot \Delta\sigma_{sy} \tag{8-20}$$

若知道实际构件所承受的应力比 $R = \sigma_{min}/\sigma_{max}$,则可求出 σ_{max}:

$$\sigma_{max} = \Delta\sigma / (1 - R)$$

对于齿轮和轴的单向弯曲, $R = 0$, 则 $\sigma_{max} = \Delta\sigma = \sigma_a$;

对于轴的双向弯曲和其他对称循环疲劳, $R = -1$, 则 $\sigma_{max} = \Delta\sigma/2$。

利用断口反推法加以必要的模拟试验来确定造成构件在服役过程中疲劳裂纹扩展的应力, 这在某机中减齿轮失效分析中得到了应用。在本章 8.5 节, 我们求得了中减齿轮的扩展飞行时间和假定连续扩展的扩展时间。改进后该齿轮疲劳试验断口分析表明, 裂纹源区位于齿的中间部位, 接触痕迹随载荷变化不再敏感。对断口复型后用透射电镜进行了观察, 并进行了裂纹扩展速率的测量。表 8-3 给出了不同裂纹长度 a 对应的疲劳裂纹扩展速率 da/dN。

表 8-3 疲劳裂纹扩展速率 da/dN 裂纹长度 a 的关系

裂纹长度 a/mm	测 量 位 置	$da/dN/10^{-5}$ mm
1.0	1	1.25
	2	1.45
	3	2.08
2.25	1	4.58
3.75	1	5.00
	2	4.50
	3	5.01
5.25	1	5.0
	2	5.31
6.75	1	6.67
	2	6.67
	3	8.63
8.25	1	8.40
9.75	1	11.30
	2	9.38
11.25	1	21.00

用多项式对测量数据进行曲线（图 8-17）拟合,得到 da/dN 与 a 的关系如下:

$$da/dN = 0.061a^3 - 0.925a^2 + 4.702a - 2.304$$

用此式对测量结果进行拟合,得到图 8-17 中实线所示扩展曲线,此线与实际测量结果吻合得较好。

由于上式积分比较复杂,我们用分段拟合积分的方法进行简化处理。估算裂纹的扩展寿命为 1.76×10^5(循环次数)。可推算出裂纹由 1mm 扩展到 11.5mm 共历经约 50min。

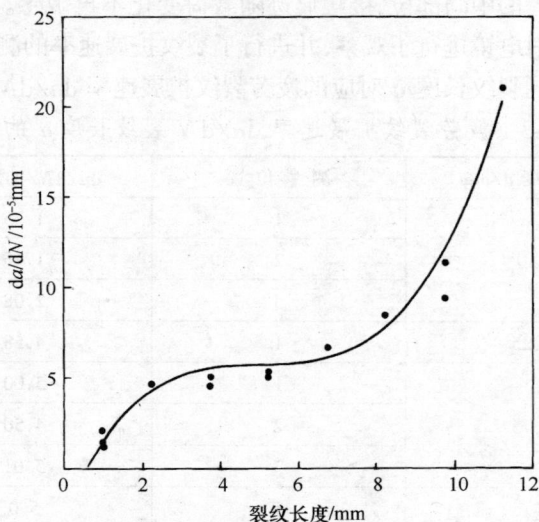

图 8-17 不同裂纹长度扩展速率拟合曲线

对于齿轮受力,应力比 $R = 0$, $\Delta\sigma = \sigma$,失效件 sx 及试验件 sy 的疲劳裂纹扩展速率可分别表示为:

$$\left(\frac{da}{dN}\right)_{sx} = c(Y\sigma_{sx}\sqrt{a})^m$$

$$\left(\frac{da}{dN}\right)_{sy} = c(Y\sigma_{sy}\sqrt{a})^m$$

根据失效齿轮断口的透射电镜复型定量分析[8]，若裂纹连续扩展，其扩展寿命仅为$(6 \sim 7)$min，而本次齿轮的扩展寿命为50min，因此我们可得出如下关系式：

$$\left(\frac{\mathrm{d}a}{\mathrm{d}N}\right)_{sx} \bigg/ \left(\frac{\mathrm{d}a}{\mathrm{d}N}\right)_{sy} = \left(\frac{\sigma_{sx}}{\sigma_{xy}}\right)^m = K = \frac{50}{6.5}$$

该齿轮材料为18Cr2Ni4WA，它与其他大多数金属材料的m值约在$2 \sim 4$之间，即：

$$\sigma_{sx} = \sigma_{sy}(K)^{\frac{1}{m}} =$$

$$\sigma_{sy}(K)^{\frac{1}{2} - \frac{1}{4}} =$$

$$(1.65 \sim 2.73)\sigma_{sy}$$

从疲劳定寿试验的齿轮扩展寿命可知，疲劳裂纹形核和扩展均发生在最大加载$(T = 2060\mathrm{N} \cdot \mathrm{m})$期间，由此可以推出，由于偏载及振动等造成中减主动齿轮过早失效的力距约为$(3406 \sim 5623)$ N·m。通过对该机械在外场服役条件下载荷实测，并考虑偏载影响及共振的作用，用力学计算得到的中减齿轮在偏载（假定与失效齿轮相当）下的瞬间最大力矩大致相当于断口反推时m值取3所得到的最大使用力矩的值（为疲劳试验最大力矩值的1.92倍，即$T = 3955\mathrm{N} \cdot \mathrm{m}$）。

疲劳条带间距反推疲劳应力的基本步骤如下：

①对失效断口上疲劳条带进行观察与测量，得出$(\mathrm{d}a/\mathrm{d}N)_{sx}$—$a$曲线；

②确定裂纹形状因子Y，若形状及受力复杂，Y难以求出，则可用与失效件等同的模拟试验件进行疲劳试验，求出$(\mathrm{d}a/\mathrm{d}N)_{sy}$—$a$曲线，则有式(8-20)。

③通过查表或实验确定Paris公式中的材料常数c、m；

④按(8-20)式求出$\Delta\sigma$；

⑤分析造成构件失效的载荷，确定应力比R，可求出$\sigma_{\max}$。

8.8 疲劳断口反推的其他应用

8.8.1 断裂先后顺序判断

在发动机转动部件失效分析中,常常出现在同一发动机上存在两个或两个以上不同级涡轮或压气机叶片疲劳断裂的情况,因此判断数个具有疲劳断裂特征的叶片最终断裂的先后顺序有着重要的意义。除了可用一般定性方法给出先后顺序外,也可用推算断口疲劳条带间距的定量方法。其基本原理是根据叶片在最终断裂前有无疲劳裂纹失稳扩展,判断叶片是疲劳断裂还是虽存在一定裂纹,但最终断裂属于撞击断裂。

某发动机热检后工作了 13.40h,总累计使用 4446h。事故出现时第三台发动机由于振动停车。检查中发现,该发动机高压二级涡轮叶片及低压一级涡轮叶片各存在一具有疲劳断裂特征的叶片。因此需确定直接导致此次事故的叶片。

沿发动机高压二级涡轮叶片(A 叶片)及低压一级涡轮叶片(B 叶片)疲劳裂纹扩展方向进行断口复型,后在透射电镜下观察,在不同裂纹长度下拍摄照片,以测定疲劳条带间距与裂纹长度的关系曲线,见图 8-18。两叶片的 $da/dN-a$ 曲线均可大致分为两个阶段。对高压二级涡轮叶片而言,断口距排气边共长 12.7mm,从 $a=(1\sim5)$mm,da/dN 随 a 的增加而缓慢增加,从 $(5.5\sim9.5)$mm,da/dN 随 a 的增加急剧升高,随后裂纹完全失稳扩展,$a=9.5$mm 以后的疲劳断口复型上已难以观察到疲劳条带,但此阶段循环次数极少,对寿命影响不大,可忽略不计。对该叶片疲劳裂纹扩展前两阶段计算,从 1mm 至最终瞬断约为 6.2×10^4 循环数,对低压一级涡轮叶片,疲劳断口共长 11mm,其中从 $a=1$mm 至 8.3mm 为裂纹扩展的第一阶段,其疲劳裂纹扩展速率随裂纹长度增加极为缓慢,$a=8.3$mm 以后为裂纹扩展的第二阶段,经计算可知疲劳裂纹扩展总寿命为 7.2×10^4 循环次数。同时该叶片瞬断前的断口上仍可观察到较细密的疲劳条带,从 $da/dN—a$ 曲线上也可看出该叶片在瞬断前未发生疲劳失稳扩展。由此可初步推断高压二级涡轮叶片应为首先折断。

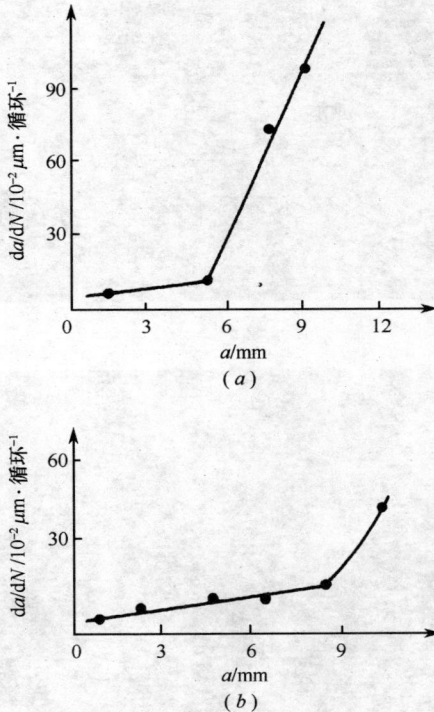

图 8-18　两叶片疲劳条带间距与裂纹长度的关系

从两叶片断口疲劳区与瞬断区的界限来看,低压一级涡轮叶片疲劳断口的界限明显,而高压二级涡轮叶片无明显界限,见图8-19。

根据系统分析[9]并结合断口反推定量计算,对该次事故得出了较为科学的结论:

①低压一级涡轮叶片中的裂纹属高周疲劳损伤,裂纹形核较早,但疲劳应力较低,裂纹扩展较慢,其折断是在原已存在较长疲

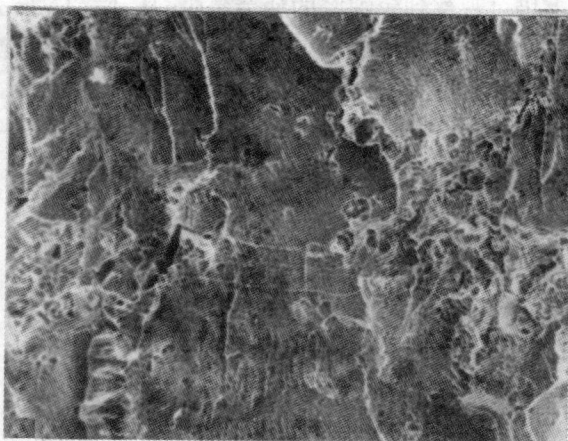

(a)

(b)

图 8-19　两叶片疲劳区与瞬断区界限

劳裂纹的情况下，由高压二级涡轮叶片的断片撞击所致；

②高压二级涡轮叶片裂纹为叶片振动引起，主源在排气边 R 表面且叶盆表面为多源快速扩展，因此导致该叶片首先发生断裂。

8.8.2 疲劳断裂性质的辅助判断

判断疲劳断裂性质主要是通过对断口的宏、微观特征来进行，但在航空发动机转动件及其他零部件失效分析过程中，常常在同一断口上出现不同的疲劳断裂模式，如有时出现疲劳源区异常粗糙，而疲劳裂纹扩展区极为平坦且瞬断区很小，即疲劳裂纹萌生时构件承受的应力较大，而疲劳裂纹扩展的应力却较小，也就是说在疲劳损伤过程中的不同阶段受不同的载荷和各种条件控制。

某发动机使用到首翻寿命时，进行返厂翻修后装机使用 31h 发现滑油变黑，并伴有钢质金属屑，提前返厂检修。再次装机使用 250h 该发动机在空中自动顺桨停车，导致该发动机自动顺桨停车的原因是压气机二级叶片折断[7]。

根据用透射电镜测得的不同裂纹长度所对应的疲劳裂纹扩展速率可以作出 $\mathrm{d}a/\mathrm{d}N$—a 曲线，如图 8-20 所示。图中 $\mathrm{d}a/\mathrm{d}N$ 随裂纹长度 a 的变化规律明显不同。该曲线大致分为三个阶段，从 $a=1\mathrm{mm}$ 至 $4\mathrm{mm}$ 处，裂纹扩展速率呈直线下降的趋势，而从 $4\mathrm{mm}$ 至 $9\mathrm{mm}$ 处呈匀速扩展，随后扩展速率重新加快。按上述三阶段计算，从 $1\mathrm{mm}$ 到 $12\mathrm{mm}$（断裂前的疲劳裂纹长度 a_f）的疲劳裂纹扩展寿命仅为 1.52×10^5（周次）。

该叶片的断裂部位恰好在该叶片的一阶弯曲共振振节上，最大受力点也正好对应于主裂纹源处。按一阶弯曲共振近似处理，该叶片在不同转速下的动频表征为：

$$f_\mathrm{D}^2 = f_\mathrm{c}^2 + Bn^2$$

式中，f_D 为叶片旋转时的动频；f_c 为叶片的静频；B 为叶片的动频系数；n 为发动机的转速。

根据发动机的主轴转速，按从断口计算出的疲劳裂纹扩展速率推算出主裂纹从长约 $1\mathrm{mm}$ 扩展到 $12\mathrm{mm}$ 仅需 $10\mathrm{min}$。但从分析[7]中来看，叶片在瞬断前仅约 $1\mathrm{mm}$ 的扩展区域内至少飞行了十几个起落。因此疲劳裂纹扩展是不连续的，叶片的共振仅在某

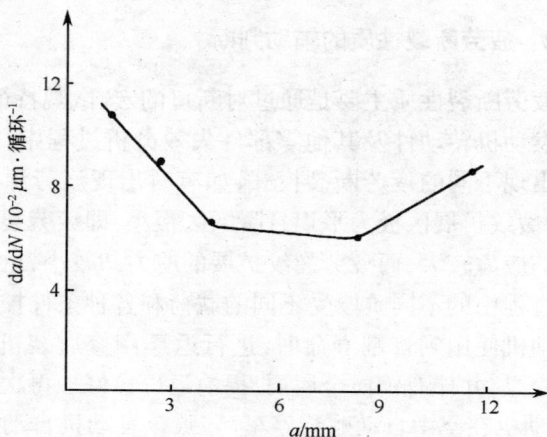

图 8-20 不同裂纹长度所对应的疲劳裂纹扩展速率

种特定的转速下且只在极短的时间内发生。

根据图 8-20 的裂纹扩展速率与裂纹长度关系曲线上可以看出,裂纹在初期扩展很快,可能与共振力有关。根据 Paris 公式:

$$da/dN = c(\Delta K)^m$$

当发生共振时,$\Delta \sigma$ 急剧增加,导致 ΔK 较高,从而导致裂纹快速扩展,而当裂纹发展到一定阶段,导致叶片的静频 f_c 发生变化,由共振产生的应力减小,从而使 $\Delta \sigma$ 大大降低,此时裂纹长度较小,相应的 ΔK 较小,因而扩展速率下降。当裂纹进一步扩展,此时 ΔK 将再次增大,从而使裂纹扩展加快,则出现了图 8-20 中曲线的第三阶段。

因此从图 8-20 结合其他综合分析[10],则可知整个疲劳损伤过程受三个不同过程的控制,即共振促使裂纹萌生、正常工作应力导致裂纹缓慢扩展以及静力作用导致最后瞬断。

由于加工等因素造成构件表面存在较大的残余应力(但无其他力作用时暂不会开裂)时,当构件在使用过程中承受一定的交变应力,就很容易萌生疲劳裂纹,而初期的裂纹扩展较快,导致疲劳源区断口异常粗糙。其受力过程为：

在裂纹萌生及初期扩展时，$\sigma_s = \sigma_r + \sigma_a$

当裂纹达到一定尺寸时，$\sigma_s = \sigma_a$

σ_s 为构件承受的总作用力，σ_r 为残余应力，σ_a 为构件正常工作时所受的交变应力。

8.9　疲劳断口定量分析的发展

人类反抗材料及构件的疲劳失效已有 160 余年的历史，也掌握了一些基本的理论手段和方法来较好地评价结构的疲劳寿命，从而达到预防结构疲劳破坏的目的。然而，疲劳失效仍占整个断裂事故的大部分，是机械失效分析中最重要的内容之一。

疲劳断口定量分析，对于正确地确定构件的失效模式和原因有极其重要的价值，而且将推算的深层次失效因素反馈给设计部门，可改善设计，提高其安全可靠性。

前已述及，人们在研究疲劳断口定量分析方法时，主要在三个方面：

（1）统计的方法。这需要对潜在的失效模式进行大量的试验分析，统计分析断口参数与失效因素的关系，从而指导实际构件失效的断口定量分析，该方法适合于简单型式构件。

（2）理论的方法。通过失效机理研究，把断口微观和细观尺度的现象与宏观行为联系起来，把微观细观范畴的断口形态描述参量与宏观的力学参量等联系起来，已成为损伤力学和细观力学的研究范畴。

（3）工程的方法。通过断口宏观、微观参数关系的测量，利用一些已证明正确和成熟的简单经验关系式进行指导，从而较为实用地定量分析出失效因素。

虽然人们很早以前就试图根据断口的颜色、粗糙程度等来大致对构件承受的应力大小、疲劳损伤时间等进行定量分析，然而迄今为至，利用疲劳断口定量分析反推疲劳寿命、疲劳应力的研究虽取得了一定进展,但仍存在很大的问题,有许多问题尚待进一步探索和研究。

①疲劳断口定量分析的基本依据是每一条疲劳条带相当于载荷的一次循环。然而在疲劳过程中,尤其是对表面完整性较好、疲劳应力较低的高周疲劳而言,第一阶段扩展(包括萌生)所占的比例相当大。而这一阶段的裂纹萌生一方面不完全受条带扩展机制控制,微裂纹扩展的影响因素较多,不能简单地用某一参数如 ΔK 来表征,因而目前还没有计算这一阶段疲劳寿命的数学物理模型。另一方面则由于目前受分析观察能力的限制。因此按疲劳条带间距计算构件的总疲劳寿命则误差相当大。因此目前的定量分析的寿命仅限于一定裂纹长度后至断裂时的扩展寿命,或有先天性裂纹(或宏观缺陷)后的寿命。

对低周疲劳而言,由于可以认为裂纹萌生时间很短,裂纹很快形成,且很快进入扩展阶段。因而断口反推出的疲劳寿命相对接近实际。但应当指出,低周疲劳裂纹扩展速率不能用 Paris 公式来表征,应根据实际的裂纹扩展规律来计算疲劳寿命。另外,在一些特殊条件下,构件中虽存在裂纹,但只有在某种特定条件下才存在 $\Delta K_{\sigma_m} > \Delta K_{th, \sigma_m}$,因此不能用断口定量测定疲劳条带间距来求得疲劳裂纹扩展寿命。由于在某种特定条件下导致裂纹扩展,每一次扩展均会在断口上留下疲劳弧线,即表明发生扩展的次数。此时疲劳裂纹扩展寿命虽可通过式(8-8)计算,但某种特定条件在实际服役情况下出现的概率 P 往往难以求出,因而难以确定构件的裂纹扩展时间,也就更加难以求出该疲劳裂纹在使用多长时间内出现工程裂纹。

②有疲劳条带的断口一定是疲劳损伤造成的失效,反之并不成立。对一些材料,尤其是高强度材料或脆性材料,其疲劳断口上并不总是存在疲劳条带,因而疲劳断口定量分析受到一定程度的限制。在这种情况下,只能利用 $\sigma_c \propto a_c$ 及 $\sigma_c \propto A$ 关系等进行一些有限的分析。

③用疲劳条带间距与 Paris 公式一起确定构件承受的应力,

在一般情况下求出的是应力变程 $\Delta\sigma$,而确定工作条件下的最大应力 σ_{max} 则需知道构件所承受的应力比,而实际构件在服役过程中的应力比往往是变化的。同时,在实际构件中,构件承受的交变载荷一般不为恒幅,而变幅载荷造成的裂纹扩展延滞、加速和扩展顺序效应,均会对失效构件承受载荷的估算带来极大的不便。

④工程方法的适用性。对于构件型式、材料种类、表面及内应力状态等情况,还没有足够的试验分析和验证。

随着科技的发展,上述问题的解决将不断取得进展。近年来发展的电子隧道显微镜,由于分辨率较高,因而对研究疲劳裂纹扩展第一阶段将大大地前进一步。

在断口定量金相中一种较新的"分形法"也将对疲劳断口的定量分析起到一定的推动作用。分形的数学概念是建立在不规则剖面的表观长度变化是测量单元尺寸的函数的基础上的。因此构件实际载荷的估算很有希望在"分形法"取得进展的情况下大大提高其准确性。

参 考 文 献

1　钟群鹏 . 金属断口宏观特征形态与力学参量之间的定量关系 . 兵器材料与力学, 1984(1):2～10

2　钟群鹏,赵宇 . 表面强化零件疲劳断口定量分析 . 第四届全国断裂学术会议论文集,1985,第六册:153～163

3　钟群鹏 . 金属疲劳瞬时断裂破断区断裂的控制参量及其断裂性质 . 兵器材料科学与工程,1985(10):1～9

4　钟群鹏,赵宇,黄学增 . 金属弯曲疲劳断口瞬断区对称性的定量分析 . 兵器材料科学与工程,1986(9):10～16

5　苏锡久,陈鹨主编 . 金属材料断口分析及图谱 . 北京:科学出版社,1993

6　上海交通大学《金属断口分析》编写组 . 金属断口分析,北京:国防工业出版社,1979

7　马侃楚,陶春虎,闫海,魏文山 . 中减螺旋齿轮裂纹分析及可靠性评估 . 见:陶春虎,

习年生,钟培道主编.航空装备失效典型案例分析.北京:国防工业出版社,1998

8 黄宏发,闫海,陶春虎.两种材料的当量初始缺陷尺寸分布分析,机械强度,1998,20(3):237~240

9 陶春虎,高压二级及低压一级涡轮叶片断裂分析,机械工程材料,1995,19(1):51~53

10 陶春虎,钟培道,闫海.压气机叶片的断裂分析.全国首届航空装备失效分析会议论文集,1994

第九章　失效分析思路和方法

9.1　失效分析思路的基本内涵

在失效分析中经常提到失效分析的思路、方法、程序、步骤和技巧。我们已经提到,失效分析工作者要有"医生的思路,侦探的技巧"。

世界上任何事物都是可以被认识的,没有不可认识的东西,只存在尚未能够认识的东西,机械失效也不例外,材料是任何产品的物质基础,产品失效(即不可修复的故障)在广义上一般都可以归结为材料失效,而材料的核心问题是结构和性能。肖纪美认为[1],为了深入地理解和有效地控制性能和结构,需要处理各种过程,如屈服过程、断裂过程、导电过程、磁化过程、相变过程、氧化过程等;材料中各种结构的形成和过程的进行,都涉及到能量。性能、结构、过程及能量之间的关系示于图 9-1。

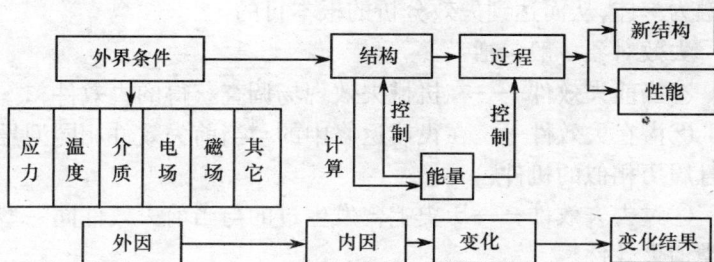

图 9-1　材料的性能、结构、过程、能量之间交互关系

①从外界条件引起材料内部结构的变化过程,去理解性能和新结构。

②能量控制结构和过程；

③从结构可以计算能量；

④性能是重要的工程参量；过程是理解性能和结构的重要环节；结构是深入理解性能和计算能量的中心环节；能量则控制结构的形成和过程的进行。

实际上失效总是有一个或长或短的变化发展过程，机械的失效过程实质上是材料的累积损伤或性能退化过程，即材料发生物理的和化学变化的过程。而整个过程的演变是有条件的、有规律的，也就是说有原因的。因此，机械失效的这种客观规律性是整个失效分析的理论基础，也是失效分析思路的理论依据。

(1)失效分析思路是指导失效分析全过程的思维路线(思考途径)

张栋提出：[2]失效分析思路是指在思想中以机械失效的规律(即宏观表象特征和微观过程机理)为理论依据，把通过调查、观察和实验获得的失效信息(失效对象、失效现象、失效环境统称为失效信息)分别加以考察，然后有机结合起来作为一个统一整体进行全过程考察，以获取的客观事实为证据，全面应用逻辑推理综合分析的方法，来判断失效事件的失效模式，并推断失效原因。因此，失效分析思路在整个失效分析过程中一脉相承、前后呼应，自成思考体系，把失效分析的指导思想、推理方法、程序、步骤、技巧有机地融为一体，从而达到失效分析的根本目的。

失效对象一般包括：

①当前失效件——在机械失效现场调查获得的失效件；

②潜在失效件——在役或返修中的与当前失效件相同型号的并且履历相似的机件；

③过去失效件——历史上曾发生过的与当前失效件同一型号的类似失效件。

失效现象一般包括：

①机械失效现场调查收集到的各种有关失效的宏观表现及特征；

②实验室分解检查观察和实验得到的各种宏观显性和隐性的失效表现及特征；

③微观失效特征；

④模拟试验时出现的有关失效特征；

⑤文献资料上记载的同类失效特征。

失效环境一般包括：

①介质环境(整机环境、局部环境、具体环境)；

②应力环境(包括载荷种类、大小、振动、噪声等)；

③温度环境；

④其他环境，如湿度、辐照等。

(2)失效分析思路的作用和意义

失效分析思路的作用和意义主要体现在以下几个方面：

①在科学的分析思路指导下，才能制定出正确的分析程序。

失效分析的关键性试样(在失效对象上取样)十分有限，有时只允许一次取样，一次测量或检验。在分析程序上走错一步，就可能导致整个分析工作的失败。

②机械的失效往往是多种原因造成的，一果多因常常使失效分析专家十分头痛，有时也使专家们争论不休。因此，在正确的分析思路指导下，查明失效的原因显得格外必要。

③机械失效分析常常是情况复杂而证据不足，往往要以为数不多的事实和观察结果为基础，作出假设，进行推理，得出必要的推论，再通过补充调查或专门检验以获取新的事实，也就是说要扩大线索找证据。在确定分析方向、明确分析范围(广度和深度)，阐明推断失效过程等方面，若没有正确思路的指导，将寸步难行。

尤其是机械失效后果严重，涉及面广，任务时限紧迫，失效分析面临着艰巨的任务。可是失效分析与常规研究工作有所不同，模拟试验难度大，而要求工作效率又特别高，因此，只有在正确的分析思路指引下，才能少走弯路，以最小代价(时间、人力、设备、财力等)来获取较科学合理的分析结论。

总之,掌握并运用正确的分析思路,才可能对失效事件有本质的认识,减少失效分析工作中的盲目性、片面性和主观随意性,大大提高工作的效率和质量。因此,失效分析思路不仅是失效分析学科的重要组成部分,而且是失效分析的灵魂。

9.2 机械失效过程及其原因的一些特点

失效分析思路是建立在对机械失效过程的特征和原因的科学认识之上。因此,有必要探讨一下失效过程的一般特征和原因。

1. 失效过程的几个特点

①过程的不可逆性——任何一个机械失效过程都是不可逆过程,因此,某一机械的具体失效过程是无法完全再现的,任何模拟再现试验都不能完全代替某一机械的实际失效过程。

②过程的有序性——机械失效的任一失效模式,客观上都有一个或长或短、或快或慢的发展过程,一般要经历起始状态——➤中间状态——➤完成状态三个阶段。在时间序列上,这是一个有序的过程,不可颠倒,是不可逆过程在时序上的表征。

③过程的不稳定性——除了起始状态和完成状态这两个端态比较稳定之外,中间状态往往是不稳定的,可变的,甚至是不连续的,不确定的因素较多。

④过程的累积性——任何机械失效,对该机械所用的材料而言是一个累积损伤过程,当总的损伤量达到某一机械所允许的临界损伤时,失效便随之暴露,引人注目的正是这最后一幕。

基于失效过程的上述特点,我们可以利用过程分析方法来进行失效分析。

任何机械失效都有一个发展过程,而任何失效过程都是有条件的,也就是说有原因的,并且失效过程的发展与失效原因的变化是同步的。从失效原因方面看,又有如下特点。

2. 失效原因的几个特点

①原因的必要性——不论何种机械失效的累积损伤过程,都

不是自发的过程,都是有条件的,即有原因的。不同失效模式所反映的损伤过程的机理不同,过程的原因(条件)也会不同,缺少必要的条件(原因),过程就无法进行。

②原因的多样性和相关性——机械失效过程常常是由多个相关环节事件发展演变而成的,瞬时造成的失效后果往往是多环节事件(原因)失败而酿成的。这些环节全部失败,失效就必然发生,反之,这些环节事件中如果有一个环节不失败,失效就不会发生。因此,可以说每一起失效事件发生都是由若干起环节事件(或一系列环节事件,即原因组合)相继失败造成的。而这一系列环节事件之间,可称为相关环节事件或相关原因。这些环节事件之间也仅仅在这一次所发生的失效事件中才是相关的,而在另一失效事件中它们之间却可能是部分相关、甚至根本不相关。另一失效事件则由另一系列环节事件全部失败所造成,也就是说由一个新的相关原因组合所决定。

③原因的可变性——这主要表现在以下几方面:

a. 有的原因可能在失效全过程中发挥作用,但影响力却可能发生变化,有的原因可能只在失效过程某一进程发生作用。

b. 有的原因可能在失效全过程中始终存在,但有的原因却可能是随机性的出现或不连续性地存在,这时某一机械失效过程也可能表现出过程的不连续性,甚至可能出现两种乃至多种失效模式。

c. 原因之间也可能有交互作用。拿腐蚀失效来说,温度升高一般可加速冷凝液对机件的腐蚀,但温度很高时,冷凝液全部挥发后,对机件的腐蚀反而减少。

d. 原因的偶然性——造成机械失效的种种原因中有一部分原因是偶然性的,偶然性的原因具有如下特征:

(a)一般出现概率很小;

(b)有时不属技术性的,而是管理不善或疏忽大意造成的;

(c)极少数的意外情况,如人为破坏或恶作剧等。

(d)外来物。

3.失效过程和失效原因之间的联系

失效过程和失效原因之间的联系实际上是一种因果联系,这种因果联系的几个特点是:

(1)普遍性

客观事物的一些最简单、最普遍的关系有:一般和个别的关系,类与类的包含关系,因果关系等等。因果关系(联系)是普遍联系的一种,没有一个现象不是由一定的原因引起的。当然,机械失效也不例外。

(2)必然性

物质世界是一个无限复杂、互相联系与互相依赖的统一整体。一个或一些现象的产生,会引起另一个或另一些现象的产生,前一个或一些现象就是后一个或一些现象的原因,后一个或一些现象就是前一个或一些现象的结果。因此,因果联系是一种必然联系,当原因存在时,结果必然会产生。当造成某机械失效的一系列环节事件(原因组合)全部失败,失效就必然发生。

(3)双重性

因果联系是物质运动发展的锁链上的一个环节。同一个现象可以既是原因,又是结果。对于后于它的某个现象,它是原因,但是对于先于它的某个现象,它又是结果。在我们思想中,一定要把机械失效过程中观察到的现象既看成结果,又看作原因。

(4)时序性

原因与结果在时序上是先后相继的,原因先于结果,结果后于原因。因此在失效分析中,判明复杂的多种多样的因果联系时,这种时序先后排列千万不要出错。但是,在时间上先后相继的两个现象,却未必就有因果关系。

拿机械失效来说,失效的某一起始状态是失效某一起始原因的结果(有的结果又可能成为后续过程的原因),失效的完成状态是导致失效的所有(整个)过程状态的全部原因(总和)的结果,它既是失效过程终点的结果,又或多或少保留一系列过程中间状态的(甚至起始状态的)某些结果(或原因),所以它是总的结果。

了解并掌握失效过程和失效原因的特征以及两者之间的关系,有助于我们建立正确的失效分析思路。

由于失效分析思路是指导失效分析全过程的思维路线(思考途径),因此有时会提出思考方向的问题,或者说指导思想问题。有一种提法:即失效分析是从果求因逆向认识失效本质的过程(逆向思维)。现在进一步讨论思考途径的方向性问题。

9.3 思考途径的方向

1. 机械失效的完成状态呈现失效过程的总的结果

我们已经指出原因和结果都具有双重性,而且失效过程是一种累积损伤过程。机械失效的完成状态,不仅呈现终态的结果,而且保留中间状态、甚至起始状态的某些结果(或原因)。如作为疲劳源的冶金缺陷、加工刀痕、划伤等疲劳起始的原因,仍然保留在失效件表面或断口上。直五飞机桨叶大梁挤压裂口(原始缺陷)引起的疲劳破坏,见图 9-2。不仅呈现最后一个结果——瞬断区的撕裂花样和剪切唇,而且保留着失效中间状态的一系列结果和原因,即保留着 100mm 长的疲劳扩展区;甚至保留着失效起始的原因,即挤压裂口面的原始形貌和表面的黄色覆盖物(涂层),见图 9-3。

挤压裂口

图 9-2 桨叶大梁断口全貌

2. 失效分析常常是先判断失效模式,后查找失效原因

失效分析除了要查找失效的原因之外,还有判断失效模式的任务,而判断失效模式,主要不是根据终点(最后一个)结果而是依

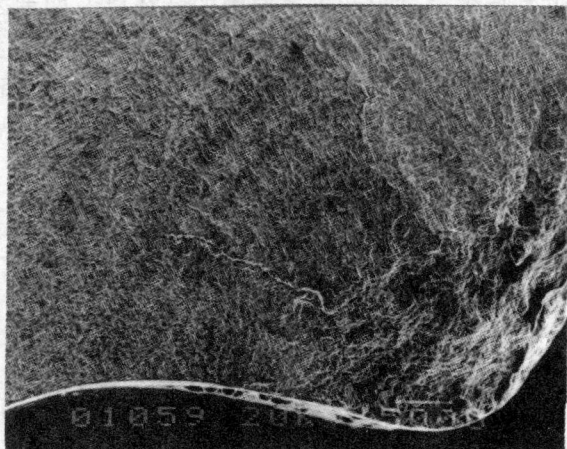

图 9-3　挤压裂口局部放大

据全过程的整体结果。判断失效模式是连接失效信息和失效原因的纽带,因此它是整个失效分析工作的桥梁。

　　拿美制里尔飞机一起地面起火事故来说,由于进气胶管裂口处高温压缩空气泄漏和机身下部煤油管接头划伤处渗油引起机身左侧两框之间(相对封闭的小空间)的燃爆,最终结果表现为飞机左侧起火事故(经救火很快扑灭)。

　　显然,失效模式不是起火,而燃爆可看作这次地面事故的模式。真正的肇事失效件有两个:一是长期在高温压缩空气下老化开裂的进气胶管;二是锥面上被划伤而失去密封功能的煤油管接头。各自又有自己独立的失效模式和原因。

　　3.尽量把失效过程的起始状态作为分析重点

　　实际上,失效分析专家分析失效原因时,在思想中并不把失效过程终点的结果列为分析重点,拿上面这个例子来说,最终阶段是地面起火约十分钟,烧毁了一系零部件,这些都不是我们分析的重要。而是一开始就力图把失效过程的起始状态作为分析重点,其实进气胶管的老化失效已经有相当的时日,而煤油导管接头被划伤失效更早,这才是问题的关键。一般要调查失效件制造卷宗,如原材料批次、进厂复验单、图纸上和技术条件上的有关规定,超差处理情况,查阅大修时该失效件的故检记录,外场履历本有关记载等;而对失效件本身,比较关注失效源,如断裂源、疲劳源、腐蚀源、磨损源、表面加工状态、检验标记、各种痕迹等等。就上述案例而言要紧紧抓住燃爆源(包括点火源)。

通过以上分析,我们不能把失效分析简单地归结为从果求因逆向认识失效本质的过程。既然失效完成状态呈现出失效全过程的总的结果,而结果和原因都具有双重性,所以我们可以有多种选择:

当我们通俗地把原因比喻成根,过程比喻成藤,结果比喻成瓜时,思考途径的方向至少可以有以下几种:

①顺藤摸瓜——即以失效过程中间状态的现象为原因,推断过程进一步发展的结果,直至过程的终点结果。

这种做法,虽然不能查出失效起始状态的原因(有时也称之为直接原因),但可揭示过程中间状态直至过程终点之间的一系列因果联系。需知,不是每次失效分析都能查出失效的直接原因,例如疲劳破坏的肇事件断口上,疲劳源区若被严重擦伤,就很难找出疲劳失效的直接原因。

②顺藤找根——即以失效过程中间状态的现象为结果,推断该过程退一步的原因,直至过程起始状态的直接原因。

③顺瓜摸藤——即从过程的终点结果出发,不断由过程的结果推断其原因。

④顺根摸藤——即从过程起始状态的原因出发,不断由过程的原因推断其结果。

⑤顺瓜摸藤 + 顺藤找根。

⑥顺根摸藤 + 顺藤摸瓜。

⑦顺藤摸瓜 + 顺藤找根。

无论是正向还是逆向思维,上述①～⑥都是一种单向的因果联系推断,只有⑦才是双向的因果联系推断。从瓜入手,或从根入手,或从藤入手,没有必要一成不变,思路一定要开阔。

作者强调指出,千万不要把自己的思路固定在某一不变的方向,何况不同的人往往有不同的习惯性思路。从某种意义上讲,思路是可以设计的,在大方向不变的前提下,有时还要局部变化分析思路。其实,除了正向和逆向思维外,还可多向思维,多因论告诉我们,有些原因在时空上有可能交叉。

9.4　几种典型的失效分析思路

1. "撒大网"逐个因素排除的思路

一般失效事件,究其原因不外乎从操作人员、机械设备系统、材料、制造工艺、环境和管理六个方面去寻找。这就是 5M1E［Man(人)、Machine(机器设备)、Material(材料)、Method(工艺制作方法)、Management(管理)、Environment(环境条件)］的失效分析思路。[3]

如果失效已确定纯属机械问题,则以设备制造全过程为一系统进行分析,即对机械经历的规划、设计、选材、机械加工、热处理、二次精加工、装配、调试等制作工序逐个进行分析,逐个因素排除。列出了包括设计不当、材料和冶金缺陷、压力加工工艺缺陷、机械加工缺陷、铸造缺陷、焊接缺陷、热处理不当、再加工缺陷、装配检验中的问题、使用和维护不当、环境损伤等 11 个方面,含有可能引起机械失效的 121 个主要因素。

上述"撒大网"逐个因素排除的思路,面面俱到,它怀疑一切,不放过任何一个可疑点,看来十分全面、稳妥、可靠,但在失效分析中难以应用,因为:

①网中所提的许多问题在某一失效事件的失效分析过程中是无法解决的,所需的前提条件太多,难以满足;

②从方法论上讲,6 大方面,缺少横向联系,不成系统,抓不住要领,甚至无从下手。须知排除 100 种可能因素,不如肯定一种实际因素;

③往往在人力、物力、财力和时间方面也不允许这么做;

④如果编的网本身有漏洞,也会带来麻烦。

⑤"撒大网"的思路主要是寻找机械失效原因的思路,并不是判断失效模式的分析思路,因此它不是完整的失效分析思路。

"撒大网"思路是早期安全工作中惯用的事故检查思路,其结果是找到方方面面的许多原因(实际上并不是这次失效事件的原因),最后是留下一大堆问题。因此,在机械失效分析中,一般不宜采用"撒大网"的办法。当找不到任何确切线索时,这是没有办法的办法。

2. FTA(Fault Tree Analysis)思路

在安全工程中有人把 FTA 称为"事故树分析法";在可靠性工程一般把 FTA 称为"故障树分析法";FTA 在失效分析中有时又称之为"失效树分析法"。在日本,把 FTA 称为缺陷树。这和数学解题思路中常用的枚举法一样,画枚举树。

FTA 早在 1961 年问世,它由美国贝尔研究所首先用于民兵导弹的控制系统设计上,为预测导弹发射的随机故障概率作出了贡献,标志着可靠性分析的一个飞跃。迄今 FTA 已被公认为当前对复杂系统安全性、可靠性分析的一种好办法。

FTA 是从结果到原因来描绘事件发生的有向逻辑树,是一种图形演绎分析方法,是故障事件在一定条件下的逻辑推理方法。[6]它可围绕某些特定的故障状态作层层深入的分析,在清晰的故障树图形下,表达了系统的内在联系,并指出元部件故障与系统之间的逻辑关系。定性分析可找出系统的薄弱环节,确定系统故障原因的各种可能的组合方式,定量分析还可以计算复杂系统的故障概率及其他的可靠性参数,进行可靠性设计和预测。

故障树的建造是 FTA 的关键。建树方法简述如下:

先写出顶事件作为第一层,第二层并列地写出所有可能导致顶事件发生的直接原因,层间用逻辑门表示出它们之间的逻辑关系,然后再以第二层事件作为结果事件,分别找出它们的所有可能的直接原因事件作为第三层,再以适当的逻辑门把第二、第三层联系起来,按照这种办法步步深入,一直追溯到不需要继续分析的原因(即底事件)为止。最后,根据逻辑关系,上一层事件是下一层事件的必然结果,下一层事件是上一层事件的充分条件,判断树图作得是否正确。

故障树的建立要有几个前提条件:

①顶事件要选准,也就是说肇事故障模式首先要判断准确无误(这正是失效分析的首要研究任务)。另外,对一个系统或产品群体,一般确定顶事件需要两个参数:a. 故障损失的严重度;b. 单位时间损失的次数。从而求出损失率(风险率)。

②要并列地写出导致每层事件的全部直接原因,不得遗漏,因此故障树实质上是一棵直接原因树。

③下层事件对上层事件是直接原因,上层事件是下层事件的必然结果。因此,对系统中各事件之间的逻辑关系及条件必须事先十分清楚,并且是一种已明确的因果关系。

④定量分析时要首先求出各基本事件发生概率,才有可能计算顶事件的发生概率。

我们知道,复杂的机械是由相互作用又相互依赖的若干部件或子系统结合成具有特定功能的有机整体。为此,产品设计时已从功能体系的内在联系规定了零件、部件、子系统、系统之间比较明确的因果关系。一旦系统发生故障时(丧失规定功能的状态),就可以利用系统的原理图、结构图、系统图、工作流程图、电路图、管路图、操作程序图以及结构原理、操作规程、工作原理等等一系列由设计(思想)所决定并服务于系统功能的技术资料来建树,从而实现 FTA 所能达到的众多目标。这时所建的故障树,也主要是从功能故障的角度来逐层确定事件及其直接原因。比如操纵失灵,直接原因之一是某一操纵杆断裂。它关心的是故障发生的部位(即系统的薄弱环节)、故障发生的概率以及危害程度等等,从而改进设计,进行可靠性设计或预测等。至于操纵杆是应力腐蚀断裂、疲劳断裂、氢脆还是腐蚀疲劳断裂,并不妨碍上述众多目标的实现,也就是说,它并不追究故障的微观机理和物理、化学过程。

因此,FTA法在可靠性分析中大显身手,取得很大进展。但对复杂系统,所建的树形繁杂,且工作量太大,还容易错漏,这是不足之处。

一旦把FTA法引入失效分析,情况就大不一样。这里要强调指出:失效分析不是失效性分析。

我们知道,失效与可靠相对应,失效性与可靠性相对应,而失效度(概率)与可靠度(概率)相对应。因此,失效分析与可靠分析相对应,而失效性分析与可靠性分析相对应。所以,失效分析不是失效性分析,也不是可靠性分析。可靠性(度)或安全性(度)分析以群体(或系统)为对象,并与时间(寿命)因素密切相关,是时间的函数,统计规律和概率论是其理论基础。而失效分析归根结底是以单个(或逐个)失效事件为研究对象,本身与时间因素无关。

失效分析不以机械产品在规定的条件下和一定的时限内完成规定功能的能力为研究目的,而是重点研究产品丧失规定功能的模式、过程、机理和原因。

通过上述分析不难看出,失效分析与可靠性分析(或失效性分析)在研究对象、目的和方法上都有重大差异,不能混为一谈。在失效分析中一般不宜采用FTA,也没有必要采用FTA。实际上机械失效的机理常常归结为材料损伤或缺陷,而材料损伤或缺陷的原因大多是隐性的,不通过一定的检验手段和鉴定是难以发现的(如成分不合格、强度超差、冶金缺陷、渗层太薄、阳极化膜不致密、微动疲劳、剥蚀、蠕变、过烧等),另外直接原因和间接原因往往也难以区分,至于基本事件的发生概率更不是失效分析本身所能掌握、提供的,所以在失效分析中采用FTA一般也行不通。但是在失效分析工作的后期,即综合性分析阶段,FTA可以作为一种辅助的审查方法加以运用,把整个失效过程用逻辑树图形进行演绎审查,以便发现失效分析中的漏洞。

FTA的思路也是一种分析原因的思路,并不是判断失效模式的分析思路,因此,也不是完整的失效分析思路。

3．逻辑推理的思路

任何一个人不管他是否学过逻辑学，是否懂得逻辑，只要他进行思维，就一定要运用概念，作出判断和进行推理。

进行逻辑推理，就是从已有的知识推出未知的知识，也就是从一个或几个已知的判断，推出另一个新的判断的思维过程。而判断则是断定事物情况的思维形态。只要据以推出新判断的前提是真实的，推理前提和结论之间的关系是符合思维规律要求的，那么，得出的结论或判断一定是真实的（可靠的）。所以，正确运用逻辑推理，是人们获得新知识的一个重要手段，在失效分析中应充分运用。

逻辑推理方法有三大类[4]，一类是演绎推理，二是归纳推理，三是类比推理。这是人类几千年逻辑思维的科学总结。在失效分析活动中，推理的客观基础是失效事件事实的内在本性。在内部矛盾的推动下，必然从一个过程向另一个过程推移，推理活动就是这种客观的必然性在思维中的反映。

通过推理，可以扩大对失效现象的认识成果，从现有的知识中推出新的知识，从已知推出未知。它不仅能反映出事物现在的内在联系，而且能反映出事物的发展趋势。因此，推理是一种特殊的逻辑思考方式，是分析判断失效事件的逻辑手段，实践告诉我们，排除一百种可能性，不如证实一种必然性。

在失效分析中逻辑推理的作用和意义如下：

（1）推理是适合于认识失效事件的反映形式

依据现场调查和专门检验获得的有限数量的事实，形成直观的认识（即直接知识），联想以往经验及丰富知识，进行一系列推理，推断失效的部位、失效的时间、失效的模式、失效的过程、失效的影响和危害等一系列因果联系（即间接知识）。根据推导出来的新的判断，扩大线索，进一步作专门检验和补充调查，把失效分析工作步步引向深入。因此推理可扩大对失效事件认识的成果。

（2）推理是失效分析中一个重要的理性认识阶段

要想对失效事件有本质和规律性的认识，就必须在感性认识的基础上,对感性材料连贯起来思索,进行去伪存真,由此及彼,由表及里的思考,采用逻辑加工并运用概念(定义)构成判断和进行推理。没有这一认识阶段,认识就不可能深化,也不可能扩大认识领域,更不可能认识事物之间的内在联系及其发展趋势。

(3)推理可在失效分析的各个阶段(全过程)发挥作用

失效分析过程,在一定意义上讲是由一系列的推理链条所组成的,形成一个严密的逻辑思维体系,这是失效分析工作科学性的一个重要标志。

(4)推理是审查证明失效证据的逻辑手段

失效证据是证明失效真实情况的一切事实。它必须具备两个条件:①它是客观存在的事实;②它能证明失效事件真实可信。

审查、证明失效事件真实的过程,既是收集、查证、核实证据的过程,又是推理判断的过程。从认识运动的顺序上讲,证明失效事件真实要经过两个过程:一是从特殊到一般,一是从一般到特殊。这是两个互相联系又互相区别的过程,由此构成证明的认识过程。

从特殊到一般是指按失效分析程序逐个地收集和查证核实证据,并对这些证据材料逐个加以分析、推理判断,然后进行综合和抽象,得出结论。这个认识过程就是从具体证据到失效模式和原因的认识过程。

从一般到特殊,就是以对失效事件的本质认识为指导,分别去考查每个证据同失效事件事实之间是否有内在联系。

只有经历两个认识过程,全部审查证明过程才算完成。因此,收集、判断、运用证据的过程也是一个推理的过程。

综上所述,作者认为,逻辑推理的思路,是以真实的失效信息事实为前提,根据已知的机械失效规律性的(理论的)知识和已知的判断,通过严密的、完整的逻辑思考,推断出机械失效的模式、过程和原因,因此,逻辑推理的思路可以作为指导失效分析全过程的思维路线(思考途径),它最能体现和发挥人们在失效分析中的主观能动性和创造性,所以,逻辑推理思路应是失效分析的基本思路。

9.5　失效分析方法论[5]

1.归纳推理

归纳推理是前提与结论之间有或然性联系的推理。一般说是由个别的事物或现象推出该类事物或现象的普遍性规律的推理。即从分析个别事实开始,然后进行综合概括,即从特殊到一般的推理。这里前提是个别性的判断,而结论是普遍性的判断,结论所断定的,超出了前提所断定的范围。

任何失效事件中都存在着特殊和一般的辨证统一关系。失效事件中的每一个证据事实,一定同失效事件的性质相联而存在。而失效事件的性质只能存在于每个证据事实之中。失效分析人员通过对失效事件中每个证据的搜集、比较、分类、分析与综合判断,概括出这个失效事件的一般性结论。归纳推理这一思维过程主要是分析和综合。分析是在思想中把不同对象,对象的个别部分、个别特征、个别属性区分开来,分别加以考察,而综合则是在思想中把失效事件的各个部分和因素结合成为一个整体加以考察。分析与综合是相辅相成的。

例如:现场留下的各种痕迹——烟迹、划痕、压痕、腐蚀痕迹、热变色痕迹、污染痕迹等等。

断口上看到的各种花样——泥纹花样、人字花样、疲劳弧线、放射花样、解理花样等等。

此外还有使用者的证言,目击者的陈述等等。

尽管这些材料杂乱、各不相同,然而这些证据都可能与失效事件有某种内在的联系,这是事物的共性。各种证据又有各自的特点,反映失效事件的各个侧面,共同组成失效事件事实的整体。失效分析人员把同失效事件有关的事实分解为失效件、失效部位、变形、表面痕迹、断口等各个部分,在认真分析的基础上,把各部分的特点、属性综合起来考察,就能获得对此失效事件的全面认识。

归纳法还有经验归纳法(不完全归纳法)、数学归纳法(含统计归纳法)、流行病学分析法[7]、黑箱[1]法等等。

一般来说,普遍性的判断,归根到底总是靠归纳推理来提供的。掌握的个别事物(现象)量和共性越多,越有代表性,则所得普遍性结论的可信度越高。但是这种结论仍有或然性,不可绝对化。

2. 演绎推理

演绎推理就是前提与结论之间有必然性联系的推理,或者说是前提与结论之间有蕴涵关系的推理。

人们应用(已经由归纳得出)普遍性判断作为前提,从而推出结论,这就是演绎。演绎推理一般说来,是由一般(或普遍)到个别(或特殊)。因此演绎推理的结论所断定的,没有超出前提所断定的范围。

从真实的前提出发,利用正确的推理形式,就能够必然地得到真实的结论。这就是演绎推理的根本作用。

演绎推理包括性质判断的推理和关系判断的推理,此外还有复合判断的推理等。

性质判断的推理,就是前提与结论都是性质判断的推理。关系判断的推理,就是用关系判断作为前提或结论的推理。

在失效分析中,应用普遍性的知识来分析个别性的现象,这里就需要用到演绎推理,只不过有时运用不大自觉,不够完善。

例如,我们通过观察和实验分析已经知道 WP-7 发动机加力燃烧室点火稳定器裂纹为疲劳裂纹。

根据疲劳理论,材料(构件)在交变应力作用之下产生的裂纹为疲劳裂纹。可作如下演绎推理:

如果该稳定器上的裂纹为疲劳裂纹,那末,该稳定器必然处于交变应力作用之下。

可是该稳定器交变应力从何而来?

通过调查和观察可知,使用加力时,稳定器外表面和心部(壁较厚,约 12mm)存在较大温差。

根据金属热胀冷缩原理和应力——应变理论,可作如下演绎推理:因为点火加力结束后稳定器表面冷却快,其收缩量大于心部

图 9-4　WP-7 发动机加力燃烧室点
火稳定器热疲劳裂纹

收缩量,又因为稳定器表面和心部均处于同一物体内部,于是稳定器表面和心部不同的收缩量受到相互约束而产生热应力(内应力)。因此,每次加力后在稳定器中存在热应力。

可是稳定器在不工作时,由于没有温差也就不存在热应力。这样,稳定器表面某一部位的热应力在反复使用中就在零至某一热应力值之间循环。

根据交变应力的定义,又可演绎推断稳定器上的热应力为交变应力。

还可根据热疲劳裂纹的定义,进一步推断该稳定器上的裂纹为热疲劳裂纹。

鉴于材料科学的迅猛发展,已经形成有关材料的失效模式、失效机理、失效原因等一套比较系统的理论。因此,一旦作出某一(或某些)判断,就可根据已有的判断演绎出新的判断。特别是初步判断肇事件的失效模式之后,就要充分利用这一模式所内涵的基本失效过程、机理、规律、条件、影响因素等等一般性的(普遍性的)知识,演绎出新的性质判断或关系判断,把失效分析工作引向深入。我们常说的顺推法、倒推法、反证法、过程法、枚举法(含FAT)等,都属于演绎推理范畴。

3. 类比推理

我们观察到两个或两类事物在许多属性上都相同,便推出它们在其他属性上也相同。这就是类比法。

在失效分析中,观察到两个失效事件在许多特征上都相同,便推出它们在其他方面也相同。这就是类比推理。因此通过比较得出两个失效事件的共同点是类比推理的前提。当然,通过类比也可以归类,根据失效事件的属性,把它归于某一类失效模式。

我们知道,同一类别的零件或设备,在功能、受力、工作环境等方面有不少共同之处,因此它们的失效模式和失效的原因也有许多相似之处。人们在长期的生产、使用实践中,从大量失效事件及其失效分析中总结出各类基础零件和成套设备的常见失效模式及其原因。这是我们进行类比推理的重要依据,这种运用以往经验知识,启发思路,全面类比推理的方法不失为一条捷径,因此,也称作经验法。例如表9-1和表9-2分别列出了滚动轴承和齿轮的常见失效模式及其原因。

表 9-1 滚动轴承失效的原因及其对应的损坏形式

失效原因	具体案例原因	与原因对应的损坏形式
1. 润滑油污染	(1)水汽 (2)磨料 (3)外界物质(大颗粒尘土,金属屑)	(1)腐蚀(1) + (2)划伤、擦伤 (2)发灰、变色 (3)磨损、起麻点、剥落
2. 润滑不正确	(1)完全没有润滑油 (2)供油量太少 (3)润滑油种类不对 (4)润滑油太多太稠 (5)润滑油等级或密度不对 (6)间断供油	(1)过热软化 (2)擦伤、咬合 (2)、(3)、(5)粗糙化、起麻点、剥落 (4)金属涂抹 (6)保持架破碎

（续）

失效原因	具体案例原因	与原因对应的损坏形式
3. 安装不正确	(1)预压过大 (2)调整过紧 (3)强装 (4)外圈与壳体配合过松 (5)轴与轴承内孔配合过松 (6)装配过紧 (7)使用不正确工具	(1)、(2)类似润滑不足引起的损伤 (3)圈开裂 (4)摩擦腐蚀 (5)蠕变磨损 (6)疲劳至剥落 (7)损伤保持架
4. 拿放保管粗心	(1)锤击工具(冲子)敲装 (2)手锤敲击座圈 (3)冲头挖伤油封 (4)保管粗心摔伤 (5)保管或安装时撞击成凹坑 (6)内外圈相对位置歪斜	(1)外环出现缺口 (2)裂纹 (3)损坏保持架 (5)引起早期疲劳断裂 (6)外圈刻痕
5. 中心线失调	(1)轴弯曲 (2)轴承与轴承座之间夹有外界物质 (3)轴向游隙过大	(1)磨损、早期疲劳断裂 (2)磨损、早期疲劳断裂 (3)内圈内孔一侧严重磨损
6. 繁重作业	(1)短时期内特别沉重的冲击载荷 (2)轴向游隙大加上下振动 (3)速度和载荷过大 (4)振动使滚动体在不动的座圈上前后滑动	(1)座圈压痕,座圈和滚动体破裂 (2)座圈破碎 (3)座圈表面片状剥落 (4)凹沟痕迹
7. 振动	磨损加撞击	压坑
8. 漏电		电麻坑

尤其是同一型号的机械产品,在设计、选材、工艺、使用等方面共同点更多,因此同一型号机械产品历史上发生过的类似失效事件及其失效分析成果,将成为类比推理的主要依据。当然,通过潜在失效件和模拟失效试验分析也可进行类比推理。

表 9-2　齿轮失效的模式、形貌和原因

失效模式		损伤形貌	导致失效原因
齿断裂	强制断裂	(1)脆性断裂的断口粗糙，露出晶粒； (2)韧性断口平滑	(1)机组配合一方损坏造成突然超载 (2)操纵离合器或换挡不正确引起撞击 (3)掉进异物卡住掰断 (4)电力切换扭矩过大
	疲劳断裂	(1)细晶粒断口有贝壳花样 (2)有褐色微振磨损区	(1)重载荷加振动 (2)齿面载荷分布不当 (3)尺寸不够大 (4)材料缺陷 (5)锻造缺陷 (6)冲击 (7)中心轴线调整误差 (8)异物卡死 (9)运行不平稳 (10)热处理不当
齿面损伤	麻点	齿面多孔状凹坑	(1)载荷过大、振动 (2)啮合不正确齿面载荷分布不良 (3)材料不适当 (4)机加工缺陷 (5)热处理缺陷 (6)尺寸不足
	齿面剥落	大鳞片状剥落	(1)接触疲劳 (2)齿面有残余应力 (3)材料缺陷 (4)热处理缺陷 (5)机加工缺陷
	氮化层剥落	棱边锋利的片状剥落	超载加振动
	正常磨损	齿面光滑	润滑剂不足或选用不当

(续)

失效模式		损伤形貌	导致失效原因
齿面损伤	磨料磨损	齿面有擦痕,磨耗显著	润滑剂中有硬粒子杂质
	不正确啮合磨损	齿根或齿顶发生挤压,刮削	两中心线相距太小
	波状磨损	齿面有波纹	振动
	咬 接	擦痕、擦伤	(1)超载 (2)材料或润滑剂选用不当 (3)齿面粗糙度数值太大
	塑性变形	变平、波纹、飞边、毛刺	(1)持续超载 (2)冲击载荷 (3)润滑不足过热
	表面裂纹	齿面网状裂纹	磨削过热
	淬火裂纹	长条延伸	热处理不当
	磨削裂纹	很细的网状纹	磨齿过热
	材料裂纹		细线状夹渣或锻造折叠痕产生
	超载裂纹		过大扭矩冲击
	退 火	齿面蓝色	(1)超载下过度摩擦 (2)润滑剂不足 (3)冷却润滑设备损坏 (4)转速过高
	腐 蚀	齿面疏松,粗糙或出现麻点	水汽进入润滑剂
	电流损伤	小电流蚀坑,边框有颜色圈	接地不良
	气 蚀	齿面出现喷砂状小坑	润滑剂中气泡

注:1. 上述失效模式中,以疲劳断裂、麻点、磨损和咬接四种最常见。

2. 麻点、齿面剥落、磨损、咬接、塑性变形和裂纹都能促进疲劳断裂,其中的后二种常导致疲劳断裂。

类比法的前提和结论,或者都是关于个别事物的判断,或者都是关于一类事物的普遍性判断。因此,它不是一种由个别到普遍的推理;也不是一种由普遍到个别的推理。

进行类比推理要注意以下几点:

①类比应力求全面、完整。既要从局部进行类比,又要从总体上进行类比。要进行全过程、全方位的类比。

②应以失效对象、失效现象、失效环境为类比的主要内容,而过去的分析结论仅作参考。

③类比中还要注意是否存在值得重视的差异,发现新的失效因子。

④推理的可靠性取决于两个事件相同特征的数量和质量。相同特征的数量越多而质量越相近,可靠性就越高。

这种推理有三个特点:

①类比的对象要有许多相同的特征,这是类比推理的客观依据。

②这些相同特征与推出的结论之间要有相关性,如相关性程度越高,类比的可靠性就越高。

③类比的结论具有或然性。

类比对象虽有不少相同的特征,但也可能有不同的特征,并可能是不同事件的特定特征,这就决定了类比结论具有或然性。因此类比推理过程中要避免片面性。但应用类比推理,常常可以提出一些有价值的假设,有助于失效分析的深入。我们常说的案例法(判例法)、变更分析法,也属于类比法范畴。

4．选择性推理

就形式逻辑学而言,基本的推理法只有上述三类,但在不同学科领域,应用逻辑的基本思维规则,总结出一系列各有特色的推理(分析)方法,在失效分析领域,比较常用的还有选择性推理和假设性推理。

选择性推理是根据失效事件或事件中某一事实的发生存在着两种以上的可能性可供选择。用已知的事实否定其中一部分可能性,从而肯定其他的可能性。这叫做从否定中求肯定。这种推理方法称之为选择性推理。

在失效分析中曾经遇到这种情况:某固定螺栓断裂失效件的断裂源区观察到微观沿晶结构,究竟是应力腐蚀断裂呢?还是氢脆?或者腐蚀疲劳?这时可进行选择性推理。若知道该螺栓从未承受过交变载荷,故可排除腐蚀疲劳;观察表明断裂源区没有腐蚀产物、表面也没有腐蚀坑等腐蚀特征,不属于应力腐蚀。所以判断最大可能性是氢脆,根据这个推理结论,指明了进一步分析的方向。

选择性推理有三个特点:

①从否定中求肯定;

②大前提中的几种可能性,只能是相对的"穷尽",例外的情况时有发生,不可能完全穷尽;

③结论具有或然性。

因此,选择性推理在失效分析中不可单独使用,至少在用普遍性判断作为前提来否定其中一部分可能性时,就离不开演绎推理。

5. 假设性推理

假设性推理是依据失效事件事实之间的条件联系进行推断的推理方法。特别在证据不足、情况复杂的失效事件分析中,往往要以为数不多的事实和现象为基础,根据已有的知识,提出相应假设(这时要用到归纳或类比推理等),然后进行推理,得出推论(这里又要用到演绎推理)。因为失效事件的事实之间不是彼此孤立的,而是相互联系的(直接的或间接的联系)。某一事实的发生和存在,会伴随另一种事实的发生和存在;某一事实的不发生和不存在,也不会引起另一事实的发生和存在。如果假设发生燃爆,必须同时具备(存在)三个条件,即存在一定浓度的可燃气体、达到引燃的温度和一个相对密封的容器(空间)。一旦发生燃爆,就意味着同时存在这三个条件。又如腐蚀必定要有腐蚀介质环境,疲劳必定经受交变载荷等等。这就叫做失效事件的条件联系。把这些条件联系置于一个假设性判断之中,进行推理,推动失效分析工作不断深化。它在推断失效模式、肯定和否定怀疑失效件、查找失效原因和扩大线索方面起着特殊作用,是失效分析中常用的推理方法之一。

在所有推理过程中要特别注意以下三点:

①推理的前提必须有客观真实性,不然会推导出错误的推论。

②推理是逻辑手段,推论只能为分析研究失效情况提供参考,提供线索,提供方向,但不能作为证据。

③要遵守形式逻辑的推理规则,这对保证人们思维的一贯性,避免思维混乱和自相矛盾是有意义的。

作者通过长期失效分析的实践总结,系统地阐明了逻辑推理在失效分析中的应用方法。总之,上述五种常用的推理思考方法在整个失效分析中的正确、灵活运用和有机组合,就构成了较完整的逻辑推理思路。

9.6 失效分析的一般程序和要点[1]

机械失效过程中如果只有一个机件发生失效,则失效分析比较容易进行,但多数情况下,机械失效过程中不止一个机件发生失效,特别是机械事故发生时,往往有大量机件同时遭到破坏,情况相当复杂,而失效原因也错综复杂多种多样,因此,除了要有正确的失效分析思路之外,还必须有一个合理的失效分析程序。但是产品失效的情况千变万化,很难规定一个统一的失效分析程序。在一般情况下,应是思路指导程序,而分析程序在一定程度上又要体现思路。

这里论述的是失效分析的一般程序:

1. 调查现场失效信息

调查现场失效信息是失效分析的第一步,俗话说万事开头难,对现场失效信息的调查必须给予高度的重视,它是整个失效分析工作的基础,也是逻辑推理的必要前提。

一般以机械失效现场为出发点,细致、客观、全面、系统地观察收集失效对象、失效现象、失效环境等现场失效信息以获取真实可靠的感性材料。不仅要保护好现场,而且要利用一切可能的手段和方式记录现场失效信息。

调查现场失效信息的主要手段和方法是观察和现场实验,在事物或现象的自然状态下,通过感官去认识事物或现象,这就是观察。

观察与一般的感觉、知觉不同。观察是依据一个确定的研究目的进行的。但是,感觉、知觉却不一定有一个确定的研究目的。普通人在地上拾到一块涡轮叶片觉得很重而好奇;而飞行事故调查员却要把航迹上散落的残骸及其相应位置系统地记录下来,并绘成残骸分布图,这就是观察。

显然,观察是有选择性的。但是观察只是在自然状态的事物这个范围内进行选择,因此,观察还带有很大的被动性和局限性。

在控制事物或现象的条件的情况下,通过感官去认识事物或现象这就是实验。

实验能够改变事物的自然状态,便于进行深入的观察,以便取得更多的感性材料。

在观察和实验中,应力求避免主观性和片面性,但不应把调查看作是"一次性行动",必要时应反复调查有关信息。

鉴于保护现场有种种困难,现场调查一定要目标明确,重点突出并且不失时机。为了做好调查工作,最好要事先列出调查提纲,带上调查表。

2. 初步确定肇事失效件

详见 9.7 节。

3. 确定具体分析思路和工作程序

要从设计、制造、维修、使用和研究部门调查了解,历史上是否发生过类似失效事件? 如果:

①确实发生过这种失效先例,并曾作过相应的失效分析,建议按类比推理的思路和程序进行分析。

②没有这种失效先例时,则按逻辑推断的思路和程序进行分

析。

4. 初步判断肇事件的失效模式

这时要过细地观察和分析肇事失效件的失效信息,例如失效的具体部位、各种痕迹(包括原始加工缺陷)、结构的完整性即整体完整性(变形、失稳、断裂、破碎等)、表面的完整性、各种性能的变化等等。还要观察相关失效件上的有关失效信息以及所处的具体失效小环境,也就是说把失效事件分解为各个部分或因素,分别加以考察。

又要不失时机地找来失效对象的产品图纸(所含信息量极多)、制造工艺、技术条件、原材料复验单、质检记录等一系列技术资料。另外对照图纸对肇事失效件进行简便有效的检测常常是有价值的。同时还要详细调查肇事件的使用履历以及维修方面的背景材料。然后,把失效事件的各个部分或因素结合成为一个整体,加以考察。

在此基础上可以初步判断肇事失效件的失效模式的主要类型。

事物的性质与关系叫做事物的属性,事物与属性是不可分的。由于事物属性的相同或相异,就形成了不同的事物种类。

这里应当指出,人们必须先具有关于某事物的概念,然后才能作出关于某事物的判断、推理与论证。概念是反映事物的特有属性的思维形态,具有抽象性和普遍性,它是判断、推理与论证的基础。因此失效分析人员应在丰富的实践中逐步形成各类失效模式的概念,不然无法进行失效分析。

判断肇事失效件的失效模式,实际上也是种类认定工作,即"失效模式认定"。它是以客体的种类特征为基础的,同种或同类失效模式都是个集合概念,是把种或类相同的客体物(失效事件)的特征综合起来,从而据以判定其为这一种或另一类失效模式的依据。这实际上是一种更大范围的类比推理。

初步推断的失效模式意味着肇事失效件经历了这一模式所内涵的基本失效过程及其相关的必要条件和影响因素。于是有必要就这一失效模式范围内的过程规律和因果关系对已取得的失效信息进行加工整理,看其能否充分反映这一失效模式的宏观特征?还有什么疑点?还需要进一步获取哪方面信息?也就是说要充分发挥它的纽带和桥梁作用。

例如初步判断肇事失效件为腐蚀失效,这时回过头来查找一下腐蚀介质是什么(包括成分、浓度、温度等)?涂镀层是否完整?有无腐蚀产物?也就是说,要扩大线索,查找充分的依据(因此补充调查或实验往往难以避免),以便进一步确认(或否定)初步假设的失效模式,并为分析失效原因创造条件。

由于上述分析基本上属于宏观、非破坏性的分析,所以应当力争做到山穷水尽的地步。

5. 查找失效的原因

在确定失效模式的基础上,查找失效的原因就有了明确的方向和范围。一般不外乎从以下几个方面着手:

①肇事件自身的内因;

②相关失效件的影响;

③所处的环境(主要是指力学环境、介质环境和温度环境);

④其他异常因素(如辐射、雷击、静电、漏电、误操作、人为破坏等等)。

但是应当强调指出,失效件上最具某一失效特征或者失效最重的部位(点或面或局部体积),如磨损最重处、断裂源、腐蚀最深处,热变色所示最高温区域、变形最严重处等等,是我们查找失效原因最关键的部位。磨损最重处往往磨损痕迹最典型、最丰富;腐蚀最深处往往腐蚀产物最多;而断裂源不仅指示裂纹扩展的方向,确定裂纹深度或长度也离不开它,断裂源往往还存在着各种宏观、微观的缺陷(包括制造或维修时造成的),并且可能留下较明显的环境介质痕迹。总之,要从结构特征、表面加工痕迹、环境作用痕迹等方面加以综合考证。

第二个关键的部位,即失效件上失效区与尚未失效区的交界或者两种模式失效区的交界处。它们不仅指示了失效的终点部位,确定失效的范围离不开它,而且交界的两侧往往宏观特征和微观结构都有明显差别,这对最终确认失效模式和比较分析失效原因都大有好处,它往往可以免去我们做某些模拟试验带来的一些麻烦。

失效分析进行到这一关键阶段,也是难度最大、工作量最多的阶段,这时可能要进行以下工作:

①破坏性的取样;

②各种微观分析;

③非标准的测试、检验。

为证实或排除某些可能的失效原因,应精心地设计检验和试验方案。

一般采取以下原则:

①先易后难;

②由表及里(先分析表面及表面层,再分析内部);

③从低倍到高倍(先做宏观分析、再作微观分析);

④按形貌——→成分——→性能——→结构的顺序开展分析工作。

这一阶段的分析要牢记以下几点:

①分析思路和分析工作要紧紧围绕已确定的失效模式所涉及的机理、原因和影响因素开展。如腐蚀失效,着重分析腐蚀产物、腐蚀介质(包括腐蚀气氛)、材料的腐蚀敏感性,防腐蚀层的完整性以及构件的防腐蚀设计等等。这时材料的各种力学性能(如HRC,σ_1,σ_{-1}等等)就可以不做或尽量少做。这就是说针对性要强,把工作做到点子上。

②要十分关注是否存在异常现象和异常因素,因为这些异常现象和因素可能预示着某种失效原因。

③同一个肇事失效件上,可能同时或先后存在两种或多种失效模式,这时要分别加以分析,并判断这两种失效过程是否相关,对机件的最终失效各有什么影响。

例如,WP-6 发动机 GH36 Ⅱ 级涡轮盘,存在榫齿掉块和榫齿裂纹两种失效模式。前者属于榫齿顶部表面层的晶间腐蚀引起的掉块,见图 9-5(a),后者属于榫齿工作面根部的疲劳引起的裂纹,

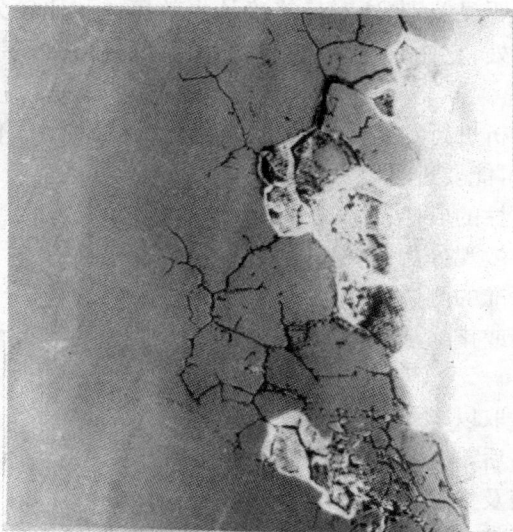

(a)

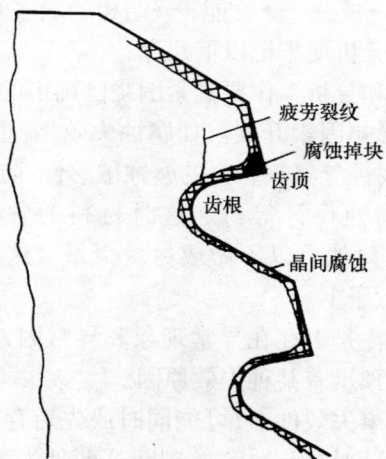

疲劳裂纹

腐蚀掉块

齿顶

齿根

晶间腐蚀

(b)

图 9-5　GH36 涡轮盘的两种失效模式
(a)腐蚀掉块;(b)疲劳裂纹。

见图 9-5(*b*)。这两种失效模式之间并无必然的联系,在一般情况下其晶间腐蚀速率很小,又位于非高应力区,故对Ⅱ级盘的失效影响不大,但榫齿疲劳裂纹扩展速率较大,又处于高应力区,因此榫齿疲劳裂纹是决定涡轮盘是否失效的主要模式。

④回过头还要看看这一关键阶段所做的大量测试和微观分析工作,能否最终肯定我们所假设的失效模式。如果推翻原来的假设,就要提出新的假设,补充查找新的证据,进行新的一轮推理过程,并把新、老假设作一番全面的对比以决定取舍。

总之要自己给自己出难题,更欢迎同行出难题,你想说服别人,首先要说服自己。例如某飞机中央翼下对接型材槽底有严重腐蚀,打磨后着色检查发现 R 部位还有一条明显裂纹(见图 9-6),初步假设该下对接型材可能存在两种失效模式,一是剥蚀(过去已发现梳状件腐蚀均为剥蚀)见图 9-7,二是腐蚀疲劳(过去没有先例,一旦真是腐蚀疲劳,后果严重)。经过微观分析发现,这条裂纹始终平行槽底平面(即构件挤压平面),一直沿晶界发展,没有分叉现象,见图 9-8,人为打开裂纹面后,断口上未见任何疲劳特征。这种裂纹实质上是剥蚀的一种特殊形态,因此,可以否定第二个假设,而更加肯定第一种假设,即该下对接型材只存在一种失效模式,即剥蚀。

实践告诉我们,确定机械的失效模式并不困难,但查找失效的原因将花去失效分析人员的主要精力和大部分时间。为此,这里有必要强调鉴定工作。所谓鉴定是指掌握一定行业或学科知识的人,利用其专业知识和专门的技术检验手段,对客观事物的状态、功能、真伪、成分和结构等属性进行的检验过程和评断。

证据是与失效事件有关的客观事实,失效分析人员通过它能查明失效的真实情况。

证据之所以能对失效事件起到某种证明作用,其关键在于它们与失效事件的事实间存在着这样或那样的内在联系。证据是一种客观事实,它是不依任何人的主观意志为转移的客观存在,并以

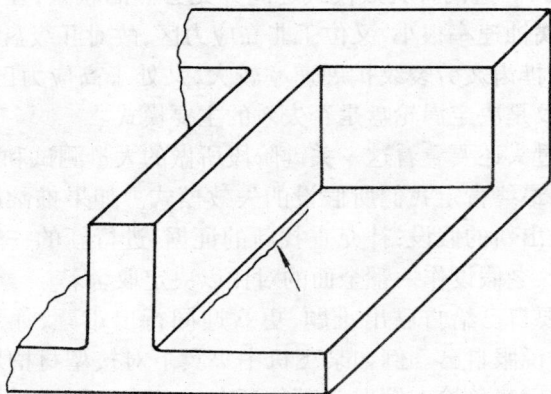

图 9-6　下对接型材槽底裂纹示意图

图 9-7　下对接型材(LY12CZ)剥蚀

其自身的特点而独立地存在着,发挥着其内在的证明作用。

任何一种证据事实,经常都需要通过鉴定才能充分地发挥其证明作用。

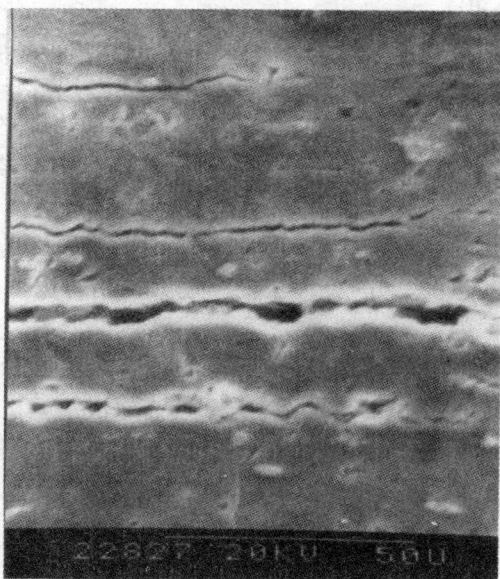

图 9-8 金相磨片显示的裂纹特征

失效分析人员具备检验该种客体的专门知识,同时具备相应的检验手段,是鉴定工作的两个重要条件。

鉴定工作的基本原则有两条:实事求是;依据科学。

6.综合性的分析

经过上述 5 个方面的工作,占有了大量失效信息,明确了肇事失效件,肯定了失效模式,也找到了有关失效的种种原因。在此基础上,可以也必需进行综合性的分析,或者说是系统性的分析。

在分析失效原因时常常出现主要原因和次要原因的提法。如果只有一个原因,也就不必分主次;如果只有两个原因,主次也还好区分;只要一涉及三个或多个可能的原因时,就很难用定量的概念来描述原因的主次。有时采用内因(过程变化的依据)和外因(过程变化的条件)的提法比较可行,这时内因和外因都是必要的条件,缺一不可。

我们已经知道,机械失效过程是一个有序的、不可逆的、累积损伤过程,任何机械失效过程都是有条件(原因)的,并且过程的发展与原因的变化几乎是同步的。一起机械失效事件的发生,都是由若干(或一系列)环节事件(原因)组合相继失败造成的,如果其中一个环节事件不失败,失效就不会发生。

通过对失效过程及其原因的规律性认识,看来没有必要纠缠于失效原因的主次之分,关键是要抓住其真正对机械失效起作用的各种相关原因。

一方面,我们以肇事失效件及其失效模式和失效原因为主线,把失效对象、失效现象、失效环境统一起来组成一幅机械失效的动态图像来描述整个失效过程;另一方面,我们要考查每个证据同失效事件事实之间是否有内在联系,失效模式认定、逻辑推理是否有根有据。

经过上面从特殊到一般,又从一般到特殊这两个方面的认识过程,也就会得到对失效事件有一整体的而不是局部的、全面的而不是片面的、系统的而不是零碎的认识。这时,失效分析的结论也就顺理成章,不难作出。

7. 总结报告

对某一机械失效事件的失效分析工作进行总结,是整个失效分析工作的重要组成部分之一,它排在失效分析的最后一个程序,但其重要性不可低估。

总结时要对整个失效分析过程回顾和展望,它不仅从总体上审视失效分析全过程,以便发现弥补不足之处,而且要回答失效分析所赋予的使命,最终还要以失效分析报告(包括结论)的形式作为失效分析的成果,长期发挥广泛的重要作用。

失效分析的最终目的是防止失效的再发生,因此失效分析人员应在报告中提出中肯的预防再失效的建议,并及时反馈给各有关部门,至于采取优化的相应措施则是设计、制造、维修、使用、研究和管理部门共同努力的结果。

9.7 机械事故检查中肇事失效件的判断方法[1]

事故的种类很多,如地面交通事故、航海事故、飞行事故、火箭发射事故、电站核泄漏事故、压力容器爆炸事故等等。

发生事故时,机械不一定失效,例如,汽车压死闯红灯的行人,汽车并未失效;反之,机械失效时,又不一定造成事故,比如验车时轮胎刹爆。总之,不能在机械失效和事故之间划等号。

尽管机械失效时也要进行现场调查,机械失效也有可能导致严重事故,但纵观各种事故产生的原因,一般要比机械失效的原因所涉及的面要广、也复杂得多,另外其后果也严重。事故调查本身是一个专门学科,它的研究对象、研究方法和检查技术从总体上看,与失效分析并不相同,各自所要解决的任务和达到的目标也有区别。因此,既不能在事故和机械失效之间划等号,也不能在事故调查和失效分析之间划等号。

一般,当飞行事故发生时,事故调查组并不能立即确定事故就是因机械失效造成,必须认真仔细地进行现场调查,如了解气象条件、环境、飞行员操纵、空地对话、记录或录音、导航数据、雷达标图、目击者的反映、航医意见、后勤及机务保障情况等,初步判断导致事故的各种可能原因。

一般发生事故,先由事故调查人员作出初步结论,如果事故是由机械原因所造成,这时应不失时机地请有关部门的失效分析工作人员介入调查工作,以便进一步确认事故调查的初步结论,并为下一步的机械失效分析打下良好基础。因此,事故调查人员和失效分析人员之间应建立起最良好的合作关系。

在各类事故检查中,飞行事故检查较为复杂,因为残骸数量巨大(成千上万块)、残骸分布范围广(有时可达方圆几十公里)、残骸面目全非(可能由于多次破坏而失去原来的面貌)。这些,都会给事故检查带来很大困难。

为了在机械事故检查中迅速(及时)、准确(可靠)地找出肇事失效件,需要有一套正确的分析思路、技术和方法。下面以飞行事故为主,重点探讨如何查找肇事失效件。

1. 残骸的分类

在事故检查中,把机械发生事故后原机械的所有机件统称为残骸。因此残骸中可能包括:非失效件、失效件和被破坏件;其中失效件包括:肇事失效件、相关失效件、无关失效件;而被破坏件是指受害失效件,又分直接受害失效件和间接受害失效件。对各种失效件作如下说明。

(1)肇事失效件

泛指直接导致其他机件失效的机件;

特指直接导致机械失效甚至造成机械事故的机件。

(2)相关失效件(简称相关件)

泛指对其他机件的失效有直接影响的机件。

我们关注的是可能对肇事件失效有一定影响的相关件。

(3)受害失效件(简称受害件)

泛指受其他机件失效的危害而失效的机件,而该机件对其他机件的失效却没有直接的影响。

(4)直接受害失效件(简称直接受害件)

特指事故发生前(或机械失效前)受肇事件的危害而失效的机件。

(5)被破坏件

特指事故发生时被破坏而失效的机件。例如压力容器爆炸、油箱起火、飞机坠毁时才被破坏的一切机件,因此也可称为被破坏件。

(6)独立失效件

泛指与其他机件失效无关的失效机件;

特指事故或机械失效发生之前,已经失效的机件,但它对事故的发生或机械的失效并无影响。

(7)首先断裂件(简称首断件)

泛指机械中第一个发生断裂失效的机件;

特指事故或机械失效过程中第一个断裂件。

(8)首先失效件

泛指机械中第一个发生失效的机件。

上述定义中有几点需要注意:

①首断件不等于肇事件。尽管在许多事故中发现首断件就是导致机械事故的肇事件,但是不能就此在首断件与肇事件之间划等号。因为导致机械事故的除了断裂模式之外,还有变形、磨损、腐蚀、燃爆、雷击等等多种模式。

②首断件不等于首先失效件。在机械的所有机件中,首先失效的机件往往是一些不重要的易损件,并以磨损和腐蚀失效者居多,因此首先失效件不一定是首断件。

③首先失效件不等于肇事失效件。在机械修理时(定时或视情维修),常常在故检时发现不少机件已经失效,并且独立失效件居多(其中包含首先失效件),但是它们并未导致机械失效或事故发生,因此不能在首先失效件与肇事件之间划等号。

④肇事件不等于肇事失效件。肇事失效件肯定是肇事件;可是反过说,肇事件不一定是肇事失效件,例如飞鸟等外来物引起的事故,肇事件本身并不属于任何机件。除有特殊说明外,本书把肇事失效件简称肇事件。

⑤在非断裂失效引起的整机坠毁事故时,很难区分出首先断裂件,因为大量机件的破坏,几乎是同时发生的,这时也没有必要去分清楚谁是首断件。

2.判断机械事故的模式

首先是判断事故的模式类型,这既是事故检查的主要任务之一,也是进行失效分析的必要前提。

机械事故按事故的宏观表征大体上可划分为以下几类:

(1)爆炸 ⎧物理爆炸
⎨　　　　　(能量的瞬间释放)
⎩化学爆炸

$$
(2)起火
\begin{cases}
燃烧起火
\begin{cases}
固 \\
液 \\
气
\end{cases} \\
静电起火 \\
雷击起火 \\
加热起火 \\
摩擦起火 \\
电器起火
\end{cases}
$$

(3)解体事故

$$
(4)相撞事故
\begin{cases}
车辆相撞 \\
飞机相撞 \\
船舶相撞 \\
其他机械之间的相撞
\end{cases}
$$

$$
(5)泄漏
\begin{cases}
气体泄漏 \\
核泄漏 \\
液体泄漏
\end{cases}
$$

$$
(6)毁机事故
\begin{cases}
局部损毁 \\
整机损毁 \\
其他
\end{cases}
$$

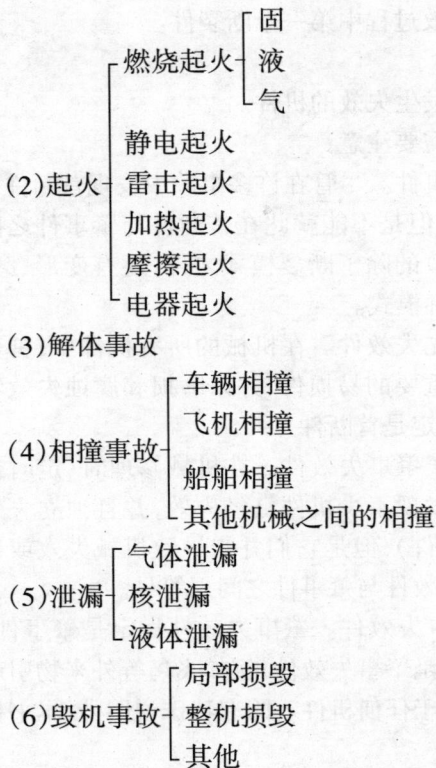

机械事故的模式不同,不仅其事故发生的机理和原因不同,而且其过程特征和发展规律也不相同,因此判断机械事故的模式,可为寻找肇事件打下良好基础。

3. 判断事故发生的时机

有些机械事故很容易判断其事故发生的时机,例如运载火箭发射事故。一般来讲离机械启动时间越近,判断事故时机越容易,或者离关机(停机时间)越近判断事故时机也越容易。

对飞行事故而言,要重点关注的有三条:

①是否空中解体?

②是否空中起火?

③是否飞行中已有机件失效?

空中解体,一般在航迹上会有相应的解体残骸,而离主残骸坑(一般是接地点)较远处的解体残骸可能是较早解体的残骸,分析价值也高。

是否空中起火,主要利用痕迹分析。

至于是否飞行中已有机件失效,则需要从多方面加以分析判断。

弄清机械事故发生的时机,不仅有助于分析事故发生时的破坏顺序,而且有助于寻找肇事件所在。例如空中起火,则重点寻找火源。

4. 残骸拼凑

与地面事故相比,飞行事故发生后进行残骸拼凑较为困难(航天事故可能更为困难),显然,拼凑残骸的前提是尽量收齐残骸。不仅要求对机械结构十分熟悉,而且要认真进行变形、断裂和痕迹分析,特别是利用各种痕迹特征进行拼凑。

5. 查找起始破坏最重的部位

在拼凑残骸的基础上,查找起始破坏最重的部位十分必要,因为该部位一般最具备损伤(或破坏)特征,它可能指示某种失效模式,有时它可能指示肇事失效件的所在处或者指示查找肇事件的途径和方向。

对有些地面机械事故来讲,可能仅有一次并不严重的破坏,这时判断首次破坏最重的部位就很容易,而起始破坏最重的部位往往就是肇事件所在部位。但当发生飞行事故时,在首次破坏(例如空中飞出压气机叶片)之后,飞机又坠地而毁(第二次破坏,瞬间撞冲性严重破坏)并且起火(第三次破坏—燃烧加热性严重破坏)。这时要判断起始破坏最重的部位就比较困难。因为既要分别判断三次破坏的不同模式,又要判断区分三次破坏的先后顺序。

对飞机坠毁而言,一般是接触障碍物的机件破坏最严重,并且与接地(或接物)姿态有很大关系。

对飞机坠地后起火所造成的燃烧加热破坏,一般燃烧区域大并呈垂直向上趋势,燃烧时间较长而最高温度较低。

6.起始破坏最重部位(区)的三个特点

(1)空间范围的局限性

从总体上讲,相对飞机坠毁或坠地后的起火所造成的整机性破坏而言,飞行中机械失效所造成的起始破坏在空间范围上往往带有一定的局限性,破坏范围局限(或者说相对集中)于相邻的机件、相关的系统或相应的区段。

(2)起始破坏模式的典型性

一方面起始破坏区域具有局限性;另一方面,在这些相对集中的起始破坏部位,往往最具备某种典型的宏观破坏特征,反映了相应的起始破坏模式。

例如:

①热损伤特征
- 局部烧焦、起皮、脱落(涂镀层)
- 局部热变色区(可有不同颜色)
- 局部烧熔区
- 局部烧穿区
- 低熔点金属流动、飞溅等痕迹

②磨损特征
- 划伤
- 表面变色
- 粘着
- 剥落
- 磨屑
- 尺寸(形状、重量)变化

③变形和断裂特征
- 塑性变形(包括失稳)
- 韧性断裂
- 脆性断裂
- 冲击断裂

④腐蚀特征

⑤其他(特种)破坏特征
- 雷击通道和雷击点
- 爆炸痕迹

(3)起始破坏部位机件的相关性

起始破坏部位不仅具有空间局限性和特征典型性,而且(结构或功能)相关机件之间的破坏还具有一定相关性。比如活塞式发动机某一汽缸的链杆断裂,会引起其他汽缸链杆相继折断,并且导致活塞、涨圈、缸体等一系列相关机件破坏。又如Ⅰ级压气机工作叶片疲劳折断会打坏以后多级压气机工作叶片和导向叶片。可是,飞机坠毁时所造成的瞬时严重破坏,没有这种相关性。坠毁时机件的破坏一般是由表及里;如果发生空中解体,则解体部位的机件随主体坠毁时造成的破坏与空中飘落残骸接地时造成的破坏有很大区别;如果坠地后起火,则火区分布很不规则,而被烧的残骸之间可能各不相干,并无结构和功能上的相关性,例如坠毁时某机翼蒙皮碎成许多块,有的可能在火区被烧,有的可能远离火区,显然破坏特征没有相关性。把上述三个特点结合起来分析,将大大有助于我们找出起始破坏最重部位。

7. 利用痕迹分析

实践证明,在飞行事故检查和失效分析中,利用痕迹分析的频度大于其他分析技术。

无论在空中还是在地面发生飞行事故,都会在地面和残骸上留下大量的痕迹,一般包括:

①火迹、烟迹、油迹、挂金属痕迹、金属溅痕;

②航迹、接地痕迹、与障碍物碰撞痕迹、轮胎痕迹;

③机械痕迹、腐蚀痕迹、电接触痕迹、污染痕迹、热损伤痕迹等等。

上述丰富的痕迹,为我们提供了大量有价值的信息,实践表明,在飞行事故检查中(特别是事故现场检查),最大量的工作是进行痕迹分析,其次才是断口分析和其他专门分析。

在没有事故记录仪的情况下,失事时的飞机、发动机和各种附件的工作状态主要是依靠有关痕迹分析来确定和判断;残骸破坏顺序的分析也常常应用痕迹分析,因此,可以说,离开痕迹分析,飞行事故检查将寸步难行。

一个事故检查员,应当熟练地掌握各种痕迹检查和判断的方法:一个机械失效分析专家,应当精通各种痕迹分析方法。

飞行事故检查中的痕迹分析,常要弄清以下几个问题:

①判断飞机坠地时的飞行状态;

②判断发动机坠地瞬间的工作状态;

③判断有关机件工作是否正常;

④判断飞机是否空中起火;

⑤判断飞机是否空中解体;

⑥判断飞机是否失速、颤振螺旋坠地;

⑦判断飞机是否空中操纵失灵;

⑧判断飞行员是否使用过救生装置;

⑨判断有无外来物打伤飞机或发动机;

⑩判断是否属于爆炸事故。

痕迹分析的具体技术方法详见第二章。

8. 残骸分析的分选原则

飞机或其残骸坠地时,往往经受一种十分复杂的受力过程,因而改变了某些零件在坠地瞬间的工作位置,这在分选时必须注意以下原则:

①液压操纵机件与电动机件相比,应以液压操纵机件为准;电动操纵机件与机械操纵机件(如拉杆、摇臂、钢索等)相比,应以电动操纵机件为准;涡轮涡杆传动机件与其他传动机件相比,应以涡轮涡杆传动机件为准。原因是飞机坠地时,由于液体具有不可压缩的性质,不易改变液压操纵机件的原始位置。同样,电动操纵机件又比机械操纵机件不易改变其原始位置,涡轮涡杆传动机件又比其他传动机件不易改变其原始位置。

②内部机件与外部机件相比,应以内部机件为准。原因是保存在壳体内部的机件的故障比较真实可靠,反之暴露在壳体外的机件由于复杂的受力过程,其可靠性差。

③卡死不动的机件与仍可活动的机件相比,应以卡死不动的机件为准。在坠地瞬间,由于极大的冲击载荷可把调节机件卡死,保持其原始位置,而仍可活动件则有可能在接地过程中多次发生

位移,改变了瞬间接地时的工作位置。

④有几道卡痕的机件,应以离现在位置最远的一道卡痕为准。在相对可活动的机件坠地时,由于大的冲击载荷而在表面上留下卡痕,因连接件陆续脱开,有可能接地时留下几道卡痕,将解剖时看到的位置移至最远一道卡痕,才是坠地时机件所处的位置。

⑤断裂件分选:脆性断裂件与塑性断裂件相比,应以脆性断裂件为准;低应力破坏件与高应力破坏件相比,应以低应力破坏件为准;疲劳破坏件与非疲劳破坏件相比,应以疲劳破坏件为准,腐蚀破坏件与非腐蚀破坏件相比,应以腐蚀破坏件为准;主要承力件与次承力件相比,应以主要承力件为准;重要机件与一般机件相比,应以重要机件为准。

9. 寻找肇事失效件的思路

我们已经论述了机械失效分析的基本思路——逻辑推理思路,同样,寻找肇事失效件也应遵循逻辑推理思路。在飞行事故发生后寻找肇事失效件,由于情况十分复杂,就更加需要正确运用逻辑推理,把归纳推理、演绎推理、类比推理、选择性推理和假设性推理这几种常用的逻辑推理方法融会贯通、灵活运用(参见 9.5 节)。

10. 查找肇事失效件的基本程序

确认机械事故的模式

↓

判断机械事故发生的时机

↓

查找起始破坏最重的部位

↓

判断肇事失效件

参 考 文 献

1　肖纪美 . 材料的应用与发展 . 北京：宇航出版社，1988
2　张栋等 . 机械失效的实用分析 . 北京：机械工业出版社，1997
3　刘民治，钟明勋 . 失效分析的思路与诊断 . 北京：机械工业出版社，1993
4　金岳霖 . 形式逻辑 . 北京：人民出版社，1979
5　张栋 . 失效分析和事故调查的方法论 . 北京：第三次全国机电装备失效分析预测预防战略研讨会论文集，1998
6　屠庆慈，陆廷孝 . 系统可靠性分析与设计 . 河南《航空兵器》编辑部，1984
7　（日）盐见　弘等 . 失效分析及其应用 . 陈祝同译 . 北京：机械工业出版社，1988

第十章　失效致因理论和预防对策

　　失效学的形成和发展主要在 20 世纪中叶，而事故致因的理论研究从 20 世纪 20 年代已经开始，所以我们先介绍历史上的事故致因理论，进而论述失效致因理论。

　　失效和事故既有密切联系，又有重要区别，失效强调产品丧失规定的功能后，能否修复，而事故则强调事件的后果及其危害。实际上发生事故时产品不一定失效，如汽车压死突然横穿马路的行人，汽车并没有失效，而产品失效时也不一定发生事故，统计表明，产品失效率要比事故率高 1～2 个数量级。

　　研究产品失效时，关注产品的可靠性。研究产品事故时，关注产品的安全性。但是在致因理论和预防对策方面却有许多共同规律。

10.1　历史上的事故致因理论和分析方法[1,4]

　　事故——意外的变故或灾祸（不含自然灾害）。主要指工程建设、生产活动与交通运输中发生的意外损害或破坏。这些事故可造成物质上的损失或人身伤害。

　　事故原因——能引起事故或有这种可能性的各种因素。这些因素是指与事故直接或间接有关的事件或情况。

　　调查事故、预测事故，都是为了预防事故，而事故调查、预测和预防的主要依据，就是事故致因理论。事故是对系统（产品）可靠性和安全性的最终考验！

　　每一起具体事故的发生和发展有其特定的原因（条件）和过程特征。发生事故的场合、时间和损伤程度，事先无法预测，具有相当大的偶然性和随机性。就系统的总体而言(例如某一机群),发生一定概率(尽管很小)的某种类型事故是难以避免的。纵观历史上的大量事故,只要存在导致事故的必要充分的条件(原因),事故就必然会发生。需知,事故发生和发展也有其共同的规律性,因为,任何事故都是有原因的,因此,预测、预防事故也是可能的。

事故致因理论就是研究这种共同、普遍的规律性,建立事故物理和数学模型。

从 20 世纪初开始,就有人探讨事故致因理论,至今已有十几种具有代表性的理论和模型。最早提出的单因素理论被称为"具有事故倾向的素质论",后有"心理动力理论",把事故归咎为受害者本人天性或心理满足,显然,这是一种历史的偏见。后来有人采用流行病学方法分析事故,这是一种比较典型的多因素理论,它考虑当事人、环境、事故媒介(能量)三因素的组合导致事故,但它无法阐明事故的媒介。下面将介绍几种较有影响的事故致因理论和模型。

10.1.1　多米诺骨牌理论

早在 1936 年,美国学者海因里希就提出了用多米诺骨牌(Domino)原理研究人身受到伤害的五个顺序过程(阶段),即伤亡事故顺序五因素。当顺序中任一因素出现后,骨牌向前倒,一倒都倒(互为因果,连锁式倒下)最终导致伤害(见图 10-1)。一种本来可以预防的伤害总是在一连串事件(或环境)中以一个固定的逻辑顺序而发生的结果。而事故仅仅是事故顺序中的一个因素。如果消除前几个因素中的任何一个因素,事故顺序就中断,也就不会发生伤害事故。因此预防事故的一切措施,都是为了中断事故顺序。

小弗兰克·伯德提出了新的多米诺理论,见图 10-2 所示,他认为管理和直接原因是最重要的二个因素,而事故之所以发生,必须有某种形式的接触,在事故损失中包括人的伤害和财产的损失,他强调了每一阶段控制损失的概念。爱德华·亚当斯则把图 10-2 中的直接原因命名为"策略错误"。而韦费则把直接原因扩大到各个管理方面的缺陷，以期引起人们对管理的重视。

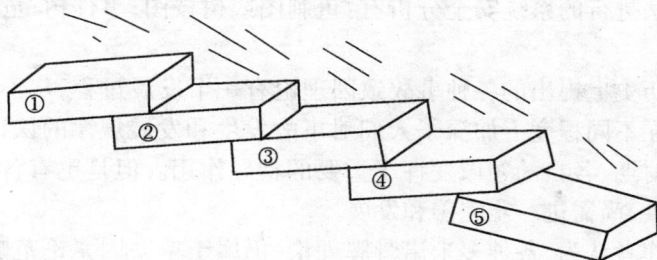

图 10-1　多米诺骨牌原理示意图
①人的素质；②人为过失；③不安全行为；④事故；⑤伤害。

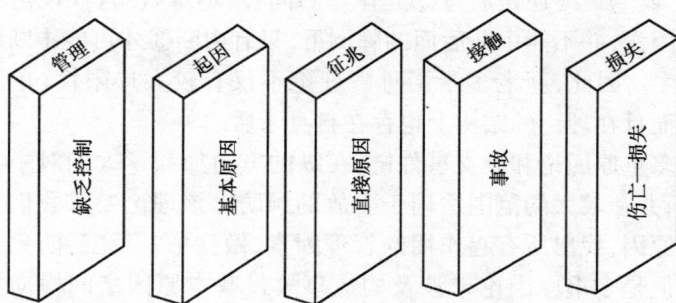

图 10-2　伯德的多米诺顺序

10.1.2　多重原因论(多因素论)和分支事件链

实践表明,没有一种单一的通用原因能够为解决事故的预防问题提供依据。实际上大量事故是由多重因素决定的,任何特定事故都具有若干事件和情况联合存在或同时发生的特点。因果关系有继承性,即原因是分层次的,一阶段的结果往往又是下一阶段的原因。直接原因不一定是根本原因,为了实现持久的安全,我们必须处理和解决事故的根本原因。

每一类问题构成事故致因的一个分支。"多层(重)原因"的论点便是分支事件链的依据。

分支事件链本质上也是一种因果分析。最常用的按分支事件链方法进行的系统安全分析有:鱼刺图或树枝图;事件树;危险树等等。

历史上提出的各种事故致因理论有一个发展过程,从不同角度并在不同程度上加深了人们对事故发生和发展规律的认识,在各个时期、各自的领域发挥了重要的指导作用。但是也有各自的局限性,尚需进一步完善和发展。

作者认为,各种多米诺骨牌理论,仍属于单一因素论范畴,由图 10-1 和图 10-2 可知,只要中央③一倒,事故就必然发生,而①或②不倒也会发生事故,实际上①或②并不是必不可少的前提因素,①或②最终还是通过③起作用。同样,不难看出,仅仅消除①或②因素,并不能中断后面的牌倒下,只有中断③才可能中断事故的发生。因此,新老多米诺骨牌理论不仅有较大局限性(单因素论),而且在理论的结构上也存在自身矛盾。

多重原因论和分支事件链,在纵的方向加深了人们对事故的认识,并在较大的范围适用于事故的预防。该理论要求我们追踪根本原因,找出所有起作用的管理因素,做到举一反三,防患于未然。但是多重原因论未涉及构成事故最基本原因之间横向的联系,因此,难以适用于比较复杂、影响面广的重大事故。

10.1.3　能量转移论

能量是物质运动的度量,能量是物体做功的本领。近代工业的发展就起源于将燃料的化学能转变成热能,再转化成机械能或电能输送到生产现场,并依照生产目的和手段的不同,转变为生产中所需要的各种能量形式。

然而,能量也是对人体造成伤害的根源,有些专家学者从能量转移的观点研究事故的致因及控制事故的方法。如吉布森(Gibson)早在 1961 年就提出了能量和屏障的概念;美国的哈登(Haddon)进一步发展了这个观点,提出:人受伤害的原因只能是某种能量向人体的转移,而事故则是一种能量的不正常或不期望的释放。

能量按其形式可分为动能、势能、热能、电能、化学能、原子能、辐射能(包括离子辐射和非离子辐射)、声能和生物能等。人受到伤害都可归结为上述一种或若干种能量的非正常或不期望的转移。据此,哈登提出了"根据有关能量对伤亡事故加以分类的方法"。他把能量引起的伤害分为两大类:

第一类伤害是由于施加了超过局部或全身性损伤阈值的能量而产生的。人体对每一种能量都有一个损伤阈值,当施加于人体的能量超过这个阈值时,才会对人体造成损伤。例如,在工业生产中,一般确认 36V 电压为安全电压。

第二类伤害是由于影响局部或全身性能量交换引起的。譬如因机械因素或化学因素引起的窒息(例如溺水、一氧化碳中毒等),因体温调节障碍造成的生理损害、局部组织损坏或全身死亡(例如冻伤、冻死等)。

能量转移论的一个重要概念是:在一定条件下,某种形式的能量能否产生伤害,造成人员伤亡事故,应取决于:(1)人所接触的能量的大小;(2)接触的时间长短和频率;(3)集中程度。

用能量转移的观点分析事故致因的基本方法是:首先确认某个系统内的所有能量源;然后确定可能遭受该能量伤害的人员、伤害的严重程度、进而确定控制该类能量不正常或不期望转移的方法。

一般说来,在应用能量转移论方法时,忽略系统内某种能量源的可能性是很小的,但常会忽略外部能源对系统的影响。有时也会忽略能量释放的速度,人接触能量的时间、频率对伤害程度的影响(如长时间受震动会引起疲劳);或若干种形式的能量同时作用对系统的影响(如压力容器内外壁同时受到差别极大的压力或温度)。

利用能量转移论分析事故致因有着许多优于其它事故致因理论的特点,如:简明而客观;可针对同一形式的能量找出共性的规律;可全面考虑各类能量的产生及转化;可以比现在使用的大多数事故统计分析方法更清楚明了地指出危险的存在;可以按不同形式的能量划分建立事故模型,进而用防止能量逆流于人体的观点进行事故预测;据以制订的防护措施直观明了等等。其最大的优点有两个:

一是把各种能量对人体的伤害归结为伤亡事故的直接原因,从而决定了应以对能量源及能量传送装置加以控制作为防止或减少伤害发生的最佳手段这一原则;

二是依照该理论建立的对伤亡事故的统计分类(这是迄今为止惟一的一种能将伤亡事故全面、清楚地进行统计分类的方法),可以最全面的概括、阐明伤亡事故的类型和性质。

能量转移论的缺点是:由于大多数的伤亡事故(80%以上)都是因机械能(动能和势能),如坠落、碰撞、切割、撕裂、挤压等造成的。这就使得按能量转移论对伤亡事故进行统计分类的方法尽管具有理论上的优越性,然而却存在实际应用上的困难。它的实际应用尚有待于对动能的分类(从而对动能造成的伤害的分类)做更加深入细致的研究。可以预期,随着这种研究的发展,能量转移论将会对事故致因的调查研究、分析、统计提供有力的手段。

10.1.4　系统理论

系统理论把人、机械和环境作为一个系统(整体),研究人、机、环境之间的相互作用、反馈和调整,从中发现事故的致因,揭示出预防事故的途径。

系统理论实质上是接受了控制论的概念而发展起来的。机械和环境的信息不断地通过人的感官反馈到人的大脑,人若能正确的认识、理解、做出判断和采取行动,就能化险为夷,避免事故和伤亡;反之,如果人未能察觉、认识所面临的危险,并及时地做出正确的响应时,就会发生事故和伤亡。

系统理论着眼于下列问题的研究,即:机械的运行情况和环境的状况如何,是否正常;人的特性(生理、心理、知识技能)如何,是否正常;人对系统中危险信号的感知,认识理解和行为响应如何;机械的特性与人的特性是否相容;人的行为响应时间与系统允许的响应时间是否相容等等。在这些问题中,系统理论特别关注对人的特性的研究,这包括:人对机械和环境状态变化信息的感觉和察觉怎样;对这些信息的认识怎样;对其含意的理解怎样;采取适当响应行动的知识怎样,面临危险时的决策怎样;响应行动的速度和准确性怎样等等。系统理论认为事故的发生是来自人的行为与机械特性间的失配或不协调,是多种因素互相作用的结果。

不难看出系统理论并不关注事故的表面原因(如人的失误),而是注重对事故深层次原因的研究(如人为什么会发生失误),着眼于提高系统固有的安全性!它对事故致因深入细致的分析,为事故的调查和预防开辟了广阔的前景,越来越受到人们的重视。

系统理论有多种事故致因模型。它们的形式虽然不同,然而涉及的内容大体是一致的。现介绍其中具有代表性的瑟利模型及安德森等对瑟利模型的扩展。

1. 瑟利模型(1969 年)

瑟利把人、环境(包括机械)系统中,事故发生的过程分为是否产生迫近的危险(危险构成——指形成潜在危险)和是否造成伤害或损坏(出现危险的紧急期——指危险由潜在状态变为现实状态)这两个阶段,两个阶段都各包括一组类似的心理——生理成分(感觉、认识、行为响应)问题。在第一阶段,如果都正确地回答了问题(图中标示的 Y 系列),危险就能消除或得到控制;反之,只要对任何一个问题做出了否定的回答(图中标示 N 的系列),危险就会迫近转入下一阶段。在第二阶段,如果都正确回答了问题,则虽然存在危险,但由于感觉认识到了,并正确地做出了行为响应,就能避免危险的紧急出现,就不会发生伤害;反之,只要对任何一个问题做了否定的回答,危险就会紧急出现,从而导致伤害或损坏(见图10-3)。

该模型从人、机、环境的结合上对危险从潜在到显现从而导致事故和伤害进行了深入细致的分析,它给人以多方面的启示。譬如为了防止事故,关键在于发现和识别危险。这涉及到操作者的感觉能力、环境的干扰、避免危险的知识和技能等等。改善安全管

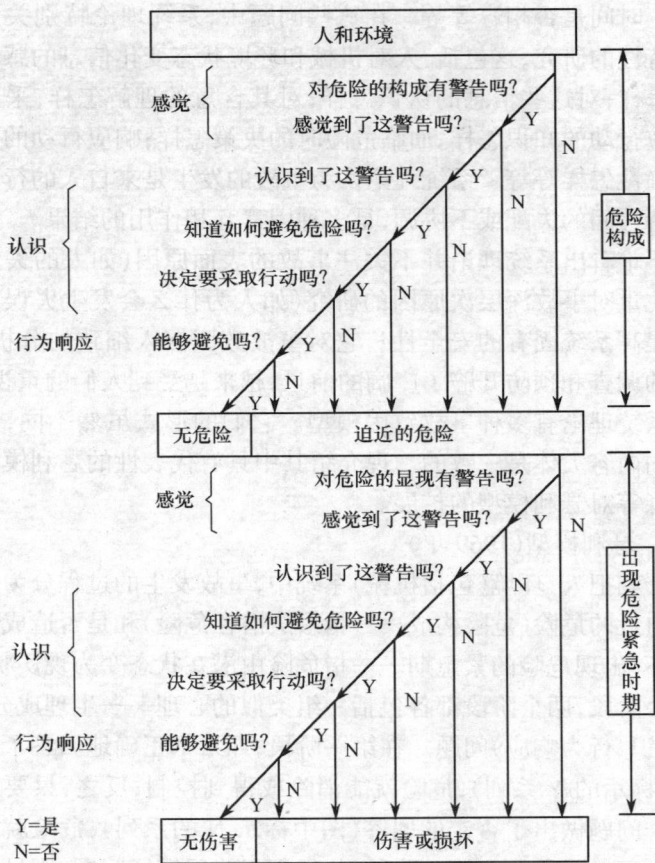

图 10-3 瑟利模型

理就应该致力于这些方面问题的解决：如人员的选拔、培训；作业环境的改善；监控报警装置的设置；应急方案等等。再如关于危险的可接受性问题，这对于正确处理安全与生产的辩证关系是很有启发的。安全是生产的前提条件，当安全与生产发生矛盾时，如果危险紧迫，不立即采取行动，就会发生事故，造成伤害和损失。那么宁肯生产暂时受到影响，也要保证安全。反之，如果恰当估计危险显现的可能，只要适当采取措施，就能做到生产安全两不误。那就应该尽可能避免生产遭受损失。当因采取安全措施而可能严重影响生产时,尤其应取慎重的态度。

2. 瑟利模型的扩展

瑟利模型实际上研究的是在客观已经存在潜在危险(存在于机械的运行和环境中)的情况下,人与危险之间的相互关系、反馈和调整控制的问题。然而,瑟利模型没有探究何以会产生潜在危险,没有涉及机械及其周围环境的运行过程。安德森等人曾在分析 60 件工业事故中应用瑟利模型,发现了上述问题,从而对它进行了扩展。他们在瑟利模型之上增加了一组问题。所涉及的是:危险线索的来源及可觉察性;运行系统内的波动(机械运行过程及环境状况的不稳定性),以及控制或减少这些波动使之与人(操作者)的行为的波动相一致。见图 10-4。

上述问题的含意与瑟利模型第一组问题的含意有类似的地方。所不同的是:安德森等的扩展是针对整个系统而瑟利模型仅仅是针对具体的危险线索。

对模型的每个问题,如果回答是肯定的,则能保证系统安全可靠(图中沿斜线前进);如果对问题 1~4、7~8 做出了否定的回答,则会导致系统产生潜在的危险,从而转入瑟利模型。对问题 5 如果回答是否定的,则跨过问题 6、7 而直接回答问题 8。对问题 6 如果回答是否定的,则要进一步回答问题 7,才能继续系统的发展。

安德森等人的工作实际是对瑟利模型的补充和完善,使之更加有用。

10.1.5 轨迹交叉论

轨迹交叉论综合了各种事故致因理论的积极方面。其基本思想是:伤害事故是许多互相关联的事件顺序发展的结果。这些事件概括起来不外乎人和物两个发展系列。当人的不安全行为和物的不安全状态在各自发展过程中(轨迹),在一定时间、空间发生了接触(交叉),能量"逆流"于人体时,伤害事故就会发生。而人的不

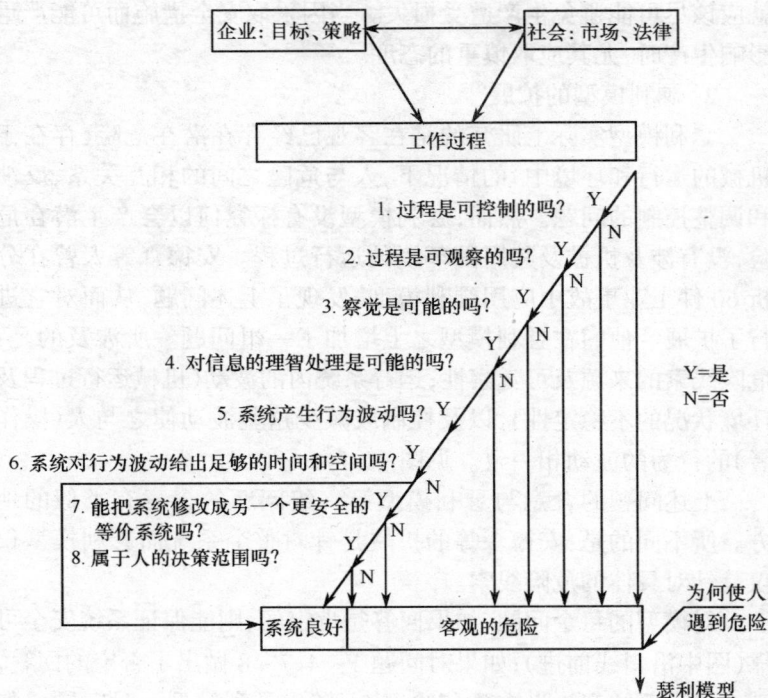

图 10-4　安德森等对瑟利模型的扩展

安全行为和物的不安全状态之所以产生和发展,又是受多种因素作用的结果。

　　实际情况中有少量事故是与人的不安全行为或物的不安全状态无关的,但是绝大多数事故则是与二者同时相关的。例如日本劳动省调查分析的 50 万起事故中,如果从人的系列分析,只有约 4% 与人的不安全行为无关(即不是由于人的不安全行为引起的);如果从物的系列分析,只有约 9% 与物的不安全状态无关。

　　在人和物的两大系列的运动中,二者并不是完全独立进行的。人的不安全行为和物的不安全状态往往是互为因果互相转化的。人的不安全行为会造成物的不安全状态(如人为了方便拆去了设备的保护装置),而物的不安全状态又会导致人的不安全行为(如没有防护围栏和警告信号,人可能误入危险区域)。

在人与物两大系列中,人的失误是占主导地位的。纵然伤亡事故完全来自机械或物质的危害,但如更进一步追踪,机械还是由人设计、制造和维护的,物质也是由人支配的。

物的不安全状态和人的不安全行为是造成事故的表面的直接的原因。如果对之再进行追踪就会发现在它们后面还有若干更深层次的背景原因。这些背景原因包括:

先天遗传因素、社会环境影响、教育培训情况→身体、生理、心理状况、知识技能情况→人的不安全行为。

设计情况→设备制造、物料选择、环境配置情况→维修、养护、保管、使用状况→物的不安全状态。

在物的不安全状态和人的不安全行为以及它们的背景原因后面还有更深层次的管理方面的原因。管理缺陷(管理不科学和领导失误)是造成事故的间接原因也是本质的原因。

能量转移论、系统理论、轨迹交叉论都是反映伤亡事故致因的宏观理论,并未涉及过程的物理、化学本质和微观机理,也未涉及无伤亡事故,因此,有一定的局限性。

10.1.6　墨菲定理

墨菲定理是对某些自然现象和社会现象的概括和总结,其文字非常简练,但具有深刻的哲理。墨菲定理是美国陆军上尉爱德华·墨菲于 1949 年首先发表的,以后,在航空界得到了广泛的承认和应用。墨菲是一位哲学家,是当时美国军方的才子。

谢燕生在 20 世纪 70 年代把墨菲定理介绍到我国。墨菲定理的原文是:"If anything can go wrong, it will"可译成:"如果任何事物能够发生差错,这种差错总是会发生的。"也就是说,有可能发生的差错,早晚会发生。

在美国,经过多年来的实践,墨菲定理在飞行和维修方面的应用大有发展,逐渐形成了一些有用的推论。

推论 1："差错将在可能的最坏时刻发生。"

发生差错的先决条件是有可能发生,但还要具备其它条件。这符合飞行事故的多原因论。例如燃油箱内装有尼龙防荡布的歼6飞机有可能发生爆燃,但还要在具备一定的大气温度、燃油温度、着陆情况等条件时,才会发生爆燃。

推论 2："如果有几件事都可能发生差错,这几件事中,造成损失最大的那件事将是发生差错的事。"

由于此可见,在若干不安全因素中,首先要对可能造成事故的不安全因素采取预防措施。

推论 3："如果放任不管,事物将从坏发展到更坏。"

这对落实事故发生后的改正措施很有用。

推论 4："如果一条规定未被遵守,将写出另一条更为复杂的规定。"

应当指出,墨菲定理对设计差错、制造差错、维修差错、使用差错具有普遍适用性。

10.2　事件链分析方法

美国空军事故调查条例 AFR127—4(1980 年颁发)和原苏联民航飞行事故调查条例(1988 年颁发)都主张用事件链分析方法调查飞行事故。

独联体国家间航空委员会飞行安全委员会副主席姆基扎诺夫率团访华时(1993 年 6 月)指出[2],目前所有发达国家在确定因果关系上所采取的因素原则(要点)如下:

①飞行事故从来不是因为出现偏离标准的某一种偏差造成的,而往往是各种偏差缺陷和疏忽(各自单独也许不会导致事故)综合作用的结果;

②为了进行有效的调查,必须找出对飞行结局有不利影响的所有因素,而不管这种影响的程度如何,而且对于发现的所有构成原因的因素不分主次,一律先验地认为它们的作用相同;

③针对发现构成原因的每一个因素,都要提出在其它情况下杜绝再次发生的建议。他进一步指出:每个飞行事故因素都是由其他因素构成的长长的因果链中的终端环节。每个因素既是前一个因素的后果,又是下一个因素的前因。

例如,发动机故障:

发动机故障原因是压气机盘破坏;

压气机盘破坏是由于疲劳裂纹的扩展;

疲劳裂纹是由于有刀具造成的深划伤形成的应力集中引起的;

刀伤应力集中是由于工人使用了不合格的刀具;

显然,这个事件链还可以延续下去。这种因果事件链的长度取决于调查的深度。

美军事故调查条例则强调:事故调查员必须按发生事故时的发展顺序列出经调查的各主要事件和情况(调查结果)。然后,他们必须从这些事件和情况中选择出所有事故起因(原因)。

用事件链分析方法调查事故,所依据的是因果关系,俄罗斯技术科学博士、教授 P.B 沙卡奇主编的飞行安全教程指出:在以飞行事故终结的恶劣现象的发展过程中,在多数情况下都存在几个原因使情况逐步复杂化,最终导致发生飞行事故。可见飞行事故多数都是复杂事件,并且是许多具有因果关系的连续发生的事件链的末尾(见图 10-5)。

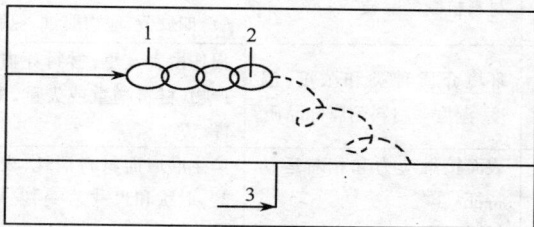

图 10-5 国际民航组织防止飞行事故的构思
1—事件链;2—不可避免点;3—防止飞行事故。

10.3 产品失效致因论

张栋提出,无论是复杂的系统还是巨大的装置,产品的功能归根到底是由材料的功能来保证的,产品的失效一般都可归结为某一(或某些)零部件的失效,而某一或某些零部件的失效又可归结为材料失效,并表现为材料的累积损伤和性能退化(劣化)两大类。所以产品失效的致因,也就归结为材料累积损伤和材料性能退化的因果关系,失效致因理论,就是研究这种共同、普遍的规律性,为阐明和预防失效提供科学依据。

10.3.1 材料失效的累积损伤致因论

经过对长期的工程实践中大量失效事件的总结,材料的累积损伤从宏观表象规律上可归纳为各种材料累积损伤模式(直观的形式)。为了满足产品的规定功能,首先必须保证产品材料的宏观完整性。表 10-1 列出了常见的各种材料累积损伤模式。

表 10-1

失效模式 (形式)	失 效 致 因	宏 观 表 象
断裂(裂纹)	力学因素 环境类型(温度介质) 材料抗断裂品质	1.韧性断裂,先变形、后断裂 2.脆性断裂,没有宏观塑变 3.先形成裂纹,扩展到一定程度后断裂,如疲劳、应力腐蚀、氢脆
腐蚀	环境介质种类和浓度、温度、湿度 材料耐腐蚀品质	损伤由表及里,材料耗损,出现腐蚀产物,材料增重或失重,失去金属光泽
磨损	表面接触应力和相对运动特征 材料耐磨品和表面状态	产生磨屑而材料消耗,表面划伤、撕裂,形状和尺寸改变、发热严重时摩擦副咬死
变形	力学因素 环境温度、材料变形抗力	形状和尺寸的永久性改变,没有材料耗损

(续)

失效模式 （形式）	失效致因	宏观表象
老化（溶胀、龟裂、银纹）	环境温度、湿度、辐照、介质、力学因素	有机材料的变色，体积增大，表面龟裂、发粘、霉变
烧蚀（过烧、烧熔、蒸发）	温度、介质、材料熔点、沸点	烧蚀坑、热变色、熔坑、熔流
电侵蚀	电学因素、环境类型（包括漏电、静电、雷击）、材料的电接触品质	电蚀斑、拉弧、熔球、材料喷溅

不难看出，这些模式从总体上讲，反映了一个共同的规律，即产品（或材料）的宏观（显性）完整性（含表面完整性）被直接破坏了。由于材料完整性的丧失导致产品失效，是累积损伤的主要特征。完整性的破坏主要表现为以下几个方面：

①形状和尺寸的变化，如变形、溶胀、熔坑……

②材料的不连续，如裂纹，断裂，蚀孔，磨屑、银纹，龟裂……

③变质，如表面氧化、腐蚀产物、烧蚀……

表中没有把时间列入失效致因，实际上任何一种模式的失效，都必然经历一个或长或短的过程，所以在失效的时间历程（全寿命）中，失效致因随时间的变化是必须关注的，如载荷谱、转速谱、环境谱等等。

1．材料累积损伤的判据

不同类型的材料累积损伤，比较直接地反映了在不同的外界条件下（外因）通过材料的成份、结构、组织的变化（内因），一般由微观损伤累积成宏观损伤，达到材料所允许的损伤临界值时，便告失效；这些损伤临界值也就成为失效的判据。例如临界裂纹的长度、临界腐蚀深度、最大允许磨损量等等。

2．材料累积损伤的特征——显性的完整性破坏

表 10-1 中所列材料不同类型累积损伤的失效致因，不外乎

物理和化学环境(外界条件:应力、温度、介质等)和材料本身的抗损伤品质(内因:成分、结构、组织等)。由于材料累积损伤导致的产品失效,它非常直观的表现为材料(或产品)宏观完整性的破坏。一般有经验的技术人员经过目视(或借助简单的放大镜等工具)检查或无损检测方法便可判定,而不必采用其他破坏性的检验手段(如:切割取样、化验、测试等),所以掌握不同类型直观的材料累积损伤所对应的失效致因在失效分析领域是一项基本功。

材料的累积损伤表征着产品的完整性的破坏,也就意味着该产品不能满足其规定功能的要求,所以材料的累积损伤是产品失效的致因之一。

3. 材料累积损伤的本质—组织结构的累积损伤

材料累积损伤时,某些性能有时会发生变化,但有时有些性能却不发生变化。比如,产品长期使用后出现机械疲劳裂纹时,材料的热学和电学性能并不一定发生变化。材料的累积损伤无论是物理性的还是化学性的,都由一个从小到大,从微观到宏观的发展过程。损伤的本质是材料组织或结构的变化,尽管结构的变化有时局限在很小的范围。

例如:位错的运动→滑移→驻留滑移带→挤入挤出槽→疲劳成核→微裂纹→裂纹扩展→断裂

总之,显性的宏观完整性的破坏是由本质的结构的累积损伤决定的。累积损伤的速度可能极快(如压力容器爆破),也可能很慢(如纯金属的腐蚀)。

10.3.2 材料失效的性能退化致因论

众所周知,产品失效是从规定功能的角度定义的。所以,许多产品的失效并不表现为表 10-1 中所列的模式,也就是说,从总体上讲产品没有发生宏观完整性的破坏,而这些产品的失效往往可归纳为材料性能的退化或劣化(见表 10-2)。

表 10-2

材料性能	简单性能	1. 物理性能	1. 热学性能——导热率、热膨胀系数、比热容等； 2. 声学性能——声的吸收、反射等； 3. 光学性能——折射率、黑度等； 4. 电学性能——导电率、电介系数、绝缘性等； 5. 磁学性能——导磁率、矫顽力等； 6. 辐照性能——中子吸收截面积、衰减系数、中子散射
		2. 力学性能	1. 强度——σ_b、σ_s、σ_{-1}等； 2. 弹性——σ_p、E、G 等； 3. 塑性——δ、ψ、n 等； 4. 韧性——a_k、Cv、K_{Ic}、J_{Ic}、K_{Iscc}等
		3. 化学性能	1. 抗氧化性； 2. 耐腐蚀性； 3. 抗渗入性能
	复杂性能		1. 复合性能——简单性能的组合，如：高温疲劳强度等； 2. 工艺性能——铸造性、可锻性、可焊性、切削性等； 3. 使用性能——抗弹穿入性、耐磨性、乐器悦耳性、刀刃锋锐性、消振性等

1. 性能退化的判据

有很多专用产品，主要利用其材料某一（或某些）优良而实用的性能，以满足产品某一或某些功能的需求，往往带有行业特征。一般在系统（或装备）设计时，对这些所需求的性能都规定了额定值（或范围），因此，当产品的这些性能不符合规定值时，往往出现故障，而不能修复时则失效。因此，这些规定的额定值（或范围）就是失效的判据。

2. 材料性能退化的特征——隐蔽性

材料的各种性能在使用过程中由于外界条件的不同作用可能发生退化，尽管这种性能退化也有宏观的表象，但是，许多材料性能的退化，有时并没有直观显性的表象，往往不破坏材料的宏观完整性。

需要强调指出的是：

① 材料性能的退化往往是隐性的。也就是说，目视检查难以发现，一般要通过专门的性能测试仪器检验方能知道材料性能是否退化，如：电阻、电感、电容、比热容、膨胀系数等；

②有些性能则必须通过破坏性的取样测试才能鉴定性能是否退化，例如 σ_b、a_k、K_{Ic}、K_{Iscc}、σ_{-1}；

③材料性能退化或快或慢，但总需要一定时间，也有一个过程，因此属于性能累积退化；

④有时，材料性能退化的同时，也呈现材料的累积损伤，就看两者谁先导致产品失效。

材料性能退化并不意味着材料各种性能都同时退化失效。如：陶瓷材料、橡胶、塑料、有机玻璃、胶粘剂、电子材料、热胀材料、弹性材料、摩阻材料、电接触材料、生物材料、纳米材料，当其具有特色的某种性能退化到设计所允许的临界值时，就可能导致产品失效。

3．材料性能退化的本质

性能退化的本质涉及到各种物理、化学、工艺及工程现象。从现象的本质来看，同一材料的各种类型的性能只是相同的内部结构，在不同的外界条件下所表现出来的不同行为。因此，我们一方面应该去总结有关的各种性能的特殊规律，另一方面也应该从材料的内部结构以及内因和外因的辨证关系，去理解材料为什么会有这些性能；前者强调特殊性，后者强调普遍性。例如，我们既要研究材料的各种强度、弹性和塑性、韧性的特殊规律，又要运用晶体缺陷理论去研究材料从形变到断裂的普遍规律；即要建立与性能有关的各种表象规律，又要探寻现象的机理。又如，涉及到材料内部电子运动的电、磁、光、热现象的物理性能，可以在材料电子论的指导下得到物理本质的统一。

性能的退化从机理上讲，反映了材料内部结构的变化(一般由微观的演化发展到宏观的变化)，这是内因，而外界条件也是必要的前提。无论是哪种性能，都有规定的测试条件和方法。甚至有严格的技术条件和标准,这些就是外因。在一般情况下,我们所说的性能退化,是指产品材料在使用条件下逐渐退化到规定值以下。不同性能所反映的材料性能本质是不同的。比如:物理性能可分为热、声、光、电、磁、辐照等各种性能,分别表征材料的分子、原子、电子、质子等结构和运动特征在相应外界条件下的材料行为。

需要指出的是,同一材料某些性能的退化,并不一定表现为材料累积损伤,而材料的累积损伤也不一定表现为材料性能退化。这取决于材料各自对相关累积损伤和相关性能退化的敏感性。可是也经常遇到这种情况,材料性能退化和材料累积损伤同时出现,这时产品失效的宏观表象将更加丰富、清晰。

10.3.3　材料失效的复杂环境致因论

材料的环境行为和失效机理日益引起人们的关注,特别是在多因素、特殊、复杂环境下的材料行为已成为研究的热点。

1. 材料性能退化和环境

肖纪美指出,材料的核心问题是结构和性能。"材料的性能是一种重要的工程参量,用来表征材料在给定外界条件下的行为"[3]。

这个定义需要进一步阐明:

①行为——是指材料的各种物理、化学过程,如屈服过程、断裂过程、导电过程、磁化过程、相变过程、氧化过程、腐蚀过程、溶解过程等,不同过程对应不同性能。所以,有多少行为就有多少性能。

②外界条件——材料的任何物理、化学变化过程都是有条件的。在不同的外界条件下,即使相同的材料也会有不同的性能。所谓"相同的材料,不仅成分相同,而且通过相同的工艺,具有相同的组织结构",拿断裂强度来表征断裂时的力学性能时,必须明确相应的外界条件,因为有许多外界条件可以影响断裂行为:

a. 温度高于 $(0.4 \sim 0.5) T_m$;

b. 承受交变载荷;

c. 特定的化学介质等。

对应于这三种外界条件,分别有蠕变断裂强度、疲劳断裂及应力腐蚀断裂强度,这三种强度都与时间有关,分别突出了热学、力学及化学条件的影响,这三种类型的断裂机制不同,因为外因各不相同。

③参数——性能可以量化,也就是要定量的表述其行为。有些使用性能目前尚无定量的表征参数。如剥蚀性能,这时可以采用评级的方法来定性或半定量表述材料的剥蚀行为。

无论是材料的累积损伤导致产品失效,还是材料的性能退化导致产品失效,都离不开外界环境这个条件。不同类型的材料累积损伤和不同类型的材料性能退化都对应着不同的环境条件。所有材料性能,都是在规定的环境条件下测得的。例如:室温 a_k 值(冲击性能);低温 a_k 值(冲击性能);干燥空气条件下光滑试棒的疲劳强度 σ_{-1},而在腐蚀环境下的试棒的疲劳强度要低得多。实际服役环境要复杂的多,材料在复杂环境下的性能往往是个未知数,与设计时的取值(名义值)可能有相当大的差异,这也是导致产品失效的一个重要方面

2. 材料累积损伤与环境

① 使用条件下材料的累积损伤往往集中在某些关键部位。如孔的应力集中处易产生疲劳裂纹,摩擦副表面易磨损,触点处易电侵蚀等等。严格来讲,这些累积损伤集中部位的材料结构已经发生变化,甚至发生质的变化(如腐蚀产物等)。因此,这些关键部位的材料性能也必然发生变化,甚至发生重大变化。比如,LY12CZ 硬铝表面剥蚀时,材料的完整性丧失,即剥蚀时层状突起脱落,材料的成分变为 $Al(OH)_3$、Al_2O_3,丧失一切原有的力学性能。而表层剥蚀区域之外的材料,却依然保持原有的力学性能。

② 第二种情况是:累积损伤集中发生在关键部位,但是相邻或相关部位的材料性能受到一定影响,发生性能退化。比如,孔边产生裂纹时,孔周附近的材料也承受了交变载荷,只不过载荷的幅值较小,根据 Miner 累积损伤原则,它也受到一定比例的疲劳损伤。或者说剩余疲劳强度(或寿命)已经下降。但是常规力学性能

$(\sigma_b, \sigma_{0.2}, \delta$ 等)却没有发生变化。

③ 第三种情况是:累积损伤择劣发生在薄弱部位,但整个材料各处或较大范围的性能也发生变化。比如,涡轮叶片过热、过烧使整个叶身材料发生性能退化,涡轮盘长期使用中超温、超转后,不仅盘径伸长,而且剩余疲劳强度和剩余持久强度都会明显下降。

无论出现那种情况,材料的累积损伤都归根于材料组织结构的损伤,而材料结构的损伤不是一个自发过程,它以相应的外界环境为条件。不同的材料结构损伤需要不同的外界环境条件。

我们已经阐明了材料性能退化和材料累积损伤都离不开外界环境条件,下面将重点论述材料的复杂使用环境:

3. 材料的复杂使用环境

实际上服役环境(工况)是非常复杂的,材料在复杂环境下的行为即材料性能退化和累积损伤,与材料在实验室条件下测得的标准性能和典型损伤之间会有差异,有时差别相当之大。千变万化的实际服役环境包罗万象,但从对材料性能和结构的演变过程而言,环境因素(参数、条件)可归纳为以下几类:

(1) 物理环境

主要包括热学环境(温度、传热介质、传热方式);声学环境(噪声、声的吸收、声的反射、声的波长和频率、超声、声强);电磁学环境(电流、电压、磁场强度、电介质、击穿电压);辐照环境(射线类型、X射线、γ射线、紫外线、红外线、辐照强度、距离);力学环境(静载的拉、压、弯、扭;动载、冲击载荷的拉、压、弯、扭;交变载荷的单拉、单压、双向拉压、双向弯曲、双向扭转;高频、低频;波形:正弦波形、锯齿波、方波或台阶波;振动:谱振、共振、颤振)。力学环境中除了上述不同加载方式、加载速度外,载荷的大小是关键参量。

(2) 化学环境

介质种类和浓度;温度;湿度;原子氧;催化剂;缓蚀剂;大气;土壤;海水等。

(3) 复合环境

① 物理环境内不同参量的复合。例如温度/载荷复合;如蠕

变、高温疲劳。

② 化学环境范畴内不同参量的复合,如温度/湿度/介质;大气腐蚀;温度/辐照有机物老化。

③ 更常见的是物理/化学环境参量的复合(同时和交替作用),但是基本的(含非独立的)环境参数也就十几个,可是组合起来就相当多,组合环境往往就是原因所在。不同的环境参量使材料的不同性能表现出不同的敏感性、相关性或稳定性。这就是外因通过内因所起的作用。

(4) **材料组装不当时的内部小环境**

对复杂产品而言(装置、装备等),则成一个材料系统。在这个系统中,环境参量的空间分布是不均匀的,不对称的、非线性的。局部环境的恶劣往往是失效的起因,如孔的应力集中导致疲劳断裂,又如油箱舱的积水造成桁条剥蚀等等。这正是多因论的根源之一。

从系统工程的角度分析一个复杂产品,实际上是一个材料系统。就飞机而言,由上万甚至几十万个零件组成,涉及几百种甚至上千种材料(不同成分、工艺、规格等)。对某一种失效零部件而言,应重点分析该零部件所处的具体小环境。这时外界条件也包含系统内部之间,即零部件之间的相互作用和影响,主要应考虑以下几个方面:

① 零部件之间的相对位置或间隙;

② 零部件之间的接触状态和相互作用力;

③ 零部件之间的配合情况、铆接、胶接、螺接、过盈、装配应力、残余应力等;

④ 零部件之间的相对运动特征(运动速度、运动方向、运动轨迹、运动方式,如均速、加速、脉冲、振动、微动等等);

⑤ 零部件之间的界面情况,如油液污染、气体吸附、粉尘甚至固态外来物和多余物等;

⑥ 零部件由于材料本身的累积损伤和性能退化在零部件之间留下的分离物,如磨损时的磨屑,腐蚀后的腐蚀产物;

⑦ 零部件的材料之间的相容性,如材料之间的粘着特性、相对摩擦系数、浸润性、表面张力、接合力、电位差、微动性能等。

⑧ 热部件温度场分布的不均匀性;相对封闭空间的湿度变化;工作介质的成分、浓度、压力的变化和泄漏等等。

总之,发生在材料表面上或界面上的材料环境行为,常常是失效致因的关键部位。它不仅对材料的结构和性能有重大影响,而且对发生在材料之间的具体小环境条件有决定性的作用,因此,它一般是失效致因的源头之一。

(5) 非正常使用环境

产品的规定功能都是在规定的条件下才能正常发挥。如果使用时超出规定的条件,产品就可能完成不了规定的功能,甚至永久丧失原有的功能。也许为数不多的违规使用并没有造成产品失效,但也可能一次破坏性的使用,就致产品于死地。

由于产品的门类、品种实在太多,每种产品都有各自的使用条件。因此,可能超出规定条件的使用情况更是不计其数,这里主要根据墨菲定理从总体上试图归纳出一些由于制造、维修和使用差错引起的非正常使用环境。

① 错装(装反:开/关、正面/背面、顺时针/逆时针、前/后、左/右;未装;少装;多装);

② 装配不到位(松/紧、未紧固、未卡死、口盖未盖好);

③ 调整不到位(调整片、卡销、齿合、限压阀、仪表零点);

④ 超温使用;

⑤ 超载、超压使用;

⑥ 过电流、过电压;

⑦ 超速;

⑧ 超寿使用;

⑨ 异常介质、各种污染物质;

⑩ 多余物(工具、抹布、保险丝、刷子、木块、切屑);

⑪ 其他差错。

非正常使用环境的出现,使原本复杂的使用环境变得更加严酷和难以控制,从而加速产品失效或导致事故。

10.3.4 产品失效的原始缺陷致因论

产品的原始缺陷是设计、制造(或修理)时在材料上留下的固有缺陷,是失效的内因,主要包括三大类:

1. 具有成分、结构、组织特征的材料缺陷

① 形状、尺寸方面的缺陷;

② 材料冶金缺陷(成分偏析和超差、夹杂、气孔、缩孔);

③ 加工工艺缺陷(铸造缺陷、锻造缺陷、挤压缺陷、冷热轧缺陷、焊接缺陷、切削加工缺陷);

④ 热处理工艺缺陷(过热、过烧、晶粒过大、魏氏组织、回火脆性、淬火裂纹、脱碳);

⑤ 表面缺陷(加工刀痕、划伤、压坑、电火花坑蚀、腐蚀坑、渗层缺陷、镀层缺陷、涂层缺陷、喷丸缺陷、标记缺陷);

⑥ 其他材料缺陷。

2. 材料性能缺陷

① 物理性能不合格;

② 化学性能不合格;

③ 复合使用性能不合格。

表 10-2 中列举了一些具体性能,不同的产品都由技术条件规定了各种材料的不同的性能指标值和允许的波动范围。当材料存在上述两类缺陷时,可能有以下三种情况:

a. 当缺陷非常严重时,可立即导致产品失效(例如:淬火裂纹已超过临界疲劳裂纹尺寸 a_c 时);

b. 当缺陷尚未超过材料失效的临界损伤值时,则使用中很快发生累积损伤,导致产品早期失效;

c. 当性能不合格,但是仍能维持产品低水平运行时,加速材料累积损伤或性能的退化,导致产品早期失效。

3. 与材料相关的软件缺陷

原始缺陷也包括设计时(或材料预研时)与材料密切相关的软

件缺陷,主要反映在以下几个方面:

(1) 设计时材料体系内部组合的不当

(a)不同零部件之间,由于材料热性能的差异而引起的热不协调,如热膨胀系数不同引起的热应力;

(b)不同零部件接触面之间,由于电化学性能的差异,造成电化学腐蚀;

(c)相同材料的摩擦副接触面之间的粘着磨损;

(d)高强度材料接触低熔点金属时引起的镉脆、铅脆等等。

(e)选用了复杂使用环境下对应力腐蚀、氢脆、腐蚀疲劳、晶间腐蚀敏感的材料。

(2)材料性能指标体系不完整

拿传统的材料机械性能来讲,主要考虑常规的力学性能,即便是先进的航空材料,如定向凝固高温合金,往往也缺乏材料的不同温度下的 K_{IC}、da/dN 等数据。多数工程材料查不到腐蚀疲劳数据。总之,由于材料预研阶段就没有明确的材料性能指标体系要求,所以留下了材料失效的隐患。

(3) 材料表面完整性差

各种各样的冷、热加工、表面处理和涂层,会留下相应的表面特征,如表面粗糙度、表面硬度、表面层残余应力分布,电接触材料的表面电阻、光学材料的表面反射等等。

设计不当时,材料表面完整性差,不仅影响产品功能,也会影响产品寿命,例如表面粗糙度对材料疲劳寿命有重要影响,表面残余拉应力对疲劳寿命也有重要影响。

(4) 结构工艺缺陷

① 焊接结构,解决焊缝强度、焊接缺陷、残余应力是三大难题,处理不当,后患无穷;

② 铆接、螺接、榫接、胶接等不同连接工艺,除了各自的常见工艺缺陷外,不仅有大量孔或槽的应力集中问题,还有许多微动损伤问题;

③ 紧固件、密封件、管路系统也有各自的问题,如结构孔的应

力集中和疲劳,小环境的腐蚀和老化,装配应力和振动。

(5)标准和规范欠缺

综上所述,应力集中和残余应力,温度场和热应力,振动特性、材料的相容性、环境介质和污染,是设计时应念念不忘解决的关键问题。

由于历史原因,绝大多数材料是从各国仿制的,至今没有形成一个完善的材料体系和相应的标准、规范体系。有些材料虽有相应的标准,但标准已经过时或内容不全,需要修改、补充、完善。

10.4 管理失控的失效致因理论[1]

从材料科学和工程的角度出发,把产品的失效归结为材料的失效,而材料的失效,又归因为材料的原始缺陷或在复杂使用环境下的累积损伤和性能退化。这种对失效致因的系统和规律性的认识,阐明了产品失效的模式、机理和失效原因之间的内在联系。但是,产品失效还有更深层次的原因,也可以说是根本性的原因,即管理失控。

当我们说材料的原始缺陷或在复杂使用环境下的累积损伤和性能退化导致产品失效时,所依据的是它们之间的必然的、确定性的因果关系。张栋从产品全寿命过程分析出发提出管理失控的失效致因理论。

产品的全寿命主要包括以下四个阶段:设计、制造、维修、使用。各阶段的管理失控主要包括:

1. 设计错误

设计错误如果属于产品主要功能方面的,一般在试制时已经暴露,所以能及时纠正。如果设计错误造成与使用时间有关的产品失效,往往要在产品服役一段时间之后才能暴露。机械设计禁忌可参考有关手册。[5]

设计错误主要表现有:

① 计算差错;

② 选材错误；

③ 选用工艺不当；

④ 采用标准或规范不当；

⑤ 细节设计失误(抗疲劳、抗腐蚀、抗磨损细节设计)；

⑥ 图纸绘制差错；

⑦ 假设(判断)使用条件失误；

⑧ 未做必要的可靠性试验；

⑨ 寿命估算、评估失误；

⑩ 未进行必要的应力分析,如装配应力、热应力、表面残余应力、应力集中……；

⑪ 未考虑可维修性设计。

不难看出,设计错误属人为因素,与设计者的素质、经验、水平有很大关系,更与设计机构的管理密切相关,因为人为因素,说到底还是一个管理问题,涉及到对设计人员的教育、培训、考核、选拔、设计方案的评审、计算的复验、图纸校对、审核……以及设计机构和设计人员的资格认定等等。

2. 制造缺陷

在 10.3.4 节中已经列举了一些典型的材料缺陷和材料组装不当的例子,实际上在制造过程中的任何一个工序、环节都有可能引发缺陷,当这些缺陷被漏检(或误判合格)时,就可能留下产品失效的隐患。不同类型的产品在制造过程中留下的缺陷,在长期工程实践中已经形成一套检验方法和报废的标准,成为产品质量控制的关键内容之一。制造工艺禁忌可参考有关手册。[6]

① 现代化的生产即使采用大量自动控制、机器人操作,最终还是由人来掌握非常复杂的光机电一体化装备或精细的纳米机械,也要通过一道道具体的工序、工艺和工具,并由具体的操作者加工出来。所以在这些相对来说稳定的、单调的重复性的操作状态下,人的差错是难免的。

② 何况还有这种情况,有时工艺人员制定的工艺规程和方法本身就不合理,容易出现加工缺陷。

③ 更何况产品的生产过程,是动态过程,从原材料的复验开始,直到产品包装出厂,各个环节紧密相扣,人、能源、物流、信息流所组成的系统不论哪个环节的管理失控,都有可能造成产品缺陷。

3. 维修差错

维修也是一个生产过程,修理品也是产品。维修中的差错虽然在表现形式和类型上与制造缺陷有所不同,但就其管理失控的实质来讲是一致的。修理生产就某一产品而言,它的劳动量、材料和能源的消耗,以及成本一般都比制造产品要少,维修时可能要更换一部分零件(或部件),其中也可能要自制一些比较简单的零件。但就总体而言,制造的成分不多,比例不大,所以在维修阶段,上述制造缺陷的比例也就不大。但是修理中的技术要求却相当高,分解拆卸量大,工艺复杂,清洗难度大;故检项目多,技术要求高;排故内容多,修理难度高;调试组装量大,不仅要有制造方面的信息,还要有使用方面的信息。

尽管修理厂的设备在总体上不如制造厂水平高,但修理生产对人员的技能要求却更高。

这里所说的维修差错,不仅包括通常所说的错、忘、漏、损等人为的差错,也包括维修不当引起的修理品缺陷、加改装设计错误,修后检查间隔和所给翻修寿命不当等等。

4. 使用违规

一般而论,由个人重复性的繁重体力操作时,使用违规是常见的现象。具有复杂功能的产品而又需要由个人不断变化操作时,更容易出现违规。

使用违规与否,一般可用产品技术说明书(含安装)、操作使用规程、使用手册、守则等等规定衡量。

使用中,不涉及零部件的制作,一般也不涉及修理,更多的是做些日常维护、保养工作,如清洗、保洁、通风、防水、涂油(脂、膏)、充气、保暖、防冻、防光、防晒……,总之是为实现产品规定功能而做的种种操作、操纵、测试和控制。从简单的操纵手柄,到复杂的控制中心,人在某一产品的全寿命过程中,可能要进行数以万次计的操作,而人的某个一次性违规使用,就有可能导致产品失效。

因此,在使用中产品的功能更依赖于使用者(操作者)的素质、技术水平。

人们习惯上把产品全寿命分为四个主要阶段,通过上述对设计错误、制造缺陷、维修差错、使用违规四个方面的过程分析,不难看出其中的共同特点和一般规律:

①错误、缺陷、差错、违规,从广义上讲,都是人的差错(含人为差错),将造成产品的不可靠状态;

②上述人的差错,在产品的各阶段都有其具体的差错内函和判据,也就是说要有据可查,有章可循,例如:

设计错误——设计规范、准则、大纲、标准、手册……

制造缺陷——制造工艺、技术条件、加工图纸、质量检验标准、判废标准……

维修差错——维修大纲、修理工艺、修理规范、标准、手册、故检工艺和方法……

使用违规——使用说明书、维护规程、操作守则……

③人为差错之所以发生,归根到底是管理失控。

机械员未盖好油箱盖,机械师没有复查发现,结果歼六飞机发生失火事故,可是设计师迟迟不从根本上改进设计,同类事故发生多起,最后部队自己对油箱盖进行防错设计,才从根本上解决了问题。这个例子充分说明,管理失控是失效的根本原因。

管理失控主要表现在:

a. 对人选用不当、培训不足、考核不严、监督教育不力;

b. 作业标准和规章制度不健全;

c. 动员宣传少、组织协调差、指挥不当、任务安排不妥;

d. 劳保政策不落实,对人的个性、生物节律了解太少;

e. 产品质量控制大纲、修理大纲、维护规程制定不及时、不全面、不合理;

f. 计量标准、设计规范、修理标准、生产工艺规程等贯彻不力；

　g. 可靠性、寿命、加改装管理松弛、不按程序办；

　h. 信息不畅通、对故障、失效、事故信息不重视,不收集、不反馈、不闭环；

　i. 工作条件欠保障(通风、照明、温湿度、振动,尤其是高精度产品的调试场所)；

　j. 噪声的监控,环境治理,投资政策失控；

　k. 原材料复验不严；

　l. 生产设备(含工具)老旧,检修不及时,工艺陈旧,技术改造提不上日程；

　m. 防错设计欠缺；

　n. 现场无损探伤放任自流(人员不固定、设备无人保管、工艺落后……)；

　o. 管理机构不健全,分工不明确；

　p. 在故障诊断、失效分析、事故调查方面研究少、经费投入不足。

　当然,还可以列出一些管理失控的内容,管理失控会在总体(全局)上造成各类人员素质和技术水平的下降,产品质量整体低劣,也就埋下了产品失效的祸根。这些管理失控总有一天会造成产品在设计、制造、维修和使用中的错误。因此,可以说管理失控是产品失效的根本原因。

　最后应当指出,产品设计、制造、使用、维修如果属于一个部门统一管理,不容易失控,但一般情况下设计和制造部门合一,有时兼管维修,而使用部门往往是分散的用户,因此,管理的横向制约作用是失控的重要环节。在市场经济条件下,主要靠政策来调控,但社会中介质组织将发挥重大作用。

　管理失控为根本原因的失效致因模型(见图 10-6)是从产品宏观、总体上阐明失效致因的理论模型。它把产品系统全寿命四个主要阶段的过程分析和材料累积损伤/性能退化的模式与机理分析有机结合在一起,揭示了产品失效的内在规律。

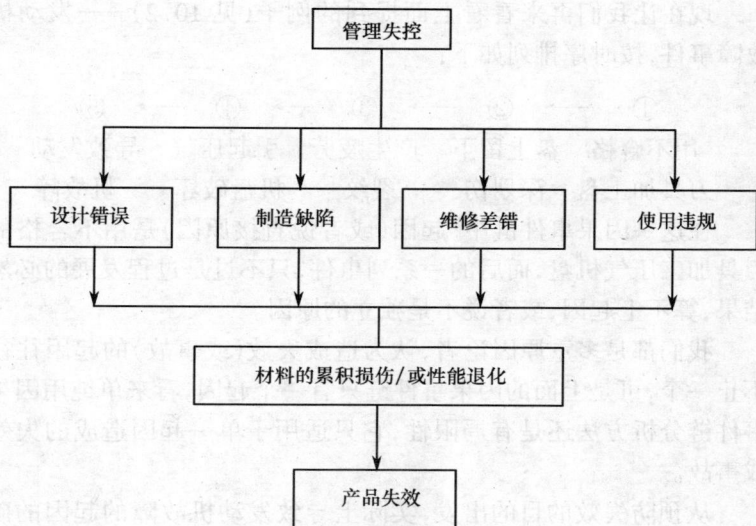

图 10-6　管理失控为根本原因的产品失效致因模型

产品失效,可以归结为产品材料的失效;材料失效,又可以归结为材料在复杂环境下的累积损伤失效和性能退化失效;材料的原始缺陷常导致产品早期失效,而与材料密切相关的软件缺陷,往往造成难以预测的产品失效;管理失控,则是产品失效深层的原因,局部失控引起小范围内的产品失效,全局失控,将造成大面积的产品失效,因此,分析(查找)产品失效原因,应当追踪到管理层次。

10.5　失效起因链模型和失效起因链分析方法

在 9.2 节已经阐明了因果关系的普遍性、必然性、双重性和时序性,其中最关键的特征是必然性,这种严格对应的前因后果关系是事物间最紧密最难以分割的联系。换一个角度讲,凡属因果事件链中排序(时序)靠后的事件,均以前面的事件存在(出现)为前提(条件)。

现在让我们再来看看上面提到的例子(见 10.2)——发动机故障事件,按时序排列如下:

① ⟶ ② ⟶ ③ ⟶ ④ ⟶ ⑤

| 用不合格 | 盘上留下 | 产生疲劳 | 引起压气 | 导致发动 |
| 刀具加工盘 | 深划伤 | 裂纹 | 机盘破坏 | 机故障 |

在这一因果事件链中,起因(或者说直接原因)是用不合格的刀具加工压气机盘,而后的一系列事件,只不过是过程发展的必然结果,算不上起因,或者说不是独立的原因。

我们都是多重原因论者,认为造成失效(或事故)的起因往往不止一个,可是上面的因果事件链只有一个起因,看来单纯用因果事件链分析方法还是有局限性,它只适用于单一起因造成的失效或事故。

从预防失效的目的出发,实际上导致发动机故障的起因的确不止一个,例如带有深划伤的压气机盘为什么能够出厂?原来是漏检(由于失责),而在使用中产生的疲劳裂纹为什么在维修时没有发现?原来是误判!(由于裂纹检测仪失灵或者检测者技能不合格)。

这样,我们又找到两个起因(独立的原因,即彼此间没有因果关系),合在一起是三个起因,所谓多个起因是指它们中间只要有一个不存在(消除),失效就不会发生,只有这三个事件即起因都出现,失效就难以避免(必然性)。

张栋提出了一个多因串联的失效起因链模型(见图 10-7)

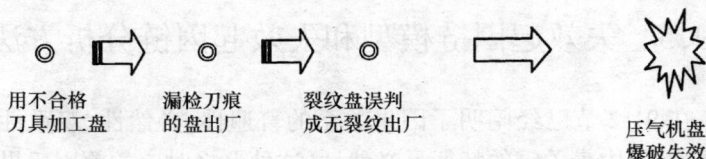

| 用不合格 | 漏检刀痕 | 裂纹盘误判 | | 压气机盘 |
| 刀具加工盘 | 的盘出厂 | 成无裂纹出厂 | | 爆破失效 |

图 10-7 多因串联式失效起因链模型

方法要点如下：

① 列入失效起因链的每一个原因(事件)必须是起因(即独立原因)，都是造成这起失效的必不可少的必要原因(条件)，缺一不可，只要其中一个原因不存在(消除)，失效就不会发生；

② 失效起因链的各个起因之间没有因果关系。例如上面提到的压气机盘在制造出厂时漏检与制造时用不合格刀具加工出深划伤的盘之间 显然没有因果关系，也跟维修时对疲劳裂纹误判没有必然的因果关系；

③ 一旦列入失效起因链的所有起因都存在时，失效就必然迟早会发生，这些起因的组合必然导致这起具体(而特定)的失效，或者说，这些起因的组合是导致这起失效的必要和充分的前提条件；

④ 造成失效的若干起因中，每个单一起因与失效(结果)之间也没有整体因果关系，只有若干起因的组合与失效(结果)之间才有整体因果关系，即

$$起因组合 = 失效原因 \Rightarrow 失效(结果)$$

因此，多因论起因模型，是一种串联式失效起因模型。在某一起因组合中，独立起因数目越多，则发生失效的概率越小。

在多因串联式失效起因链模型的基础上，张栋进一步提出失效起因链分析方法(见图 10-8)；

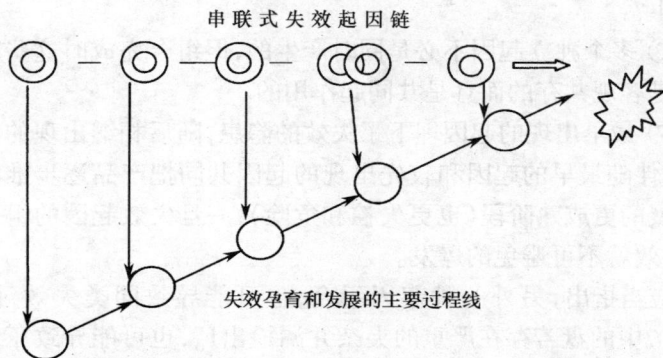

图 10-8　用失效起因链进行失效分析的方法示意图

① 按失效件全寿命的发展过程(时序),列出经过调查的各主要事件和情况(调查结果),一直排列到物的损失、人员的伤亡或环境的破坏为止(即失效爆发的后果)。

② 由各主要事件和情况来追踪失效的起因,失效的起因应当是发生失效的那个系统中的各个失误事件,一般依据有明确的因果关系的一组事件来确定与之对应的一个起因,即该组事件中最早出现的那个事件,再由另一组有因果关系的事件来确定与之对应的另一个起因。一个起因是这条因果链的一个终端事件。

③ 把查出的若干失效起因按时序排列组成失效起因链。失效起因链中的各起因之间应当没有因果关系(各自独立)。

④ 每一起因造成的后果,按照时序排列在失效孕育和发展的主要过程线(简称过程线)上,过程线上是一系列起因留下的一系列后果事件。所有起因组合最终共同的后果是失效突然爆发。

⑤ 失效一般有几个起因,没有必要强调主要起因和次要起因,其中每一个起因都不足以导致失效,但是其中每一个起因对这次失效而言又都是必不可少的,因此,失效分析时必须查找出这次失效的所有起因。当我们认为已经找到所有起因时,有必要回头来审视一下,这些起因的组合(联合、共同或同时作用)是否足以导致这次失效,也就是说,一旦出现这种起因组合,失效是否必然会发生?

⑥ 多个独立起因不必是同时产生的,但组合完成时这些起因不仅是客观共存的而且是共同起作用的。

⑦ 最早出现的起因埋下了失效的隐患,随后相继出现的各个起因,伴随最早的起因和较先出现的起因共同把产品逐步推向失效发展的更成熟阶段(也更失控和危险),一旦失效起因的组合完成,失效就不可避免的爆发。

应当指出,另外一种起因组合,也可能导致同类失效,例如图 10-7 中的盘若存在严重的夹杂并漏检出厂,也可能导致压气盘疲劳爆破。如果导致同类失效的不同起因组合数量越多,则越不可靠,产品失效概率越高。

10.6 预防产品失效的对策

在长期实践和阐明产品失效致因论的基础上,作者总结提出以下预防产品失效的对策。

1.降寿避免失效

一旦出现产品失效,普查又发现故障比例相当高,尤其当故障率与使用寿命相关时,这时对同类服役产品可采取以下对策:

①在来不及采取其它有效措施时,一般先暂停使用,尤其当产品失效可能危及安全时,不得不采取这个下策。

②根据失效度公式,失效率 $F(t)$ 是时间的函数,它与可靠度 $R(t)$ 关系如下:

$$F(t) = 1 - R(t)$$

在全寿命期内,设计时已有期望的可靠度,或者说已有允许的失效率(概率)。

如果一时难以采取修理措施,则可临时采取降寿措施。例如原来规定 WP—X 发动机可使用 800h,由于出现一系列失效事件,不得不降为 600h。

③类似的对策是缩短故检周期或翻修间隔,都是根据失效概率与使用时间的相关性,避免同类失效的再次发生。显然,这些方法是临时措施,可以说是没有办法的办法。暂时降寿之后,不得不暂时停用一部分暂定到寿的产品,但是请不要急于处理掉这些产品,也许还有起死回生之术。

2.切断失效起因链

每一失效事件,经过客观公正认真的失效分析,找到了所有独立的起因(一般为多个起因),组成一条失效起因链。从理论上讲,只要消除多个起因中的某一个起因,就可以切断失效起因链,从而避免同类失效的再次发生。据此,提出具体对策:

①故检抽查——抽查同类零部件是否存在同类故障(一般先查使用寿命较长者,最好是已在工厂大修的产品),如裂纹、腐蚀

484

坑、磨痕等,一般是无损检测,如有必要时取样分析,确认故障性质和原因,以及故障比例等。

②普查——如果抽查发现存在同类故障,甚至故障比例较高,一般要进行普查,采取切实可行的无损检测方法,在较大范围内进行普查。一般也先查长寿命段、后查较短寿命段,并对故障率和使用寿命作统计分析。

1972年发生歼五飞机机翼大梁第一螺栓孔处疲劳折断,导致飞机空中解体,经过抽查和普查,裂纹故障率竟高达80%(飞行超过800h的飞机)。

抽查不一定要等到找出所有起因,根据多因串联式失效起因链找到一个独立起因,就可设法消除这个起因而切断链,以避免同类失效,实际上我们也是这样做的。

③维修逐个消除起因:

普查只是发现故障,暴露失效隐患,为了避免同类失效,则必需消除隐患:

a.报废:最简单的办法是报废一部分严重的故障件(现有技术无法修理或不值得修理),例如裂纹较长的叶片(一般要制定判废标准);

b.原位修理:对小裂纹(较浅),用打磨、抛光,倒角、打止裂孔、补焊等等,对腐蚀坑也可打磨、抛光、原位表面处理、涂漆等方法,可以消除隐患;

c.局部强化:当原位修理仍不能避免在规定的寿命期内出现失效时,要考虑局部强化,如喷丸强化、挤压强化、局部加强(打补钉、加强筋)、刷镀等等;

d.消除其他起因:换油(或过滤)、排水(或增设排水孔)、密封、调整位置或间隙等等。

这些对策,看起来似乎头痛治头,脚痛医脚,但却是工程上最简便实用的办法。

3.增强材料抗累积损伤能力,提高材料抗退化性能

① 局部强化:对已服役的装备,在普查时没有发现故障,可以

留待翻修时采取强化措施;

②对于在制产品,一般应研究更完善的强化措施,可供选择的方法也更多,可以考虑通过热处理、表面处理、涂层系统,也可考虑选用更耐累积损伤的材料或工艺,有时甚至要考虑修改零部件的细节设计,如增加倒角,增大过渡圆弧,降低表面粗糙度,加大承力截面积,开卸荷槽,增设排水装置等等。

③提高材料抗退化性能:主要由于材料性能退化导致的产品失效,大多发生在非金属材料和电子产品,因此,无损检测的方法也有所不同,电子产品的性能检测是专门学问(详见第7章)。在修理方法上也有所不同,如胶接、补贴、热压、缠绕加强、挖补等,在材料选用方面,不同成分、不同工艺的材料千变万化,如塑性、橡胶、半导体、复合涂层、复合材料、陶瓷、金属陶瓷等等可供选择,上述对策,属第二层次,可以更有效地避免产品失效。

4.改善使用环境,避免产品失效

对已服役产品,改善使用环境,实际上是降低功能指标,有点委曲求全。

①力学环境。例如歼五飞机少作特技,以避免机翼大梁疲劳折断;装 WP6 发动机时不要作螺旋动作,以免涡轮轴折断;尽量不要让发动机在共振转速下长时间停留,避免叶片断裂等等。

②热学环境。降温使用;避免热冲击;减少温差等等。

③介质环境。对工作介质添加缓蚀剂,定期清洗冲刷,打开口盖通风,加盖蒙布(舱盖玻璃),增设排水孔,不得已时,干脆换一个机场,走另一个水道或海域等等……。

5.增加监控项目

在差错和后果之间,还可设置一道防线——检查,成为一道必不可少的工序,常常起到预防失效的关键作用。

根据失效分析的结果:

①在定检和大修时增加相应无损检测项目,及时发现故障;

②在制造时,增加相应质量监控项目,避免原始缺陷件出厂;

③在设计时,提高控制等级;列入关键件,对可靠性、寿命、标

准等提出要求。

这些对策,实际上是在失效起因链上增加了一个人为可控的独立起因。

6.失效树分析对策

缺陷树、故障树、失效树、事故树分析方法的实质,都是针对系统和同类产品群体进行因果逻辑推理分析,定性可以找出系统(或产品)的薄弱环节,确定失效原因各种可能的组合方式,因此,它是从全局上预防失效的好方法。成功的失效树分析,不仅让我们在清晰的失效树图形下展现已经发生的某一失效事件(模式)的某一因果关系(某些独立起因组合)和过程状态,而且可能发现另一因果关系(另一些独立起因组合)及其过程状态。有经验的分析人员,还可设定另外一些失效模式事件,进一步探究系统(或产品)的薄弱环节,这才是科学意义上的举一反三。

我们所说独立起因,就相当于失效树中的基本事件,一个最小割集表示一种可能失效,为了降低失效率,可以采用增加基本事件的方法,例如我们在上述对策中采取的不少措施,实际上就是增加基本事件,即设置更多的独立起因,使失效发生概率迅速下降。从另一个角度讲,一般消除最小路集中的某一个基本事件,即可避免同类失效,这时选择最省工、最经济、最有效的消除某一独立起因的措施,才是英明决策。

7.完善管理,从根本上杜绝同类产品失效

(1) 举一反三,组织查找

传统的做法是吸取教训举一反三,组织自查和管理层查,并力争做到警钟长鸣,加大宣传力度,评比、岗位练兵,使质量第一预防为主的观念深入人心;对引起严重后果的失效事件,有时还要追究直接责任人和有关人员及领导人的责任,但是对人的处理不是最终目的,关键是防范措施要落到实处。

传统做法从整体上来讲,似乎是撒大网,但是,如果针对不同层次不同对象提出相应的自查内容和方法,有时会收到良好的效果,产品质量人人有责,品牌是团队的旗帜。

（2）对起因追根求源

失效起因链中列出的若干独立起因,是追根求源的依据,人们常讲的一查到底,一方面要求不漏掉任何一个独立的起因,另一方面要求对独立起因作出详尽的因果联系分析,根据管理失控的失效致因论,这是根本原因,只有找到管理上的漏洞,才好采取根本措施。

（3）管理失效树分析

管理是科学,也是生产力。大至集团,小至班组,产品投入市场是企业的成果,更是管理层的工作结晶。从预研(开发)、设计、制造、使用、维修,一直到产品退役全寿命来讲,涉及一个复杂的管理系统。设计制造常常是一个部门,但用户是分散的(或松散的),维修又可能是另外一个部门。因此,与产品全寿命对应的是一个非常松散复杂的管理系统。如果把预研、设计、制造中的管理分别作为子系统,相对来说,这三个子系统是比较严密完整的管理系统,用户有时也有较严密的管理子系统,如铁路、民航,但多数情况下是分散的,不成体系的子系统,成为整个管理系统中最薄弱的环节。维修系统基本上介于上述二种状况之间。

从管理学角度来讲,管理系统之间的界面往往容易失控。作为一个成功和知名的企业,要想靠名牌产品立足国内外市场,不妨把失效树分析方法引入复杂管理系统,进行深入的管理失效树分析。

这种分析方法的优点是:

①从一开始就可以理顺各管理层之间的关系,明确任务、责职和分工;

②能够预测可能发生的管理失控环节;

③通过定量分析,可以评估管理失控的重点(关键)。

最后需要指出,失效分析和预防失效有着非常密切的关系,但预防失效涉及面更广,所需时间也更长。失效分析需要成本,而预防失效可能成本更高,采取不同的预防失效对策,预示着不同的成本支出,在不同具体条件下,优选和组合上述对策,将使你的产品更具竞争力,市场会给你更丰厚的回报。

参 考 文 献

1 张栋.事故致因和事故预防理论,北京:第三届全国机电装备失效分析预测预防战略研讨会论文集,1998

2 (俄)姆基扎诺夫等.飞行事故调查教程.谢燕生等译.北京:空军飞行事故和失效分析中心,1993

3 肖纪美.材料的应用与发展.北京:宇航出版社,1988

4 (日)盐見弘等.失效分析及其应用.陈视同译.北京:机械工业出版社,1988

5 (日)小栗富士雄,小栗男達.机械设计禁忌手册.北京:机械工业出版社,1989

内 容 简 介

在对失效分析的历史发展、基本内涵以及失效分析的基本理论和方法进行系统阐述的基础上,全面阐明了机电产品的主要失效模式和机理,主要涉及了裂纹、断口、痕迹分析技术和失效评估、断裂、腐蚀、磨损、老化的失效分析,特别是首次在国内外较为系统地重点介绍了失效分析作为相对独立学科的形成和发展;电子产品的失效模式、机理和原因;断口的定量分析和反推技术以及失效致因理论和预防。

Historical development, basic meaning, theory and method of failure analysis are introduced completely, and main failure modes and mechanism are also introduced in this book, which involved in crack, fracture surface, analysis technique of trace and failure evaluation. Three basic failure mode such as fracture, corrosion and wear as well as failure important characteristics and analysis method of nonmetal and composite material are introduced respectively, especially, the form and development of failure analysis as a relative absolute subject are introduced by the numbers in domestic and overseas for first time. Contents of the book also include failure modes, mechanism and cause of electronic product and application of fractography quantitative analysis technique as well as failure leading causation and prevention.

内 容 简 介

在对失效分析的历史发展、基本内涵以及失效分析的基本理论和方法进行系统阐述的基础上,全面阐明了机电产品的主要失效模式和机理,主要涉及了裂纹、断口、痕迹分析技术和失效评估、断裂、腐蚀、磨损、老化的失效分析,特别是首次在国内外较为系统地重点介绍了失效分析作为相对独立学科的形成和发展;电子产品的失效模式、机理和原因;断口的定量分析和反推技术以及失效致因理论和预防。

Historical development, basic meaning, theory and method of failure analysis are introduced completely, and main failure modes and mechanism are also introduced in this book, which involved in crack, fracture surface, analysis technique of trace and failure evaluation. Three basic failure mode such as fracture, corrosion and wear as well as failure important characteristics and analysis method of nonmetal and composite material are introduced respectively, especially, the form and development of failure analysis as a relative absolute subject are introduced by the numbers in domestic and overseas for first time. Contents of the book also include failure modes, mechanism and cause of electronic product and application of fractography quantitative analysis technique as well as failure leading causation and prevention.